Jürgen Wolf

Fujifilm X-T4
DAS HANDBUCH ZUR KAMERA

Wir hoffen, dass Sie Freude an diesem Buch haben und sich Ihre Erwartungen erfüllen. Ihre Anregungen und Kommentare sind uns jederzeit willkommen. Bitte bewerten Sie doch das Buch auf unserer Website unter www.rheinwerk-verlag.de/feedback.

An diesem Buch haben viele mitgewirkt, insbesondere:

Lektorat Frank Paschen
Korrektorat Petra Biedermann, Reken
Herstellung Maxi Beithe
Typografie und Layout Vera Brauner
Einbandgestaltung Eva Schmücker
Coverbilder iStock: 900749584 © Fred Froese, Rückseite: Jürgen Wolf; Unsplash: William Warby, Redcharlie
Satz III-Satz, Husby
Druck Firmengruppe Appl, Wemding

Dieses Buch wurde gesetzt aus der TheSans (9,35 pt/13,7 pt) in FrameMaker.
Gedruckt wurde es auf mattgestrichenem Bilderdruckpapier (115 g/m²).
Hergestellt in Deutschland.

Das vorliegende Werk ist in all seinen Teilen urheberrechtlich geschützt. Alle Rechte vorbehalten, insbesondere das Recht der Übersetzung, des Vortrags, der Reproduktion, der Vervielfältigung auf fotomechanischen oder anderen Wegen und der Speicherung in elektronischen Medien.

Ungeachtet der Sorgfalt, die auf die Erstellung von Text, Abbildungen und Programmen verwendet wurde, können weder Verlag noch Autor, Herausgeber oder Übersetzer für mögliche Fehler und deren Folgen eine juristische Verantwortung oder irgendeine Haftung übernehmen.

Die in diesem Werk wiedergegebenen Gebrauchsnamen, Handelsnamen, Warenbezeichnungen usw. können auch ohne besondere Kennzeichnung Marken sein und als solche den gesetzlichen Bestimmungen unterliegen.

Bibliografische Information der Deutschen Nationalbibliothek:
Die Deutsche Nationalbibliothek verzeichnet diese Publikation in der Deutschen Nationalbibliografie; detaillierte bibliografische Daten sind im Internet über *http://dnb.d-nb.de* abrufbar.

ISBN 978-3-8362-7897-3

1. Auflage 2020
© Rheinwerk Verlag, Bonn 2020

Informationen zu unserem Verlag und Kontaktmöglichkeiten finden Sie auf unserer Verlagswebsite *www.rheinwerk-verlag.de*. Dort können Sie sich auch umfassend über unser aktuelles Programm informieren und unsere Bücher und E-Books bestellen.

Liebe Leserin, lieber Leser,

die Fujifilm X-T4 bewahrt das Gute ihres Vorgängermodells und ergänzt einige Schmankerl: vor allen Dingen den leistungsfähigen IBIS und einen voll beweglichen Touchscreen mit höherer Auflösung. Eine deutliche Weiterentwicklung ist auch die Aufteilung des Menüs nach den Einsatzgebieten Fotografie und Film. Die X-T4 ist eine attraktive und leistungsfähige Kamera auf der Höhe der Zeit!

Mit diesem Buch profitieren Sie von Jürgen Wolfs Erfahrungen mit Fujifilm im Allgemeinen und der X-T4 im Besonderen. Er zeigt Ihnen, welche Einstellungen wichtig sind, wie Sie die Kamera individuell konfigurieren und bestmöglich für die Fotografie und das Filmen nutzen. So sind Sie mit Ihrer X-T4 rasch auf Du und Du.

Lernen Sie die Bedienelemente und das Bedienkonzept der X-T4 kennen und erfahren Sie, wie Sie die Programmmodi P, S, A und M verwenden. Großen Raum nehmen die Themen Belichtung und Fokussieren sowie Bildlooks und JPEG-Rezepte ein. Sie entdecken, wie Sie die X-T4 individuell anpassen können und ihre Stärken in typischen Motivsituationen bestmöglich ausspielen. Auf das Blitzen geht Jürgen Wolf ebenso ein wie auf das Filmen. Und er gibt Ihnen nicht zuletzt auch Tipps für die Zubehörwahl inklusive Objektiven. Sie erfahren also alles für einen gelungen Start mit der Fujifilm X-T4!

Sollten Sie Hinweise, Anregungen, Kritik oder Lob an uns weitergeben wollen, so freue ich mich über Ihre E-Mail. Zunächst einmal wünsche ich Ihnen aber viele Erkenntnisse beim Lesen dieses Buches und viel Freude mit Ihrer neuen Kamera!

Ihr Frank Paschen
Lektorat Rheinwerk Fotografie

frank.paschen@rheinwerk-verlag.de
www.rheinwerk-verlag.de
Rheinwerk Verlag · Rheinwerkallee 4 · 53227 Bonn

Inhaltsverzeichnis

Vorwort 14

1 Bedienelemente und Bedienkonzept der Fujifilm X-T4 16

1.1 Die Bedienelemente 16
1.2 Das Bedienkonzept 20
  1.2.1 Fotografieren oder Filmen 20
  1.2.2 Den Programmmodus einstellen 21
  1.2.3 Objektive und der Blendenring 22
  1.2.4 Das vordere/hintere Einstellrad und der Fokushebel ... 23
  1.2.5 Die Q-Taste und die Funktionstasten 24
  1.2.6 Die Aufnahmebetriebsarten 25
  1.2.7 Der Fokusmodus-Schalter 27
1.3 Bildkontrolle über das Display und den Sucher 28
  1.3.1 Das Endergebnis stets im Blick 29
  1.3.2 Die Bildschirmansicht ändern 30
  1.3.3 Den Ansichtsmodus festlegen und Strom sparen 32
  1.3.4 Den Touchscreen verwenden 32
1.4 Im Schnellmenü und Kameramenü navigieren 33
  1.4.1 Das Schnellmenü 33
  1.4.2 Das Kameramenü 34
1.5 Einstellungen für einen guten Start 36
  1.5.1 Aufnahmeeinstellungen 37
  1.5.2 Geräuschlos fotografieren 38
  1.5.3 Hilfe bei der Bildkomposition 38
  1.5.4 Speicherkartenmanagement 39
  1.5.5 Alles wieder auf Start setzen 40

1.6	Bildwiedergabe	41
	1.6.1 Das Kameramenü bei der Bildwiedergabe	47
	1.6.2 Die Bildwiedergabe per Touchscreen steuern	47
EXKURS: Elektronischer Verschluss (ES)		48

2 Die Programmmodi der X-T4 — 50

2.1	Der Programmmodus P – die Programmautomatik	50
	2.1.1 Anpassungen in der Programmautomatik	52
	2.1.2 Den Programm-Shift nutzen	53
2.2	Die Zeitvorwahl im Programmmodus S	56
	2.2.1 Anpassungen bei der Zeitvorwahl	58
	2.2.2 Belichten aus der Hand, ohne zu verwackeln	60
	2.2.3 Der Bildstabilisator	61
	2.2.4 Langzeitbelichtung im Programmmodus S	63
2.3	Die Blendenvorwahl im Programmmodus A	63
2.4	Volle manuelle Kontrolle im Programmmodus M	69
2.5	Der Einfluss der ISO-Einstellung auf die verschiedenen Programmmodi	72
	2.5.1 Die ISO-Automatik und die Mindestverschlusszeit	73
	2.5.2 Die ISO-Einstellung über das vordere Einstellrad vornehmen	76
	2.5.3 Erweiterte ISO-Einstellungen – L und H	76
EXKURS: Zum Auffrischen: Zusammenspiel von Blende, Belichtungszeit und ISO		77

3 Die Belichtung steuern und den Weißabgleich anpassen — 81

3.1	Die Belichtungsmessmethoden der X-T4	81
	3.1.1 Die Mehrfeldmessung für (fast) alle Fälle	82
	3.1.2 Die Integralmessung	83
	3.1.3 Die mittenbetonte Integralmessung	83
	3.1.4 Die Spotmessung	84

3.2	Die Belichtungskorrektur	88
3.3	Kleine Hilfen für die Belichtungskontrolle	91
	3.3.1 Bildbeurteilung im Wiedergabemodus	91
	3.3.2 Überbelichtungswarnung und Live-Histogramm vor der Aufnahme	91
EXKURS: Das Histogramm lesen		93
3.4	Auf Nummer sicher mit einer Belichtungsreihe	94
3.5	Die HDR-Funktion der Kamera	97
3.6	Meine Empfehlung: Starke Kontraste im Griff	99
	3.6.1 Der Kontrastumfang bei schwierigen Motiven (im Raw-Format)	100
	3.6.2 Den Kontrastumfang der Kamera überlassen (im JPEG-Format)	101
3.7	Den Weißabgleich anpassen	102
	3.7.1 Automatischer Weißabgleich und Vorgaben	103
	3.7.2 Weißabgleichverschiebung oder Feinabstimmung (JPEG-Einstellung)	104
	3.7.3 Farbtemperatur (Kelvin)	106
	3.7.4 Manueller Weißabgleich	106
EXKURS: Die Welt ist grau – das Problem mit schwarzen und weißen Motiven		109

4 Fokussieren mit der X-T4 — 110

4.1	Die Modi für den Autofokus	110
	4.1.1 AF-S für statische Motive	111
	4.1.2 AF-C für bewegte Motive	112
4.2	Die verschiedenen Autofokusbereiche	113
	4.2.1 AF-Modus »Einzelpunkt«	115
	4.2.2 Den Fokushebel anpassen	117
	4.2.3 AF-Modus »Zone«	118
	4.2.4 AF-Modus »Weit/Verfolgung«	120
	4.2.5 AF-C anpassen	121
	4.2.6 Weniger Ausschuss fotografieren	124

		4.2.7	Die Fokusdistanz mit AF-ON speichern	124
		4.2.8	Fokussieren und Auslösen trennen	125
4.3	Gesichts- und Augenerkennung			127
		4.3.1	Gesichtserkennung	128
		4.3.2	Gesichtserkennung mit Auge	129
		4.3.3	Die Kameraausrichtung bestimmt das Autofokusfeld	129
4.4	Manuelles Fokussieren mit der X-T4			130
		4.4.1	Digitale Entfernungsanzeige und hyperfokale Distanz	131
		4.4.2	Fokuskontrolle	132
		4.4.3	Assistenten für das manuelle Fokussieren	133
		4.4.4	Im manuellen Modus den Autofokus verwenden	136
		4.4.5	Autofokus und manuellen Fokus kombinieren	136
4.5	Fokussieren mit dem Touchscreen			137
		4.5.1	Touchscreen-Modi	138
		4.5.2	Touchscreen-Steuerung bei Sucheraufnahmen	140
		4.5.3	Gestensteuerung	141
		4.5.4	Das Schnellmenü mit dem Touchscreen steuern	141
EXKURS: Hybrid-AF				142

5 Bildlooks und JPEG-Rezepte verwenden und erstellen 144

5.1	Warum im JPEG-Format fotografieren?		144
5.2	Die Fujifilm-Filmsimulationen für JPEG-Bilder		146
5.3	Weitere Bildeffekte und Einstellungen für JPEG-Bilder		151
	5.3.1	Weißabgleich	151
	5.3.2	Bildgröße und Seitenverhältnis	152
	5.3.3	Dynamikbereich	152
	5.3.4	Kontrasteinstellungen – »Tonkurve«	153
	5.3.5	D-Bereichspriorität	154
	5.3.6	Körnungseffekt und Rauschreduktion	155

	5.3.7	Farbe Chrome-Effekt, Farbe Chrom FX Blau und Monochrome Farbe	156
	5.3.8	Farbsättigung anpassen	157
	5.3.9	Schärfen	158
	5.3.10	Klarheit	158
	5.3.11	Korrekturen mit »Objektivmod.-Opt.«	159
	5.3.12	Filtereffekte verwenden (Aufnahmebetriebsart ADV.)	159
5.4	**Eigene Bildlooks für JPEG-Bilder erstellen**		160
	5.4.1	Rezept: Eine Kodachrome-Interpretation	163
	5.4.2	Rezept: Urban Style	164
	5.4.3	Rezept: Crossentwicklung	165
	5.4.4	Rezept: Farbenfroh	166
	5.4.5	Fujifilm X RAW Studio	167
5.5	**sRGB oder Adobe RGB?**		172

6 Die Fujifilm X-T4 individuell anpassen — 173

6.1	**Die Tastenbelegung ändern**		173
	6.1.1	Funktionstasten ändern	173
	6.1.2	Drive-Einstellung in der Aufnahmebetriebsart BKT für die Fn2-Taste einstellen	176
	6.1.3	Bedienrad-Einstellungen beim Drehen ändern	176
6.2	**Das Schnellmenü anpassen**		179
6.3	**»Mein Menü« individuell anpassen**		180
6.4	**Display- und Suchereinstellungen**		182

7 Blitzen mit der X-T4 — 183

7.1	**Erste Schritte mit einem Blitzgerät**		183
7.2	**Systemblitze für die X-T4**		185
	7.2.1	Fujifilm EF-X8	185

	7.2.2	Fujifilm EF-20	186
	7.2.3	Fujifilm EF-X20	187
	7.2.4	Fujifilm EF-42	187
	7.2.5	Fujifilm EF-X500	187
	7.2.6	Blitze von Metz, Godox und Nissin	188
7.3	**Die Blitzeinstellungen der X-T4**		189
	7.3.1	Die Blitzsteuerung	189
	7.3.2	Blitzleistung einstellen	190
	7.3.3	TTL-Modus anpassen	191
	7.3.4	Synchronisation	192
	7.3.5	Rote-Augen-Korrektur	193
	7.3.6	TTL-Sperre	194
	7.3.7	Weitere Funktionen	194
7.4	**Blitzen in der Praxis**		195
	7.4.1	Indirektes Blitzen	197
	7.4.2	Blitzen im Programmmodus S	198
	7.4.3	Langzeit-Synchronisation in den Modi A und P	199
	7.4.4	Blitzen im Programmmodus M	200
	7.4.5	Grenzen der Belichtungssynchronzeit und HSS	200
	7.4.6	Die Farben beim Blitzen steuern	202
	7.4.7	Manuell blitzen	202
7.5	**Entfesselt blitzen**		203
	7.5.1	»Commander«-Modus	203
	7.5.2	Funk ohne TTL	203
	7.5.3	Funk mit TTL	203
	7.5.4	TTL-Blitzkabel	204
	7.5.5	Fujifilm-TTL	204
	7.5.6	Weitere Hilfsmittel	205
7.6	**Blitzen im Studio**		205
EXKURS: Tethered-Aufnahmen			207

8 Der Alltag mit der Fujifilm X-T4 — 209

8.1 Porträtfotografie — 209
8.1.1 Geeignete Brennweiten — 209
8.1.2 Geringe Schärfentiefe — 210
8.1.3 Gezielt fokussieren — 211

8.2 Landschaftsfotografie — 213
8.2.1 Große Schärfentiefe — 213
8.2.2 Landschaftsaufnahmen belichten — 214
8.2.3 Graufilter und Verlaufsfilter — 216

8.3 Makrofotografie — 217
8.3.1 Geringe Schärfentiefe — 219
8.3.2 Durchgehende Schärfe mit Focus Stacking — 220
8.3.3 Focus Stacking nicht nur in der Makrofotografie — 222

8.4 Straßenfotografie — 226

8.5 Architekturfotografie — 229

8.6 Action- und Sportfotografie — 232
8.6.1 Pre-Aufnahmen mit der X-T4 — 235
8.6.2 Sport-Sucher-Modus — 236

8.7 Timelapse mit Intervallaufnahmen erstellen — 236

8.8 Automatikreihen — 238
8.8.1 Empfindlichkeitsreihen-Serie – »ISO BKT« (nur JPEG-Bilder) — 240
8.8.2 Filmsimulation-Serie (nur JPEG-Bilder) — 240
8.8.3 Weißabgleich-Reihenaufnahme – »Weissab. BKT« (nur für JPEG-Bilder) — 240
8.8.4 Dynamikbereich-Serie (nur JPEG-Bilder) — 241

8.9 Mehrfachbelichtung (nur JPEG-Bilder) — 241

8.10 Langzeitbelichtung — 244
8.10.1 Langzeitbelichtung in der Nacht — 246
8.10.2 Langzeitbelichtung am Tag — 246

8.11 Panoramabilder erstellen — 247

8.12	Den Selbstauslöser verwenden	249
8.13	Die Kamera mit mobilen Geräten fernsteuern	251
	8.13.1 Fernauslöser für Bulb via Bluetooth	253
	8.13.2 Fernsteuerung der Kamera mit WiFi	254
	8.13.3 Bilder auf das mobile Gerät übertragen	255

9 Filmen mit der X-T4 — 257

9.1	Filmaufnahmen starten	257
9.2	So fokussieren Sie beim Filmen	258
	9.2.1 Automatisches Fokussieren mit AF-C	259
	9.2.2 Fokussieren mit dem Touchscreen	260
	9.2.3 Manuell fokussieren	261
9.3	Den Bildstabilisator beim Filmen verwenden	262
	9.3.1 IBIS + OIS (Kamera- + Objektiv-Bildstabilisator)	262
	9.3.2 IBIS + OIS + DIS (Kamera- + Objektiv- + digitaler Bildstabilisator)	263
	9.3.3 Bildstabilisator ausschalten	263
	9.3.4 Stabi-Modus-Boost	264
9.4	Filmen in den verschiedenen Programmmodi	264
	9.4.1 Filmen in der Programmautomatik	266
	9.4.2 Filmen im Programmmodus A (Blendenvorwahl)	266
	9.4.3 Filmen im Programmmodus S (Zeitvorwahl)	267
	9.4.4 Filmen im Programmmodus M (manuell)	268
	9.4.5 ISO-Wert beim Filmen	269
	9.4.6 Bedienungsgeräusche stummschalten	269
9.5	Hilfsfunktionen für die Belichtung beim Filmen	270
	9.5.1 Zebrastreifen für die Belichtungskontrolle	270
	9.5.2 Histogramm beim Filmen	272
9.6	Die Farbe und andere Einstellungen beim Filmen	272
	9.6.1 Weißabgleich	273
	9.6.2 Filmsimulationen und weitere Einstellungen für den Bildlook	275

9.6.3	Bildlook für das Filmen speichern	276
9.6.4	F-Log und HLG	277

9.7 4K oder Full HD und welche Framerate? ... 280

9.7.1	Videomodus wählen	281
9.7.2	Dateiformat und Filmkompression auswählen	282
9.7.3	Zeitlupenfilme	283
9.7.4	Videoeinstellungen – eine Übersicht	284
9.7.5	Verschiedene Ausgabeoptionen	285
9.7.6	Mehr Übersicht mit Zeitcodes	286

9.8 Den Ton steuern ... 287

9.9 Externe Mikrofone vs. eingebautes Mikrofon ... 289

9.10 Einen Film wiedergeben ... 290

9.11 Einstellungen für einen guten Start ... 291

9.11.1	Speichermedium festlegen	291
9.11.2	(Meine) Grundlegende Kameraeinstellung	291
9.11.3	Videomodus einstellen	292
9.11.4	Einstellungen beim Filmen	292

9.12 Filmen in der Praxis mit der X-T4 ... 293

9.12.1	Filmen in schwierigen Lichtsituationen	293
9.12.2	Belichtungskorrekturen während des Filmens	294
9.12.3	Scharfstellen beim Filmen von beweglichen Motiven	294

10 Zubehör für die X-T4 ... 297

10.1 Objektive für die X-T4 ... 297

10.1.1	Standardzooms	299
10.1.2	Telezooms	303
10.1.3	Weitwinkelzooms	306
10.1.4	Festbrennweiten	307
10.1.5	Makroobjektive	311
10.1.6	Telekonverter	312

10.2 Mehr Energie mit dem Batteriegriff ... 313

10.3 Akkus für die X-T4 314

10.4 Fernauslöser 315

10.5 Sensorreinigung 315

    10.5.1 Reinigung mit dem Blasebalg 316

    10.5.2 Trockenreinigung mit Sensorkontakt 317

    10.5.3 Feuchtreinigung mit Sensorkontakt 317

10.6 Firmware-Upgrade 317

Index 320

Vorwort

Wenn Sie dieses Buch in den Händen halten, dann haben Sie vermutlich eine Fujifilm X-T4 erworben oder planen, in nächster Zeit eine zu kaufen. Die X-T4 ist eine leistungsstarke Allroundkamera für Foto- und Filmaufnahmen. Meine Aufgabe in diesem Buch ist es, Ihnen diese Funktionen auf einem angenehmen Weg näherzubringen, damit Sie Ihre Kamera in vollem Umfang ausnutzen und so das Beste aus Ihren Motiven herausholen können. Vielleicht ist es Ihnen auch wichtig, ohne intensive Nachbearbeitung großartige Aufnahmen direkt aus der Kamera zu erstellen. Gerade JPEG-Fotografen bietet die Kamera insbesondere mit den Filmsimulationen viel. Praxisbeispiele in diesem Buch mit empfohlenen Einstellungen sollen Ihnen in fotografischen Alltagssituationen helfen. Auch finden Sie viele persönliche Empfehlungen von mir, die sich aus der Erprobung der X-T4 im Alltag ergeben haben.

Sofern Sie sich dieses Buch als absoluter Einsteiger in die Fotografie gekauft haben, möchte ich Sie darauf hinweisen, dass es sich bei diesem Kamerahandbuch nicht um eine Fotoschule handelt, die Ihnen den Einstieg in die Fotografie im Allgemeinen näherbringt. Zwar gehe ich auch auf fotografische Grundlagen wie die Belichtung, den Fokus und das Farbmanagement mit der Fujifilm ein, ebenso auf die Themen Blitzfotografie und Filmen, trotzdem liegt der Fokus auf der Nutzung dieser Grundlagen zusammen mit der Fujifilm X-T4. Auf der anderen Seite hat das Buch nicht den Anspruch, ein Kompendium zur X-T4 zu sein, und will auch nicht die gute Bedienungsanleitung der X-T4 ersetzen, die Ihnen mit der Kamera mitgeliefert wird. Sie können sich auch eine PDF-Version der Anleitung von der Webseite *http://fujifilm-dsc.com/en-int/manual/x-t4* herunterladen. Wie Sie den Akku einlegen und aufladen oder Objektive wechseln sowie Datum, Uhrzeit, Zeitzone und Sprache der Kamera einstellen, haben Sie bestimmt schon selbst herausgefunden oder Sie wussten es schon. Auf den Seiten 29 bis 44 der Bedienungsanleitung finden Sie diese Schritte recht ausführlich beschrieben vor.

Trotzdem lassen sich mit Hilfe der Menütexte in der Kamera oder des mitgelieferten Handbuchs viele Funktionen und Einstellungen nicht immer so einfach durchschauen. Und genau hierbei springt das Buch für Sie ein. Es begleitet Sie durch die Einträge im Kameramenü und zeigt Ihnen Kapitel für Kapitel unterschiedliche Konfigurationsmöglichkeiten der X-T4. Dabei versuche ich immer, Ihnen diverse Einstellungen, Funktionen oder Menüeinträge anhand von Beispielen zu erläutern, die sich in der Praxis bewährt haben.

Das Ziel des Buches ist es, dass Sie nach der Lektüre die Arbeitsweise von verschiedenen Funktionen und Automatiken der Fujifilm X-T4 kennen und somit die passende Auswahl bzw. Einstellung für Ihr Motiv treffen können. Das Buch begleitet Sie beim Einstieg in das Bedienkonzept der Kamera bis hin zu Einstellungen für komplexere Anforderungen.

Der Weg durch dieses Buch

Kapitel 1 bietet Ihnen einen allgemein gehaltenen Überblick über die Bedienelemente und das Bedienkonzept der Kamera.

Die allgemeinen Programmmodi der Kamera lernen Sie in **Kapitel 2** kennen. Gerade Umsteiger von anderen Kameraherstellern werden die Programmmodi wie die Programmautomatik **P**, die Zeitvorwahl **S**, die Blendenvorwahl **A** und den manuellen Modus **M** (zusammen häufig als die PSAM- oder PASM-Modi zusammengefasst) suchen, die bei anderen Herstellern gewöhnlich mit einem Wahlrad einstellbar sind. Aber auch wenn die X-T4 dieses Wahlrad nicht hat, sind diese vier grundlegenden Modi vorhanden.

Kapitel 3 steht dann komplett im Zeichen der ausgewogenen Belichtung. Sie lernen die verschiedenen Belichtungsmethoden kennen und erfahren, wie Sie mit der X-T4 auch in kritischen Belichtungssituationen die richtigen Einstellungen vornehmen. Neben der passenden Belichtung ist auch die realistische Farbwiedergabe einer Aufnahme entscheidend für das Bild. Daher werde ich in diesem Kapitel auch erklären, wie Sie den Weißabgleich anpassen können.

Ein weiterer sehr bedeutender Punkt ist das Fokussieren. **Kapitel 4** zeigt Ihnen, wie Sie Bilder immer auf den Punkt scharf bekommen.

In **Kapitel 5**, einem reinen JPEG-Kapitel, erfahren Sie, wie Sie die Farbwirkung bei der Aufnahme beeinflussen können. Neben dem Weißabgleich bietet die X-T4 (wie auch andere Fujifilm-Kameras) mit den Fujifilm-Filmsimulationen eine Besonderheit, die sich großer Beliebtheit erfreut. Außerdem können Sie mit weiteren JPEG-Einstellungen eigene Bildlooks erstellen und wiederverwenden.

Kapitel 6 beschreibt, welche Möglichkeiten die X-T4 bietet, die Kamera den persönlichen Bedürfnissen oder der Situation ganz individuell anzupassen. **Kapitel 7** behandelt das künstliche Licht und zeigt Ihnen die Einsatzmöglichkeiten der X-T4 in Kombination mit einem externen Blitz. Nachdem Sie die wichtigsten Einstellungsmöglichkeiten der Kamera kennen, finden Sie in **Kapitel 8** einige gängige Praxisbeispiele wie u. a. zur Porträtfotografie, zur Naturfotografie oder zur Makrofotografie und einige Empfehlungen für die Kameraeinstellungen in diesen Situationen wieder. Da die X-T4 auch eine hervorragende Kamera zum Filmen ist, wird das Thema in **Kapitel 9** behandelt.

In **Kapitel 10** zeige ich auf, mit welchen gängigen Komponenten Sie Ihre Kamera erweitern können. Dazu gehören natürlich Objektive, aber auch Akkus und Fernauslöser.

Zum Download finden Sie auf der Website zum Buch – *https://www.rheinwerk-verlag.de/fujifilm-x-t4_5188/* –, im Kasten »Materialien«, zwei Bonuskapitel: »Die Menüs im Überblick« und »Programme zum Bearbeiten von Fotos und Videos«.

Bei der Entstehung des Handbuches trugen wie immer viele Personen beim Rheinwerk Verlag bei. Bei meinem Lektor Frank Paschen möchte ich mich besonders bedanken. Sofern Sie Fragen oder Anregungen haben, freue ich mich sehr, von Ihnen zu hören. Schreiben Sie mir einfach eine E-Mail an *wolf@pronix.de* oder direkt an den Verlag.

Jetzt wünsche ich Ihnen viel Spaß beim Lesen des Buches und mit der Fujifilm X-T4.

Jürgen Wolf

Kapitel 1
Bedienelemente und Bedienkonzept der Fujifilm X-T4

Damit Sie mit der Fujifilm X-T4 möglichst schnell vertraut werden, gebe ich Ihnen in diesem Kapitel einen allgemeinen Überblick über die Bedienelemente und das Bedienkonzept der Kamera. Gerade wenn Sie ein Aufsteiger oder Umsteiger von einer anderen Kamera (eines anderen Herstellers) sind, werden Sie sich nach der Lektüre dieses Kapitels schneller und leichter zurechtfinden.

1.1 Die Bedienelemente

Wie es sich für ein Kamerahandbuch gehört, finden Sie zunächst einen Überblick zu den wichtigsten Tasten und Einstellrädern der Fujifilm X-T4. An dieser Stelle werde ich allerdings noch nicht jedes einzelne Element beschreiben, und Sie müssen sich diese Details auch nicht merken. Die genauen Funktionen aller Bedienelemente lernen Sie nach und nach im Buch kennen.

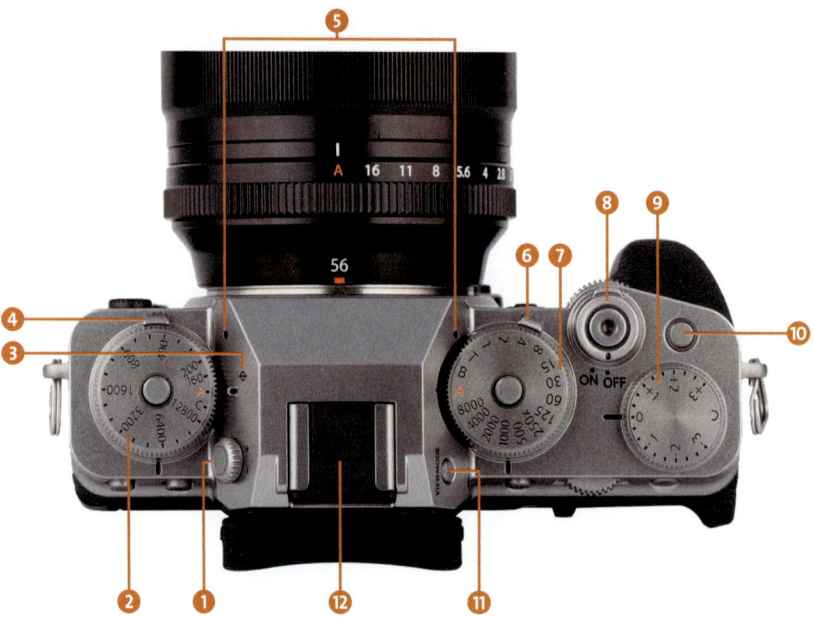

Abbildung 1.1 *Die Fujifilm X-T4 von oben*

❶ **Dioptrieneinstellrad**: Dieses Rad ermöglicht es Kurz- und Weitsichtigen, den Sucher so einzustellen, dass ohne Brille ein scharfes Bild dargestellt wird. Zum Ändern der Einstellung müssen Sie das Rad durch Herausziehen entriegeln, die Einstellung vornehmen und das Rad anschließend durch Hineindrücken wieder verriegeln. Der Dioptrienbereich kann an diesem Rad von −4 bis +2 Dioptrien angepasst werden.

❷ **ISO-Wert**: Mit diesem Einstellrad stellen Sie den ISO-Wert ein. Mit dem Knopf in der Mitte können Sie das Einstellrad verriegeln und wieder entriegeln. Damit verhindern Sie, dass die Einstellung aus Versehen geändert wird.

❸ Das Symbol mit dem durchgestrichenen Kreis zeigt die Lage des Sensors in der Kamera an.

❹ **Aufnahmebetriebsart**: Unter dem Einstellrad für den ISO-Wert finden Sie ein weiteres Einstellrad, mit dem Sie eine Aufnahmebetriebsart wie Einzelbild, Video oder Belichtungsreihe wählen.

❺ **Mikrofon**: Die beiden kleinen Löcher vor den Einstellrädern für den ISO-Wert und die Belichtungszeit sind die Mikrofone der Fujifilm X-T4.

❻ **STILL/MOVIE-Schalter**: Unterhalb des Einstellrades für die Belichtungszeit finden Sie einen weiteren Schalter, mit dem Sie den Kameramodus auf Fotografieren (**STILL**) oder Filmen (**MOVIE**) einstellen.

❼ **Belichtungszeit**: Mit diesem Einstellrad stellen Sie die Belichtungszeit ein. Auch hier können Sie mit dem Knopf in der Mitte das Einstellrad verriegeln und wieder entriegeln.

❽ Mit dem **Ein-Aus-Schalter** schalten Sie die Kamera ein (**ON**) und aus (**OFF**). Die Taste auf dem Ein-Aus-Schalter ist der **Auslöser**, mit dem Sie durch Antippen fokussieren und durch Herunterdrücken auslösen.

❾ **Belichtungskorrekturrad**: Mit diesem Rad stellen Sie eine gezielte Über- oder Unterbelichtung um bis zu drei Blendenstufen ein.

❿ Der **Fn1-Taste** können Sie für den Schnellzugriff eine Funktion zuweisen.

⓫ **VIEWMODE**: Mit dieser Taste wechseln Sie zwischen verschiedenen Bildschirmmodi des elektronischen Suchers (kurz *EVF*) und des Displays.

⓬ Der **Blitzschuh** ermöglicht das Aufsetzen des externer Blitzgeräte.

Kapitel 1 Bedienelemente und Bedienkonzept der Fujifilm X-T4

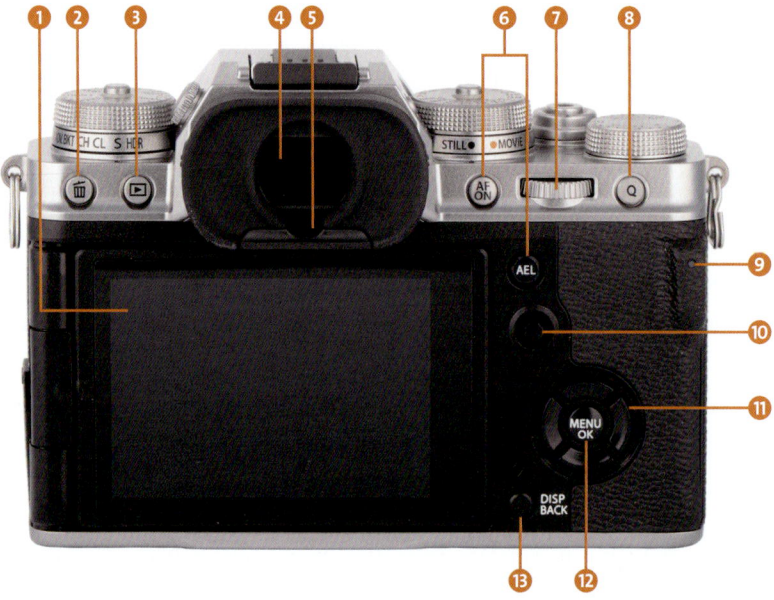

Abbildung 1.2 *Die Fujifilm X-T4 von hinten*

1. **Display/Touchscreen**: Das Display dient zur Navigation im Menü und zur Kontrolle von Bildaufbau, Belichtung und Kameraeinstellungen. Ebenso kann das Display als Touchscreen verwendet werden.

2. Mit der **Löschen-Taste** löschen Sie Bilder oder Filme von der Speicherkarte bei der Wiedergabe von Fotos oder Filmen.

3. **Wiedergabetaste**: Hiermit geben Sie Bilder oder Filme im elektronischen Sucher oder auf dem Display wieder.

4. **Elektronischer Sucher (EVF)**: Der elektronische Sucher ist die Alternative zum Display und die erste Wahl bei einer hellen Umgebung.

5. Unterhalb des EVF ist der **Augensensor**, der bei Annäherung den Sucher ein- und den Monitor ausschalten kann.

6. **AF-ON** und **AEL**: Mit **AF-ON** speichern Sie die Scharfstellung und mit **AEL** die Belichtungseinstellung, um sie für die nächste Aufnahme zu verwenden.

7. **Hinteres Einstellrad**: Hat abhängig von anderen Einstellungen verschiedene Funktionen. Es kann gedreht, aber auch gedrückt werden, um eine zugewiesene Funktion auszuführen. Im Kameramenü bei den Funktionen wird dieses Rad auch als **R-Dial** bezeichnet.

8. **Q-Taste**: Damit rufen Sie ein Schnellmenü für den Zugriff auf bestimmte Einstellungen auf.

9. **Kontrollleuchte**: Die kleine Leuchte ist leicht zu übersehen. Sie zeigt den Kamerastatus an: Leuchtet die Kontrollleuchte grün, ist die Schärfe eingestellt. Leuchtet sie orange, werden

die Bilder auf die SD-Karte gespeichert, und es können im Augenblick keine weiteren Bilder aufgenommen werden. Blinkt sie hingegen grün und orange, werden gerade Bilder auf die SD-Karte geschrieben, aber es kann trotzdem fotografiert werden. Eine blinkende rote Kontrollleuchte hingegen signalisiert einen Objektiv- oder Speicherfehler.

- ⑩ **Fokushebel**: Damit wählen Sie durch Kippen den Fokussierpunkt aus. Kann auch gedrückt werden, um den mittleren Fokuspunkt auszuwählen. Der Fokushebel ist quasi ein Joystick und kann auch für die Auswahl und Bestätigung von Menüpunkten und Einstellungen verwendet werden.
- ⑪ **Auswahltasten**: Die vier Auswahltasten werden verwendet, um Elemente zu markieren oder die Bildwiedergabe zu steuern. Beim Fotografieren sind diese Tasten auch mit Funktionen belegt, die jederzeit geändert werden können. Daher dienen diese Tasten auch als Funktionstaste **Fn3**, **Fn4**, **Fn5** und **Fn6**.
- ⑫ **MENU/OK-Taste**: Mit dieser Taste werden die Menüs aufgerufen, und sie dient auch zum Auswählen bzw. Bestätigen von Einstellungen.
- ⑬ **DISP/BACK-Taste**: Hiermit wählen Sie, wie die Anzeige im Sucher oder auf dem Display aussehen soll. In den Menüs hingegen dient diese Taste als Zurück- oder Abbrechen-Taste zur Navigation.

Abbildung 1.3 *Die Fujifilm X-T4 von vorn*

- ① **Objektiv-Entriegelungsknopf**: Der Knopf muss gedruckt werden, wenn Sie ein Objektiv vom Kamerabody entfernen wollen.
- ② Der **Fn2-Taste** können Sie für den Schnellzugriff eine Funktion zuweisen.

❸ **Vorderes Einstellrad**: Hat abhängig von anderen Einstellungen verschiedene Funktionen. Wie das hintere Einstellrad kann es sowohl gedreht als auch gedrückt werden, um zugewiesene Funktionen auszuführen.

❹ **AF-Hilfslicht**: Wenn das Hilfslicht aktiviert ist, hilft es bei der automatischen Scharfstellung. Das Licht blinkt auch als Countdown beim Selbstauslöser.

❺ **Synchronanschluss**: Der Anschluss wird von Blitzgeräten verwendet, die sich nur mit einem Synchronkabel mit der Kamera verbinden lassen.

❻ **Fokusschalter**: Mit diesem Schalter wählen Sie den Fokusmodus aus. **S** steht für Einzel-Autofokus (AF-S), **C** für den kontinuierlichen Autofokus (AF-C) und **M** für den manuellen Modus.

1.2 Das Bedienkonzept

Die Fujifilm X-T4 mag mit ihren zahlreichen Einstellrädern und Tasten im ersten Moment kompliziert wirken. Im Verlauf des Buches werden Sie aber feststellen, dass die Kamera ein sehr gut durchdachtes und einfach zu bedienendes System ist. In diesem Kapitel gehe ich auf das grundlegende Bedienkonzept der X-T4 ein, in den folgenden Kapiteln widme ich mich den einzelnen Details und dem Feintuning der Kamera.

1.2.1 Fotografieren oder Filmen

Ob Sie die X-T4 zum Fotografieren oder zum Filmen verwenden wollen, stellen Sie mit dem **STILL/MOVIE**-Schalter ein, den Sie unterhalb des Einstellrades für die Belichtungszeit vorfinden. Mit der Einstellung **STILL** befindet sich die Kamera im Fotomodus, und mit **MOVIE** können Sie filmen. Das Tolle an diesem Schalter ist, dass Sie entsprechend der Stellung **STILL** oder **MOVIE** gleich die entsprechenden Funktionen im Kameramenü angezeigt bekommen. Beim Fotografieren mit **STILL** werden nur die Funktionen für das Fotografieren und beim Filmen mit **MOVIE** eben nur die Funktionen, die für das Filmen relevant sind, angezeigt.

Mehr zum Filmen in Kapitel 9, »Filmen mit der X-T4«

Wenn in diesem Buch die Rede von Film(en), Video oder Movie ist, dann handelt es sich immer um dasselbe. Umfassender auf das Filmen gehe ich in Kapitel 9, »Filmen mit der X-T4«, ein.

Abbildung 1.4 *Stellen Sie das Einstellrad auf **STILL** zum Fotografieren oder auf **MOVIE** zum Filmen*

1.2.2 Den Programmmodus einstellen

Viele Kameras haben ein Moduswahlrad, wie Sie es in Abbildung 1.5 sehen, mit dem Sie den Programmmodus (auch: Aufnahmeprogramm) wählen. Neben einer Vollautomatik finden Sie hier häufig die Modi **P** für die Programmautomatik, **A** oder **Av** für die Blendenvorwahl, **S** oder **Tv** für die Zeitvorwahl und **M** für den manuellen Modus vor.

Abbildung 1.5 *Ein typisches Moduswahlrad an einer Kamera (hier: Fujifilm X-T200), mit dem Sie zwischen den verschiedenen Modi wie Programmautomatik (**P**), Zeitvorwahl (**S**), Blendenvorwahl (**A**) und manuellem Modus (**M**) wählen.*

Die Fujifilm X-T4 hat dieses Moduswahlrad nicht! Trotzdem sind alle diese Programme auch hier vorhanden und können ganz einfach und intuitiv verwendet werden. Wie bei den meisten Fujifilm-Kameras üblich, gibt es für jeden dieser Parameter ein dediziertes Einstellrad. Damit können Sie die Einstellungen bereits konfigurieren, ohne die Kamera einschalten zu müssen.

Drei Einstellräder sind entscheidend: Auf der linken oberen Seite finden Sie das Einstellrad für den ISO-Wert und auf der rechten oberen Seite das Einstellrad für die Zeitvorwahl. Den Blendenring finden Sie direkt am Objektiv. Abhängig davon, wie Sie diese drei Parameter einstellen, können Sie wie bei jeder beliebigen anderen Kamera die Aufnahmeprogramme einstellen und verwenden.

Abbildung 1.6 *Die nötigen Einstellungen für die verschiedenen Aufnahmeprogramme (linkes Rad: ISO-Wert, rechtes Rad: Belichtungszeit, am Objektiv: Blende)*

In Tabelle 1.1 habe ich Ihnen einmal aufgelistet, wie Sie die bekannten Programmmodi an der X-T4 einstellen können. Gerade Umsteiger von anderen Kameraherstellern sind oft verblüfft, wie einfach und intuitiv die Einstellungen hierbei gemacht werden können.

Aufnahmeprogramm	Einstellungen bei der X-T4
Programmautomatik **P**	Um die Programmautomatik zu verwenden, wählen Sie sowohl am Blendenring als auch am Einstellrad für die Belichtungszeit das rote **A** (für »Automatik«). Die Kamera übernimmt die Entscheidung für diese beiden Werte. Sie treffen dann nur noch die Entscheidung zum ISO-Wert, obgleich Sie auch hier das ISO-Rad auf **A** stellen können.
Blendenvorwahl **A**, **Av**	Für die Blendenvorwahl stellen Sie das Einstellrad der Belichtungszeit auf das rote **A**. Wollen Sie auch den ISO-Wert automatisch passend einstellen lassen, können Sie auch dieses Einstellrad auf **A** stellen. Mit dem Blendenring am Objektiv geben Sie nun die passende Blende vor. Die Blendenvorwahl wird auch als Zeitautomatik bezeichnet.
Zeitvorwahl **S**, **T**, **Tv**	Eine Zeitvorwahl können Sie einstellen, indem Sie das Blendenrad am Objektiv auf das rote **A** stellen. Auch hier können Sie das Einstellrad für den ISO-Wert bei Bedarf auf **A** stellen, wenn Sie diesen Wert nicht selbst festlegen wollen. Mit dem Einstellrad für die Belichtungszeit wählen Sie nun die gewünschte Belichtungszeit, die Kamera stellt dazu passend die Blende ein. Die Zeitvorwahl wird auch als Blendenautomatik bezeichnet.
Manueller Modus **M**	Beim manuellen Modus nehmen Sie alle Einstellungen wie den ISO-Wert, die Blendenvorwahl und die Zeitvorwahl selbst in die Hand. Die Kamera greift nicht ein.

Tabelle 1.1 *Programmmodi an der X-T4 einstellen*

1.2.3 Objektive und der Blendenring

Auf die Einstellung der Blende gehe ich hier etwas ausführlicher ein, weil es eventuell zu Verwirrungen kommen könnte. Bei Objektiven mit einer Festbrennweite und bei Zoomobjektiven mit durchgehend gleicher Lichtstärke finden Sie auf dem Blendenring die Blendenwerte als Zahlenwert inklusive dem roten **A** für die Automatik wieder. Durch Drehen am Ring stellen Sie die gewünschte Blende bzw. die Automatik ein.

Zoomobjektive ohne durchgehende Lichtstärke wie zum Beispiel das Fujifilm XF 55–200 mm F 3,5–4,8 haben keine Zahlenwerte am Blendenring, weil ja mit der Brennweite auch die Blende variiert. Trotzdem ist auch hier der Blendenring zum Einstellen vorhanden; allerdings müssen Sie den Blendenwert im Sucher oder auf dem Display kontrollieren. Für die automatische Einstellung der Blende finden Sie bei solchen Objektiven einen Schalter mit dem roten **A** vor. Über den Schalter wechseln Sie also zwischen manueller Blende und automatischer Blende.

Zu guter Letzt gibt es ein paar (wenige) Objektive, bei denen auf einen Blendenring verzichtet wurde. Das Fujifilm XF 27 mm F2,8 oder die günstigen XC-Objektive sind solche Kandidaten.

Bei diesen Objektiven lässt sich die Blende nur über das vordere Einstellrad einstellen (wenn die Standardeinstellung nicht verändert wurde).

Abbildung 1.7 *Bei Objektiven mit Festbrennweite und Zoomobjektiven mit durchgehend gleicher Lichtstärke finden Sie die einzustellenden Blendenwerte (inklusive A) direkt auf dem Blendenring wieder. Hier ist Blende f5,6 eingestellt, durch den weißen Strich markiert.*

Abbildung 1.8 *Zoomobjektive ohne durchgehende Lichtstärke haben keine Blendenwerte am Blendenring. Sie können die Blende mit dem Ring einstellen, sehen Ihre Wahl aber nur im Sucher/Display. Zwischen manueller oder automatischer Blende wählen Sie mit einem Schalter* ❶.

1.2.4 Das vordere/hintere Einstellrad und der Fokushebel

Neben den gerade beschriebenen Einstellrädern werden bei der X-T4 verschiedene Einstellungen auch über das vordere bzw. hintere Einstellrad gemacht. Allerdings nicht ganz so intensiv, wie Sie dies vielleicht von anderen Kameraherstellern für die Anpassung von Kamerawerten her kennen. Das vordere Einstellrad ist mit drei optionalen Funktionen belegt, die sich alle ändern lassen:

- Die erste Funktion ist für die Steuerung der Blende bzw. den Blendenwert von Objektiven ohne Blendenring gedacht. Es ist allerdings auch möglich, diese Funktion für Objektive mit Blendenring einzurichten.
- Die zweite Funktion ist mit der Belichtungskorrektur belegt, mit der Sie die Belichtung anpassen können, wenn Sie das Einstellrad für die Belichtungskorrektur auf **C** (für »custom«; benutzerdefiniert) gestellt haben.
- Als dritte Funktion können Sie den ISO-Wert anpassen. Auch dafür müssen Sie den ISO-Wert am Einstellrad auf **C** gestellt haben.

Sollten Sie mehr als eine Funktion auf das vordere Rad gelegt haben, wie die Blendeneinstellung, die Belichtungskorrektur und/oder ISO-Wert-Einstellung, dann können Sie zwischen diesen Optionen wechseln, indem Sie das vordere Einstellrad mehrfach drücken. So »kreisen« Sie durch die drei Optionen.

Kapitel 1   Bedienelemente und Bedienkonzept der Fujifilm X-T4

Bedienradeinstellung

Sie gelangen zu den Einstellungen des vorderen und hinteren Bedienrades, indem Sie das vordere Bedienrad gedrückt halten, wodurch der entsprechende Konfigurationsdialog angezeigt wird. Sie werden allerdings schon bemerkt haben, dass die Kamera enorm viele Konfigurationsmöglichkeiten bietet, daher gehe ich auf die benutzerdefinierte Einstellung und Konfiguration noch gesondert in den jeweils passenden Kapiteln des Buches ein, um Sie jetzt nicht schon bei der Einführung der Kamera mit zu vielen Details zu erschlagen.

Das hintere Einstellrad ist überschaubar mit *einer* Funktion belegt: In der Programmautomatik im Modus **P** können Sie durch Drehen am Rad eine passende Kombination aus Blende und Belichtungszeit auswählen. Das ist der sogenannte *Programm-Shift*, den Sie vielleicht auch von anderen Kameras kennen. Drücken Sie das hintere Rad, haben Sie die Lupenfunktion aktiviert, und der aktive Fokusbereich wird vergrößert. Durch Drehen können Sie in diesen vergrößerten Bereich ein- und auszoomen. Allerdings können Sie auch dieses Rad bei Bedarf mit einer anderen Funktion belegen.

Ebenfalls wichtig ist der Fokushebel für den rechten Daumen. Mit ihm wählen Sie durch Kippen bzw. Drücken den Fokussierbereich. Die Auswahl des Fokussierpunktes wiederum unterscheidet sich ein wenig vom gewählten AF-Modus, der sich über das Einstellrad unterhalb des Belichtungszeitrads ändern lässt. Abhängig vom gewählten AF-Modus können Sie mit dem hinteren Einstellrad die Messfeldgröße wählen.

1.2.5   Die Q-Taste und die Funktionstasten

Rechts oben finden Sie die **Q**(uick)-Taste, mit der Sie schnell auf häufig benötigte Funktionen zugreifen können, ohne sich durch die Menüs klicken zu müssen. Die Einträge in diesem Schnellmenü lassen sich natürlich anpassen, wie so vieles bei der X-T4. Auch unterscheiden sich die auswählbaren Funktionen im Q-Menü je nachdem, ob Sie das **STILL/MOVIE**-Einstellrad zum Fotografieren auf **STILL** oder zum Filmen auf **MOVIE** gestellt haben. Es werden dabei jeweils nur entsprechende Funktionen zum Fotografieren (**STILL**) oder Filmen (**MOVIE**) angeboten.

Außerdem stehen Ihnen (noch mehr) Funktionstasten zur Verfügung, die zum Teil schon mit Funktionen vorbelegt sind und auch an Ihre Bedürfnisse angepasst werden können. Neben den beiden **Fn**-Tasten (**Fn1** und **Fn2**) auf der Ober- und Vorderseite der Kamera sind auch die vier Auswahltasten solche (konfigurierbaren) Funktionstasten. Standardmäßig stellen Sie mit der oberen **Fn1**-Taste auf der X-T4 den Modus für die Gesichts-/Augenerkennung ein. Die **Fn2**-Taste hingegen ist mit der **Drive-Einstellung** für die *Bracketing*-Funktionen belegt. Bei den vier **Fn**-Tasten rund um die **MENU/OK**-Taste ist die linke Taste mit der Einstellung der Filmsimulationen, die untere mit dem Leistungs-Verstärkungsmodus, die rechte mit dem Weißabgleich und die obere Taste mit der Belichtungsmessungsmessmethode (**AE-Messung**) vorbelegt.

Abbildung 1.9 *Über die **Q**-Taste rufen Sie ein Schnellmenü auf. Links sehen Sie das Q-Menü für das Fotografieren (**STILL**) und rechts für das Filmen (**MOVIE**).*

Leistungs-Verstärkungsmodus
Wenn Sie den Leistungs-Verstärkungsmodus aktivieren, werden die Leistung der automatischen Scharfstellung und die Bildrate des Suchers erhöht. Dies bedeutet allerdings auch, dass mehr Strom benötigt wird und sich die Akkulaufzeit verkürzt.

Mit der Taste **AEL** können Sie die Belichtungseinstellung und mit **AF-ON** die Scharfstellung speichern und so für die nächste Aufnahme verwenden. Wenn Sie wollen, können Sie auch die Tasten **AEL** und **AF-ON** mit eigenen Funktionen belegen, wenn Sie diese Standardfunktionen ohnehin nicht oder selten verwenden.

Wie Sie Ihre X-T4 nach Ihren eigenen Wünschen anpassen, erfahren Sie ausführlich in Kapitel 6, »Die Fujifilm X-T4 individuell anpassen«.

1.2.6 Die Aufnahmebetriebsarten

Mit dem Einstellrad unterhalb des ISO-Einstellrades passen Sie die Aufnahmebetriebsart der Kamera an. Ihnen stehen die in Tabelle 1.2 aufgelisteten Betriebsarten zur Verfügung.

Option	Beschreibung
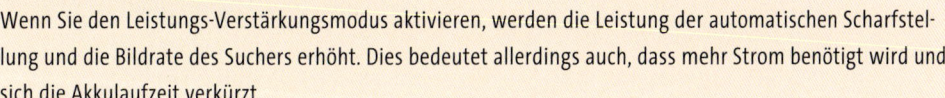	Mit dieser Betriebsart erstellen Sie eine Panoramaaufnahme direkt in der Kamera. Hierbei können Sie die **Richtung**, in der Sie die Kamera drehen, und den **Winkel** des Panoramas vorgeben. Die Funktion ist durchaus interessant, um ein schnelles Panorama aus der Hand zu erstellen. Probleme hat die Funktion aber beim Zusammensetzen des Panoramas, wenn sich Objekte darin bewegen. Dies sollten Sie möglichst vermeiden.
ADV.	Hier finden Sie erweiterte Filter (**ADV.** = »Advanced Filter«) für kreative Zwecke. Hiermit können Sie Bilder mit Filtern wie **Lochkamera**, **Miniatur**-Effekt, **Pop-Farbe**, **High-Tone** oder **Low-Key** aufnehmen. Den aktiven Filter wählen Sie über die **Fn2**-Taste oder im Kameramenü über **Aufnahme-Einstellung > Drive-Einstellung > Erweit. Filtereinstellung**.

Tabelle 1.2 *Die verschiedenen Betriebsarten der Fujifilm X-T4*

Option	Beschreibung
BKT	Stellen Sie das Rad auf **BKT** (*englisch bracketing*), wenn Sie eine Reihenaufnahme erstellen wollen. Sehr hilfreich hierbei ist, dass in dieser Aufnahmebetriebsart auch gleich die vordere **Fn2**-Taste an der X-T4 dafür belegt ist, die Einstellungen der Serienaufnahme vorzugeben. Die Art der Automatikreihe geben Sie im Menü **Aufnahme-Einstellung > Drive-Einstellung > BKT-Einstellung > BKT Auswahl** vor. Folgende Reihentypen stehen Ihnen zur Verfügung: ■ **Auto-Belichtungs-Serie**: Bei dieser Belichtungsreihe erstellen Sie eine bestimmte Anzahl von Bildern mit unterschiedlichen Belichtungen. Dabei lassen sich die Anzahl der Bilder und der Abstand der Blendenstufen variabel anpassen. Aus den so erstellten Bildern kann am Computer ein HDR-Bild entstehen. Es lässt sich zudem einstellen, ob die Bilderreihe schnell hintereinander erstellt werden soll oder ob Sie für jedes der Bilder den Auslöser betätigen müssen. ■ **ISO BKT**: Mit dieser Belichtungsreihe erstellen Sie Aufnahmen mit denselben Belichtungswerten, aber einem unterschiedlichen ISO-Wert. Den Unterschied des ISO-Wertes können Sie mit 1/3, 2/3 oder 1 Blendenstufe wählen. Diese Funktion kann hilfreich für eine Belichtungsreihe sein, bei der immer die gleichen Belichtungswerte benötigt werden, um z. B. eine einheitliche Schärfentiefe und Bewegungsunschärfe zu erzielen. ■ **Filmsimulation-Serie**: Hiermit erstellen Sie Aufnahmen mit drei unterschiedlichen Fujifilm-Filmsimulationen. Welche Filmsimulationen verwendet werden, lässt sich einstellen. ■ **Weissab. BKT**: Mit der Weißabgleichsreihe werden drei Varianten mit kleineren bis größeren Unterschieden in den Farbtönen entsprechend dem eingestellten Weißabgleich erstellt. Damit erzeugen Sie ein Bild mit einem normalen und jeweils ein Bild mit einem warmen und einem kalten Weißabgleich. Die Schrittweite können Sie auch hier mit +/–1, +/–2 oder +/–3 angeben. ■ **Dynamikbereich-Serie**: Hiermit erstellen Sie eine schnelle Folge von drei Aufnahmen mit unterschiedlichen Dynamikbereichen. Für die erste Aufnahme wird 100 %, für die zweite 200 % und für die dritte 400 % verwendet. Damit entstehen Bilder mit unterschiedlichen Kontrastdarstellungen. Diese Reihenaufnahme hat keine weiteren Einstellmöglichkeiten. ■ **Fokus-BKT**: Hiermit können Sie bis zu 999 Aufnahmen mit einer variierenden Fokuseinstellung erstellen. Voraussetzung für diese Funktion ist, dass Sie ein Objektiv mit automatischer Fokussierung verwenden. Mit adaptierten oder manuellen Objektiven funktioniert das nicht. Nach jedem Auslösen ändert die Kamera dabei die Fokusposition um die eingestellte Schrittweite von 1 bis 10. Je kleiner die Schrittweite, umso geringer ist die Änderung der nächsten Fokusposition. Ein **Intervall** zwischen den Auslösungen können Sie hierbei auch einstellen. Diese Funktion wird sehr gerne in der Makrofotografie verwendet, um durch ein *Focus Stacking* ein durchgehend scharfes Bild am Computer zusammensetzen zu können.

Option	Beschreibung
CH CL	Mit **CH** (»Continuous High«) und **CL** (»Continuous Low«) können Sie schnelle bzw. langsame Serienaufnahmen erstellen. Hierbei werden so lange Fotos aufgenommen, wie Sie den Auslöser gedrückt halten. Natürlich nur in der Theorie. Da die Bilder auch auf der Speicherkarte gespeichert werden müssen, gibt es Limits. Wenn der Speicherpuffer der Kamera keine Bilder mehr aufnehmen kann, wird die Serienaufnahme verzögert, um Bilder auf die Speicherkarte zu schreiben. Eine schnelle Speicherkarte ist also von Vorteil. Auch hier können Sie noch über die vordere **Fn2**-Taste die Anzahl der Bilder pro Sekunde einstellen. In der **CH**-Betriebsart können Sie bis zu 15 Bilder pro Sekunde machen. Verwenden Sie den elektronischen Verschluss und einen Crop von 1,25, dann sind sogar 30 Bilder pro Sekunde mit 16 Megapixeln möglich. In der **CL**-Betriebsart können maximal 8 Bilder pro Sekunde aufgenommen werden.
S	Das ist die Einzelbildbetriebsart (**S** = »Single Frame«), in der Sie mit jedem Drücken des Auslösers ein Bild machen. Diese Betriebsart wird wohl am häufigsten verwendet und ist ideal, wenn Sie Zeit für die Aufnahmen haben.
HDR	Mit dieser Funktion werden beim Auslösen drei Bilder mit unterschiedlichen Belichtungen aufgenommen und anschließend zu einem HDR-Bild kombiniert, wo die Details in den Lichtern und Schatten bewahrt werden. Hierfür bietet die Funktion mit **200%**, **400%**, **800%** und **800%+** unterschiedliche Helligkeitsbeträge an, mit denen Sie die Stärke der unterschiedlichen Belichtungen variieren können. **800%+** ist die maximale Anpassung des Dynamikbereiches. Es gibt noch **Auto**, womit Sie die Entscheidung der Kamera je nach Lichtumgebung überlassen. Auch diese Einstellungen der HDR-Funktion können Sie über die **Fn2**-Taste auswählen.

Tabelle 1.2 *Die verschiedenen Betriebsarten der Fujifilm X-T4 (Forts.)*

Wozu »Weissab. BKT« oder »Filmsimulation-Serie«?
Bei einigen Funktionen in der Aufnahmebetriebsart **BKT** werden Sie sich vermutlich fragen, wofür sie gut sein sollen. **Filmsimulation-Serie** und **Weissab. BKT** dürften wohl eher interessant für Fotografen sein, die ausschließlich im JPEG-Format fotografieren. Fotografieren Sie Ihre Bilder im Raw-Format, ist ein Anpassen der Weißabgleichs ja jederzeit im Raw-Konverter möglich, und die Filmsimulationen können auch in der Kamera nachträglich am Raw-Bild angewendet werden.

1.2.7 Der Fokusmodus-Schalter

Ein weiterer sehr wichtiger Schalter für das Fotografieren mit der X-T4 ist der Fokusmodus-Schalter an der linken unteren Kameraseite. Sie können zwischen drei Optionen wählen:

- **S** (AF-S): Wenn Sie bei dieser Einstellung den Auslöser halb herunterdrücken, wird das anvisierte Objekt scharfgestellt, und der Fokus bleibt so lange erhalten, wie Sie den Auslöser halb herunterdrücken oder durchdrücken und so das Bild aufnehmen. Diese Einstellung eignet sich vorwiegend für statische oder sich nur langsam bewegende Objekte.

- **C** (AF-C): In dieser Einstellung passt sich die Scharfstellung ständig dem anvisierten Objekt an, solange Sie den Auslöser halb herunterdrückt halten. Dieser Modus eignet sich sehr gut, wenn Sie sich bewegende Motive fotografieren, z. B. in der Kinder- oder Sportfotografie.
- **M** (manuell): Mit diesem Modus deaktivieren Sie den Autofokus und nehmen die Scharfstellung über den Scharfstellring am Objektiv selbst in die Hand. Es gibt immer wieder Situationen, in denen die manuelle Fokussierung besser geeignet ist: Aufnahmen in der Dunkelheit, Aufnahmen vom Stativ, Fotografieren durch halbdurchlässige Objekte (beispielsweise Gardine), Sternenfotografie, Naturfotografie, Makrofotografie – das sind einige Beispiele, bei denen ich den Fokus lieber manuell einstelle.

1.3 Bildkontrolle über das Display und den Sucher

Unverzichtbar für die Bildkontrolle beim Fotografieren und für das Einstellen der Kamera sind das Display/der Touchscreen auf der Kamerarückseite und der elektronische Sucher (kurz: EVF, *Electronic View Finder*). Wenn Sie die Kamera einschalten, zeigt das Display das aktuelle Motiv (also das, worauf Sie die Kamera richten) mitsamt den Informationen zu den aktuellen Einstellungen an. Auf die Bedeutung der Symbole werde ich in den thematisch passenden Kapiteln eingehen. Eine Übersicht aller Symbole finden Sie in der Bedienungsanleitung von Fujifilm auf den Seiten 12 und 14.

> **Display-Einstellung konfigurieren**
> Welche Informationen auf dem Display bzw. Sucher angezeigt werden, können Sie bei Ihrer Fujifilm X-T4 im Kameramenü **Einrichtung > Display-Einstellung > Display Einstell.** anpassen.

Abbildung 1.10 *Ansicht auf dem Display der X-T4*

Wollen Sie den Sucher verwenden, müssen Sie lediglich mit dem Auge durchsehen. Ein Augensensor unterhalb des Suchers reagiert sofort, schaltet das Display aus und den elektronischen Sucher ein.

EVF und LCD

Die Fujifilm X-T4 hat natürlich einen elektronischen Sucher (englisch *electronic view finder*), was häufig kurz als EVF abgekürzt wird. Im Buch werde ich lediglich vom *Sucher* sprechen, weil es sich so einfacher lesen lässt. Dasselbe gilt für das LCD, das ich im Buch als *Display* bezeichne.

Abbildung 1.11 *Zur Bildkontrolle beim Fotografieren verwenden Sie das Display oder den Sucher.*

Augensensor

Beachten Sie: Der Augensensor am Sucher reagiert auch auf andere Objekte, die in der Nähe sind. Halten Sie zum Beispiel Ihre Hand davor, wird ebenfalls das Display aus- und der Sucher eingeschaltet.

Sucher oder Display – jede Option hat abhängig von der Art der Fotografie ihre Vor- und Nachteile. Es gibt oft Aufnahmesituationen wie z. B. in der Makrofotografie, wo die Kamera an einer Position ist, in der es fast unmöglich wird, noch durch den Sucher zu sehen. Dann ist das Display sehr hilfreich, das Sie für eine bessere Ansicht auch neigen können. Bei anderen Aufnahmesituationen auf Augenhöhe, wie etwa bei der Porträtfotografie, ist der Sucher wiederum besser geeignet. Auch die Lichtsituation spielt bei der Wahl der besseren Option eine Rolle. Ist die Sonne sehr hell, kann es schwierig werden, etwas auf dem Display zu erkennen. Beim Filmen (aus der Hand) sieht man zwar häufiger, dass das Display verwendet wird, aber auch hier wäre der Sucher besser geeignet, weil die Kamera besser stabilisiert ist, wenn man sie am Auge hat. Sie werden selbst schnell feststellen, wann Sie lieber den Sucher und wann Sie das Display verwenden wollen.

1.3.1 Das Endergebnis stets im Blick

Ein Vorteil, den Sie mit einer spiegellosen Kamera im Allgemeinen haben, ist, dass Sie im Sucher oder auf dem Display das Bild so angezeigt bekommen, wie das Ergebnis aussähe, wenn Sie den Auslöser durchdrücken würden. Wenn Sie den Auslöser halb herunterdrücken, wird neben den eingestellten Kamerawerten eine Vorschau der Schärfentiefe angezeigt. Zudem lässt sich im Sucher oder auf dem Display schon vorab erkennen, ob ein Bild z. B. unter- oder überbelichtet ist. Gerade für Einsteiger ist diese Vorschau eine enorme Erleichterung, da noch die Erfahrung fehlt, wie sich bestimmte Einstellungen auswirken.

Belichtungssimulation abschalten

Es gibt Fälle, wo Sie eine Simulation des Endergebnisses vielleicht deaktivieren wollen. Ein Anwendungsfall ist zum Beispiel das Blitzen im Studio, wo es häufig dunkel ist und Sie mit der Belichtungssimulation im schlimmsten Fall gar nichts auf dem Display oder im EVF erkennen. Diese Vorschau können Sie im Kameramenü über **Einrichtung > Display-Einstellung > Bel.-Vorschau/Weissabgleich Man.** mit **Aus** deaktivieren. Der Standardwert dieser Einstellung ist **Vorschau Bel./WA**. Dies funktioniert aber nur im manuellen Modus **M** der Kamera.

In der Liveansicht des Displays und im EVF werden neben den Einstellungen zur Belichtung und zum Weißabgleich die JPEG-Einstellungen aus dem Kameramenü **Bildqualitäts-Einstellung** und die Filmsimulation auf Ihr Motiv angewendet. Wollen Sie stattdessen ein Sucherbild sehen, das eher dem des optischen Suchers gleicht, die Einstellungen also nicht berücksichtigt, dann nutzen Sie die Funktion **Natürliche Liveansicht** über das Kameramenü **Einrichtung > Display-Einstellung**. Stellen Sie diese Funktion auf **An**, erhalten Sie ein natürlicheres Sucherbild. Das ist für die Bildgestaltung durchaus hilfreich, wenn Sie Aufnahmen bei starken Kontrasten durchführen müssen, weil die Schatten und Lichter eher dem entsprechen, was Sie auch im optischen Sucher sehen. Mit **Aus** deaktivieren Sie diese natürliche Liveansicht wieder, was auch die Standardeinstellung ist.

Abbildung 1.12 *Links das Display bei der standardmäßigen Belichtungssimulation, wo das Angezeigte auch so ziemlich dem Endergebnis entspricht. Rechts habe ich die* **Natürliche Liveansicht** *aktiviert, was eher dem Bild eines optischen Suchers entspricht.*

1.3.2 Die Bildschirmansicht ändern

Wenn Sie auf der Rückseite die **DISP/BACK**-Taste mehrmals drücken, durchlaufen Sie die verschiedenen Anzeigen auf dem Display oder im elektronischen Sucher. Die Anzahl der verschiedenen Anzeigen hängt davon ab, ob Sie das Display oder den elektronischen Sucher verwenden, während Sie diese Taste drücken.

Abbildung 1.13 *Bildansicht mit Informationen (Standardansicht)*

Abbildung 1.14 *Bildansicht ohne Informationen*

Drücken Sie **DISP/BACK**-Taste, während das Display aktiv ist, stehen Ihnen drei Anzeigen zur Verfügung: einmal die Bildanzeige mit Informationen, dann die Bildanzeige ohne Informationen und zu guter Letzt die Anzeige nur mit Informationen ohne Bild. Es gibt noch eine vierte Anzeige, die jedoch nur zu sehen ist, wenn Sie den Fokusmodus-Schalter auf **M** (manuell) stellen.

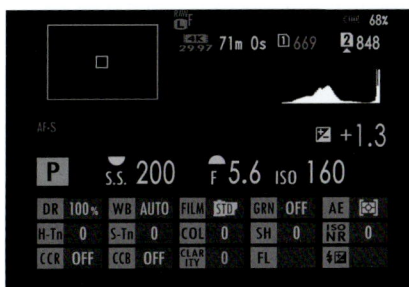

Abbildung 1.15 *Reine Informationsanzeige*

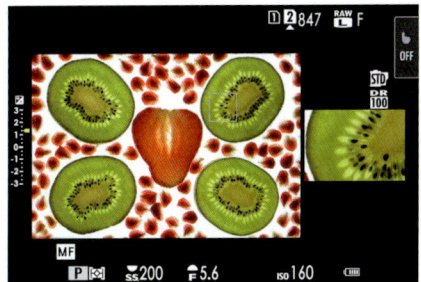

Abbildung 1.16 *Im manuellen Modus finden Sie eine duale Anzeige mit der Bildansicht mit Informationen und einem kleinen vergrößerten Bereich, der beim manuellen Fokussieren sehr hilfreich ist.*

Die Anzeigen von Display und Sucher werden immer separat ausgewählt. Wollen Sie die Anzeigen im Sucher durchlaufen, müssen Sie hindurchschauen (und ihn so aktivieren) und die **DISP/BACK**-Taste drücken. Beim Sucher finden Sie drei Anzeigen vor: Neben der Standardansicht mit einem schwarzen Rand, wo die Informationsanzeigen und Einstellungen enthalten sind, können Sie einen Vollbildmodus verwenden, bei dem diese Informationen innerhalb des Bildes angezeigt werden. Die dritte Anzeige steht auch hier nur im manuellen Modus zur Verfügung und entspricht der dualen Anzeige, wie schon auf dem Display in Abbildung 1.16 zu sehen ist.

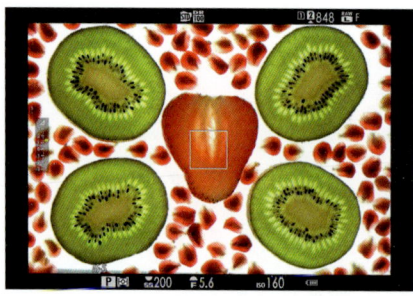 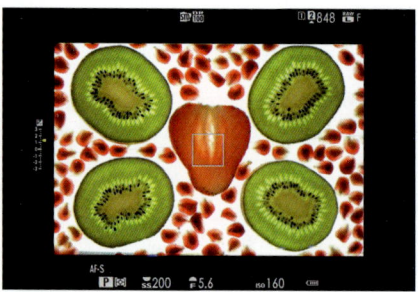

Abbildung 1.17 *Vollbildansicht im Sucher*   **Abbildung 1.18** *Standardansicht im Sucher*

Wenn Sie die Kamera vertikal drehen, dreht sich auch die Anzeige der Informationen entsprechend mit. Mit einer Ausnahme: Im manuellen Modus drehen sich die Informationen leider nicht mit.

1.3.3 Den Ansichtsmodus festlegen und Strom sparen

Fotografieren Sie in erster Linie nur mit dem Sucher oder nur mit dem Display, können Sie dies mit der Taste **VIEWMODE** rechts neben dem Sucher auch festlegen. Die Auswahl ändert sich mit jedem Drücken der Taste, und die aktive Auswahl wird kurz auf dem Display bzw. im Sucher angezeigt. Wählen Sie **Nur EVF** oder **Nur LCD**, wenn Sie ausschließlich eine der beiden Optionen verwenden wollen. Fotografieren Sie hingegen ohnehin ausschließlich mit dem Sucher, dann würde sich die Option **Nur EVF+Sensor** empfehlen. Damit wird das Display niemals verwendet und der Sucher nur eingeschaltet, wenn Sie mit dem Auge durchsehen. Diese Option ist daher auch der Ansichtsmodus, der am wenigsten Strom verbraucht. Dies Option wird auch verwendet, wenn Sie das Display der X-T4 nach innen klappen, so dass es nicht mehr sichtbar und geschützt ist.

Die Standardeinstellung ist **Sensor**, womit eine automatische Umschaltung zwischen dem Display und dem Sucher erfolgt, wenn Sie mit dem Auge durch den Sucher schauen. Der Modus **Sensorauge+LCD Bildeinst.** ist im Prinzip ähnlich wie **Sensor**, nur wird für die Bildvorschau nach der Aufnahme ausschließlich das Display verwendet. Diese Bildvorschau nach der Aufnahme ist aber standardmäßig deaktiviert und muss über **Einrichten > Display-Einstellung > Bildvorschau** aktiviert werden, wenn Sie sie verwenden wollen.

1.3.4 Den Touchscreen verwenden

Das Display der Fujifilm X-T4 kann auch als Touchscreen für das Fotografieren, zum Fokussieren, zur Funktionsauswahl, zur Bildwiedergabe oder für die Kamerabedienung bei der Videoaufnahme verwendet werden. An zum Thema passender Stelle gehe ich in diesem Buch auch auf die einzelnen Möglichkeiten des Touchscreens ein.

Touchscreen umklappen – meine Empfehlung

Wenn ich mit dem Fotografieren fertig bin und die Kamera wieder in meiner Fototasche verstaue, drehe ich den Touchscreen um und klappe ihn nach innen. So schütze ich mein Display vor Kratzern.

Beim Einklappen wird das Display automatisch ausgeschaltet, so dass Sie diese Möglichkeit auch nutzen können, um ausschließlich mit dem Sucher zu fotografieren. So bekommt die X-T4 außerdem einen noch stärkeren Retrolook und erinnert so richtig an die alten analogen Kameras. Auch das Fotografieren auf diese Weise ist etwas konzentrierter, weil man nicht mehr ständig auf das Display sieht.

Abbildung 1.19 *Die X-T4 mit umgekehrt zugeklapptem Touchscreen*

1.4 Im Schnellmenü und Kameramenü navigieren

Nachdem Sie nun einen ersten Überblick über die X-T4 erhalten haben, ist klar, dass sich die Kamera auf verschiedene Arten bedienen lässt. Neben den Bedienelementen mit Tasten und Einstellrädern steht Ihnen ein Schnellmenü zur Verfügung, das Sie mit der **Q**-Taste aktivieren, sowie das Kameramenü, das Sie mit der **MENU/OK**-Taste aufrufen. Wie bereits erwähnt, unterscheiden sich die darin enthaltenen Menübefehle je nachdem, ob Sie den **STILL/MOVIE**-Schalter auf **STILL** (Fotografieren) oder **MOVIE** (Filmen) gestellt haben. Entsprechend der Stellung des Schalters werden nur die für das Fotografieren oder Filmen relevanten Befehle aufgelistet.

1.4.1 Das Schnellmenü

Das Schnellmenü rufen Sie mit der **Q**(uick)-Taste auf der Rückseite der Kamera auf. Häufig wird das Schnellmenü auch als *Q-Menü* bezeichnet. Das Menü dient dem schnellen Zugriff auf wichtige Einstellungen der Kamera; seine Verwendung ist einfach. Mit dem Fokushebel oder den Auswahltasten wählen Sie die gewünschte Funktion aus, und mit dem hinteren Einstellrad ändern Sie ihren Wert. Das Schnellmenü funktioniert auch im Sucher, so dass Sie einzelnen Einstellungen auch anpassen können, ohne die Kamera absetzen zu müssen.

Abbildung 1.20 *Über die Q-Taste rufen Sie das Schnellmenü auf. Es dient dem schnellen Zugriff auf bestimmte Einstellungen (hier wird der Selbstauslöser von 2 Sekunden verwendet, siehe links unten).*

 Schnellmenü anpassen

Die vorbelegten Funktionen im Schnellmenü sind nicht nach Ihrem Geschmack? Das ist kein Problem, weil sich auch hier alle Funktionen neu belegen lassen. Wie das geht, erfahren Sie in Abschnitt 6.2, »Das Schnellmenü anpassen«.

Alternativ können Sie die Werte im Schnellmenü auch ändern, indem Sie den entsprechenden Wert auf dem Touchscreen antippen und dann mit dem Finger auf der eingeblendeten Leiste einen entsprechenden Wert einstellen.

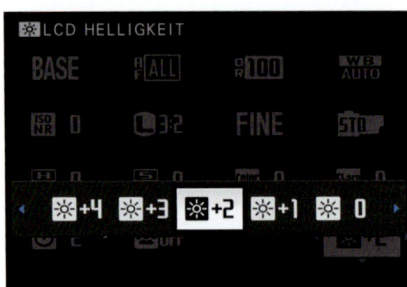

Abbildung 1.21 *Werte im Schnellmenü können auch über den Touchscreen eingestellt werden. Hier ändere ich gerade die Helligkeit des Displays.*

1.4.2 Das Kameramenü

Viele Einstellungen können Sie direkt an den Tasten und Einstellrädern der Fujifilm X-T4 oder in Ihrem Schnellmenü vornehmen. Trotzdem können bei weitem nicht alle Funktionen so erreicht werden, da ja die Anzahl der Tasten begrenzt ist, und für viele Einstellungen existiert gar keine solche Möglichkeit. Für solche Einstellungen führt daher kein Weg am Kameramenü vorbei. Um dieses aufzurufen, drücken Sie die **MENU/OK**-Taste auf der Rückseite der Kamera.

Steht der **STILL/MOVIE**-Schalter auf **STILL** für das Fotografieren, erscheinen sechs Hauptregister auf der linken Seite mit den Menüsymbolen IQ (Bildqualitäts-Einstellung), AF/MF (AF/MF-Einstellung), ☐ (Aufnahme-Einstellung), ⚡ (Blitz-Einstellung), 🔧 (Einrichtung) und MY (Mein Menü).

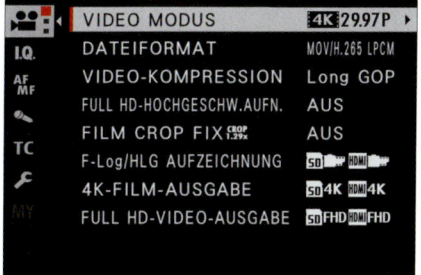

Abbildung 1.22 *Über die* **MENU/OK***-Taste rufen Sie das allgemeine Kameramenü auf. Links sehen Sie das Kameramenü, wenn der* **STILL/MOVIE***-Schalter auf* **STILL** *(Fotografieren) steht, und rechts das Kameramenü für* **MOVIE** *(Filmen).*

Wenn der **STILL/MOVIE**-Schalter hingegen auf **MOVIE** für das Filmen steht, finden Sie sieben Hauptregister auf der linken Seite mit den Menüsymbolen 🎬 (Film-Einstellungen), I.Q. (Bildqualitäts-Einstellungen), 🔲 (AF/MF-Einstellung), 🎤 (Audioeinstellung), TC (Zeitcode-Einstellung), 🔧 (Einrichtung) und MY (Mein Menü) vor.

> **Ausgegrautes MY (Mein Menü)**
> Das Hauptregister **MY** ist ein benutzerdefiniertes Menü, in dem Sie häufig verwendete Einstellungen im Kameramenü für den schnellen Zugriff sammeln können, um nicht jedes Mal durch sämtliche Seiten und Menüs navigieren zu müssen. Das Register ist ausgegraut und nicht anwählbar, wenn Sie dem Menü noch keine Einträge zugewiesen haben. Auf **Mein Menü** gehe ich in Abschnitt 6.3, »›Mein Menü‹ individuell anpassen«, ein.

Mit dem Fokushebel oder den Auswahltasten navigieren Sie zwischen den Hauptregistern auf der linken Seite und den Unterregistern mit ihren Menüpunkten auf der rechten Seite. Wenn einer der Menüpunkte auf der rechten Seite hellgrau hervorgehoben ist, befindet sich der Cursor im Menü. Ist das Hauptregister auf der linken Seite hellgrau hinterlegt, befindet sich der Cursor im Hauptregister.

Abbildung 1.23 *Ein Hauptregister ist ausgewählt (hier:* **Aufnahme-Einstellung***).*

Abbildung 1.24 *Ein Menüpunkt ist ausgewählt (hier:* **Intervallaufn. mit Timer***).*

Wenn Sie wie in Abbildung 1.23 das Hauptregister ausgewählt haben, können Sie nicht nur mit dem Fokushebel und den Auswahltasten, sondern auch mit dem hinteren Einstellrad zwischen den einzelnen Hauptregistern wechseln und mit dem vorderen Einstellrad durch die Seiten des Hauptregisters blättern. Wenn ein Hauptregister mehrere Seiten hat, erkennen Sie dies zum Beispiel bei der **Aufnahme-Einstellung** an **1/2** (rechts oben im Menü). Hier gibt es also zwei Seiten, von denen aktuell die erste Seite angezeigt wird.

Um die einzelnen Menüpunkte zu durchlaufen, müssen Sie den Cursor auf einen Menüpunkt setzen, wie in Abbildung 1.24 zu sehen ist. Durch die Menüpunkte navigieren Sie dann wiederum mit dem Fokushebel und den Auswahltasten. Auch hier können Sie mit dem hinteren Einstellrad durch die Menüpunkte scrollen und mit dem vorderen Einstellrad die Seiten wechseln.

Kameramenü schnell beenden

Sie müssen natürlich nicht durch das gesamte Kameramenü zurücknavigieren, um dieses zu verlassen. Sie können es auch sofort beenden, indem Sie kurz den Auslöser antippen.

Um einen Menüpunkt auszuwählen, können Sie den Fokushebel drücken oder nach rechts kippen, die Auswahltaste nach rechts drücken, das hintere Einstellrad drücken oder die **MENU/OK**-Taste drücken. Umgekehrt, um wieder rückwärts aus einem Menü herauszunavigieren, können Sie Auswahltaste nach links drücken, den Fokushebel nach links kippen oder die **DISP/BACK**-Taste drücken. Dies wiederholen Sie so lange, bis Sie das Kameramenü beendet haben.

Menübefehle für das Fotografieren und/oder Filmen

Es gibt Menübefehle die sowohl mit einem Fotosymbol 📷 als auch mit einem Filmsymbol 🎥 ausgestattet sind, wie zum Beispiel 📷🎥 **Hilfslicht**. Diese Befehle sind sowohl beim Fotografieren (**STILL**) als auch beim Filmen (**MOVIE**) vorhanden, und eine Änderung der Einstellung wirkt sich global auf den Foto- und den Filmmodus aus. Andere Befehle wiederum haben explizit ein Fotosymbol 📷 oder Filmsymbol 🎥, um deutlich zu machen, dass sich eine Änderung dieser Einstellung nur im Foto- oder Filmmodus auswirkt.

1.5 Einstellungen für einen guten Start

Im weiteren Verlauf des Buches werden Sie viele nützliche Funktionen und Einstellungen der Kamera kennenlernen und erfahren, was Sie damit machen können. Die X-T4 können Sie sehr individuell nach persönlichen Vorlieben und Anforderungen anpassen. Die Individualisierung der X-T4 werde ich gesondert in Kapitel 6, »Die Fujifilm X-T4 individuell anpassen«, beschreiben.

Bei den »Einstellungen für einen guten Start« handelt es sich daher eher um kleinere allgemeine Einstellungen, die sich von der Standardeinstellung unterscheiden und die in der Praxis ganz angenehm sind und das Fotografenleben erleichtern.

1.5.1 Aufnahmeeinstellungen

Im Kameramenü bei **Bildqualitäts-Einstellung** lasse ich die **Bildgrösse** auf **L 3:2**, weil dies die höchste Qualität ist und ich alle Möglichkeiten für die Nachbearbeitung erhalten will. Das Bild können Sie nachträglich immer noch verkleinern oder im Seitenverhältnis verändern. Bei der **Bildqualität** wähle ich meistens **RAW** oder **F+RAW**. Mit **F+RAW** zeichnen Sie Raw- und JPEG-Bilder gleichzeitig auf. Für Schnappschüsse stelle ich manchmal auch nur **F**(ine) (nur JPEG-Bilder) ein. Wenn Sie ausschließlich in **RAW** fotografieren, steht Ihnen die Option der **Bildgrösse** nicht zur Verfügung, und es wird dann ohnehin im 3:2-Format fotografiert. Die Option **N**(ormal) erstellt auch ein JPEG, aber die Qualität ist nicht so gut wie beim JPEG mit der Option **F**(ine).

> **Bildgröße nur für JPEG-Fotografen**
>
> Wenn Sie ausschließlich im JPEG-Format fotografieren, dann werden Sie sich vielleicht auch Gedanken um die Bildgröße machen. Sie finden die Einstellung im Kameramenü bei **Bildqualitäts-Einstellung > Bildgrösse** vor. In der Standardeinstellung mit **L 3:2** verwenden Sie mit **L** die höchste Qualität, aber mit dem »natürlichen« Seitenverhältnis 3:2 des Bildsensors. Beim Seitenverhältnis 16:9 werden die JPEG-Bilder oben und unten beschnitten. Dasselbe gilt für das Seitenverhältnis 1:1, wo die Bilder rechts und links beschnitten werden. Das einzige Verhältnis, bei dem die Bilder nicht beschnitten werden, ist das standardmäßige 3:2-Seitenverhältnis, weil dies auch die Größe ist, mit der der Sensor die Bilder aufnimmt. Daher stelle ich die Bildgröße fast immer auf **L 3:2**, womit ich die maximale Ausgangsqualität für meine JPEG-Aufnahmen habe.

Eine dritte und letzte Option, die ich hier bei der **Bildqualitäts-Einstellung** noch ändere: Ich setze bei **RAW-Aufnahme** den Wert von **Unkomprimiert** auf **Verlustfr. Kompression**. Damit wird der Dateiumfang der Raw-Datei reduziert, ohne dass die Raw-Qualität verschlechtert wird. Allerdings muss auch Ihr Raw-Konverter in der Lage sein, eine komprimierte Raw-Datei zu verarbeiten. Testen Sie diese Option daher zunächst mit Ihrem Raw-Konverter aus, ehe Sie sie als Standardeinstellung verwenden. Noch kleinere Raw-Dateien können Sie mit **Komprimiert** erzielen, aber diese Option verwendet einen verlustbehafteten Algorithmus, der nicht mehr rückgängig gemacht werden kann.

> **Raw oder JPEG?**
>
> Die Bildformate in der Fotografie sind für gewöhnlich entweder das Raw- oder das JPEG-Format. Dass das Raw-Format mehr Bildinformationen enthält und Sie somit mehr aus dem Bild herausholen können als mit dem JPEG-Format, wissen Sie sicherlich. Allerdings bedeutet dies in der Praxis in der Regel, dass ein Raw-Format für die Weitergabe bearbeitet werden muss, und sei es nur, das Bild in das JPEG-Format zu exportieren. Ein JPEG-Bild ist gleich nach dem Fotografieren bereit für die Weitergabe und in der Nachbearbeitung etwas limitiert. Auf das Fotografieren im JPEG-Format gehe ich gesondert in Kapitel 5, »Bildlooks und JPEG-Rezepte verwenden und erstellen«, ein.
>
> Das Raw-Format bietet dem Fotografen im Gegensatz zum JPEG an, Bilder mit 12 oder 14 Bit an Helligkeitsinformationen pro Farbkanal zu speichern. In der Praxis bedeutet dies, dass Ihnen mit Raw 1024 bis 16.384 Hellig-

keitsstufen pro Farbkanal zur Verfügung stehen. Wenn Sie dunkle oder helle Bereiche nachbearbeiten wollen, dann stehen Ihnen eben einfach weitaus mehr Bildinformationen dafür zur Verfügung als beim JPEG-Format mit 8 Bit pro Farbkanal, was nur maximal 256 Helligkeitsstufen entspricht. Gerade bei Aufnahmen in schwierigen Lichtverhältnissen lässt sich damit bei in Raw fotografierten Bildern noch mehr aus den über- oder unterbelichteten Bereichen herausholen.

1.5.2 Geräuschlos fotografieren

Es gibt Situationen, in denen es nicht unbedingt von Vorteil ist, wenn es bei jedem Auslösen klackert. Für eine komplett geräuschlose Aufnahme müssen Sie bei der **Aufnahme-Einstellung** den **Auslösertyp** auf **ES** (elektronischer Auslöser) setzen. Mit dieser Funktion wird der mechanische Verschluss ausgeschaltet. Mehr zum elektronischen Verschluss erfahren Sie am Ende des Kapitels im Exkurs »Elektronischer Verschluss (ES)«. Um auch den Auslöseton des elektronischen Auslösers abzuschalten, wechseln Sie zum Register **Einrichtung** in die **Ton-Einstellung** und stellen dort die **Auslöse-Lautst.** auf **Aus**.

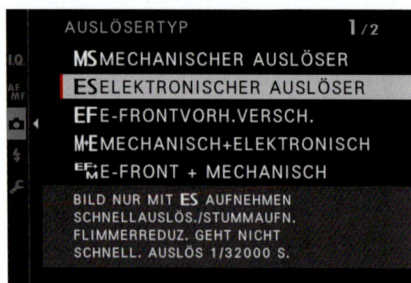

Abbildung 1.25 *Ganz geräuschlos wird es mit dem elektronischen Verschluss (ES).*

1.5.3 Hilfe bei der Bildkomposition

Ich verwende gelegentlich ein Raster, das mir bei der Ausrichtung meiner Kamera und bei der Bildkomposition hilft. Um das Raster zu aktivieren, gehen Sie in das Register **Einrichtung** bei **Display-Einstellung > Display Einstell.** und setzen dort ein Häkchen vor **Rahmenhilfe**. Ebenfalls im Bereich **Display-Einstellung** finden Sie auf der zweiten Seite (**2/2**) die Einstellung **Rahmenhilfe**, wo Sie neben einem 9er-Raster auch ein 24er-Raster und ein HD-Raster mit einer Begrenzungslinie oben und unten für Fotos im HD-Seitenverhältnis vorfinden.

Wasserwaage

Die Fujifilm X-T4 bietet eine elektronische Wasserwaage, die Sie bei der waagerechten und vertikalen Ausrichtung der Kamera unterstützt. Sie können Sie im selben Einstellmenü wie die **Rahmenhilfe** aktivieren, indem Sie ein Häkchen vor **Wasserwaage** setzen.

Abbildung 1.26 *Das Raster (Rahmenhilfe) müssen Sie zunächst aktivieren.*

Abbildung 1.27 *Das Raster kann bei der Ausrichtung der Kamera und bei der Bildkomposition hilfreich sein. Hier wird ein 24er-Raster eingeblendet.*

1.5.4 Speicherkartenmanagement

Die X-T4 bietet Platz für zwei SD-Karten. Wenn Sie zwei SD-Karten verwenden, haben Sie mehrere Optionen, wie Sie Ihre Bilder auf diesen Karten speichern. Im Kameramenü finden Sie diese Einstellungen im Register **Einrichtung** bei **Datenspeich Setup** mit 📷 **Kartenfach Einst.** Dort ist die Standardeinstellung **Sequenziell**. Bei dieser Einstellung wird erst die aktive SD-Karte in den einem Steckplatz und dann diejenige im anderen Steckplatz vollgeschrieben. Den aktiven Steckplatz können über **Einrichtung > Datenspeich Setup > Steckpl. Wähl.** (📷 **Sequenz**) einstellen bzw. jederzeit wechseln.

Die zweite Option mit **Sicherung** ist eine Backup-Option, bei der jedes Bild auf beide Karten gespeichert wird. Das ist zum Beispiel hilfreich, wenn eine Speicherkarte kaputtgehen sollte, weil Sie immer gleich ein Backup auf der anderen Karte haben. Wenn Sie Raw und JPEG gleichzeitig fotografieren, also die **Bildqualitäts-Einstellung > Bildqualität** auf **Fine+RAW** oder **Normal+RAW** gesetzt haben, dann bietet sich noch die Option **RAW/JPEG** für 📷 **Kartenfach Einst.** an. Damit werden die Raw-Bilder auf der Speicherkarte im Steckplatz 1 und die JPEG-Aufnahmen auf der Speicherkarte im Steckplatz 2 gespeichert. Fotografieren Sie hingegen nur im JPEG-Format, wird bei dieser Option jeweils ein JPEG auf den Steckplatz 1 und 2 geschrieben.

Abbildung 1.28 *Hier finden Sie alle Einstellungen zur Speicherung der Bilder oder Filme auf die Speicherkarten.*

Abbildung 1.29 *Verschiedene Möglichkeiten zum Speichern der Bilder*

Zusätzlich haben Sie bei **Einrichtung > Datenspeich Setup** mit 🎥 **Kartenfach Einst.** eine Option, mit der Sie neben der Standardoption **Sequenziell** ebenfalls die **Sicherung** für das Filmen wählen können. Damit können Sie eine Filmaufnahme auf beide Karten speichern, womit Sie stets eine Sicherungskopie des Filmes haben, wenn eine Karte kaputtgehen sollte.

Steckplatz für die Aufnahmen auswählen

Wenn Sie Ihre **Steckpl.-Einst. (Standb.)** auf **Sequenziell** stellen, steht Ihnen im Menü **Einrichtung** bei **Datenspeich Setup** mit **Steckpl.Wähl.** (📷 **Sequenz**) eine Option zur Verfügung, mit der Sie den Steckplatz für die Fotoaufnahme wechseln können. Dasselbe gilt für das Filmen mit **Steckpl.Wähl.** (🎥 **Sequenz**). Diese beiden Optionen sind auch hilfreich, wenn Sie einen Steckplatz ausschließlich für Fotos und den anderen Steckplatz für Filme verwenden wollen. Vorausgesetzt ist natürlich immer, dass sich in beiden Steckplätzen eine SD-Karte befindet.

Ich gehe davon aus, dass Sie bereits SD-Karten besitzen und vermutlich auch schon in die Steckplätze der Kamera geschoben haben. Die Bedienungsanleitung geht ausreichend tief auf das Thema ein.

Die Frage, was für eine Geschwindigkeitsklasse bei einer Speicherkarte denn nun besser geeignet ist, hängt auch vom Anwendungszweck ab. Wenn Sie mit der Fujifilm X-T4 nur Einzelbilder aufnehmen, können Sie im Prinzip auch günstige UHS-I- und noch ältere Speicherkarten verwenden. Wenn Sie allerdings schnelle Serienaufnahmen machen oder 4K-Videofilme aufnehmen wollen, dann wird die langsame Speicherkarte zum Flaschenhals. In dem Fall empfehle ich Ihnen, SDXC-Speicherkarten mit UHS-II-Schnittstelle und einer Geschwindigkeitsklasse von mindestens V60 zu kaufen.

Speicherkarte formatieren

Meine Empfehlung lautet immer, die SD-Karte beim erstmaligen Gebrauch in der Kamera zu formatieren, in der sie benutzt werden soll. Bei der X-T4 finden Sie diese Funktion über das Kameramenü **Einrichtung > Benutzer-Einstellung > Formatieren**. Vergessen Sie nicht: Beim Formatieren werden alle Bilder und sonstigen Daten auf der SD-Karte unwiderruflich gelöscht! Schneller zum Menü für die Formatierung der Speicherkarten gelangen Sie, wenn Sie die Papierkorb-Taste 3 Sekunden lang gedrückt halten und dann auf das hintere Einstellrad drücken.

1.5.5 Alles wieder auf Start setzen

Wollen Sie die Kamera wieder auf die Standardeinstellung zurücksetzen, finden Sie im Register **Einrichtung** bei **Benutzer-Einstellung** den Eintrag **Reset** mit drei Optionen.

Mit **Aufnahme.Menü zurücksetz.** setzen Sie alle Einstellungen in den Menüs 🆔 (**Bildqualitäts-Einstellung**), 🆎 (**AF/MF-Einstellung**), 📷 (**Aufnahme-Einstellung**), ⚡ (**Blitz-Einstellung**) und 🅼 (**Mein Menü**) zum Fotografieren zurück.

Und mit **Filmmenü zurücksetzen** setzen Sie entsprechend alle Einstellungen in den Menüs 🎬 (**Film-Einstellungen**), **IQ** (**Bildqualitäts-Einstellungen**), **AF/MF** (**AF/MF-Einstellung**), 🔊 (**Audioeinstellung**), **TC** (**Zeitcode-Einstellung**) und **MY** (**Mein Menü**) zum Filmen zurück.

Mit der dritten Option, **Setup zurücks.**, hingegen setzen Sie alle Einstellungen in **Einrichtung** 🔧 auf die Standardwerte zurück. Ausgenommen davon sind **Datum/Zeit**, **Zeitdiff.** und **Verbindungs-Einstellung**. Auch die selbst erstellen Bildlooks, die ich in Kapitel 5, »Bildlooks und JPEG-Rezepte verwenden und erstellen«, beschreiben werde, bleiben erhalten.

1.6 Bildwiedergabe

Vermutlich haben Sie bereits das eine oder andere Mal den Auslöser betätigt und somit ein paar Fotos auf der Speicherkarte gespeichert. In der folgenden Anleitung finden Sie eine grundlegende Einführung, wie Sie die Bildwiedergabe der X-T4 verwenden können, um Ihre Bilder zu betrachten oder bei Nichtgefallen zu löschen. Die Bildwiedergabe funktioniert sowohl auf dem Display als auch im Sucher.

Wiedergabe per HDMI auf einem externen Medium

Dank des HDMI-Ausgangs der X-T4 können Sie für die Bildwiedergabe auch ein TV-Gerät oder einen Monitor verwenden (siehe Abbildung 1.30). Hierfür benötigen Sie ein Kabel, das kameraseitig einen Micro-HDMI-Stecker vom Typ D hat und gewöhnlich (abhängig von Ihrem Monitor) einen TV-seitigen Stecker vom Typ A. Wenn Sie die Kamera damit mit dem TV-Gerät verbunden haben, schalten Sie sie an und drücken die Wiedergabetaste.

Abbildung 1.30 *Dank eines HDMI-Ausgangs können Sie Bilder auch über ein TV-Gerät wiedergeben. Über die **Disp/Back**-Taste oder den Fokushebel nach oben können Sie sich weitere Bildinformationen einblenden lassen oder komplett ausblenden.*

Gewöhnlich reagiert das TV-Gerät jetzt automatisch und gibt das Kameramenü wieder. Reagiert das TV-Gerät nicht, müssen Sie eventuell den HDMI-Kanal am TV-Gerät wechseln oder das TV-Gerät auf einen bestimmten

HDMI-Kanal schalten, wenn mehrere HDMI-Anschlüsse vorhanden sind. Da Sie hiermit lediglich das Kamerabild auf das TV-Gerät übertragen, können Sie auch in den Aufnahmemodus wechseln und Bilder aufnehmen und den Vorgang gleich am TV-Gerät betrachten.

Bildvorschau nach der Aufnahme – meine Empfehlung

Standardmäßig ist die Bildvorschau gleich nach der Aufnahme deaktiviert, und Sie müssen die Wiedergabetaste der Kamera betätigen, um das Bild zu betrachten. Ich verwende meistens diese Standardeinstellung, weil ich so ungestört weiterfotografieren kann und auch Strom gespart wird. Manchmal gibt es aber Aufnahmesituationen, wo man nach jeder Aufnahme das Bild kontrollieren will. In dem Fall können Sie sich den Umweg sparen, jedes Mal auf die Wiedergabetaste zu drücken. Es lohnt sich dann, eine Bildvorschau über das Kameramenü **Einrichtung > Display-Einstellung > Bildvorschau** einzurichten. Neben einer Anzeigedauer von 0,5 oder 1,5 Sekunden finden Sie hier die Option **Dauernd** vor. Die Bildvorschau können Sie jederzeit abbrechen und das nächste Bild fotografieren, indem Sie den Auslöser halb durchdrücken. Benötigen Sie die Bildvorschau dann nicht mehr oder empfinden Sie sie als störend, können Sie sie jederzeit mit **Aus** wieder deaktivieren.

SCHRITT FÜR SCHRITT
Aufnahmen betrachten, vergleichen und bewerten

1 Bildwiedergabe starten

Die Bildwiedergabe starten Sie auf der Rückseite der X-T4 mit der Wiedergabetaste ▶. Gewöhnlich wird das zuletzt gemachte Foto oder der zuletzt gemachte Film angezeigt. Durch die einzelnen Bilder blättern Sie mit dem vorderen Einstellrad, dem Fokushebel oder den Auswahltasten. Alternativ können Sie bei der Wiedergabe auch mit dem Touchscreen durch Wischen nach links oder rechts durch die Bilder navigieren.

Abbildung 1.31 Der Wiedergabemodus der X-T4 in der Standardanzeige

Gesichtserkennung

Wenn Sie die Gesichtserkennung beim Fotografieren aktiviert haben, können Sie das erkannte Gesicht mit einem grünen Rahmen einblenden, indem Sie bei der Bildvorschau den Fokushebel nach unten kippen. Zum Zoomen in das Gesicht kippen Sie den Fokushebel erneut nach unten.

2 Speicherkarte auswählen

Wenn Sie zwei Speicherkarten verwenden, können Sie die jeweils andere Karte auswählen, indem Sie im Wiedergabemodus die Wiedergabetaste länger gedrückt halten. Der Wechsel wird dann auch auf dem Display oder im Sucher angezeigt.

3 Anzeigemodi wechseln

Mit der **DISP/BACK**-Taste wechseln Sie zwischen den drei verschiedenen Anzeigemöglichkeiten. Die erste Anzeige ist die Standardanzeige (siehe Abbildung 1.31) mit Informationen zu Aufnahmezeit/Datum, Bildqualität, Belichtungszeit, Blende, ISO-Wert und einige mehr. Die zweite Anzeige präsentiert nur ein Bild ohne Informationen. Die dritte Anzeige bietet erweiterte Informationen wie ein Histogramm; kippen Sie den Fokushebel nach oben, um noch mehr Informationen zum Bild zu erhalten.

Abbildung 1.32 *Der Wiedergabemodus ohne weitere Informationen. Kippen Sie den Fokushebel nach oben, um in den Wiedergabemodus mit vielen Informationen zu wechseln.*

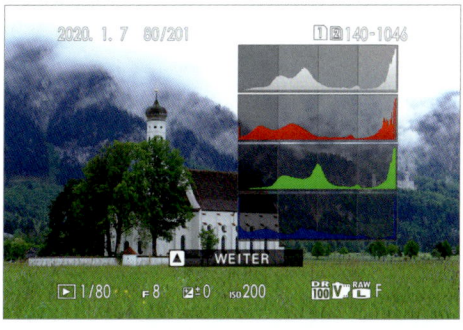

Abbildung 1.33 *Diese Anzeige enthält neben einem Histogramm und den Informationen der Standardwiedergabe weitere Informationen, wenn Sie den Fokushebel bis zu zweimal nach oben kippen.*

Das Histogramm aufrufen

Wenn Sie im Wiedergabemodus den Fokushebel nach oben kippen oder die Auswahltaste nach oben betätigen, wechseln Sie zur dritten Anzeige mit dem Histogramm und können so weitere Informationen durchlaufen, indem Sie erneut den Hebel nach oben kippen bzw. die Auswahltaste nach oben drücken.

4 Einzelne Bilder löschen

Das aktuell angezeigte Bild der Bildwiedergabe können Sie mit der Papierkorbtaste auf der Rückseite löschen. Daraufhin erscheint ein Dialog, in dem Sie auswählen, ob Sie ein Bild, eine Auswahl von Bildern oder alle Bilder löschen wollen. Um das gerade anzeigte Bild zu löschen, wählen Sie **Bild** und drücken dann die **MENU/OK**-Taste oder den Fokushebel. Es folgt eine Rückfrage, bei der Sie die Löschung von der Speicherkarte mit **MENU/OK** bestätigen müssen.

Auf diese Weise können Sie weitere Bilder löschen, indem Sie mit den Auswahltasten oder dem Fokushebel nach links oder rechts navigieren, bis Sie den Vorgang mit der **DISP/BACK**-Taste abbrechen.

Abbildung 1.34 *Wählen Sie **Bild**, um das angezeigte Bild zu löschen.*

Abbildung 1.35 *Bildlöschen bestätigen oder abbrechen*

5 Mehrere Bilder löschen

Wollen Sie mehrere Bilder löschen, müssen Sie zunächst ebenfalls die Papierkorbtaste drücken, aber auf dem Bildschirm **Bildauswahl** wählen, womit nun mehrere Bilder zur Auswahl angezeigt werden. Mit dem Fokushebel oder den Auswahltasten können Sie nun durch die Bilder navigieren und die zu löschenden Bilder mit der **MENU/OK**-Taste oder durch Drücken des Fokushebels mit einem Häkchen markieren. Haben Sie alle zu löschenden Bilder markiert, drücken Sie auf die **DISP/BACK**-Taste, und es erfolgt eine letzte Rückfrage, ob Sie alle markierten Bilder löschen wollen. Die Anzahl der Bilder wird dabei rechts unten eingeblendet. Bestätigen Sie mit der **MENU/OK**-Taste, oder brechen Sie die Aktion mit der **DISP/BACK**-Taste ab.

Abbildung 1.36 *Bilder zum Löschen markieren Sie mit einem Häkchen.*

Abbildung 1.37 *Das Löschen mehrerer Bilder (hier: 5) müssen Sie zur Sicherheit bestätigen.*

Alle Bilder löschen bis auf ein paar Ausnahmen

Es gibt Situationen, wo Sie vielleicht einfach nur viele Testaufnahmen mit der Kamera gemacht haben und es trotzdem eine Handvoll ganz guter Bilder gibt. Nun alle Bilder bis auf die wenigen guten einzeln wie in Schritt 5 zum Löschen auszuwählen, kann mühsam sein. Hier empfiehlt es sich, bei der Bildwiedergabe mit der **MENU/OK**-Taste das **Wiedergabe-Menü** aufzurufen und dort den Eintrag **Schützen** und dann **Bild** zu wählen. Jetzt können Sie ähnlich wie beim Löschen durch die einzelnen Bilder navigieren und die wenigen gewünschten Bilder mit der **MENU/OK**-Taste vor dem Löschen schützen. Die nicht geschützten Bilder können Sie jetzt in einem Rutsch löschen, indem Sie im Menü zum Löschen aus Abbildung 1.34 den Eintrag **Alle Bilder** auswählen. Achtung: Der Bilderschutz gilt nur für die Löschfunktion. Wenn Sie die Speicherkarte formatieren, werden auch die geschützten Bilder gelöscht!

Abbildung 1.38 Wählen Sie im **Wiedergabe-Menü** den Eintrag **Schützen** aus.

Abbildung 1.39 Bilder vor versehentlichem Löschen schützen

6 Bildansicht vergrößern

Für die Vergrößerung einer Bildansicht drehen Sie das hintere Einstellrad nach rechts, um in mehreren Stufen in das Bild hineinzuzoomen. Zur Übersicht werden das Bild und der Rahmen der angezeigten Ausschnittsvergrößerung angezeigt. Über diese Vorschau stellt die weiße Markierung innerhalb des Balkens die Vergrößerungsstufe dar. Mit dem Fokushebel oder den Auswahltasten können Sie den Ausschnitt der Vergrößerung verschieben. Wenn Sie in der vergrößerten Ansicht zum nächsten Bild wechseln wollen, drehen Sie das vordere Einstellrad. Drücken Sie das hintere Einstellrad, den Fokushebel oder die **MENU/OK**-Taste, um die vergrößerte Ansicht zu beenden. Das Ein- und Auszoomen funktioniert auch mit dem Touchscreen, indem Sie den zu zoomenden Bereich mit zwei Fingern spreizen und wieder zusammenziehen. Mit dem Finger können Sie den gezoomten Bereich dann bei Bedarf verschieben. Mit einem Doppeltipp auf dem Display können Sie in den angetippten Bereich maximal hineinzoomen. Ein erneuter Doppeltipp stellt die Standardansicht wieder her.

Abbildung 1.40 *Ein Bild im Wiedergabemodus in vergrößerter Ansicht betrachten*

Fokuszoom

Wollen Sie bei der Bildwiedergabe direkt auf die maximale Ausschnittsvergrößerung des Fokussierpunkts springen, müssen Sie lediglich das hintere Einstellrad drücken.

7 Bilder sichten

Auch das Sichten größerer Bildmengen können Sie über das hintere Einstellrad durchführen, indem Sie das Einstellrad nach links drehen. Mit einem Drehen werden 9 und beim zweiten Mal bis zu 100 Bilder in einer Miniaturansicht angezeigt. Ein bestimmtes Bild wählen Sie mit dem Fokushebel oder den Auswahltasten aus. Mit der **MENU/OK**-Taste oder durch Drücken des Fokushebels können Sie das Bild dann in der Vollansicht betrachten. Auch das Ein- und Auszoomen mit zwei Fingern durch Spreizen oder Zusammenziehen ist möglich. Sie können auch hier bis zur Multibildvorschau mit 9 bzw. 100 Bildern auszoomen und Bilder dann durch Antippen auswählen.

Abbildung 1.41 *Größere Bildmengen sichten (hier 9 Bilder)*

Abbildung 1.42 *Die Bildwiedergabe von 100 Bildern gleichzeitig*

8 Bildwiedergabe beenden

Die Bildwiedergabe beenden Sie, indem Sie erneut die Wiedergabetaste an der Kamera drücken oder einfach kurz den Auslöser antippen.

1.6.1 Das Kameramenü bei der Bildwiedergabe

Wenn Sie die Bilder mit der Wiedergabetaste an der Kamera wiedergeben und die **MENU/OK**-Taste drücken, erscheint ein eigenes Menü für den Wiedergabemodus. Das Menü enthält allerdings nur zwei Register: Das erste Register ist das **Wiedergabe-Menü** ▶ mit Einstellungen und Funktionen, die vorwiegend nur für die Wiedergabe, Ausgabe und Nachbearbeitung von Bildern und Videos dienen. Beim zweiten Register, **Einrichtung** 🔧, handelt es sich um dasselbe Register wie schon im Aufnahmemodus.

Abbildung 1.43 *Das **Wiedergabe-Menü** für Einstellungen der Bilder- und Filmwiedergabe*

1.6.2 Die Bildwiedergabe per Touchscreen steuern

Es ist auch möglich, die Bildwiedergabe per Touchscreen zu steuern. Hierzu müssen Sie allerdings den Touchscreen über das Kameramenü im Register **Einrichtung > Tasten/Rad-Einstellung > Touchscreen-Einstellung** mit der Option **Touchscreen Ein/Aus** auf **An** stellen.

Wenn Sie den Touchscreen aktiviert haben, können Sie bei der Wiedergabe durch Wischen nach links oder rechts durch die Bilder navigieren. Durch Doppeltippen können Sie maximal in das Bild hineinzoomen und den Bildausschnitt durch Wischen auf dem Touchscreen verschieben. Ein erneutes Doppeltippen stellt den Vollbildmodus wieder her. Auch das Ein- und Auszoomen mit zwei Fingern durch Spreizen oder Zusammenziehen ist möglich. Sie können auch bis zur Multibildvorschau mit 9 bzw. 100 Bildern auszoomen und Bilder dann durch Antippen auswählen.

EXKURS
Elektronischer Verschluss (ES)

Bei den »Einstellungen für einen guten Start« haben Sie erfahren, wie Sie mit dem elektronischen Verschluss völlig geräuschlos fotografieren können. Der eine oder andere dürfte sich fragen, wozu die Kamerahersteller überhaupt noch einen mechanischen Schlitzverschluss in ihre Geräte einbauen.

Die Entwicklung ist noch nicht so weit, dass man bei spiegellosen Kameras komplett auf den mechanischen Schlitzverschluss verzichten kann. Bei der Verwendung des elektronischen Verschlusses wird vereinfacht ausgedrückt das Licht, das auf den Sensor fällt, direkt auf die Speicherkarte geschrieben. Allerdings wird der Sensor hierbei Zeile für Zeile von oben nach unten ausgelesen und dabei dauernd neu belichtet. Das Auslesen wird als *Rolling Shutter* bezeichnet. Bei Motiven, die sich nicht oder nur langsam bewegen, treten mit dem elektronischen Verschluss keine Probleme auf. Dadurch bedingt, dass nicht alle Pixel gleichzeitig belichtet werden, sondern etwas zeitversetzt, kann es allerdings bei schnell bewegten Motiven zu verzerrten Bildern kommen, weil eben verschiedene Teile des Motivs zu unterschiedlichen Zeiten belichtet werden. Das wird als *Rolling-Shutter-Effekt* bezeichnet. Auch bei gepulsten LEDs kann es zu unschönen Streifenmustern kommen. Solche Probleme hat man mit einem mechanischen Verschluss nicht, da er mit zwei Lamellenvorhängen funktioniert, die sich um das Starten und Beenden der Belichtung kümmern.

Abbildung 1.44 *Der Rolling-Shutter-Effekt kann bei Fotos oder Videoaufnahmen von sich schneller bewegenden Motiven auftreten. Die Türen und Fenster dieses vorbeifahrenden Zuges waren natürlich gerade.*
56 mm | ƒ4 | 1/32 000 s | ISO 2500

Wenn die Bedingungen also ideal sind, dann kann der elektronische Verschluss in vielen Fällen die erste Wahl sein. Gerade in ruhiger Umgebung und bei Motiven, die sich nicht zu schnell bewegen, verwende ich diese Verschlussart sehr regelmäßig. Die Vorteile des elektronischen Verschlusses sind:

- Keine Geräusche beim Fotografieren, was bei Aufnahmen im Theater, in Kirchen, von Wildtieren oder auch in der Streetfotografie von Vorteil sein kann.
- Da der elektronische Verschluss frei von mechanischen Bauteilen ist, die bewegt werden müssen, sind wesentlich höhere Bildraten pro Sekunde möglich.
- Keine Erschütterung der Kamera durch den mechanischen Verschlussvorhang und auch kein Verschleiß von mechanischen Bauteilen.

Wenn Sie allerdings die Kamera in den Bulb-Modus stellen (Einstellrad für die Belichtung auf **B** drehen), ist der elektronische Verschluss auf eine Belichtungszeit von 1 Sekunde beschränkt. Bei der Bildqualität besteht – abgesehen von den Problemen, die beim Rolling Shutter auftreten können – kein Unterschied zwischen der mechanischen und der elektronischen Verschlussart.

Da mit dem elektronischen Verschluss einige Funktionen wie die Bulb-Langzeitbelichtung oder das Blitzen nicht verwendbar sind und Probleme wie der Rolling-Shutter-Effekt auftreten können, finden Sie bei der X-T4 über **Aufnahme-Einstellung > Auslösertyp** mit **EF** noch eine von vier weiteren Optionen, neben **MS** und **ES**. Mit dieser startet die Belichtung mit einem ersten elektronischen Vorhang, und das Ende der Belichtung wird mechanisch durchgeführt. Allerdings ist die Aufnahme dann nicht mehr geräuschlos (wenn auch etwas leiser), und für die beste Qualität wird eine maximale Belichtungszeit von 1/2000 s empfohlen, auch wenn 1/8000 s möglich sind.

Die anderen drei Auslösertypen – **M+E**, **EF+M** und **EF+M+E** – sind Kombinationen, die sich aus den drei Auslösertypen **MS**, **ES** und **EF** zusammensetzen. So arbeitet bei **M+E** der mechanische Verschluss bis zu 1/8000 s. Bei kürzeren Belichtungszeiten ab 1/8000 s bis zu 1/32000 s wird der elektronische Verschluss verwendet. Bei der Kombination aus **EF+M** arbeitet der elektronische erste »Verschluss« bis 1/2000 s. Über 1/2000 s verwendet die Kamera dann den mechanischen Verschluss bis zu maximal 1/8000 s. Bei der letzten Kombination mit **EF+M+E** ist der elektronische erste »Verschluss« bei bis zu 1/2000 s aktiv. Über 1/2000 s bis zu 1/8000 s wird der mechanische Verschluss verwendet. Werden höhere Belichtungszeiten über 1/8000 s bis zu max. 1/32000 s benötigt, wird der elektronische Verschluss der Kamera aktiviert.

Kapitel 2
Die Programmmodi der X-T4

In diesem Kapitel erfahren Sie, wie Sie die verschiedenen Programmmodi mit der Fujifilm X-T4 einstellen und verwenden können. Vieles in diesem Kapitel richtet sich vor allem an Ein- und Wiedereinsteiger. Sie erfahren, welche Bildwirkung Sie mit den einzelnen Programmmodi erzielen und wie Sie das Zusammenspiel der Faktoren Blende, Belichtungszeit und ISO-Wert steuern.

2.1 Der Programmmodus P – die Programmautomatik

Da die Fujifilm X-T4 keinen Vollautomatikmodus besitzt und auch keine speziellen Foto-Motivprogramme wie z. B. Porträt oder Sport, kann ich gleich mit der Programmautomatik anfangen. Die Programmautomatik ist die einfachste Möglichkeit, mit der X-T4 zu fotografieren.

Abbildung 2.1 *Die Programmautomatik aktivieren Sie, indem Sie das Einstellrad für die Belichtung und die Blende (am Objektiv) auf das rote **A** stellen. Beim ISO-Wert habe ich mich hier für ISO 800 entschieden.*

In der Programmautomatik kümmert sich die Kamera um die Kombination aus Blende und Belichtungszeit, damit ein optimal belichtetes Bild entsteht. Der ISO-Wert hingegen bleibt für Sie frei wählbar. Zum Einstellen der Programmautomatik drehen Sie die Einstellräder für die Belichtungszeit und die Blende auf **A**. Wie Sie die Blende auf **A** setzen können, hängt vom Objektiv ab. Während Festbrennweiten am Blendenring auf **A** gestellt werden, gibt es andere Objektive, bei denen ein Blendenschalter auf **A** gestellt werden muss.

Objektive ohne Blendenring und Blendenschalter
Bei Objektiven ohne Blendenschalter oder Blendenring, wie zum Beispiel bei XC-Objektiven wie dem 50–230 mm, ist die Blende zunächst automatisch auf **A** gestellt, kann aber mit dem vorderen Drehrad verstellt werden.

*Abbildung 2.2 Bei XF-Zoomobjektiven muss ein Blendenschalter auf **A** gesetzt werden.*

Ob der Blendenwert auf **A** steht, können Sie außerdem immer am weißen Blendenwert (**F**) bei den Kameraeinstellungen auf dem Display oder im Sucher erkennen (siehe Abbildung 2.4). Ist dieser Wert blau, dann haben Sie den Blendenwert selbst eingestellt, und die Blendeneinstellung ist nicht im automatischen Modus. Dies können Sie ändern, indem Sie das vordere Einstellrad nach rechts drehen, bis der Blendenwert wieder weiß ist.

Abbildung 2.3 Der blaue Blendenwert zeigt an, dass Sie hier den Blendenwert selbst eingestellt haben und dieser nicht im automatischen Modus arbeitet.

Im Sucher oder auf dem Display sehen Sie unten links den Buchstaben **P**, wenn Sie die Programmautomatik eingestellt haben. Ebenfalls entscheidend für die Belichtung und die automatische Kombination aus Blende- und Belichtungszeit in der Programmautomatik ist die Belichtungsmessmethode. Eine empfehlenswerte Einstellung ist **Mehrfeld**. In der Standardeinstellung können Sie die Belichtungsmessmethode mit der Auswahltaste nach oben (**Fn3**-Taste) oder über das Kameramenü mit **Aufnahme-Einstellung > AE-Messung** auswählen. Diesen Messmodus werde ich noch gesondert in Abschnitt 3.6.1, »Der Kontrastumfang bei schwierigen Motiven (im Raw-Format)«, behandeln.

Abbildung 2.4 *Am Buchstaben P unten links erkennen Sie, dass Sie die Programmautomatik eingestellt haben. Die beiden anderen Werte der Belichtungszeit (SS; hier 200) und Blende (F; hier 5.0) werden in diesem Modus automatisch angepasst.*

Abbildung 2.5 *Die Belichtungsmessmethode Mehrfeld ist für die Programmautomatik in der Regel die beste Wahl.*

Anforderungen an das Bild bei der Programmautomatik

Die Programmautomatik kümmert sich um ein korrekt belichtetes Bild, und zwar mit einer Kombination aus Blende und Belichtungszeit. Für gestalterische Mittel wie die Schärfentiefe eignet sich die Programmautomatik daher weniger, obgleich dies auch mit Programm-Shift möglich ist. (Zum Programm-Shift siehe Abschnitt 2.1.2, »Den Programm-Shift nutzen«.) Wenn ich die Programmautomatik verwende, dann interessieren mich bevorzugt zwei Dinge:

- Das Bild soll korrekt belichtet sein.
- Das Bild soll scharf sein.

2.1.1 Anpassungen in der Programmautomatik

Auch wenn die Programmautomatik Blende und Belichtungszeit automatisch einstellt, so bietet dieser Modus trotzdem weitere Anpassungsmöglichkeiten, um auf bestimmte Situationen entsprechend zu reagieren. Wichtige Einstellungen wie den ISO-Wert können Sie hier nach wie vor beeinflussen. So können Sie durchaus mit ISO 160 eine Langzeitbelichtung in der Nacht mit der Programmautomatik durchführen. Auch die Belichtung können Sie jederzeit über das Einstellrad für die Belichtungskorrektur anpassen. Dies ist beispielsweise hilfreich bei Aufnahmesituationen, wo die Programmautomatik nicht mehr zum gewünschten Ergebnis führt. Denken Sie an Gegenlicht oder an Sonnenauf- oder Sonnenuntergänge, für die Sie die Belichtung dann ganz einfach in 1/3-Schritten korrigieren können.

Motivhelligkeit

Wenn die Helligkeit für die Belichtungsmessung außerhalb des Messbereiches der Kamera liegt, erscheint --- bei der Anzeige der Belichtungszeit und des Blendenwerts. Dies kann zum Beispiel bei sehr hellen Motiven (gegen die Sonne) oder extrem dunklen Motiven (Objektivdeckel auf dem Objektiv vergessen) passieren. Die maximale Belichtungszeit in der Programmautomatik beträgt außerdem 4 Sekunden. Wird mit dieser Zeit im Zusammenhang mit der größtmöglichen Blendenöffnung keine passende Belichtung erzielt, wird die Aufnahme also unterbelichtet, dann werden die Belichtungszeit und der Blendenwert in roter Schrift angezeigt.

Abbildung 2.6 *In Situationen wie diesem Sonnenaufgang stößt die Programmautomatik an ihre Grenzen. Hier hat eine Belichtungskorrektur am Belichtungskorrekturrad von –1 1/3 geholfen, um der Überbelichtung gegenzusteuern.*

2.1.2 Den Programm-Shift nutzen

Auch in der Programmautomatik sind Sie nicht an die vorgeschlagene Zeit-Blenden-Kombination der X-T4 gebunden. Wollen Sie die Wirkung von Blende und Belichtungszeit hinsichtlich Schärfentiefe oder Bewegungsunschärfe anpassen, können Sie einen Programm-Shift (oder auch Programmverschiebung) in der Programmautomatik durchführen. Die Zeit-Blenden-Kombination können Sie bei der X-T4 durch Drehen des hinteren Einstellrades verschieben. Drehen Sie das Einstellrad nach rechts, wird die Blende weiter geöffnet und die Belichtungszeit im Gegenzug verkürzt. Drehen Sie das Einstellrad hingegen nach links, wird die Blende weiter geschlossen und die Belichtungszeit verlängert. Achtung: Die Belichtung wird dabei beibehalten, Sie greifen hier »nur« bildgestalterisch ein.

Abbildung 2.7 *In der linken Abbildung verwendet die Programmautomatik eine recht weit geschlossene Blende (**F9.0**). In der rechten Abbildung habe ich mit dem hinteren Einstellrad mit Hilfe eines Programm-Shifts die Zeit-Blenden-Kombination geändert. Mit der niedrigen Blendenzahl (hier **F1.4**) wurde die Schärfentiefe deutlich reduziert, und der Fokus liegt verstärkt auf der wasserspeienden Figur am Brunnen.*

Programm-Shift funktioniert nicht
Sie können keinen Programm-Shift verwenden, wenn Sie im Videomodus arbeiten oder Blitzgeräte mit TTL-Automatik verwenden. Ebenso ist kein Programm-Shift möglich, wenn Sie im Kameramenü die Einstellung **Bildqualitäts-Einstellung > Dynamikbereich** auf **Auto** gestellt haben.

Da es keine visuelle Anzeige gibt, die signalisiert, dass das Programm »geshiftet« wurde, müssen Sie zum Zurückstellen entweder durch Drehen des hinteren Rades die ursprüngliche Zeit-Blenden-Kombination einstellen, oder Sie wechseln kurz das Programm, indem Sie das Einstellrad der Belichtungszeit auf einen anderen Wert und dann wieder auf **A** zurückstellen. Auch durch Aus- und Einschalten der Kamera wird der Programm-Shift beendet, aber das ist mir dann doch zu ruppig.

»Fast wie Vollautomatik«
Wollen Sie die Kamera jemandem in die Hand geben, um ein Bild (von Ihnen) zu machen, obwohl die Person gar nichts mit dem Fotografieren am Hut hat, dann empfehle ich Ihnen, die Programmautomatik **P** einzustellen. Drehen Sie dann auch noch das Einstellrad für den ISO-Wert auf **A**, das Einstellrad für die Belichtungskorrektur auf **0**, den Fokusschalter auf **AF-S** und die Belichtungsmessmethode auf **Mehrfeld**. Mehr Automatik geht nicht mit der X-T4, aber ich denke, mit diesen Einstellungen wird auch einem Laien ein scharfes und gut belichtetes Bild gelingen. Unter Umständen können Sie auch noch die Augen- und Gesichtserkennung aktivieren.

SCHRITT FÜR SCHRITT
Im P-Modus zum gewünschten Bild

1 Kamera in den P-Modus bringen
Um die Programmautomatik zu aktivieren, stellen Sie die Einstellräder für Belichtung und Blende auf **A**. Im Sucher oder auf dem Display sollte jetzt links unten ein **P** für die Programmautomatik stehen.

Fokussieren Sie Ihr Motiv, indem Sie den Auslöser halb herunterdrücken. Hierbei sehen Sie auch gleich die gewählte Zeit-Blenden-Kombination. Der Einfachheit halber stellen Sie auch das Einstellrad für den ISO-Wert auf **A**.

Abbildung 2.8 *Das Motiv wurde fokussiert, und die automatisch gewählte Zeit-Blenden-Kombination wird angezeigt.*

2 Bild aufnehmen
Gefällt Ihnen, was Sie sehen, können Sie bereits jetzt den Auslöser komplett durchdrücken und ein Bild erstellen.

3 Programm-Shift verwenden
Wollen Sie etwas kreativer werden, können Sie den Programm-Shift verwenden. Hier müssen Sie entscheiden, was Sie wollen. Für eine größere Schärfentiefe benötigen Sie einen höheren Blendenwert.

Wollen Sie das Motiv freistellen, ist ein kleinerer Blendenwert nötig. Wenn Sie hingegen ein sich schnell bewegendes Motiv einfrieren wollen, dann benötigen Sie eine kürzere Belichtungszeit – und für einen Verwischeffekt benötigen Sie eben eine längere Belichtungszeit.

Abbildung 2.9 *Hier habe ich die Belichtungszeit verkürzt, um die Bewegung einzufrieren. Im Gegenzug dazu wurde die Blende weiter geöffnet (niedriger Blendenwert), was wiederum die Schärfentiefe reduziert.*
24 mm | ƒ4 | 1/160 s | ISO 160 | + ND-Filter 1,8 (64×)

Abbildung 2.10 *Hier habe ich die Belichtungszeit über den Programm-Shift reduziert und einen Verwischeffekt des Wassers erzielt. Proportional dazu wurde die Blende weiter geschlossen (höherer Blendenwert).*
24 mm | ƒ9 | 1,5 s | ISO 160 | + ND-Filter 1,8 (64×)

2.2 Die Zeitvorwahl im Programmmodus S

Mit dem halbautomatischen Programmmodus **S** geben Sie der X-T4 die Belichtungszeit vor. Den Wert der Blende stellt die Kamera dann automatisch ein. Daher wird dieser Modus häufig auch als *Blendenautomatik* oder eben *Zeitvorwahl* bezeichnet. Um die X-T4 in den Modus **S** zu setzen, müssen Sie lediglich die Blende auf **A** stellen. Wie bereits erwähnt, können Sie dies abhängig vom Objektiv über einen Schalter oder den Blendenring tun. Günstige XC-Objektive ohne Blendenring sind nach dem Einschalten zunächst automatisch auf **A** gestellt.

Das Einstellrad für die Belichtungszeit stellen Sie auf einen anderen Wert als **A**, dann verwenden Sie die Zeitvorwahl. Um das Einstellrad drehen zu können, müssen Sie es gegebenenfalls vorher entriegeln. Im Sucher oder auf dem Display erkennen Sie den Modus am **S** auf der linken unteren Seite.

Abbildung 2.11 *Die Blende auf **A** und das Einstellrad für die Belichtungszeit auf einen anderen Wert als **A** gestellt, wird von der X-T4 als Zeitvorwahl interpretiert, wie Sie am **S** links unten im Sucher oder auf dem Display erkennen.*

> **Keine Zeitvorwahl im Modus S vorhanden?**
>
> Die Zeitvorwahl funktioniert nur für native X-Mount-Objektive. Wenn Sie Objektive adaptieren, können Sie die Kamera nur im manuellen Modus oder in der Blendenvorwahl im Modus **A** verwenden. Dies gilt auch für viele Fremdhersteller-Objektive mit manueller Fokussierung, die im Grunde auch nur adaptierte Objektive sind (nur eben ohne gesonderten Adapter).

Das Einstellrad für die Belichtungszeit zeigt die einstellbaren Belichtungszeiten als Bruchteil einer Sekunde an. Drehen Sie das Rad auf **250**, so verwenden Sie eine Belichtungszeit von 1/250 Sekunden. Im Sucher oder auf dem Display wird dieser Wert in blau mit **SS 250** angezeigt. Die Abkürzung **SS** steht für »Shutter Speed« (= Verschlusszeit/Belichtungszeit). Ein blauer Text bedeutet, dass Sie diesen Wert ändern können. Drehen Sie das Rad auf **1**, so wird jetzt auf dem Display **1"** angezeigt. Die zwei Striche (Zollzeichen) stehen für Sekunden.

2.2 Die Zeitvorwahl im Programmmodus S

Abbildung 2.12 *Hier habe ich das Einstellrad für die Belichtung auf 500 gestellt, womit eine Belichtungszeit von 1/500 Sekunden verwendet wird. Im Sucher oder Display wird der Wert blau mit* **SS 500** *angezeigt.*

Abbildung 2.13 *Der rote Wert der Blende (hier:* **F22***) weist darauf hin, dass zur eingestellten Belichtungszeit kein passender Blendenwert für eine ausgewogene Belichtung mehr ermittelt werden konnte.*

Einstellrad entriegeln
Ob Sie das Einstellrad für die Belichtungszeit nach jeder Änderung wieder verriegeln wollen oder nicht, bleibt Ihnen selbst überlassen. Bei Situationen, wo Sie die Belichtungszeit häufiger ändern müssen, ist die Verriegelung eher hinderlich, weshalb ich das Einstellrad bei der Zeitvorwahl zumindest im Programmmodus **S** niemals verriegele. Vergleichbares gilt für das ISO-Einstellrad mit der Verriegelungsmöglichkeit.

Wenn Sie von einem anderen Kamerahersteller umsteigen, werden Sie zunächst verwundert feststellen, dass die Belichtungszeiten auf dem Einstellrad in ganzen Schritten gehalten sind. Die (gewohnten) Zwischenwerte stellen Sie mit dem hinteren Einstellrad ein. Haben Sie also das Einstellrad auf 500 für 1/500 s gestellt, erreichen Sie die Drittelstufen 1/640 s und 1/800 s bis zum nächstmöglichen Einstellwert 1000, indem Sie das hintere Einstellrad nach rechts drehen. Dasselbe gilt in die andere Richtung, wo Sie bei einem eingestellten Wert von 500 die Drittelstufen 1/400 s und 1/320 s bis zum nächsten niedrigeren Einstellwert von 250 erreichen, indem Sie das hintere Einstellrad nach links drehen.

Abbildung 2.14 *Mit dem hinteren Einstellrad ...*

Abbildung 2.15 *... stellen Sie die Drittelstufen zwischen den ganzen Schritten ein, die mit dem Einstellrad für die Belichtungszeit eingestellt werden können.*

> **Belichtungszeit ohne Einstellrad für Belichtungszeit anpassen**
>
> Nicht jedem gefällt es, die Belichtungszeit über das Einstellrad auf der Kamera einzustellen und dann noch bei Bedarf die Zwischenwerte am hinteren Einstellrad zu wählen. Es kommt wohl auch auf die Situation an. Mit der X-T4 ist es aber auch problemlos möglich, sämtliche verfügbaren Belichtungszeiten durch Drehen des hinteren Einstellrades einzustellen. Hierzu müssen Sie lediglich das Einstellrad für die Belichtungszeit auf **T** (für »Time«) stellen. In diesem Modus können Sie über das hintere Einstellrad in Drittelschritten Werte von 1/8000 s bis 60 Sekunden einstellen. Hierzu kommen Werte von einer Belichtungszeit mit 2, 4, 8 und 15 Minuten für eine Langzeitbelichtung. Kürzere Belichtungszeiten von bis zu 1/32 000 s sind möglich, wenn Sie den elektronischen Verschluss (**ES**) als **Auslösertyp** bei **Aufnahme-Einstellung** im Kameramenü wählen.

Abbildung 2.16 *Stellen Sie das Einstellrad auf **T**, können Sie alle Belichtungszeiten inklusive der Drittelwerte über das hintere Einstellrad einstellen.*

2.2.1 Anpassungen bei der Zeitvorwahl

Wenn Sie die Belichtungszeit eingestellt haben, kümmert sich die Kamera um den Blendenwert. Die Kamera versucht dabei immer ein optimal belichtetes Bild zu erstellen. Wenn Sie die Belichtungszeit zum Beispiel um eine Stufe verlängern, erhöht sich analog dazu der Blendenwert ebenfalls um eine Stufe. Dasselbe gilt umgekehrt. Bei einer optimalen Belichtung sind die angezeigten Werte immer weiß.

Wenn die Kamera bei vollständig geöffneter oder geschlossener Blende zur eingestellten Belichtungszeit keine ordentliche Belichtung mehr erreicht, wird der Blendenwert in Rot angezeigt, wie Sie es in Abbildung 2.13 sehen.

Um das Problem zu beheben, haben Sie drei Möglichkeiten. Die erste Möglichkeit ist, eine andere Belichtungszeit einzustellen. Ist die Belichtungszeit zum Beispiel zu kurz, können Sie sie am Einstellrad für die Belichtungszeit oder zunächst am hinteren Einstellrad in Drittelschritten verlängern. Dies hängt allerdings auch davon ab, wie lang die Belichtungszeit bereits ist. Haben Sie bei einem 200-mm-Objektiv ohnehin schon eine Belichtungszeit von 1/100 s und machen das Foto aus der Hand, dann besteht bei einer Verlängerung der Belichtungszeit die Gefahr des Verwackelns, und als Ergebnis erhalten Sie ein unscharfes Bild. Dies hängt auch davon ab, wie ruhig Sie die Kamera halten können und ob Sie den Bildstabilisator verwenden.

Die zweite Möglichkeit ist, den ISO-Wert am passenden Einstellrad entsprechend der Situation anzupassen. Aber auch das Einstellrad für die Belichtungskorrektur kann, als dritte Möglichkeit, dafür sorgen, die Belichtung wieder ins rechte Licht zu rücken. Was Sie wann und wo verwenden, hängt davon ab, was Sie mit der Zeitvorwahl fotografieren.

Anforderungen an das Bild bei der Zeitvorwahl

Die Zeitvorwahl kommt überall dort zum Einsatz, wo die Belichtungszeit der wichtigste Faktor für das Bild ist. Die wohl zwei wichtigsten Anwendungsbeispiele sind:

- Sie wollen (schnelle) **Bewegungen einfrieren**, um Bewegungsunschärfe zu vermeiden. Hierfür benötigen Sie eine sehr kurze Belichtungszeit. Anwendungsbeispiele sind die Sportfotografie, Actionaufnahmen oder Aufnahmen von fliegenden oder laufenden Tieren. Für kurze Belichtungszeiten muss allerdings in der Regel auch ausreichend Licht vorhanden sein. Ist dies nicht gegeben, muss der ISO-Wert erhöht werden.

- Sie wollen gezielt eine **Bewegungsunschärfe** (auch: Wischeffekt) erzielen, um zum Beispiel fließendes Wasser verwischt abzubilden oder sogenannte *Mitzieher* bei sich schnell bewegenden Objekten zu machen. Damit können Sie die Bewegung durch die Unschärfe hervorheben.

Abbildung 2.17 *Hier habe ich mit einer langen Belichtungszeit gearbeitet (0,5 Sekunden). Die lange Belichtungszeit lässt das Wasser verwischen. Für die Aufnahme stand die Kamera auf einem Stativ.*

23 mm | f9 | 1/2 s | ISO 160

Abbildung 2.18 *Für die Sportfotografie verwende ich ausschließlich die Zeitvorwahl, um die Bewegung einfrieren zu können.*

106 mm | f2,8 | 1/1250 s | ISO 160

2.2.2 Belichten aus der Hand, ohne zu verwackeln

Neben einer korrekten Fokussierung des Motivs hat die Wahl der richtigen Belichtungszeit maßgeblichen Einfluss darauf, ob ein Bild scharf ist oder nicht. Häufig kommt es auch auf eine ruhige Hand beim Fotografieren und die Brennweite des Objektivs an. Das Prinzip lässt sich ohne Kamera demonstrieren, wenn Sie versuchen, durch ein langes Rohr zu schauen und ein bestimmtes Motiv damit zu fixieren. Je länger das Rohr ist, umso schwieriger ist es, es ruhig zu halten. Genauso ist es beim Fotografieren, wenn Sie eine Brennweite von 200 mm und mehr haben. Kleinste Bewegungen können bei einer zu langen Belichtungszeit zu unscharfen Bildern führen.

Ein Richtwert, welche Belichtungszeit verwendet werden kann, damit es noch zu scharfen Bilder bei Aufnahmen aus der Hand kommt, stammt noch aus der analogen Zeit und ist als *Kehrwertregel* bekannt: Er ergibt sich aus *Brennweite × Cropfaktor*. Der Cropfaktor bei einer APS-C-Kamera wie der X-T4 ist 1,5, weshalb für 200 mm eine Belichtungszeit von 1/300 s ideal wäre (200 × 1,5 = 300). 1/300 s gibt es nicht, weshalb dieser Wert auf 1/320 s aufgerundet wird. Ein anderes Beispiel mit einer 23-mm-Brennweite wäre: 23 × 1,5 = 34,5. Aufgerundet ergibt das eine Belichtungszeit von 1/40 s.

Die ideale Belichtungszeit frei Hand – meine Empfehlung

Ich habe nicht immer eine ruhige Hand und gehe daher auf Nummer sicher. Wenn ich keinen Bildstabilisator verwende, dann multipliziere ich die Brennweite mit 1,5 oder 2. Allerdings ist mir bewusst, dass diese Faustregel immer schwerer mit einer längeren Brennweite bei weniger Licht erreicht wird. Wenn ich zum Beispiel mit einem 90-mm-Objektiv fotografiere, peile ich eine Belichtungszeit von 1/125 s bis 1/180 s an. Wenn das Umgebungslicht schlecht ist, dann ist dieser Wert gar nicht mehr so einfach zu erreichen. Häufig muss man dann eben noch den ISO-Wert hochdrehen. Wenn ich allerdings trotzdem nicht um eine längere Belichtungszeit herumkomme, trotz aller Einstellungen, versuche ich meinen Körper zu stabilisieren. Ideal ist es hierbei, wenn Sie die Kamera ganz nah am Körper halten und nicht mit den Armen ausgestreckt fotografieren. Auch das Fotografieren durch den Sucher gehört zu dieser engeren und stabilisierenden Körperhaltung.

Um es aber noch einmal deutlich zu machen: Bei dieser Gleichung handelt es sich eben nur um einen ersten Richtwert. Wer auf Nummer sicher gehen will, der sollte auf diesen Wert durchaus noch einen Puffer aufschlagen. In diesem Abschnitt soll nur verdeutlicht werden, dass bei unscharfen Bildern häufig eine zu lange Belichtungszeit die Ursache ist. Es gibt natürlich eine Ausnahme zu diesen Richtwerten, nämlich wenn Sie den Bildstabilisator der X-T4 aktiviert haben.

Schnellere Belichtungszeit dank elektronischem Verschluss

Mit dem mechanischen Verschluss der Fujifilm X-T4 sind Belichtungszeiten bis zu 1/8000 s möglich. Reicht Ihnen diese Belichtungszeit nicht aus, können Sie den schnellen elektronischen Verschluss verwenden. Damit stehen Ihnen noch kürzere Belichtungszeiten von bis zu 1/32 000 s zur Verfügung. Diesen Verschluss stellen

Sie im Kameramenü über **Aufnahme-Einstellung** ein, wenn Sie den **Auslösertyp** auf **ES** (elektronischer Auslöser) oder **M+E** (mechanisch und elektronisch) setzen.

Wenn Sie den elektronischen Auslösertyp der Kamera verwenden, und Belichtungszeiten unter 1/8000 s bis zu den minimalen 1/32 000 s einstellen wollen, müssen Sie das Einstellrad für die Belichtungszeit auf 1/8000 s (**8000**) stellen und dann das hintere Einstellrad nach rechts drehen. Alternativ können Sie das Einstellrad für die Belichtungszeit auf **T** stellen und dann die hohen Belichtungszeiten ebenfalls mit dem hinteren Einstellrad einstellen.

2.2.3 Der Bildstabilisator

Eine weitere Möglichkeit, einem Verwackeln bei der Aufnahme gegenzusteuern, ist der in der Kamera eingebaute Fünf-Achsen-Bildstabilisator (kurz: IBIS für »In **B**ody **I**mage **S**tabilization«). Die Bildstabilisierung wird über den beweglich gelagerten Sensor erreicht, der Bewegungen und Verwackler ausgleichen kann. Der Vorteil eines eingebauten Bildstabilisators ist, dass dieser auch mit Objektiven funktioniert, die keinen eigenen Stabilisator haben. Bei Objektiven heißt dieser kurz OIS (»**O**ptical **I**mage **S**tabilization«). Wenn Sie zusätzlich zum Bildstabilisator der X-T4 ein Objektiv mit einem Bildstabilisator verwenden, dann arbeiten IBIS und OIS zusammen, um Verwacklungen zu kompensieren.

Bei einigen Objektiven bewirbt Fujifilm eine Kompensierung von bis zu 6,5 Lichtwerten (EV), um eine Verwacklung aus der Hand auszugleichen. Um nicht mit krummen Zahlen zu rechnen sind 6 Lichtwerte bei einer Belichtungszeit von 1/250 s sagenhaft lange 1/4 s, mit dem halben Stopp noch ein wenig kürzer. Aber dies eben in der Theorie und auch abhängig davon, wie ruhig Sie die Kamera in der Hand halten können. Wie schon bei der Einstellung der Mindestverschlusszeit würde ich auch hier einen Puffer draufschlagen, um auf Nummer sicher zu gehen. Ich würde aber sagen, 4 Blendenstufen gehen fast immer und locker aus jeder Hand. Probieren Sie es aus!

Die OIS-Funktion kann bei den Objektiven über den entsprechenden Schalter am Objektiv (de-)aktiviert werden. Bei XC-Objektiven (z. B. XC 50–230 mm) mit OIS-Funktion ohne einen Schalter am Objektiv ist die Bildstabilisierung automatisch aktiv, kann aber über das Kameramenü (de-)aktiviert werden. Sie finden diese Option im Kameramenü **Aufnahme-Einstellung > IS Modus**, wo Sie mit dem Wert **Aus** die Bildstabilisierung ausschalten.

Es ist dabei allerdings nicht möglich, nur IBIS oder nur OIS zu verwenden, wenn beide Optionen vorhanden sind. Es geht also nur IBIS und OIS oder beides nicht. Bei Objektiven mit einem OIS-Schalter kann außerdem der Bildstabilisator nur über den OIS-Schalter des Objektivs (de-)aktiviert werden. Schalten Sie den Bildstabilisator am Objektiv aus, deaktivieren Sie auch den eingebauten Stabilisator der Kamera. Wenn Sie hingegen den OIS-Schalter einschalten, wird auch IBIS aktiviert. Das finde ich sehr praktisch gelöst, weil es den Weg über das Kameramenü erspart.

Abbildung 2.19 *Sie können den Bildstabilisator mit dem Schalter für* **OIS** *am Objektiv ein-/ausschalten.*

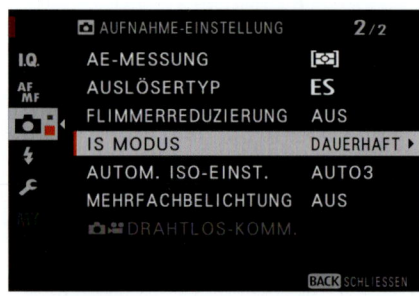

Abbildung 2.20 *Bei XC-Objektiven mit OIS-Funktion, aber ohne Schalter (de-)aktivieren Sie die Bildstabilisierung im Kameramenü.*

Blendenstufen

Wie gut ein Bildstabilisator arbeitet, wird häufig in Blendenstufen oder Stop angegeben. Benötigen Sie zum Beispiel für eine scharfe Aufnahme aus der Hand eine Belichtungszeit von 1/250 s, und schaffen Sie es, für dasselbe Bild mit Bildstabilisator auch noch mit 1/60 s ein scharfes Bild zu erstellen, dann hat der Bildstabilisator zwei Belichtungsstufen ausgeglichen: die erste Stufe mit 1/125 s und die zweite Stufe mit 1/60 s. Anstatt die Belichtungszeit zu verlängern, hätten Sie auch die Blende um zwei Stufen schließen können. Wenn Sie daher eine Angabe lesen, dass ein Bildstabilisator bis zu sechs Blendenstufen ausgleichen kann, dann bedeutet dies, dass Sie die Belichtungszeit um sechs Belichtungsstufen verlängern können.

Aber auch ein aktiver Bildstabilisator hilft nicht dabei, ein sich schnell bewegendes Motiv »einzufrieren«. Für solche Zwecke kommen Sie nicht um kürzere Belichtungszeiten herum. Trotzdem lässt sich hiermit ein interessanter Verwischeffekt von sich bewegenden Motiven aus der Hand erzielen, was ohne den Bildstabilisator nur von einem Stativ aus möglich gewesen wäre.

Abbildung 2.21 *Dank des Bildstabilisators können Sie auch solche Effekte aus der Hand fotografieren. Die Person wird aufgrund der niedrigen Verschlusszeit verwischt, aber der Hintergrund bleibt scharf.*

19 mm | f10 | 1/8 s | ISO 160

Im Kameramenü **Aufnahme-Einstellung > IS Modus** finden Sie mit **Dauerhaft** (Standardeinstellung) und **Nur Aufnahme** zwei Optionen, mit denen Sie den Modus des Bildstabilisators von IBIS und (wenn vorhanden) OIS festlegen, wenn dieser aktiviert wurde. Die Option **Aus** steht nur dann zur Verfügung, wenn Sie ein Objektiv ohne Bildstabilisator und OIS-Schalter verwenden.

Der Modus **Dauerhaft** stellt die Bildstabilisierung in den Dauerbetrieb und gleicht permanent Verwacklungen aus. Sie bemerken dies, wenn Sie das Livebild im Sucher oder auf dem Display betrachten, wo es sehr angenehm stabilisiert wird. Sie können praktisch der Bildstabilisierung bei der Arbeit zusehen. Allerdings geht das auf Kosten des Akkus, weshalb ich diese Option auf **Nur Aufnahme** einstelle. So wird zwar das Livebild nicht mehr so angenehm stabilisiert, die Aufnahme aber nach wie vor. Mit **Nur Aufnahme** wird nur dann stabilisiert, wenn Sie den Auslöser halb herunterdrücken (Fokusmodus AF-C) oder der Auslöser betätigt wurde.

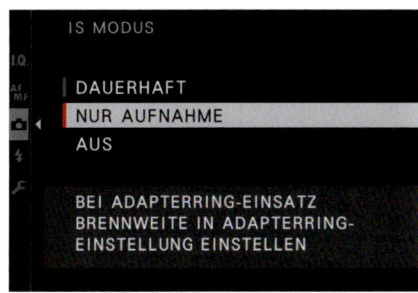

Abbildung 2.22 *Als Modus für die Bildstabilisierung bei* **Aufnahme-Einstellung > IS Modus** *können Sie als (Standard-)Wert* **Dauerhaft** *oder* **Nur Aufnahme** *vorgeben.* **Aus** *steht nur bei Objektiven ohne Blendenring und OIS-Schalter zur Verfügung.*

2.2.4 Langzeitbelichtung im Programmmodus S

Eine Langzeitbelichtung von mehr als 1 Sekunde können Sie durchführen, indem Sie das Einstellrad für die Belichtungszeit auf **T** oder **B** stellen. Wie Sie bereits erfahren haben, können Sie mit dem hinteren Einstellrad die Belichtungszeit beliebig von 1/32 000 s bzw. 1/8000 s bis hoch zu 15 Minuten einstellen. In der Stellung **B** (für »Bulb«) können Sie selbst festlegen, wie lange das Foto belichtet werden soll. Haben Sie allerdings die Zeitvorwahl eingestellt, also die Blende auf **A** (für »Automatik«), so wird die Belichtungszeit fest auf 30 Sekunden gestellt. Stellen Sie die Blende stattdessen manuell auf einen Wert, dann belichtet die Kamera im Bulb-Modus so lange, wie Sie den Auslöser gedrückt halten (maximal 60 Minuten). In diesem Fall verwenden Sie allerdings dann auch den manuellen Programmmodus **M** der Kamera. Natürlich können Sie hierfür auch einen Fernauslöser benutzen und müssen so nicht den Auslöser die gesamte Zeit gedrückt halten. Auf die Langzeitbelichtung werde ich gesondert in Abschnitt 8.10, »Langzeitbelichtung«, eingehen.

2.3 Die Blendenvorwahl im Programmmodus A

Der letzte halbautomatische Modus ist die *Blendenvorwahl* (auch *Zeitautomatik*). Sie stellen einen beliebigen Blendenwert ein, und die Kamera wählt dazu die passende Belichtungszeit. Dieser Modus wird bevorzugt verwendet, wenn mit der Blende gezielt die Schärfentiefe gesteuert werden soll. Entsprechend eingesetzt lässt sich mit diesem Modus bei geöffneter Blende ein Motiv optimal freistellen, so dass ein unruhiger Hintergrund in Unschärfe verschwimmt und die Aufmerksamkeit auf das Motiv gerichtet wird. Auch können Sie damit die maximale Schärfentiefe ausreizen, indem Sie die Blende schließen.

Um die X-T4 in den Modus **A** (für »Aperture Priority«) für die Blendenvorwahl zu stellen, drehen Sie das Einstellrad für die Belichtungszeit auf **A**.

Abbildung 2.23 *Für die Blendenvorwahl stellen Sie die Einstellrad für die Belichtung auf **A**.*

Die Blende müssen Sie logischerweise jenseits der Automatik von **A** einstellen. Es gibt unterschiedliche Möglichkeiten, die Blende einzustellen:

- **Direkt am Blendenring**: Bei Objektiven mit einer Festbrennweite und bei Zoomobjektiven mit durchgehend gleicher Lichtstärke finden Sie auf dem Blendenring die entsprechende Blende als Zahlenwert neben dem roten **A** für die Automatik wieder, wo Sie durch Drehen am Ring den Blendenwert einstellen können.

Abbildung 2.24 *Blendenwerte bei Objektiven mit durchgehender Lichtstärke und Festbrennweiten können direkt eingestellt werden.*

- **Blendenmodus-Schalter und Blendenring**: Zoomobjektive ohne durchgehende Lichtstärke haben keine Zahlenwerte am Blendenring, weil mit der Brennweite auch die Blende variiert. Trotzdem ist auch hier der Blendenring zum Drehen und Einstellen der Blende vorhanden. Sie müssen den eingestellten Blendenwert im Sucher oder auf dem Display kontrollieren. Stellen Sie den Blendenmodus-Schalter am Objektiv auf die Blendenoption (siehe zum Beispiel Abbildung 1.8).

- **Ohne Blendenring**: Bei Objektiven ohne Blendenring oder bei XC-Objektiven lässt sich der Blendenwert nur über das vordere Einstellrad ändern. Standardmäßig wird hierbei die Automatik verwendet, was Sie am weißen Blendenwert auf dem Display oder im Sucher erkennen. Drehen Sie das vordere Einstellrad nach links, wird dieser Wert blau, und Sie können die Blende durch Drehen einstellen.

2.3 Die Blendenvorwahl im Programmmodus A

> **Blende mit vorderem Rad einstellen – meine Empfehlung**
>
> Die Möglichkeit vieler Objektive, den Blendenwert direkt am Objektiv einzustellen, ist eine feine Sache, weil ich damit den Blendenwert bereits einstellen kann, ohne überhaupt die Kamera einzuschalten oder auf das Display bzw. Sucher zu schauen. Aber es gibt oft Situationen, wo ich den Blendenwert während des Fotografierens mit Blick durch den Sucher anpassen will. Dann stelle ich bei den Objektiven mit einem Blendenring und Zahlenwerten den Wert auf das rote **A** (für Automatik). Stellen Sie dann im Kameramenü über **Einrichtung > Tasten/Rad-Einstellung** die **Blendenring-Einstellung(A)** von **Auto** auf **Befehl**, dann können Sie durch Drehen des vorderen Einstellrades den Blendenwert anpassen. Die Automatik können Sie dabei weiterhin verwenden, wenn Sie das vordere Einstellrad so lange nach rechts drehen, bis der Blendenwert wieder in weißer Farbe angezeigt wird. Dasselbe funktioniert bei Objektiven mit Blendenmodus-Schalter und Blendenring (ohne Zahlenwerte), indem Sie den Blendenmodus-Schalter auf **A** stellen.
>
> Sollten Sie auf das vordere Einstellrad auch die Funktion der Belichtungskorrektur und/oder den ISO-Wert zur Einstellung gelegt haben, müssen Sie gegebenenfalls das vordere Einstellrad drücken, bis die Blendeneinstellung (**F**) ausgewählt ist.

Wenn Sie die Blendenvorwahl eingestellt haben, werden links unten auf dem Display oder im Sucher der Modus **A** und der aktuell eingestellte Blendenwert blau angezeigt. Kann zum eingestellten Blendenwert kein korrektes Belichtungsergebnis erzielt werden, wird die Belichtungszeit zur Warnung in roter Farbe angegeben.

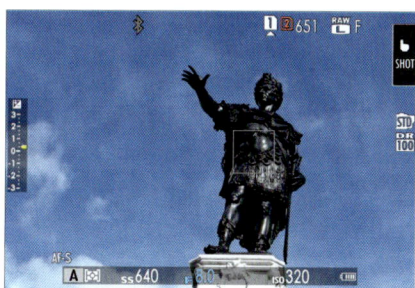

Abbildung 2.25 Das **A** links unten und der blaue Blendenwert zeigen an, dass Sie die Blendenvorwahl eingestellt haben.

Abbildung 2.26 Kann zum eingestellten Blendenwert keine korrekte Belichtungszeit mehr eingestellt werden, wird dieser Wert in roter Schrift angezeigt.

Im Programmmodus **A** liefert die Kamera zur eingestellten Blende immer die passende Belichtungszeit. Hierbei kann es je nach vorhandenem Licht durchaus zu Situationen kommen, in denen die Belichtungszeit recht lang ist und es schwierig wird, ein Bild noch verwacklungsfrei aus der Hand aufzunehmen. Erhöhen Sie dann eventuell den ISO-Wert, oder, wenn nicht bereits geschehen, stellen Sie diesen auf **A**(uto). Eine weitere Möglichkeit besteht darin, die Blende weiter zu öffnen, also einen kleineren Wert einzustellen, womit mehr Licht auf den Sensor fällt und die Belichtungszeit automatisch kürzer wird. Reduzieren Sie den Blendenwert um eine Stufe, beispielsweise von ƒ4 auf ƒ2,8, verringert sich die Belichtungszeit ebenfalls um eine ganze Stufe, damit dieselbe Helligkeit im Bild erhalten bleibt. Ist die Belichtungszeit immer noch zu lang, müssen Sie ein Stativ oder eine feste Unterlage für die Kamera verwenden.

Anforderungen an das Bild bei der Blendenvorwahl

Die Blendenvorwahl ist das ideale Programm, wenn die Belichtungszeit weniger wichtig ist und Sie Einfluss auf die Schärfentiefe nehmen wollen:

- **Große Schärfentiefe**: Eine größere Schärfentiefe erzielen Sie gewöhnlich mit einer großen Blendenzahl (= kleinere Blendenöffnung). Je größer die Blendenzahl wird, umso mehr dehnt sich die Schärfentiefe im Bild nach vorn und nach hinten aus. Eine hohe Schärfentiefe will man z. B. in der **Landschaftsfotografie** erzielen, um alle Bereiche durchgehend scharf abzubilden.

- **Geringe Schärfentiefe**: Eine geringe Schärfentiefe erzielen Sie mit einer kleinen Blendenzahl (= größere Blendenöffnung). Je kleiner die Blendenzahl ist, umso weniger tief fällt der scharfe Bereich im Bild aus. Bezogen auf ein fokussiertes Motiv wird nur dieses scharfgestellt, alles dahinter oder davor verschwimmt in Unschärfe. Gerade in der Porträtfotografie wirken Bilder mit einer geringen Schärfetiefe sehr gut, weil der Fokus auf das Gesicht gelegt wird.

Abbildung 2.27 *Hier habe ich den Fokus manuell auf das näher zur Kamera liegende Auge gelegt. Der Blendenwert von f8 sorgt für eine hohe Schärfentiefe, so dass auch der Hintergrund noch relativ scharf wiedergegeben wird. Große Schärfentiefe = große Blendenzahl bzw. kleine Blendenöffnung*

Abbildung 2.28 *Das gleiche Motiv, und wieder liegt der Fokus auf dem vorderen Auge. Durch den Blendenwert f1,8 habe ich allerdings auch die Schärfentiefe verringert, so dass der Hintergrund unscharf ist. Geringe Schärfentiefe = kleine Blendezahl bzw. große Blendenöffnung*

Es hängt allerdings auch vom Objektiv ab, wie weit eine Blende geöffnet werden kann. So bietet das Fujinon XF 55–200 mm F3,5–4,8 OIS als kleinstmögliche Blendenzahl ƒ3,5 bei 55 mm, die bei 200 mm auf ƒ4,8 steigt. Andere Objektive bieten noch größere Blendenöffnungen, also eine kleinere Blendenzahl, an. Das Fujinon XF 56 mm bietet als kleinstmögliche Blendenzahl ƒ1,2. Verglichen mit dem 55–200 mm, wo Sie bei 55 mm auf ƒ3,5 als kleinste Blendezahl beschränkt sind, haben Sie bei einer ähnlichen Brennweite mit dem XF 56 mm mit einer Blendenzahl von ƒ1,2 natürlich noch viel Spielraum, eine geringere Schärfentiefe zu erzeugen. Mehr über Objektive erfahren Sie in Abschnitt 10.1, »Objektive für die X-T4«.

Scharfstellen bei sehr großer Blendenöffnung | Mit lichtstarken Objektiven wie dem XF 56 mm ƒ1,2 können Sie sehr schön bei Porträtaufnahmen zum Beispiel die Person vom Hintergrund freistellen, womit die Person scharfgestellt wird und der Hintergrund in Unschärfe verschwimmt. Je näher Sie damit allerdings an das Motiv gehen, umso schwieriger wird es, beide Augen bei einem Porträt scharfzustellen, wenn die Person nicht mit beiden Augen parallel zur Kamera steht. Daher ist es in solchen Situationen oft empfehlenswert, ein wenig abzublenden, die Blende also um ein, zwei Stufen zu schließen (den Blendenwert zu erhöhen).

SCHRITT FÜR SCHRITT
Im A-Modus zum gewünschten Bild

1 Blende einstellen

Stellen Sie die Kamera in den Programmmodus **A**, indem Sie das Einstellrad für die Belichtungszeit auf **A** drehen. Dann wählen Sie die gewünschte Blende am Blendenring. Wollen Sie einen unscharfen Hintergrund (z. B. bei einer Porträtaufnahme), verwenden Sie einen niedrigen Blendenwert wie etwa ƒ2,8 oder ƒ4. Wollen Sie, dass alles durchgehend scharf ist (z. B. bei einer Landschaftsaufnahme), stellen Sie einen hohen Blendenwert wie ƒ8 oder ƒ11 ein. Drücken Sie den Auslöser halb herunter, und werfen Sie einen Blick auf die Belichtungszeit und die Schärfentiefe.

Abbildung 2.29 Blende einstellen (hier. ƒ2.0)

Abbildung 2.30 Wenn Sie den Auslöser halb herunterdrücken, sollten Sie die Belichtungszeit (und eventuell auch den ISO-Wert) überprüfen, weil Sie dann die tatsächlich verwendeten Werte sehen können.

2 Einstellungen anpassen

Stellen Sie sicher, dass die Belichtungszeit für ein scharfes Foto aus der Hand geeignet ist. Wenn die Belichtungszeit zu lang ist, können Sie die Blende weiter öffnen (kleinere Blendenzahl einstellen). Dies reduziert allerdings auch die Schärfentiefe. Je nach Aufnahmesituation ist dies möglicherweise nicht erwünscht. In diesem Fall besteht noch die Option, den ISO-Wert zu erhöhen. Wenn die Belichtungszeit allerdings immer noch recht kurz ist, können Sie unter Umständen die Blende noch etwas weiter schließen und eine höhere Blendenzahl einstellen, womit auch die Schärfentiefe erweitert wird.

3 Aufnahme erstellen

Machen Sie eine erste Aufnahme, und überprüfen Sie am Display das Ergebnis. Sind Sie nicht zufrieden, können Sie erneut Anpassungen vornehmen. Die Auswirkungen bei der Änderung des Blendenwertes sind:

kleiner Blendenwert = geringere Schärfentiefe = kürzere Belichtungszeit
großer Blendenwert = höhere Schärfentiefe = längere Belichtungszeit

Beugungsunschärfe bei zu kleiner Blendenöffnung | Um eine hohe Schärfentiefe zu erzielen, blendet man in der Regel ab. Allerdings gibt es auch hier eine Grenze: Je weiter Sie die Blende schließen (hoher Blendenwert), umso stärker tritt das Phänomen der sogenannten *Beugungsunschärfe* auf. Zwar erzielen Sie mit einem Weitwinkelobjektiv bei Blende $f16$ grundsätzlich eine sehr hohe durchgehende Schärfentiefe im gesamten Bild, aber die Schärfeleistung sinkt dennoch aufgrund eines quantenmechanischen Phänomens deutlich. Das bedeutet, dass ein Bild mit $f16$ zwar über eine größere Schärfentiefe verfügt als ein Bild mit $f8$, aber aufgrund der Beugungskorrektur eine geringere Schärfe hat.

Ab welcher Blende genau Sie mit Beugungsunschärfe rechnen müssen, hängt auch vom Objektiv ab. Die X-T4 bietet im Kameramenü **Bildqualitäts-Einstellung > Objektivmod.-Opt.** eine Funktion an, mit der unter anderem dieser Beugungseffekt bis zu einem gewissen Grad reduziert wird. Die Funktion ist zwar standardmäßig aktiviert, aber dies gilt nur für JPEG- und nicht für Raw-Aufnahmen. Außerdem wird die Korrektur nicht bei XC- und Fremdhersteller-Objektiven unterstützt. Für Raw-Bilder ist mir nur der Raw-Konverter Capture One bekannt, der diese Beugungsunschärfe ebenfalls bis zu einem gewissen Grad korrigieren kann.

Beugungsunschärfe testen – meine Empfehlung

Wenn Sie im Internet nach der Beugungsunschärfe suchen, werden Sie dort viele Empfehlungen finden. Das ist hilfreich, aber da ich oftmals ganz genau wissen will, wie weit ich mit meinem Werkzeug gehen kann, teste ich meine Objektive selbst auf Beugungsunschärfe. Dazu stelle ich mir die Kamera auf ein Stativ oder festen Untergrund und fotografiere dasselbe Bild mehrmals im Programmmodus **A** mit unterschiedlichen Blendenwerten (2, 2,8, 4, 5,6, 8, 11, 16, 22). Dann betrachte ich die Bilder in der 100%-Ansicht am Computer und sehe dort recht deutlich, ab wann die Beugungsunschärfe einsetzt.

Abbildung 2.31 *Zum Vergleich sehen Sie einen Bildausschnitt in einer 200%-Ansicht. Das linke Bild habe ich mit Blende f20 aufgenommen und das rechte mit Blende f4,5. Die Beugungsunschärfe im linken Bild dürfte deutlich zu sehen sein.*

2.4 Volle manuelle Kontrolle im Programmmodus M

Wollen Sie alle Werte unabhängig voneinander wählen und die Belichtungseinstellung selbst bestimmen, dann können Sie die X-T4 auch im Programmmodus **M** betreiben. Bevorzugt wird der manuelle Modus bei Nacht-, Blitzlicht-, HDR- oder Panorama-Aufnahmen verwendet. Wer aber die manuelle Anpassung der Kamera beherrscht, kann damit aber durchaus immer und alles fotografieren.

Um den Programmmodus **M** der X-T4 einzustellen, müssen Sie alle Aufnahmeparameter wie Blende, Belichtungszeit und auch den ISO-Wert auf einen Wert jenseits der Automatik stellen. Wenn Sie konsequent sein wollen, wählen Sie auch den ISO-Wert manuell, weil die Kamera sonst trotzdem noch in die Belichtungseinstellung eingreift.

> **Auto-ISO und Programmmodus**
> Auch mit Auto-ISO wird auf dem Display und im Sucher der Programmmodus **M** angezeigt. Es versteht sich bei diesem Modus von selbst, dass Sie wissen, was Sie tun oder tun wollen.

Sie erkennen den manuellen Modus am **M** (für »manuell«) links unten in der Statusleiste. Des Weiteren werden die Werte für die Belichtungszeit und Blende jetzt beide in blauer Schrift angezeigt. Ob das Bild gemäß den Einstellungen richtig belichtet wird, sehen Sie im Sucher oder auf dem Display auf der linken Seite bei der Belichtungsskala. Bei einem korrekt belichteten Bild steht der weiße Pfeil auf 0. Diese Skala zeigt Ihnen +/– 3 Belichtungsstufen an und ist in Drittelstufen eingeteilt. Steht diese Skala trotz des manuellen Modus und sich ändernder Lichtverhältnisse auf 0, dann haben Sie vermutlich Auto-ISO aktiviert.

Abbildung 2.32 *Ist keine Einstellung der Kamera mehr im Automatikmodus, liegt es an Ihnen, die Belichtung einzustellen.*

Abbildung 2.33 *Den manuellen Programmmodus der Kamera erkennen Sie am **M** links unten und an der Blaufärbung von Belichtungszeit- und Blendenangabe. Zur Kontrolle der Belichtung dient die Belichtungsskala auf der linken Seite.*

Anforderungen an das Bild im manuellen Modus

Für das Fotografieren im manuellen Modus gibt es zwar keine speziellen Anforderungen an das Bild, weil sich damit eben alles machen lässt, was Sie in den anderen halbautomatischen Programmmodi auch tun können. Trotzdem gibt es auch hier typische Anwendungsfälle, für die viele Fotografen generell den manuellen Modus verwenden:

- **Wechselnde Lichtverhältnisse**: Wenn Sie zum Beispiel bei einem Konzert mit ständig wechselnder Bühnenbeleuchtung einen Künstler fotografieren müssen, wird die X-T4 im Programmmodus **A** mal eine kurze und mal eine lange Belichtungszeit vorschlagen. Zwar erhalten Sie dann ein korrekt belichtetes Bild, aber eben auch ganz unterschiedlich belichtete Bilder. Gewöhnlich will man hier aber immer dieselbe Stimmung und Bildhelligkeit fotografieren.

Abbildung 2.34 *Bei solchen Nachtaufnahmen ist der Programmmodus **M** fast schon Pflicht.*
90 mm | f10 | 8 s | ISO 160

- **Langzeitbelichtung, Nachtaufnahmen**: Gerade bei Nachtaufnahmen mit hoher Schärfentiefe (große Blendenzahl) und niedrigem ISO-Wert kommt fast immer der manuelle Modus ins Spiel. Langzeitbelichtungen werde ich ausführlicher in Abschnitt 8.10, »Langzeitbelichtung«, behandeln.
- **Blitzen im Studio**: Beim Fotografieren im Studio mit Blitzlicht ist manuelles Belichten Pflicht, weil eine Automatik nicht wissen kann, wie hell der Blitz auslöst. Fotografen tasten sich mit einer Zeit-Blenden-Kombination und mehreren Anpassungen an die optimalen Werte heran. Ein externer Belichtungsmesser kann für Klarheit sorgen, ohne testen zu müssen. Erfahrene Fotografen wissen aber ohnehin, welche Werte sie einstellen müssen. Auf das Blitzen im Studio gehe ich kurz in Abschnitt 7.6, »Blitzen im Studio«, ein.

SCHRITT FÜR SCHRITT
Im M-Modus zum gewünschten Bild

1 Belichtung messen

Setzen Sie die Kamera in den Programmmodus **M**, indem Sie die gewünschten Werte für Belichtungszeit, Blende und ISO-Wert einstellen. Drücken Sie nun den Auslöser halb herunter, und betrachten Sie die Belichtungsskala auf der linken Seite.

2 Anpassungen vornehmen

Geht die Belichtung in der Belichtungsskala auf einen Wert unter 0, ist das Bild unterbelichtet. Sie können dann entweder die Belichtungszeit erhöhen oder die Blendenzahl verringern. Zeigt der Balken der Belichtungsskala hingegen auf einen Wert über 0, ist das Bild überbelichtet. Sie können dann die Belichtungszeit verkürzen oder die Blendenzahl erhöhen. Was Sie verändern, hängt natürlich vom Anwendungszweck ab. Erreichen Sie nicht genau den Wert 0 und fehlen noch eine oder zwei Drittelblendenstufe(n), können Sie die Belichtungszeit auch mit dem hinteren Einstellrad um Drittelstufen anpassen. Alternativ ändern Sie den ISO-Wert.

Abbildung 2.35 *Bei der ersten Einstellung ist das Bild noch unterbelichtet.*

Abbildung 2.36 *Hier habe ich die Belichtungszeit am hinteren Einstellrad um +1 Blende korrigiert. Schon haben Sie ein perfekt belichtetes Bild.*

3 Experimentieren Sie

Sie haben für den manuellen Modus einen Ausgangswert eingestellt, an dem Sie jetzt verschiedene Einstellungen testen können. Verändern Sie die Blende und die Belichtungszeit, und vergleichen Sie die Ergebnisse.

Im Programmmodus A oder S starten

Mit der Zeit und Erfahrung wissen Sie, mit welchen Werten Sie im manuellen Modus anfangen können. Sie können aber auch die Kamera in den Modus **A** oder **S** stellen und sehen, was die Kamera für Werte verwendet. Merken Sie sich dann die Werte für Blende und Belichtungszeit, und verwenden Sie sie als Basis für den Programmmodus **M**.

2.5 Der Einfluss der ISO-Einstellung auf die verschiedenen Programmmodi

In den Abschnitten zuvor haben Sie die halbautomatischen Programmmodi der X-T4 kennengelernt, in denen die Kamera zur Belichtungszeit beziehungsweise zur Blende die passenden Werte wählt. Nicht in jeder Aufnahmesituation sind diese Werte optimal. Auch haben Sie den manuellen Programmmodus kennengelernt, wo Sie sich selbst um die Einstellung von Belichtungszeit und Blende gekümmert haben. Mit Hilfe der ISO-Einstellung können Sie in diese Halbautomatiken und den manuellen Modus eingreifen.

Das müssen Sie über den ISO-Wert wissen

Vermutlich wissen Sie selbst bereits ausreichend über den ISO-Wert Bescheid. Das Wichtigste ist: Je höher der ISO-Wert, desto mehr wird das Sensorsignal verstärkt, und umso mehr Bildrauschen ist auf dem Bild zu sehen. Um die bestmögliche Bildqualität zu erreichen, sollten Sie diesen Wert daher so niedrig wie möglich halten. Ein Bild mit ISO 160 liefert eine bessere Bildqualität als eines mit ISO 6400. Natürlich können Sie die Werte in der Praxis nicht immer niedrig halten, wenn Sie zum Beispiel bei wenig Licht aus der Hand fotografieren wollen, ohne zu verwackeln. Der Bildstabilisator ist dabei zwar auch eine große Hilfe, aber auch hiermit gibt es Limits. Und im Zweifelsfall ist ein verrauschtes Bild besser als gar kein Bild.

Mit einem höheren ISO-Wert erhöhen Sie die Signalverstärkung (was in der X-T4 einer Belichtungsaufhellung entspricht), aber mit zunehmender Verstärkung wird die Bildqualität schlechter, weil Bildrauschen und Artefakte ebenfalls verstärkt werden. Die Grundempfindlichkeit des Sensors der Fujifilm X-T4 beträgt ISO 160, womit er nach dem ISO-SOS-Standard kalibriert ist.

Die Einstellung des ISO-Wertes erfolgt bei der X-T4 über das linke Einstellrad. Auch dieses Rad lässt sich durch einen Knopf verriegeln, um es vor versehentlichen Änderungen zu schützen. Im Sucher oder auf dem Display finden Sie den aktuell verwendeten ISO-Wert rechts unten.

2.5 Der Einfluss der ISO-Einstellung auf die verschiedenen Programmmodi

Abbildung 2.37 *Hier stellen Sie den ISO-Wert an der X-T4 ein. Das Rad müssen Sie dazu vorher über den Knopf in der Mitte entriegeln.*

Abbildung 2.38 *Auf dem Bildschirm wird der ISO-Wert rechts unten (hier **ISO 160**) angezeigt.*

Den ISO-Wert können Sie in jedem Programmmodus in Drittelstufen von ISO 160 bis ISO 12.800 einstellen. Bei Aufnahmen bis zu ISO 800 ist das Bildrauschen fast unsichtbar. Auch bei ISO 1600 ist es noch nicht störend, wenn auch schon wahrnehmbar. Bei ISO 3200 ist das Bildrauschen noch akzeptabel. Erst bei ISO 6400 fällt es stärker auf, und ab ISO 12.800 müssen Sie größere Abstriche bei der Bildqualität machen. Ich empfehle Ihnen, einfach selbst mit verschiedenen ISO-Werten bei schlechteren Lichtbedingungen zu experimentieren, um herauszufinden, was für Sie noch akzeptabel ist.

2.5.1 Die ISO-Automatik und die Mindestverschlusszeit

Generell ist es eine gute Wahl, die X-T4 auf Auto-ISO einzustellen und hierbei den höchstmöglichen ISO-Wert zu begrenzen.

Dafür stellen Sie das ISO-Einstellrad auf **A**(uto) und legen den maximalen Bereich des ISO-Wertes in den Kameraeinstellungen fest. Passend dazu bietet die X-T4 die Option, die minimal mögliche Belichtungszeit zu definieren (dazu gleich mehr). Sie können drei solcher ISO-Programme einrichten. Standardmäßig sind in der X-T4 bereits alle drei ISO-Programme mit sinnvollen Werten voreingestellt. Sie finden diese Einstellungen im Kameramenü **Aufnahme-Einstellung > Autom. ISO-Einst.**, wo Sie aus **Auto1**, **Auto2** und **Auto3** wählen können.

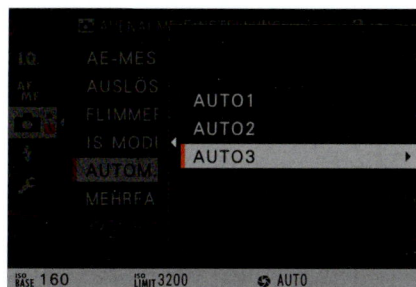

Abbildung 2.39 *Drei Auto-ISO-Programme stehen zur Wahl.*

Abbildung 2.40 *Alle drei Auto-ISO-Programme können Sie Ihren Bedürfnissen anpassen.*

Wenn Sie sich in einem der Untermenüs von **Auto1**, **Auto2** oder **Auto3** befinden und einen der Auto-Modi wählen, gelangen Sie gleich zu den Einstellungen; hier können Sie mit **Standardempfindlichkeit** den minimalen ISO-Wert und mit **Max. Empfindlichkeit** den höchsten ISO-Wert einstellen. Sie ändern die Werte, indem Sie die **MENU/OK**-Taste oder den Fokushebel drücken. Wenn Sie z. B. den Wert für **Max. Empfindlichkeit** auf 800 stellen, dann wird der ISO-Wert der Kamera, wenn Sie das ISO-Einstellrad auf **A** gestellt haben, nicht über diesen Wert gehen – egal, wie die Lichtumgebung ist. Der maximale Wert der ISO-Automatik wird im Sucher bzw. auf dem Display angezeigt, wenn Sie den Auslöser nicht betätigen. Ich gestatte meiner X-T4, in manchen Situationen einen Wert von bis zu ISO 3200 zu wählen. Alles darüber hinaus steuere ich bei Bedarf manuell am Einstellrad für den ISO-Wert.

> **Warum einen minimalen ISO-Wert angeben?**
> Zunächst verwirrt die Einstellung der **Standardempfindlichkeit** ein wenig, weil es dort auch möglich ist, einen höheren Wert als für **Max. Empfindlichkeit** zu verwenden. In diesem Fall wird jedoch der höher eingestellte Wert ignoriert. Allerdings wird dadurch beim Fotografieren sofort und ausschließlich der Wert verwendet, der mit **Max. Empfindlichkeit** festgelegt wurde. Trotzdem gibt es Situationen, in denen ich den Wert für den minimalen ISO-Wert über den Standardwert von 160 setze. So verwende ich gelegentlich als minimalen ISO-Wert 400 und gewinne so gegenüber ISO 160 etwas mehr als eine Blendenstufe. Dafür erhalte ich eine kürzere Belichtungszeit, was sich positiv auf Verwacklungen von Bildern aus der Hand auswirkt.

Der dritte Wert, **Min. Verschl.Zeit**, dient dazu, eine Mindestbelichtungszeit anzugeben. Die Kamera versucht, diesen Wert so lange wie möglich unter Berücksichtigung der **Max. Empfindlichkeit** zu halten. Die Standardeinstellung bei allen drei Auto-ISO-Einstellungen ist **Automatik**, womit die Kamera automatische eine minimale Belichtungszeit wählt, die vom angeschlossenen Objektiv abhängig ist. Gewöhnlich verwendet die Kamera die Brennweite des Objektivs als Kehrwert. Bei einer Brennweite von 90 mm wählt die Kamera also eine minimale Belichtungszeit um die 1/90 s (was entweder 1/100 s oder 1/80 s wäre). Der **Automatik**-Wert berücksichtigt dabei nicht, ob der Bildstabilisator aktiviert ist oder nicht. In manchen Situationen wie der Street- oder Sportfotografie stelle ich hier eine Mindestverschlusszeit ein. Für sich bewegende Motive, wie z. B. in der Streetfotografie, verwende ich hierfür eine Mindestverschlusszeit von 1/125 s, damit ich aus der Vorwärtsbewegung heraus und auch vorbeigehende Personen noch scharfstellen kann. Die Mindestverschlusszeit spielt nur in den Programmmodi **A** und **P** eine Rolle, weil Sie ja in den anderen beiden Modi, **S** und **M**, die Kontrolle über die Belichtungszeit selbst übernehmen.

Wenn Sie die **Min. Verschl.Zeit** verwenden und auf beispielsweise 1/60 s stellen, kompensiert die Kameraautomatik eine eventuelle Verlängerung der Belichtungszeit bei schlechten Lichtverhältnissen, indem sie den ISO-Wert erhöht, anstatt eine kürzere Belichtungszeit zu wählen. Dies funktioniert natürlich nur so lange, bis der maximale ISO-Wert (**Max. Empfindlichkeit**) erreicht wird. Wurde damit der maximal eingestellte Auto-ISO-Wert erreicht und reicht das Licht nicht mehr aus, um ordentlich mit der vorgegebenen Mindestverschlusszeit zu belichten, dann

2.5 Der Einfluss der ISO-Einstellung auf die verschiedenen Programmmodi

passt die Kamera die Belichtungszeit an und geht unter den Wert der eingestellten Mindestverschlusszeit. Wie allerdings bereits erwähnt, ist diese Mindestverschlusszeit nur für die beiden Programmmodi **A** und **P** relevant.

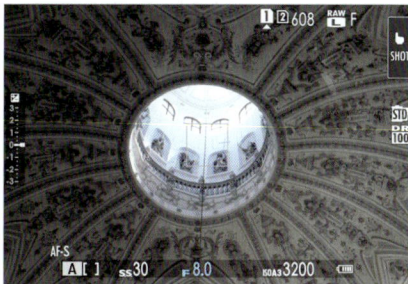

Abbildung 2.41 *Ob und welche ISO-Automatik verwendet wird, erkennen Sie an den Angaben* **ISO A1**, **ISO A2** *oder* **ISO A3** *neben dem maximal möglichen ISO-Wert rechts unten (hier ist es* **ISO A3** *und der maximal mögliche Wert ist* **3200***).*

Abbildung 2.42 *Sobald Sie den Auslöser halb herunterdrücken, können Sie erkennen, welchen ISO-Wert die Kamera für das Bild verwenden wird. Hier ist es* **ISO 640***.*

Manueller Modus und Auto-ISO

Sie können die ISO-Automatik auch im Programmmodus **M** verwenden. Allerdings beschränkt sich die gewählte Automatik hierbei lediglich auf den niedrigsten und den höchsten vorgegebenen ISO-Wert. Wie auch bei der Blendenvorwahl im Programmmodus **S** stellen Sie im Modus **M** die Belichtungszeit manuell ein. Gerade bei Aufnahmesituationen mit häufig wechselndem Licht wie bei Konzerten oder der Streetfotografie ist das sehr hilfreich.

Tipp: Wollen Sie der ISO-Automatik im Programmmodus **M** die Verantwortung für die korrekte Belichtung geben, dann müssen Sie dem ISO-Wert erlauben, den vollen ISO-Bereich auszuschöpfen. Hierzu stellen Sie die Untergrenze auf ISO 160 und die Obergrenze auf ISO 12.800. Jetzt wird im Programmmodus **M** die Einstellung **Auto-ISO** zur Belichtungsautomatik.

Abbildung 2.43 *Stellen Sie die Untergrenze auf ISO 160 und die Obergrenze auf ISO 12.800 ...*

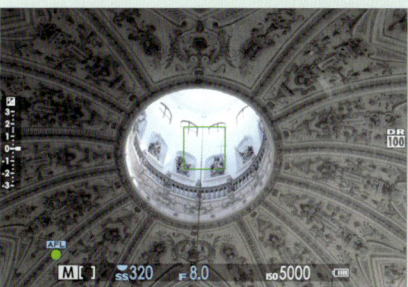

Abbildung 2.44 *... wird* **Auto-ISO** *im Modus* **M** *zur Belichtungsautomatik und sorgt immer für eine korrekte Belichtung.*

2.5.2 Die ISO-Einstellung über das vordere Einstellrad vornehmen

Bei der X-T4 können Sie die ISO-Einstellung auch auf das vordere Einstellrad legen, indem Sie das Einstellrad für den ISO-Wert auf **C** stellen. Auf dem Display oder im Sucher erscheint der Wert jetzt blau, und oberhalb von **ISO** finden Sie das Symbol für das vordere Einstellrad. Jetzt können Sie über das vordere Einstellrad den gewünschten ISO-Wert anpassen. Sollten Sie auch den Blendenwert und/oder die Belichtungskorrektur auf das vordere Einstellrad gelegt haben, müssen Sie das vordere Rad drücken und **ISO** auswählen. Beachten Sie, dass Ihnen hierbei auch die erweiterten ISO-Werte **L80**, **L100** sowie **H25600** und **H51200** zur Verfügung stehen. Dazu mehr im folgenden Abschnitt.

2.5.3 Erweiterte ISO-Einstellungen – L und H

Die erweiterten ISO-Werte mit den beiden Buchstaben **L** (für »low«) und **H** (für »high«) erreichen Sie, wenn Sie das ISO-Rad auf **C** stellen, durch das Drehen am vorderen Einstellrad zum gewünschten L- oder H-ISO-Wert.

Mit dem ISO-Wert 80 erhalten Sie ein Bild mit einem um eine Blendenstufe reduzierten Dynamikumfang. Die Kamera selbst kann keine echten ISO 80 fotografieren, und es wird zunächst trotzdem ein Bild mit ISO 160 aufgenommen; allerdings wird die Raw-Datei dann intern um eine Blendenstufe niedriger (bzw. heller) belichtet. Bei hellen Bildbereichen, wie Wolken, kann dies zu Problemen führen, da diese Bereiche komplett weiß werden, also »ausbrennen«. Bei kontrastarmen Motiven können Sie damit allerdings auch kontrastreichere Bilder erhalten. Auch wenn Sie eine längere Belichtungszeit benötigen, können Sie dies mit einem niedrigeren ISO-Wert erreichen.

Mit **H** steht Ihnen die ISO-Werte 25.600 und 51.200 zur Verfügung. Bei derart hohen Signalverstärkungen sollte klar sein, dass die Bildqualität nicht mehr die höchste Priorität hat. Diese hohen ISO-Einstellungen dürften nur im Notfall – für Bilder in sehr dunklen Umgebungen, wo ohne Blitz sonst keine »scharfen« Bilder mehr möglich sind – eine Option sein.

> **Erweiterte ISO-Einstellungen nur für den mechanischen Verschluss**
>
> Die erweiterten ISO-Einstellungen **L** und **H** können Sie nur mit dem mechanischen Verschluss der Fujifilm X-T4 verwenden. Im Kameramenü **Aufnahme-Einstellung > Auslösertyp** müssen Sie daher **MS** oder **M+E** einstellen. Sollten Sie dennoch einen elektronischen Verschluss verwenden, wird ISO **160** bei **L** und ISO **12 800** bei **H** in gelber Schrift angezeigt und mit diesem ISO-Wert ausgelöst.

EXKURS
Zum Auffrischen: Zusammenspiel von Blende, Belichtungszeit und ISO

Das Zusammenspiel von Blende, Belichtungszeit und ISO-Wert ist in der Fotografie so ziemlich das Wichtigste, wenn es um die technischen Aspekte geht. Bildgestaltung und Komposition wiederum bilden die andere Seite. Da vielleicht auch der eine oder andere Einsteiger oder Wiedereinsteiger dieses Buch gekauft hat, will ich in einem kleinen Exkurs das Zusammenspiel dieser drei Parameter kurz erläutern. Wenn Sie diese drei Faktoren beherrschen, fällt Ihnen auch die Arbeit mit verschiedenen Programmmodi wie **A**, **S** oder **M** wesentlich leichter.

Die Belichtungszeit | Mit der Belichtungszeit (auch *Verschlusszeit* genannt) stellen Sie ein, wie lange der Verschluss geöffnet ist und Licht auf den Bildsensor trifft. Ist die Belichtungszeit zu kurz, wird das Bild zu dunkel und ist unterbelichtet. Ist die Belichtungszeit zu lang, wird das Bild zu hell und ist überbelichtet.

Abbildung 2.45 *Hier war die Belichtungszeit zu lang, weshalb das Bild klar überbelichtet ist.*

56 mm | *f*7,1 | 1/80 s | ISO 160

Abbildung 2.46 *Dasselbe Motiv mit dem Problem, dass zu kurz belichtet wurde, weshalb das Bild etwas zu dunkel und somit unterbelichtet ist.*

56 mm | *f*7,1 | 1/400 s | ISO 160

EXKURS Zum Auffrischen: Zusammenspiel von Blende, Belichtungszeit und ISO

Bei einer längeren Belichtungszeit besteht die Gefahr, verwackelte Bilder aufzunehmen, weil während der Zeit, in der Licht auf den Sensor kommt, auch jede Bewegung der Kamera und des Motivs mit aufgenommen wird. Wenn Sie kein Stativ verwenden, können Sie als Gegenmittel die Belichtungszeit verkürzen. Allerdings gibt es auch Aufnahmesituationen, in denen dies nicht möglich ist, weil zu wenig Umgebungslicht vorhanden ist. Dann haben Sie mit der Blende eine weitere Möglichkeit, mehr Licht auf den Bildsensor zu bringen.

Die Blende | Mit der Blende geben Sie zunächst an, wie viel Licht auf den Sensor gelangt. Je weiter Sie die Blende öffnen (kleiner Blendenwert), umso mehr Licht fällt auf den Sensor. Schließen Sie hingegen die Blende (ein höherer Blendenwert), dann fällt weniger Licht auf den Sensor.

Bezogen auf die Bildgestaltung von Fotos können Sie mit der Blende die Schärfentiefe steuern. Wenn Sie beispielsweise eine Person fotografieren, erzielen Sie mit einer großen Blendenöffnung (z. B. ƒ1,4) einen sehr unscharfen Hintergrund (kleine Schärfentiefe). Bei einer kleinen Blendenöffnung (z. B. mit ƒ16) wird der Hintergrund scharf (große Schärfentiefe).

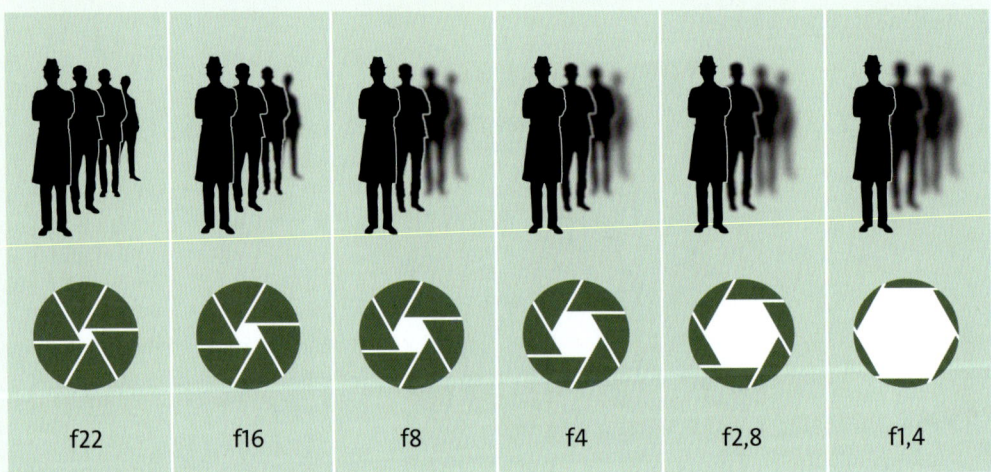

Abbildung 2.47 *Große Blendenöffnung = unscharfer Hintergrund (kleine Schärfentiefe); kleine Blendenöffnung = scharfer Hintergrund (große Schärfentiefe)*

Gerade Einsteiger sind häufig verwirrt, wenn bei ƒ1,4 von einer großen Blendenöffnung und bei ƒ16 von einer kleinen Blendenöffnung die Rede ist, da ja die Werte eigentlich das Gegenteil suggerieren. Korrekterweise müsste es ƒ/1,4 oder ƒ/16 heißen. Der Wert ƒ steht für die Brennweite (*focal length*), und bei einer Bruchrechnung ist ƒ/1,4 größer als ƒ/16.

Auch Blendenzahlen wie ƒ1,2, ƒ1,4, ƒ2, ƒ2,8, ƒ4, ƒ5,6, ƒ8, ƒ11 sind kein Hexenwerk und schnell erklärt: Von einer Blende zur nächsten wird die Menge an Licht, die auf den Sensor fällt, verdoppelt oder halbiert. Da es sich bei der Blende allerdings um eine Kreisöffnung handelt, muss die Fläche eines Kreises verdoppelt bzw. halbiert werden. Dazu muss der Durchmesser mit der Wurzel aus 2 (= gerundet ca. 1,4) multipliziert oder dividiert werden. Vereinfacht also:

1,2 × 1,4 = (ƒ)2 × 1,4 = (ƒ)2,8 × 1,4 = (ƒ)4 × 1,4 = (ƒ)5,6 × 1,4 = (ƒ)8 × 1,4 = (ƒ)11 …

Der ISO-Wert | Über den ISO-Wert habe ich ja schon einiges geschrieben. Im Gegensatz zur geläufigen Meinung erhöht ein höherer ISO-Wert bei der X-T4 nicht die Empfindlichkeit des Sensors. Vielmehr regelt der ISO-Wert die Signalverstärkung. Das bedeutet, wenn Sie mit der X-T4 ein Bild mit ISO 160 fotografieren, wird die Standardverstärkung der Kamera verwendet. Erhöhen Sie den ISO-Wert auf 800, werden die aufgenommenen Bilddaten um mehr als zwei Blendenstufen verstärkt bzw. gepusht. Vereinfacht ausgedrückt ist diese Signalverstärkung durch eine höhere ISO-Einstellung nur eine Erhöhung der Bildhelligkeit des Bildes, wie Sie dies vielleicht von einem Raw-Konverter her kennen. Der Sensor der X-T4 ist ein sogenannter *ISO-loser Sensor*, bei dem die ISO-Verstärkung des Bildsignals entweder vor oder nach dem Schreiben der Raw-Datei erfolgen kann, ohne dass sich die Qualität gravierend unterscheidet. Vor dem Schreiben der Raw-Datei bedeutet, dass Sie die Signalverstärkung vor der Aufnahme über den ISO-Wert auf beispielsweise 800 erhöhen und durch Drücken des Auslösers die Raw-Datei speichern. Und nach dem Schreiben der Raw-Datei bedeutet hier schlicht und einfach, dass Sie die Raw-Datei selbst pushen, indem Sie eine Aufnahme mit beispielsweise ISO 160 machen und anschließend die Helligkeit über die Belichtungsregler im Raw-Konverter erhöhen.

Mit dem in der X-T4 eingebauten Raw-Konverter können Sie ebenfalls diesen Push nach einer Aufnahme durchführen. Hierzu müssen Sie das Bild im Wiedergabemodus betrachten und dann das Kameramenü aufrufen: **Wiedergabe-Menü > RAW-Konvertierung > Push/Pull-Verarb**.

Mit einer Verstärkung des Signals über den ISO-Wert ist es häufig auch möglich, bei wenig Umgebungslicht noch Bilder zu machen. Allerdings geht dies auf Kosten der Bildqualität. ISO 160 liefert immer eine bessere Bildqualität als ISO 6400. In der Praxis tritt bei höheren Werten ein Bildrauschen mit unterschiedlich hellen und bunten Störpixeln auf. Um das Rauschen durch einen zu hohen ISO-Wert zu umgehen, haben Sie meistens nur noch die Wahl, eine längere Belichtungszeit zu verwenden. Allerdings besteht die Gefahr der Verwacklung, wenn Sie aus der Hand fotografieren. In solchen Fällen entscheide ich mich lieber für das Bildrauschen, weil man dann noch ein wenig in der Bildbearbeitung rausholen kann. Verwackelte Bilder hingegen sind häufig nur noch ein Fall für den Papierkorb.

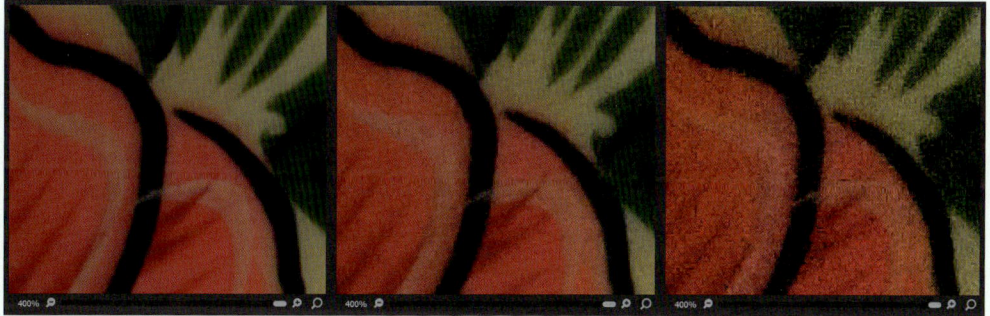

Abbildung 2.48 *Von links nach rechts: ein Bild bei ISO 160, eines mit ISO 3200 und eines mit ISO 12.800. Das Bild habe ich mit der Kamera auf einem Stativ aufgenommen, es zeigt aber deutlich, wie das Bildrauschen durch eine Erhöhung des ISO-Wertes die Bildqualität beeinflussen kann. Damit es im Buch deutlicher zu erkennen ist, habe ich den Bildausschnitt auf 400 % vergrößert.*

EXKURS Zum Auffrischen: Zusammenspiel von Blende, Belichtungszeit und ISO

Das Bildrauschen kann zwar nachträglich reduziert werden, dies geht aber fast immer mit einem Schärfeverlust einher, weil dabei Pixel weichgezeichnet werden müssen. Zwar gibt es sehr gute Algorithmen, die auch Kanten im Bild berücksichtigen, trotzdem werden immer Bereiche geglättet, wo man es eben nicht haben will. Auch die Kamera bietet im Menü **Bildqualitäts-Einstellung > Hohe ISO-Nr** für JPEG-Bilder eine Möglichkeit an, das Bildrauschen während der Aufnahme zu reduzieren, indem sie den Wert in den positiven Bereich erhöht. Mit einem negativen Wert können Sie die Rauschreduktion noch verringern. Beides können Sie aber auch nachträglich im integrierten Raw-Konverter der Kamera durchführen.

Blende, Belichtungszeit und ISO im Zusammenspiel | Die Blende, die Belichtungszeit und der ISO-Wert sind die wichtigsten Einstellungen einer jeden Kamera.

- Mit der Belichtungszeit legen Sie fest, wie lange das Licht auf den Sensor fallen soll, und entscheiden damit, wie die Bewegung auf einem Bild dargestellt werden soll.
- Mit der Blende hingegen geben Sie vor, wie viel Licht durch das Objektiv auf den Sensor fällt, und Sie passen mit der Blende auch die Schärfentiefe an.
- Der ISO-Wert dient sozusagen zum Feinregeln der beiden Werte und hilft Ihnen besonders bei schwierigen Lichtsituationen, die Belichtungszeit zu verkürzen. Je höher allerdings der ISO-Wert ist, umso stärker tritt auch das Bildrauschen auf.

Generell haben alle drei Parameter eine Gemeinsamkeit: Sie können mit ihnen mehr oder weniger Licht auf den Sensor fallen lassen. Mit der richtigen Einstellung der drei Einstellgrößen sorgen Sie dafür, dass das Bild richtig belichtet wird. Hierbei können Sie jeden einzelnen der drei Parameter manuell einstellen oder dies teilweise oder komplett der Kamera überlassen. Nur mit der richtigen Kombination der drei Werte erhalten Sie abhängig vom Umgebungslicht ein korrekt belichtetes Bild. Mehr Licht fällt auf den Sensor, wenn Sie die Belichtungszeit verlängern, den ISO-Wert erhöhen oder die Blende öffnen (kleine Blendenzahl). Das Gegenteil erzielen Sie, wenn Sie die Belichtungszeit verkürzen, den ISO-Wert reduzieren oder die Blende schließen (hoher Blendenwert). Welche der Einstellgrößen Sie manuell einstellen und welche Sie der Kamera überlassen wollen, hängt natürlich wiederum davon ab, welche Bildwirkung Sie erzielen wollen.

Kapitel 3
Die Belichtung steuern und den Weißabgleich anpassen

Das Thema Belichtung ist in der Fotografie allgegenwärtig. Bereits im vorhergehenden Kapitel haben Sie mit der Blende, der Belichtungszeit und dem ISO-Wert die entsprechenden Parameter für eine optimale Belichtung des Bildes kennengelernt. Mit diesen drei Parametern stellen Sie unter anderem ein, wie hell das Bild wird. In diesem Kapitel erfahren Sie mehr über die Belichtungsmessmethoden der X-T4 und wie Sie sie in der Praxis verwenden können.

Neben der passenden Belichtung ist eine realistische Farbwiedergabe des Motivs entscheidend für Ihr Bild. Hier kommt der Weißabgleich ins Spiel, den ich ebenfalls in diesem Kapitel im Anschluss an die Belichtungsmessmethoden erläutern werde.

3.1 Die Belichtungsmessmethoden der X-T4

Die X-T4 besitzt vier verschiedene Belichtungsmessmethoden, mit denen Sie einstellen, welche Bereiche des Bildes für die Berechnung der Bildhelligkeit verwendet werden sollen. In der Standardeinstellung können Sie die Belichtungsmessmethode über die **Fn3**-Taste (Auswahltaste nach oben) hinten an der X-T4 auswählen. Alternativ finden Sie diese Einstellungen im Kameramenü bei **Aufnahme-Einstellung > AE-Messung**. Zur Verfügung stehen Ihnen die Mehrfeldmessung [⚹], die Integralmessung [ ], die mittenbetonte Integralmessung [◉] und die Spotmessung [•]. Die Einstellung ist ausgegraut, wenn bei **AF/MF-Einstellung > Ges./Augen-Erkenn.-Einst.** eine Gesichts-/Augenerkennung aktiv ist.

Abbildung 3.1 *Die Belichtungsmessmethoden der X-T4 stellen Sie über die Fn3-Taste oder im Kameramenü bei* **Aufnahme-Einstellung > AE-Messung** *ein.*

Abbildung 3.2 *Im Sucher oder auf dem Display wird die eingestellte Messmethode direkt neben dem Programmmodus angezeigt. Hier ist neben dem Programmmodus* **M** *die Mehrfeldmessung [⚹] aktiv.*

Im Zweifelsfall werden Sie in der Praxis mit der Mehrfeldmessung ▣ fast immer gut fahren. Und wenn die Automatik damit einmal nicht so funktioniert wie gewollt, dann gibt es häufig andere Wege, eine Unter- oder Überbelichtung zu korrigieren, anstatt die Messmethode zu ändern. Trotzdem werde ich Ihnen im Folgenden natürlich alle Optionen vorstellen.

3.1.1 Die Mehrfeldmessung für (fast) alle Fälle

Bereits im ersten Kapitel habe ich Ihnen ja empfohlen, die *Mehrfeldmessung* (häufig auch *Matrixmessung* genannt) zu verwenden. In der Tat ist diese Einstellung die ideale Option in vielen Situationen, weil diese Messung fast immer für eine ausbalancierte Belichtung sorgt. Hierbei misst die X-T4 die Belichtung der kompletten Bildfläche, die sich in 256 Messbereiche (Matrix) aufteilt. Diese Messmethode liefert in der Regel auch bei schwierigen Gegenlichtsituationen gute Ergebnisse, obgleich hierfür die Spotmessung besser geeignet wäre.

Die Mehrfeldmessung ist auch sehr nützlich bei sich bewegenden Objekten, da sich hier die Umgebungshelligkeit häufiger ändert. Die Mehrfeldmessung ist bestens geeignet, auf diese Änderungen passend zu reagieren und so ein ordentliches Gesamtbild zu liefern. Ich verwende diese Methode sehr gerne, wenn es eben schnell gehen muss. Ebenfalls eignet sich die Mehrfeldmessung für Motive, die weitgehend gleichmäßig beleuchtet sind, wie z. B. Landschaftsaufnahmen oder Motive, die keinen zu harten Kontrast zum Hintergrund aufweisen. Wie Sie hier herauslesen können, eignet sich diese Messung nicht so gut bei harten Kontrasten, wozu auch die eben erwähnte Gegenlichtsituation zählt.

Der einzige wirkliche Nachteil dieser Messmethode ist, dass Sie nicht komplett die Belichtungsmessung auf das anvisierte Objekt selbst bestimmen können. Allerdings wertet die Mehrfeldmessung nicht einfach stur die Helligkeitsverteilung und Farbe der 256 Messbereiche aus und liefert einen Durchschnittswert, sondern berücksichtigt auch das Autofokusmessfeld, mit dem Sie das Motiv scharfgestellt haben. Dieser gemessene Wert fließt mit einem höheren Anteil in die Gesamtberechnung ein.

Abbildung 3.3 *Die Mehrfeldmessung liefert in (fast) allen Situationen ein gutes Ergebnis, weil sie auch das fokussierte Motiv berücksichtigt. Hier bei einer Reportage ...*

Abbildung 3.4 *... und hier bei einer Architekturaufnahme. Diese Messung ist die Standardeinstellung und kann in den meisten Fällen mit einem guten Gefühl verwendet werden.*

Belichtungsmessmethode bei Gesichtserkennung nicht verfügbar?

Wenn Sie die Gesichts- oder Augenerkennung aktiviert haben, hat eine Änderung am Belichtungseinstellrad keine Auswirkung. Sie erkennen die Gesichts- oder Augenerkennung, wenn Sie im Sucher oder auf dem Display beim Bereich der Belichtungsmessmethode neben dem Programmmodus ein Augen- oder Personensymbol sehen. Die Kamera unterscheidet hier zwischen unterschiedlichen Symbolen mit 🔲 (nur Gesicht), 🔲 (Auge), L🔲 (Priorität auf linkes Auge) und 🔲R (Priorität auf rechtes Auge). Bei aktiver Gesichts- oder Augenerkennung wird eine spezielle Form der Mehrfeldmessung verwendet, die darauf abzielt, das ausgewählte Gesicht und die Hauttöne optimal zu belichten.

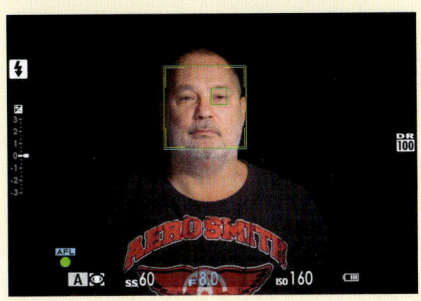

Abbildung 3.5 Hier ist die Augen- und Gesichtserkennung aktiv.

3.1.2 Die Integralmessung

Die Messmethode Integralmessung [ ] entspricht im Grunde der Mehrfeldmessung, ohne dass hier das fokussierte Motiv des Autofokusmessfeldes berücksichtigt wird. Bei dieser Messung wird also jeder der 256 Messbereiche gleich gewichtet. Als Ergebnis erhalten Sie eine mittlere Helligkeit des gesamten Bildbereichs. Da das scharfgestellte Motiv nicht besonders gewichtet wird, ist diese Messmethode nicht so anfällig für kleinere Veränderungen im Bildausschnitt. Bei hohen Kontrasten kann dies allerdings zu falschen Belichtungen führen, wenn z. B. ein sehr heller Himmel bei einer Landschaftsaufnahme zu stark gewichtet wird.

Die Bedienungsanleitung empfiehlt diese Belichtungsmessmethode zwar für Landschaftsfotos und Porträts von Personen mit schwarzer oder weißer Kleidung, aber die Mehrfeldmessung macht hier häufig einen mindestens genauso guten Job. Und bei Bedarf reicht bei Verwendung der Mehrfeldmessung in schwierigen Situationen häufig ein Griff zum Einstellrad für die Belichtungskorrektur aus. Auch die Architekturfotografie oder andere größere Motive werden gerne für diese Belichtungsmessmethode aufgeführt.

3.1.3 Die mittenbetonte Integralmessung

Bei der mittenbetonten Integralmessung [◉] wird zwar wie bei der Integralmessung [ ] das gesamte Bild betrachtet, aber es wird stärker der Bildbereich in der Mitte gewichtet, jedoch ohne Motivbezug. Die Methode geht quasi davon aus, dass sich der bildwichtige Bereich in der Mitte befindet. Fujifilm beschreibt zwar nicht, wie groß diese Mitte ist, aber die meisten Kamerahersteller verwenden einen Bereich zwischen 60 % und 80 %. Diese Messmethode ist ein Klassiker aus der analogen Fotografie und kann z. B. nützlich sein, wenn es besonders helle oder dunkle Bereiche an den Bildrändern gibt, die bei der Integralmessung die Belichtung nur verwirren würden. Es gibt Fotografen, die diese Messmethode z. B. bei Porträts im Gegenlicht einsetzen.

Abbildung 3.6 *Bei der mittenbetonten Integralmessung werden die hellen und dunklen Bildränder ignoriert.*

3.1.4 Die Spotmessung

Eine sehr nützliche Art der Belichtungsmessung ist die Spotmessung [•]. In der Grundeinstellung wird hiermit nur ein kleiner Bereich von 2 % der Bildfläche gemessen. Mit Hilfe der Spotmessung können Sie gezielt einzelne Bereiche eines Motivs auswählen und anhand der Auswahl punktgenau die Belichtung messen. Die Umgebung um diesen Bereich wird dabei nicht berücksichtigt.

> **Spotmessung mit dem Fokusmessfeld**
>
> Die Spotmessung ist per Standardeinstellung mit dem Fokusmessfeld verknüpft. Wollen Sie hingegen die Spotmessung nicht mit dem Fokusmessfeld verbinden und nur die Bildmitte für die Messung verwenden, also unabhängig von der Position des Fokusmessfeldes, dann stellen Sie im Kameramenü die Option **AF/MF-Einstellung > Sperre Spot-AE & Fokuss.** auf **Aus**.

Die Spotmessung ist perfekt für die Momente geeignet, in denen die anderen Messmethoden kein zufriedenstellendes Ergebnis mehr ermöglichen. Dies ist zum Beispiel bei hellen Motiven mit dunklem Hintergrund oder umgekehrt der Fall. Da sich die Spotmessung allerdings auf einen Bildbereich von 2 % beschränkt, führen je nach Motiv häufig kleinere Änderungen des Bildausschnittes zu Veränderungen des Messergebnisses, was beim Fotografieren im schlimmsten Fall zu einer fehlerhaften Belichtung führt. Visieren Sie zum Beispiel einen sehr dunklen Bildbereich an, wird dieser als Ausgangswert für das gesamte Bild genommen, und helle Bildbereiche werden überbelichtet.

Die Beispielbilder mit der Spotmessung in Abbildung 3.7 zeigen sehr schön, wie sensibel die Spotmessung auf den fokussierten Bereich reagiert. In der linken Abbildung wird auf die hellere Zitronenscheibe fokussiert, wodurch die Belichtungsmessung die Gesamtheitlichkeit aufgrund des hellen Fokusbereiches abdunkelt. In der rechten Abbildung wird auf eine etwas dunklere Kiwischeibe fokussiert, wodurch die Belichtung mit einem Aufhellen reagiert. Der Vorteil der Spotmessung liegt klar darin, dass Sie hiermit die Messung im wahrsten Sinne des Wortes auf den Punkt beschränken können. Dieser Vorteil ist gleichzeitig der Nachteil dieser Messung, weil dies eben eine präzise Fokussierung voraussetzt. Kleinste Änderungen am Fokuspunkt führt zu gravierenden Änderungen des Messergebnisses.

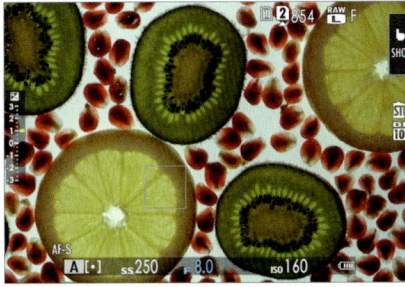 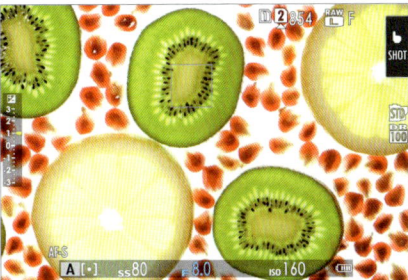

Abbildung 3.7 *Die Beispiele zeigen deutlich, dass sich die Spotmessung nur auf den mittleren Punkt oder, wenn aktiviert, auf den Fokussierrahmen konzentriert. Im linken Beispiel habe ich auf eine hellere Zitronenscheibe fokussiert und im rechten Bild auf eine dunklere Kiwischeibe. Die Unterschiede sind auf den ersten Blick sehr deutlich.*

Beim Beispiel in Abbildung 3.8 stand die Abendsonne direkt hinter der Person. Bei dem zu hellen Licht von hinten ist fast nur noch die Silhouette der Person zu erkennen. Das mag vielleicht schön sein, war aber hier nicht meine Absicht. Ich habe versucht, mit der Blendenvorwahl und der Mehrfeldmessung zu fotografieren. Beim Gegenlicht versagt hier die Belichtungsautomatik total.

Abbildung 3.8 *Bei solchen Lichtverhältnissen kann einen die Mehrfeldmessung zur Verzweiflung treiben.*
56 mm | f2,8 | 1/1500 s | ISO 200

Abbildung 3.9 *Um auf Nummer sicher zu gehen, habe ich die Kamera auf Spotmessung gestellt und auf das Auge gerichtet. Die mittenbetonte Integralmessung wäre auch eine Option gewesen.*
56 mm | f2,8 | 1/450 s | ISO 200

Eine gute Lösung für Bilder mit einer tiefstehenden Sonne von hinten ist daher, die Spotmessung mit Fokus auf das Gesicht bzw. Auge zu verwenden. Eventuell können Sie auch noch leicht überbelichten, was ich hier aber nicht gemacht habe. Als Ergebnis würden Sie dann eine besonders weiche und stimmungsvolle Aufnahme erhalten.

Das Fotografieren bei Gegenlicht braucht ein wenig Übung. Probieren Sie es aus! Ich bin mir sicher, dass auch Sie die Vorteile einer Spotmessung in Verbindung mit dem Fokus auf das Gesicht erkennen.

Speichern der Belichtung

Wenn Sie die Spotmessung verwenden und den gemessenen Bildausschnitt ändern oder sich das Motiv bewegt, gibt es zwei Möglichkeiten, die Belichtung zu speichern (außer im Programm M):

- **Möglichkeit 1**: Visieren Sie den Bereich an, für den Sie den Belichtungswert speichern wollen, und drücken Sie den Auslöser halb herunter. Solange Sie den Auslöser halb herunterdrücken, bleibt die Blende-Belichtungszeit-ISO-Kombination gespeichert, und Sie können zum gewünschten Bildausschnitt schwenken und dann auslösen. Besteht die Gefahr, dass beim Schwenken das Motiv unscharf wird, können Sie vorher den Fokusmodus auf (AF-)**C** stellen, dann wird trotz halb gedrückten Auslösers scharfgestellt, und die ursprünglich gemessene Belichtung bleibt auch hier beibehalten.

- **Möglichkeit 2**: Für diese Möglichkeit können Sie die **AEL**-Taste rechts neben dem Sucher verwenden. Visieren Sie den gewünschten Bereich an, und drücken Sie die **AEL**-Taste, um die Belichtung zu speichern. Halten Sie die **AEL**-Taste gedrückt, und schwenken Sie jetzt zum Bildausschnitt, fokussieren Sie, und lösen Sie aus. Wenn Ihnen das Gedrückthalten der **AEL**-Taste zu umständlich ist, können Sie die entsprechende Option im Kameramenü über **Einrichtung > Tasten/Rad-Einstellung > AE/AF Lock Modus** ändern, indem Sie den Befehl **AE/AF-L Ein/Aus** auswählen. Jetzt wird beim Drücken der **AEL**-Taste die Belichtungszeit gespeichert und gehalten, ohne dass Sie diese Taste dauerhaft drücken müssen. Die so gespeicherte Blende-Belichtungszeit-ISO-Kombination wird nun so lange verwendet, bis Sie erneut die **AEL**-Taste drücken.

Die Speicherung der Belichtung ist natürlich unabhängig von der Belichtungsmessmethode und nicht auf die Spotmessung beschränkt. Ob Sie gerade eine gespeicherte Belichtungszeit verwenden, erkennen Sie im Sucher oder auf dem Display am blauen **EL**-Symbol (EL = *Exposure Lock*) unten rechts neben der Belichtungsmessmethode.

Abbildung 3.10 *Wenn Sie den Auslöser halb herunterdrücken oder die AEL-Taste verwenden, wird eine gespeicherte Belichtung verwendet, wie es am blauen EL-Symbol neben dem Symbol für Belichtungsmessmethode zu erkennen ist.*

Abbildung 3.11 *Hier wird mit derselben Belichtungseinstellung fortgefahren, die in Abbildung 3.10 gespeichert wurde.*

Ich verwende in der Praxis die Spotmessung gerne im manuellen Programmmodus **M**. Da dieser Modus keine Belichtungsautomatik hat, kann ich mit der Spotmessung spezielle Bildbereiche messen und mit einem Blick auf die Belichtungsskala (+/−3 Stufen) am rechten Rand die passende Belichtung mit der Blende und Belichtungszeit zu meinem anvisierten Motiv einstellen. ISO-Auto müssen Sie hierfür allerdings deaktivieren, weil damit sonst wieder eine Belichtungsautomatik zum Tragen kommt.

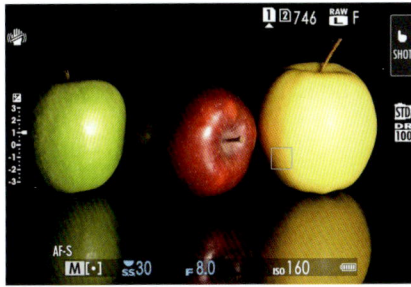

Abbildung 3.12 *Hier habe ich den Fokusrahmen für die Belichtungsmessung auf den gelben Apfel gerichtet. Die Belichtungsskala am linken Rand zeigt +1 EV an.*

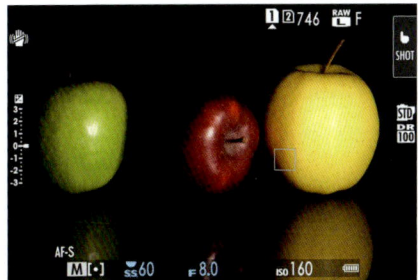

Abbildung 3.13 *Die »Überbelichtung« des gelben Apfels in Abbildung 3.12 habe ich mit dem hinteren Einstellrad behoben, indem ich die Belichtungszeit verkürzt habe. Jetzt wäre aufgrund der Spotmessung der gelbe Apfel richtig belichtet. Da der Apfel relativ hell ist, wurden die dunkleren Bildbereiche noch mehr abgedunkelt.*

Abbildung 3.14 *Dasselbe können Sie mit dem dunkleren roten Apfel in der Mitte machen. Hier habe ich also den Fokusrahmen auf den roten Apfel platziert. Die Belichtungsskala zeigt nun eine Unterbelichtung von −2/3 EV an.*

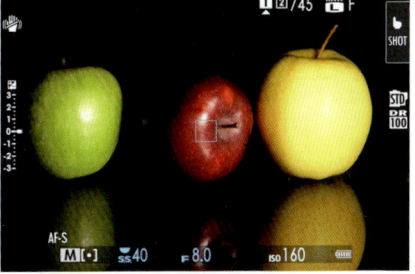

Abbildung 3.15 *Diese Unterbelichtung habe ich wieder mit dem hinteren Einstellrad und einer Verlängerung der Belichtungszeit korrigiert. Da der Apfel relativ dunkel ist, wurden auch andere dunkle Bildbereiche aufgehellt. – Ich denke mir, dieses Beispiel demonstriert recht gut, wie stark die Unterschiede sein können, wenn Sie mit der Spotmessung hellere oder dunklere Motive messen.*

»Meine« Belichtungsmessmethode

Es ist schwer, konkrete Empfehlungen zu geben, weil es hier kein »richtig« oder »falsch« gibt. Die Belichtungsmessmethode ist ein weiteres Hilfsmittel, um ein Bild korrekt oder nach Ihren Vorstellungen zu belichten. In der Praxis verwende ich in 90 % meiner Fälle die Mehrfachbelichtung. Da ich hierbei bei Bedarf auch eine

Belichtungskorrektur nach meinen Vorstellungen vornehmen kann, verwende ich so gut wie nie die Integralmessung. Wenn ich meine Belichtung etwas gezielter und kreativer haben will oder es eine schwierige Situation wie Gegenlicht ist, verwende ich die Spotmessung.

Trotzdem sind die Messmethoden der Kamera keine Allheilsmethoden. Es gibt immer Situationen, in denen man an eine technische Grenze stößt. In Abbildung 3.16 habe ich im Gegenlicht mit der Mehrfeldmessung fotografiert. Eine Umstellung auf die Spotmessung wie in Abbildung 3.17 belichtet dann zwar die Tänzer korrekt, aber dafür verliere ich die Details im Himmel. Ich habe mich dann wieder für die Mehrfeldmessung entschieden und die Belichtung ein wenig – um +1/3 – korrigiert. Natürlich mit dem Hintergedanken, die Tiefen später am Computer anzupassen. Daher verwende ich bei solchen schwierigen Lichtsituationen das Raw-Format.

Abbildung 3.16 *Das Licht kommt von hinten, und ich habe die Mehrfeldmessung verwendet, wodurch das Gesamtergebnis etwas dunkel geworden ist.*

Abbildung 3.17 *Nach der Umstellung auf Spotmessung werden die Tänzer zwar korrekt belichtet, aber durch die Aufhellung der Belichtung geht jetzt auch der Himmel verloren.*

3.2 Die Belichtungskorrektur

Nicht immer liefert die X-T4 automatisch die passende oder gewünschte Belichtung, und es gibt sicherlich Motive, wo Sie vielleicht selbst noch bei der Belichtung nachhelfen wollen. Gerade bei Motiven mit sehr hellen oder sehr dunklen Bereichen reagiert die Programmautomatik schon mal anders, als man es will. Wenn eine Schneelandschaft auf einmal grau und nicht weiß ist oder ein Sonnenuntergang nicht so recht gelingen will, dann können Sie mit dem Einstellrad zur Belichtungskorrektur eine eigene Anpassung in 1/3-Schritten vornehmen. Die Belichtungskorrektur steht Ihnen in jedem Programmmodus außer dem manuellen Modus zur Verfügung. Eine weiße Schneelandschaft wird bei einer automatischen Belichtung eher grau dargestellt – hier empfiehlt es sich, die Belichtung mit positiven Korrekturwerten anzupassen, also bewusst überzubelichten. Auf das Problem, warum eine Winterlandschaft gerne mal grau anstatt weiß abgebildet wird, werde ich am Ende dieses Kapitels kurz eingehen.

Abbildung 3.18 *Ganz rechts auf der Oberseite der Fujifilm X-T4: das Einstellrad für die Belichtungskorrektur. Hier auf +1 EV gedreht.*

Abbildung 3.19 *Nach einer Belichtungskorrektur wird der Pfeil bei der Belichtungsskala am linken Rand gelb und zeigt an, wie viel Sie nach oben oder unten korrigiert haben.*

Belichtungswert und/oder Belichtungsskala

Wenn Sie die Belichtungsskala auf der linken Seite stört oder Sie lieber den Belichtungswert angezeigt bekommen möchten, finden Sie im Kameramenü **Einrichtung > Display-Einstellung > Display Einstell.** die Optionen **Aufn.Komp (Ziffer)** und **Aufn.Komp. (Skala)**. Setzen Sie ein Häkchen vor **Aufn.Komp (Ziffer)**, finden Sie den Belichtungswert im Sucher bzw. auf dem Display unten zwischen dem Blendenwert und dem ISO-Wert wieder (hier: **+1.0**). Sie können nun das Häkchen vor **Aufn.Komp (Skala)** entfernen, wenn Sie diese nicht mehr angezeigt bekommen möchten, oder auch beide Anzeigen gleichzeitig verwenden.

Abbildung 3.20 *Hier wird der Belichtungswert als Ziffer und nicht auf der Skala angezeigt.*

Die Belichtungskorrektur funktioniert in den Programmmodi **P**, **A** und **S** (beim Filmen natürlich auch). Wenn Sie die Belichtungskorrektur am Einstellrad verwenden, finden Sie bei der Belichtungsskala einen gelben anstatt eines weißen Pfeils vor, der anzeigt, um wie viel Sie am Einstellrad über- oder unterbelichtet haben. Außerdem ist die Belichtungsskala dann nicht mehr grau, sondern weiß.

Die Korrekturen am Einstellrad lassen sich in Drittelstufen auf maximal +/−3 anpassen. Reicht Ihnen dies nicht aus oder wollen Sie die Belichtungskorrektur generell von Hand mit dem vorderen Einstellrad ändern, müssen Sie nur das Einstellrad für die Belichtungskorrektur auf **C** (für »custom«) stellen. Jetzt können Sie die Belichtungskorrektur über das vordere Einstellrad in Drittelstufen anpassen. Auch dabei finden Sie bei der Belichtungsskala einen gelben statt eines weißen Pfeils vor.

Abbildung 3.21 *Stellen Sie das Einstellrad für die Belichtungskorrektur auf **C**, stehen Ihnen +/−5 Stufen zur Verfügung, und Sie können die Korrektur am vorderen Rad einstellen.*

Abbildung 3.22 *Ein blaues Symbol oberhalb der Belichtungsskala auf dem Display bzw. im Sucher zeigt zudem das vordere Einstellrad an.*

Bei XC-Objektiven ohne Blendenring erhält das vordere Einstellrad eine doppelte Funktion. Da bereits durch Drehen die Blende eingestellt werden kann, kommt bei der Stellung **C** des Belichtungskorrekturrads diese Einstellung dazu, wodurch das Einstellrad der Blendenwahl *und* der Belichtungskorrektur dient. Durch einen Druck auf das vordere Einstellrad wechseln Sie zwischen diesen beiden Funktionen. Bei der gerade aktiven Funktion ist das blaue Einstellrad zu erkennen. Außerdem wird beim Drücken des vorderen Einstellrades kurz angezeigt, welche der beiden Funktionen aktiv ist. Das Gleiche gilt, wenn Sie bereits die Funktionen des Blendenwertes und/oder des ISO-Wertes ebenfalls auf das vordere Einstellrad als Befehl gelegt haben. Auch hier können Sie durch einen Druck am vorderen Einstellrad zwischen den Funktionen wechseln, woraufhin dann jeweils kurz angezeigt wird, was gewählt wurde.

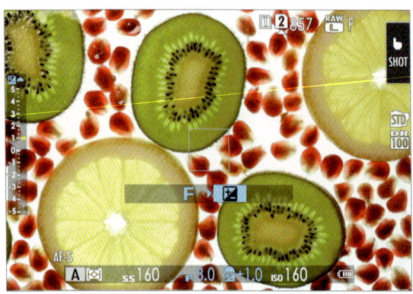

Abbildung 3.23 *Bei XC-Objektiven und der Stellung **C** des Belichtungskorrekturrades können Sie durch Drücken des vorderen Einstellrades zwischen der Einstellung der Blende und der Belichtungskorrektur wechseln.*

3.3 Kleine Hilfen für die Belichtungskontrolle

Moderne Kameras machen es einem ziemlich einfach, ein gelungenes Bild zu fotografieren. So auch die X-T4, bei der Sie mit vier verschiedenen Belichtungsmessmethoden auch in schwierigen Situationen die richtige Belichtung ermitteln können. Der hochauflösende Sucher bzw. das Display zeigen Ihnen auch eine möglichst genaue Vorschau des zu erwartenden Bildes. Weitere nützliche Werkzeuge sind das Live-Histogramm und die Überbelichtungswarnung.

3.3.1 Bildbeurteilung im Wiedergabemodus

Wenn Sie ein Bild aufgenommen haben und es über das Wiedergabe-Symbol im Wiedergabemodus betrachten, gelangen Sie nach zweimaligem Drücken der **DISP/BACK**-Taste in eine Darstellung mit ausführlicheren Informationen mitsamt Histogramm und einer Überbelichtungswarnung. Befinden sich im Bild überbelichtete Stellen, blinken sie schwarz auf. Im Histogramm erkennen Sie diese zu hellen Bereiche auf der rechten Seite des »Berges«; hier stößt die Anzeige am Rand an. Im Druck werden solche Bereiche weiß bleiben; die Lichter sind »ausgefressen«. Ziel sollte es daher für gewöhnlich sein, solche Überbelichtungen zu vermeiden. Auch wenn eine weiße Fläche im Motiv vorhanden ist, sollten Sie zumindest versuchen, ein Minimum an Zeichnung in diesen Bereichen zu wahren. Wohlgemerkt, die Rede ist von gewöhnlichen Aufnahmen und nicht von Fällen, in denen eine Überbelichtung zu kreativen Zwecken bewusst eingesetzt wird.

Abbildung 3.24 *Farbhistogramm und Belichtungswarnung im Wiedergabemodus. Die Belichtungswarnung wird schwarz blinkend* ❶ *angezeigt.*

3.3.2 Überbelichtungswarnung und Live-Histogramm vor der Aufnahme

Die X-T4 bietet eine Überbelichtungswarnung an, mit der Sie sich bereits vor dem Auslösen die »ausgefressenen« Stellen im Bild anzeigen lassen können. Diese Funktion aktivieren Sie, indem Sie über das Kameramenü **Einrichtung > Display-Einstellung > Display Einstell.** ein Häkchen vor **Liveans. Glanzlichtalarm** setzen. Wenn Sie jetzt durch den Sucher oder auf das Display schauen, erscheinen überbelichtete Bereiche schwarz blinkend. Leider bietet die Kamera keine Option an, die Farbe zu ändern oder einen Schwellenwert für diese Warnung einzustellen.

Abbildung 3.25 *Wie schon in der Abbildung zuvor zu sehen: Bildbereiche, die mit den eingestellten Belichtungsparametern überbelichtet würden, werden schwarz blinkend angezeigt.*

Eine weitere Hilfe für eine korrekte Belichtung vor der Aufnahme ist es, das Live-Histogramm einblenden zu lassen. Dazu setzen Sie über das Kameramenü **Einrichtung > Display-Einstellung > Display Einstell** ein Häkchen vor **Histogramm**. Das Live-Histogramm ist nützlich, aber leider relativ klein, und die Grenzen des Histogramms sind nicht gekennzeichnet. Dadurch ist es schwerer als nötig, eine Über- oder Unterbelichtung zu erkennen.

Abbildung 3.26 *Das Live-Histogramm ist eine weitere Hilfe für eine korrekte Belichtung; ich verwende es z. B. in der Landschaftsfotografie immer.*

Die beiden Display-Einstellungen **Liveans. Glanzlichtalarm** und **Histogramm** sollten Sie nur als Hilfe oder Kontrolle verstehen. In beiden finden Sie keine Information, die Ihnen bei der Beurteilung der Bildqualität hilft. Zudem gibt es nun einmal Bilder mit schwarzen und weißen Stellen. Die Option **Liveans. Glanzlichtalarm** bezieht sich außerdem nur auf die Monitoranzeige im JPEG-Format. Wenn Sie im Raw-Format fotografieren, können Sie eventuell noch einige Details in der späteren Bildbearbeitung herausholen.

Behalten Sie die Übersicht

Es ist sicherlich spannend, viele verschiedene Display-Einstellungen zur Verfügung zu haben, aber manchmal ist weniger dann doch mehr. Vermeiden Sie daher eine Überfrachtung des Displays, und verwenden Sie nur, was Sie wirklich benötigen. Das hilft Ihnen dabei, sich mehr auf die Komposition bzw. Motivgestaltung des Bildes zu konzentrieren.

EXKURS
Das Histogramm lesen

Das Histogramm zeigt die Häufigkeit und Verteilung der Helligkeitswerte oder auch Tonwerte im Bild an. Die einzelnen Balken oder Kurven im Histogramm bilden die Tonwerte aller im Bild vorhandenen Pixel ab. Ganz auf der linken Seite finden Sie die schwarzen und dunklen Pixel, dazwischen die Mitteltöne und auf der rechten Seite die hellen bis weißen Pixel. Die Höhe der einzelnen Balken zeigt, wie häufig dieser Tonwert im Bild vorhanden ist. Je höher der Balken, desto häufiger ist dieser Tonwert im Bild vorhanden; je niedriger der Balken, desto weniger ist der Tonwert im Bild vorhanden.

Bei einem Histogramm, in dem die Pixelberge ganz nach links (Schwarz) oder rechts (Weiß) wandern oder gar am Rand abgeschnitten sind, sollten Sie die Belichtung zur Sicherheit korrigieren, weil hier die Gefahr von Zeichnungsverlust besteht. Wie immer hängt das allerdings auch vom Motiv und Ihrer Gestaltungsidee ab.

Abbildung 3.27 *Das Histogramm ist genauer als das Vorschaubild auf dem Display – nicht zuletzt in hellen Aufnahmeumgebungen. So erkennen Sie schnell eine Unter- oder Überbelichtung oder welchen Kontrastumfang ein Bild hat.*

Abbildung 3.28 *Bei einem solchen Histogramm mit überlaufenden Pixelbergen auf der linken oder rechten Seite besteht die Gefahr von Zeichnungsverlust. Bei Unterbelichtung spricht man von »abgesoffenen« oder »zugelaufenen« Schatten, bei Überbelichtung von »ausgefressenen« Lichtern.*

In manchen Fällen können Sie unter- oder überbelichtete Bilder durch Nacharbeiten am Computer ins rechte Licht rücken, ganz besonders wenn Sie Ihre Bilder im Raw-Format fotografieren: Hier ist es häufig noch möglich, die Belichtung mit dem Raw-Konverter im Rahmen von 1 bis 1 1/2 Blendenstufen nachträglich zu korrigieren. Aber dieser Korrektur sind Grenzen gesetzt, und es sollte Ihr Ziel sein, die Belichtung schon bei der Aufnahme optimal zu treffen.

In der Praxis wird bei einem fertigen Bild häufig, neben dem allgemeinen Histogramm, zusätzlich die Helligkeitsverteilung der drei Grundfarben Rot, Grün und Blau getrennt angezeigt, wie dies auch der Fall ist, wenn Sie sich das Histogramm beim Wiedergabemodus einblenden lassen.

3.4 Auf Nummer sicher mit einer Belichtungsreihe

Trotz der vier vorhandenen Belichtungsmessmethoden, einer Überlichtungswarnung und eines Live-Histogramms ist es nicht immer einfach, bei schwierigen Lichtverhältnissen mit sehr starken Motivkontrasten bestimmte Bereiche richtig zu belichten. Schnell sind die Tiefen zu dunkel oder die Lichter fast ausgefressen. In solch einem Fall könnten Sie mehrere Aufnahmen mit unterschiedlicher Belichtung erstellen. Sie machen zum Beispiel ein Bild mit der für die Kamera korrekten Belichtung. Dann drehen Sie das Einstellrad für die Belichtungskorrektur z. B. auf –1/3 EV oder –0,3 EV und erstellen eine dunklere Aufnahme. Dasselbe können Sie dann auch mit einer Korrektur auf +1/3 EV bzw. +0,3 EV am Belichtungskorrekturrad für eine weitere Aufnahme machen. Auf diese Weise haben Sie drei unterschiedlich belichtete Bilder und können das am besten gelungene Bild auswählen. Sie müssen diese Belichtungsreihe aber nicht manuell erstellen, sondern können dies mit der X-T4 automatisch mit bis zu neun unterschiedlich belichteten Aufnahmen machen. Voraussetzung für die Belichtungsreihe ist, dass Sie die Kamera an einer festen Position fixieren und während der Aufnahmen nicht bewegen. Idealerweise verwenden Sie ein Stativ.

> **Lichtwertstufen (EV bzw. LW)**
>
> Immer wieder werden Sie im Zusammenhang mit Kamerawerten die Abkürzungen LW oder EV vorfinden. Hierbei handelt es sich um den *Lichtwert* (LW) oder englisch *Exposure Value* (EV), der ein Maß in der Fotografie darstellt, das sich auf die Belichtung einer Aufnahme bezieht. Ein solcher Wert definiert eine Gruppe von Blendenzahlen und Belichtungszeiten, die alle auf dieselbe Lichtmenge kommen. Für die Anpassung einer Belichtung werden eben solche Belichtungsstufen wie LW (oder auch EV) angegeben. Die X-T4 bietet feine Drittelabstufungen zwischen einer vollen Lichtstufe (1/3, 2/3, 1, 1 1/3, 1 2/3, 2 usw.). 1/125 s auf 1/100 s oder f5,6 auf f5 entspricht einer Drittelstufe. 1/125 s auf 1/60 s hingegen oder f5,6 auf f4 entspricht einer ganzen Stufe (bzw. drei Drittelstufen).

SCHRITT FÜR SCHRITT
Belichtungsreihe erstellen

1 BKT-Programmmodus wählen

Stellen Sie das Einstellrad für die Aufnahmebetriebsart auf **BKT** (Abkürzung für »Bracketing«), und gehen Sie dann in das Kameramenü zu **Aufnahme-Einstellung > Drive-Einstellung > BKT-Einstellung**, und wählen Sie bei **BKT Auswahl** die **Auto-Belichtungs-Serie** aus.

Abbildung 3.29 *Stellen Sie die Aufnahmebetriebsart auf* **BKT**.

Abbildung 3.30 *Wählen Sie bei* **BKT Auswahl** *die Auto-Belichtungs-Serie aus.*

2 Die Parameter einstellen

Die Parameter für die Belichtungsreihe stellen Sie jetzt über **Aufnahme-Einstellung > Drive-Einstellung > BKT-Einstellung** bei **Auto-Belichtungs-Serie** ein. Schneller gelangen Sie zu diesem Menüeintrag mit der vorderen Funktionstaste **Fn2**, die per Standardeinstellung darauf vorkonfiguriert ist. Darin finden Sie drei weitere Einstellungen vor. Die wichtigste Einstellung ist **Anzahl/Abstufung**. Auf der linken Seite wählen Sie die Anzahl der Bilder für die Belichtungsreihe aus und auf der rechten Seite, in welchen Lichtwertstufen sich die einzelnen Bilder unterscheiden sollen.

Steht vor der Anzahl der Bilder ein Plus und Minus (beispielsweise +/–5 Bilder), werden neben einem normal belichteten Bild die weiteren Bilder um den bei **Schritt** angegebenen Wert üppiger und geringer belichtet. Haben Sie z. B. **1 Schritt** eingestellt, dann würde eine Serie mit –2 EV, –1 EV, 0, +1 EV und +2 EV erstellt. Steht vor der Zahl ein Plus, denn bedeutet das, dass neben dem mit 0 normal belichteten Bild die weiteren Bilder um den bei **Schritt** angegebenen Wert üppiger belichtet werden. Haben Sie beispielsweise **1 Schritt** eingestellt, dann werden die nächsten beiden Bilder mit +1 EV und dann +2 EV belichtet. Bei einem Minus vor dem Wert gilt dasselbe, nur eben in die andere Richtung. Sie können so eine Belichtungsserie von maximal 9 Bildern erstellen.

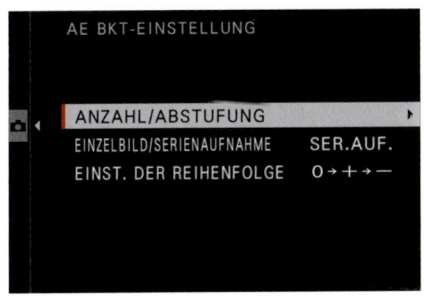

Abbildung 3.31 *Die Einstellungen für die* **Auto-Belichtungs-Serie**

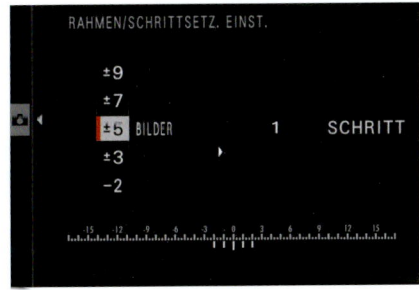

Abbildung 3.32 *Die wichtigsten Einstellungen finden Sie im Untermenü* **Anzahl/Abstufung**.

Im Beispiel verwende ich eine Serie von +/−5 Bildern und wähle als Abstufung 1, womit fünf Bilder mit −2 EV, −1 EV, 0 EV, +1 EV und +2 EV erstellt werden. Des Weiteren habe ich über **Aufnahme-Einstellung > Drive-Einstellung > BKT-Einstellung** bei **Auto-Belichtungs-Serie** den Wert von **Einzelbild/Serienaufnahme** auf **Serienaufnahme** gestellt, womit ich nur einmal den Auslöser betätigen muss, und es werden in einer Reihe alle Bilder erstellt. Bei **Einzelbild** müssen Sie jedes Bild einzeln auslösen. Und mit der letzten Einstellung (**Einst. der Reihenfolge**) legen Sie fest, in welcher Reihenfolge die Bilder erstellt werden sollen. Das **0** steht für das normal belichtete Bild und das **+** und **−** eben für die unter- und überbelichtete(n) Version(en).

3 Belichtungsreihe erstellen

Wenn Sie jetzt die Belichtungsreihe fotografieren wollen, erkennen Sie unterhalb der Belichtungsskala ein Symbol für die Autobelichtungsreihe mit der Anzahl der Bilder. Die Abstufung der einzelnen Belichtungen wird ebenfalls in der Belichtungsskala mit entsprechenden Balken dargestellt. Sie können übrigens an dieser Stelle die komplette Belichtungsreihe mit dem Einstellrad für die Belichtungskorrektur auch weiter in den Minus- oder Plusbereich verschieben, dies allerdings nur in den Programmmodi **P**, **A** und **S**.

Ausgehend davon, dass Sie die Einstellungen an der Kamera bereits vorgenommen haben, können Sie jetzt den Auslöser durchdrücken, und wenn Sie in Schritt 2 die Serienaufnahme gewählt haben, werden ganz schnell hintereinander fünf Bilder mit −2 EV, −1 EV, 0 EV, +1 EV und +2 EV gemacht. Bei der Wiedergabe der Bilder sehen Sie in den Informationen, ob die Aufnahme gezielt über- oder unterbelichtet wurde.

Abbildung 3.33 *Die Belichtungsreihe wird in der Belichtungsskala mit einem entsprechenden Symbol und der Anzahl der Bilder angezeigt, und die einzelnen Belichtungen werden in der Belichtungsskala am linken Rand ebenfalls mit einem kleinen Balken markiert (hier: fünf Balken).*

Abbildung 3.34 *Diese Belichtungsreihe habe ich mit +2 EV, +1 EV, 0 EV, −1 EV und −2 EV erstellt.*

Bei den Informationen der Bildwiedergabe erkennen Sie, ob gezielt über- oder unterbelichtet wurde. Jetzt können Sie nach Bedarf aus mehreren belichteten Bildern das passende auswählen. Oder Sie verwenden die Belichtungsreihe mit den unterschiedlich belichteten Bildern als Grundlage, und setzen sie am Computer zu einem HDR-Bild zusammen.

Abbildung 3.35 *Hier habe ich die fünf Bilder am Computer mit einer HDR-Software zu einem HDR-Bild zusammengefügt. Des Weiteren habe ich auch noch eine Korrektur der stürzenden Linien vorgenommen.*

Tipps für gute Belichtungsreihen – meine Empfehlung

Für den Fall, dass Sie vorhaben sollten, ein HDR-Bild aus einer Belichtungsreihe zu erstellen, will ich Ihnen noch ein paar Empfehlungen mitgeben, die vielleicht ganz nützlich sein können:

- Verwenden Sie kein Auto-ISO, weil sich sonst die Einzelbilder mit unterschiedlichen ISO-Werten in puncto Schärfe und Farbcharakter unterscheiden können.

- Fotografieren Sie im Programmmodus **A**, und stellen Sie die Blende selbst ein, damit Sie keine unterschiedliche Blendenzahl und somit eine unterschiedliche Schärfentiefe erhalten. Fotografieren Sie außerdem nicht zu offenblendig, um eine hohe Tiefenschärfe im Bild zu erreichen. Blende f8 ist ein guter Richtwert bei den meisten Objektiven. Natürlich bietet sich hierfür auch der Programmmodus **M** an.

- Fotografieren Sie mit einem Stativ oder auf einem unbeweglichen Untergrund. Ein Fernauslöser wäre empfehlenswert, um beim Auslösen eventuelle Verschiebungen zu vermeiden.

- Achten Sie auf Bewegungen im Bild. Ist es ein windiger Tag, denken Sie an Wolken, Blätter und Fahnen, oder beachten Sie Personen, die durch das Bild laufen. Dies alles hat Auswirkungen beim Zusammensetzen der Einzelbilder.

3.5 Die HDR-Funktion der Kamera

An dieser Stelle will ich auch noch die HDR-Funktion der Kamera erwähnen, die Sie ebenfalls über das Einstellrad für die Aufnahmebetriebsart auf **HDR** einstellen können. Bei dieser Funktion übernimmt die Kamera für Sie die komplette Arbeit, eine perfekte Belichtungsreihe aufzunehmen, und fügt die Bilder zu einem HDR-Bild zusammen, bei dem die Details in den Schatten oder Lichtern nicht verlorengehen. Das Ergebnis ist ein Bild mit erweitertem Dynamikumfang mit natürlicher Tonwert- und Farbwiedergabe. Zur Auswahl stehen Ihnen für den Dynamikbereich **200%**, **400%**, **800%** und **800%+** (der maximale Wert). Oder Sie lassen mit **Auto** die Kamera entscheiden. Auch hier rufen Sie die Optionen mit der **Fn2**-Taste auf oder über das Kameramenü **Aufnahme-Einstellung > Drive-Einstellung > HDR-Modus**.

In dieser Betriebsart nimmt die Kamera mit jedem Auslösen drei Bilder mit unterschiedlichen Belichtungen auf und erstellt daraus ein fertiges HDR-Bild. Dabei ist diese Funktion nicht auf JPEG beschränkt, sondern erstellt auch eine Raw-Datei, sofern Sie sowohl im JPEG- als auch im Raw-Format fotografieren. Beachten Sie allerdings, dass die Raw-Datei auch die dreifache Speichergröße belegt. Die mit der HDR-Funktion erstellte Raw-Datei benötigt ca. satte 150 MB (unkomprimiert) bzw. 75 MB (komprimiert) an Speicherplatz.

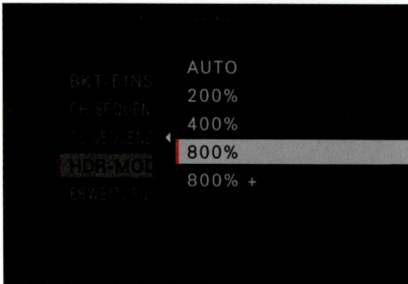

Abbildung 3.36 *Die HDR-Funktion der X-T4 übernimmt die komplette Arbeit, eine Belichtungsreihe zu erstellen. Zur Auswahl stehen unterschiedliche Dynamikbereiche.*

Abbildung 3.37 *Im linken Bild wurde **800%** verwendet. Das Ergebnis ist sehr ordentlich. Im rechten Bild habe ich **800%+** verwendet, was mir schon zu extrem ist. Bei diesem Bild habe ich die stürzenden Linien nachträglich am Computer behoben.*

Die anfängliche Euphorie, dass Sie mit der X-T4 auch eine HDR-Raw-Datei erzeugen können, weicht allerdings schnell der Enttäuschung. Die JPEG-Datei ist ein ordentlich kombiniertes HDR, aber wenn Sie die Raw-Datei im Raw-Konverter öffnen, finden Sie nur die Belichtung der ersten Aufnahme vor. Der Dateigröße nach werden trotzdem drei Raws kombiniert, und Sie haben in der Tat noch nachträglich einen Zugriff darauf, indem Sie im Wiedergabemodus der Kamera die **MENU/OK**-Taste drücken, im Kameramenü **Raw-Konvertierung** auswählen und dann ganz nach unten bis zu **HDR** scrollen. Hier können Sie nun nachträglich den Dynamikbereich auswählen und eine JPEG- oder TIFF-Datei daraus erstellen. Allerdings können Sie hier den Dynamikbereich nicht erweitern. Wenn Sie also bei der Aufnahme die Option **400%** verwendet haben, stehen Ihnen nachträglich nur noch **400%** oder **200%** zur Verfügung. Nach oben auf **800%** können Sie nicht nachträglich gehen. Wenn Sie allerdings den maximalen Wert **800%+** wählen, können Sie nachträglich die Raw-Konvertierung in der Kamera auf allen Werten – **800%**, **400%** oder **200%** – durchführen.

Auf die Raw-Konvertierung in der Kamera gehe ich im Bonuskapitel B.2, »Kamerainterne Raw-Bearbeitung«, ein.

Abbildung 3.38 *Am HDR-Symbol links unterhalb der Belichtungsskala erkennen Sie, welche HDR-Option Sie im Augenblick verwenden (hier ist es* **800%***).*

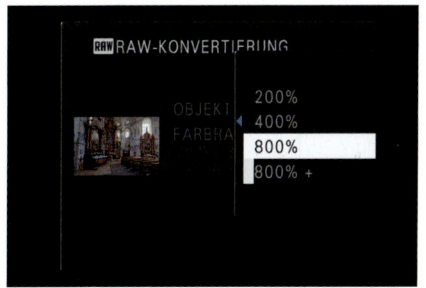

Abbildung 3.39 *Mit dem kamerainternen Raw-Konverter können Sie das HDR-Raw-Bild nachträglich in Grenzen bearbeiten.*

Wie schon bei der Erstellung einer Autobelichtungsreihe sollten Sie die Kamera ruhig halten oder idealerweise auf einem Stativ fixieren. Die Kamera richtet intern die drei Aufnahmen aus und führt auch eine Korrektur durch, um Dopplungen durch sich bewegende Objekte im Bild zu vermeiden. Hierbei kommt es aber unter Umständen zu Geisterbildern. Idealerweise sollten daher keine sich bewegenden Objekte Teil des Motivs sein. Das JPEG-Bild wird beim Ausrichten leicht beschnitten. Berücksichtigen Sie dies bei der Komposition Ihrer Aufnahme.

3.6 Meine Empfehlung: Starke Kontraste im Griff

Der *Kontrastumfang* ist häufig ein wichtiges Kriterium in der Fotografie. Er gibt den Unterschied zwischen dem hellsten und dem dunkelsten Bereich im Bild an. Die Helligkeitsunterschiede, die der Sensor der Kamera insgesamt aufnehmen kann, werden als *Dynamikumfang* bezeichnet. Wenn der Kontrastumfang den Dynamikumfang übersteigt, sind die hellsten Stellen im Bild ausgefressen und die dunklen Schatten abgesoffen. Das klassische Beispiel ist eine Landschaftsaufnahme an einem hellen sonnigen Tag, wo trotz einer korrekten Belichtung die Schattenbereiche unterbelichtet und/oder die Wolken überbelichtet sind.

3.6.1 Der Kontrastumfang bei schwierigen Motiven (im Raw-Format)

Selbst wenn Sie die Bilder im Raw-Format fotografieren, ist es nicht immer möglich, die zu hellen Bereiche zu retten. Die Anhebung der Schatten und Mitteltöne hingegen ist bei der Nachbearbeitung fast immer möglich. Wenn die Schatten allerdings zu dunkel sind, besteht beim Anheben die Gefahr des Bildrauschens. Wenn Sie daher einen möglichst großen Kontrastumfang bei einer Aufnahme sichern wollen, sollten Sie immer versuchen, zu erreichen, dass die hellsten Stellen des Bildes noch Zeichnung aufweisen, also im Histogramm nicht über den rechten Rand hinauslaufen. Zwar kann dies dazu führen, dass die dunklen Bereiche der Aufnahme recht dunkel erscheinen, aber wie bereits erwähnt, sind solche Anhebungen in der Nachbearbeitung mit Hilfe eines Raw-Konverters kein Problem. Diese Strategie für das Raw-Format setzt allerdings voraus, dass Sie das **Histogramm** über das Kameramenü **Einrichtung > Display-Einstellung** aktivieren. Damit Sie außerdem ein korrektes Live-Histogramm erhalten, das dem tatsächlichen Ergebnis nahekommt, müssen Sie bei **Bildqualitäts-Einstellung** den **Dynamikbereich** auf **DR100** stellen.

Abbildung 3.40 *Diese Aufnahme kennen Sie bereits. Ich musste im Gegenlicht (mit Mehrfeldmessung) bewusst dunkel belichten, um die Zeichnung in den Wolken zu retten.*

10 mm | f6,4 | 1/400 s | ISO 160

Abbildung 3.41 *Hier habe ich die Tiefen und Lichter mit einem Raw-Konverter nachbearbeitet.*

> **Kontrastumfang mit Belichtungsreihen sichern**
>
> Eine weitere Möglichkeit, dem Problem entgegenzuwirken, haben Sie bereits in Abschnitt 3.4, »Auf Nummer sicher mit einer Belichtungsreihe«, kurz kennengelernt, wo ich erläutert habe, wie Sie eine Belichtungsreihe erstellen, damit Sie diese Bilder dann zu einem HDR-Bild zusammensetzen können. Hierbei kombiniert die Software die Schattenbereiche aus dem überbelichteten Bild mit den hellsten Bereichen aus dem unterbelichteten Bild. Als Ergebnis erhalten Sie ein ausgewogen belichtetes Bild. Allerdings funktioniert dies in der Regel nur bei sich nicht bewegenden Motiven, und die Kamera muss fixiert sein.

3.6.2 Den Kontrastumfang der Kamera überlassen (im JPEG-Format)

Die X-T4 bietet eine Funktion, die Ihnen beim Kontrastumfang behilflich sein kann. Sie finden diese Funktion im Kameramenü über **Bildqualitäts-Einstellung > Dynamikbereich**, wo Sie zwischen **Auto**, **DR100**, **DR200** und **DR400** wählen können. DR steht für »Dynamic Range«, also Dynamikumfang. Die Standardeinstellung ist **DR100**.

Wenn Sie den Wert auf **DR200** oder **DR400** stellen, passiert im Grunde genau das, was ich in Abschnitt 3.6.1, »Der Kontrastumfang bei schwierigen Motiven (im Raw-Format)«, beschrieben habe. Vereinfacht ausgedrückt belichtet die Kamera eine oder zwei Blendenstufen weniger, um die hellen Bereiche im Bild zu sichern. Noch in der Kamera werden dann bei der Bearbeitung die Schatten und Mitteltöne eben um diese eine oder zwei Blendenstufen angehoben – eine Blendestufe bei **DR200** und zwei Blendenstufen bei **DR400**. Bei dieser Funktion wird also weniger belichtet und eine selektive Tonwertkorrektur in den Schatten und Mitteltönen vorgenommen. Als Ergebnis erhalten Sie bei starken Kontrasten ein Bild mit einem ausgewogeneren Kontrast.

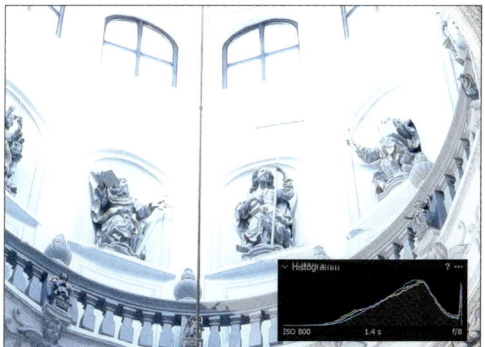

Abbildung 3.42 *Das Bild wurde mit **DR100** aufgenommen. Sie erkennen in diesem Bildausschnitt recht deutlich ohne eine Überlichtungswarnung, dass viele Bildbereiche ausgebrannt sind. Im Histogramm sehen Sie dies daran, dass auf der rechten Seite kleine Bereiche herausrutschen.*

Abbildung 3.43 *Dasselbe Bild wurde mit **DR400** aufgenommen und wirkt zunächst etwas flacher, aber es zeigt sehr schön, wie die hellen Bereiche gerettet und zugleich die Schatten und Mitteltöne angehoben wurden. Der Blick in das Histogramm bestätigt dies.*

Anhand der Beschreibung dürfte auch klar geworden sein, dass diese Funktion nicht die Grenzen des Dynamikumfangs des Sensors ausdehnt, sondern eben nur leicht unterbelichtet und die Lichter rettet und dann die Tiefen und Mitteltöne aufhellt. Hierbei kann es passieren, dass durch das Aufhellen der Schatten das Bildrauschen zunimmt.

Die Funktion bietet somit im Grunde nichts, was Sie nicht auch mit Raw-Dateien am heimischen Rechner mit einem Raw-Konverter durchführen könnten. Wenn Sie allerdings nur im JPEG-Format fotografieren, dann ist es nicht mehr so einfach, die hellen Partien nachzubearbeiten. Stark ausbrannte Bereiche lassen sich bei diesem Format nicht mehr retten, weshalb bei Motiven mit einem großen Kontrastumfang die Verwendung einer Dynamikerweiterung wie **DR200%** oder **DR400%** recht hilfreich ist.

Minimaler ISO-Wert

DR200% benötigt mindestens ISO 320 und **DR400%** mindestens ISO 640. Sollten Sie den ISO-Wert verringern, wird automatisch auch der Dynamikbereich auf den nächstniedrigeren Wert reduziert, wobei der Wert am Bildschirm auf der rechten Seite dann in gelber Farbe angezeigt wird. Wenn Sie schon beim Auswählen des Dynamikbereiches einen geringeren ISO-Wert verwenden als gefordert, sind diese Werte im Kameramenü gar nicht erst wählbar und ausgegraut.

Sie können auch gerne eine automatische Dynamikreihe über **Aufnahme-Einstellung > Drive-Einstellung > BKT-Einstellung > BKT Auswahl** mit **Dynamikbereich-Serie** erstellen. Die Dynamikreihe hat keine weiteren Optionen. Wenn Sie den Auslöser drücken, werden schnell hintereinander drei Bilder mit steigendem Dynamikumfang (100 %, 200 % und 400 %) erstellt. Den ISO-Wert müssen Sie hierbei mindestens auf ISO 640 stellen. Ist der ISO-Wert unter 640, wird keine Dynamikreihe erstellt. Sie erkennen dies auch am gelben ISO-Wert in der Anzeige.

3.7 Den Weißabgleich anpassen

Die passende Belichtung ist wichtig, aber auch eine realistische farbliche Wiedergabe einer Aufnahme ist entscheidend für das Bild. Hier kommt der Weißabgleich ins Spiel, denn damit passen Sie Kamera an die Farbtemperatur des Lichtes am Aufnahmeort an. Wie die Helligkeit ändert sich auch der Farbwert des Lichtes durch unterschiedliche Wellenlängen je nach Tageszeit und Beleuchtungsart. Mit dem Weißabgleich in der Kamera teilen Sie dieser praktisch mit, was Weiß oder Grau ist. Diese Informationen nimmt die Kamera als Basis für die Farbgebung der Aufnahme. So können Sie für eine korrekte Farbwiedergabe sorgen oder auch die Stimmung gezielt in eine wärmere oder kühlere Richtung beeinflussen.

Weißabgleich im Raw-Konverter

Die Einstellung des Weißabgleichs spielt keine endgültige Rolle, wenn Sie das Raw-Format zum Fotografieren verwenden. Beim Raw-Format können Sie den Weißabgleich am Computer nachträglich nahezu ohne Qualitätsverlust ändern.

3.7.1 Automatischer Weißabgleich und Vorgaben

Als Raw-Fotograf verwende ich meistens den automatischen Weißabgleich der Kamera. Dieser ist standardmäßig aktiviert. Hiermit verlassen Sie sich auf die Automatik der X-T4, die von den hellsten Flächen annimmt, dass diese weiß oder neutralgrau sind, und anhand ebendieser Flächen die Farbtemperatur des Bildes anpasst – diese Beschreibung ist natürlich technisch vereinfacht. Bei guten und natürlichen Lichtverhältnissen funktioniert diese Methode relativ zuverlässig. Wenn die Lichtverhältnisse schlechter werden, verschiedene Lichtquellen vorhanden sind oder es keine weißen oder grauen Flächen im Bild gibt, kann der Weißabgleich auch etwas danebenliegen, weil hierbei trotzdem die hellste Stelle im Bild herangezogen wird, in der Annahme, dass diese weiß oder grau ist. Das Ergebnis ist häufig ein Bild mit einem Farbstich. In dem Fall können Sie einen benutzerdefinierten Weißabgleich verwenden oder eine der Vorgaben, die für die Aufnahmesituation geeignet ist. (Oder Sie setzen auf die Korrektur im Raw-Konverter.)

Abbildung 3.44 *Die Anpassung des Weißabgleichs wird direkt im Livebild im Sucher oder auf dem Display angezeigt.*

Die Einstellungen zum Weißabgleich erreichen Sie in der Werkseinstellung über die Auswahltaste nach rechts (**Fn5**-Taste) auf der Rückseite der Kamera oder über das Menü **Bildqualitäts-Einstellung > Weissabgleich**. Die Einstellung **Auto** steht für den automatischen Weißabgleich. Wenn Sie in den Optionen herunterscrollen, finden Sie weitere Werkzeuge zum Anpassen des Weißabgleichs. Sie können zwischen drei benutzerdefinierten Optionen und sieben Voreinstellungen wählen.

> **AWB-Sperrmodus**
>
> Wenn Sie den automatischen Weißabgleich verwenden und diesen speichern wollen, so wie Sie es von der Belichtung oder dem Fokus mit der Taste **AEL** bzw. **AF-ON** her kennen, um denselben Weißabgleich weiterhin zu verwenden, dann ist dies mit der X-T4 auch möglich. Die entsprechende Funktion ist bereits aktiv und zu finden im Kameramenü **Einrichtung > Tasten/Rad-Einstellung > AWB-Sperrmodus**. Standardmäßig ist diese Funktion mit **AWB ein bei Drücken** belegt, womit eine Taste zum Speichern des automatischen Weißabgleichs gedrückt gehalten werden muss. Die zweite Option von **AWB-Sperrmodus** ist **AWB Ein/Aus-Schalter**, womit Sie die Taste drücken müssen, damit der Weißabgleich gespeichert wird. Drücken Sie die Taste erneut, wird der gespeicherte Weißabgleich wieder freigegeben. Um diese Funktion verwenden zu können, müssen Sie sie allerdings einer Funktionstaste über **Einrichtung > Tasten/Rad-Einstellung > Funktionen (Fn)** zuweisen.

Die sieben Voreinstellungen **Tageslicht**, **Bewölkt**, **Neonlicht1**, **Neonlicht2**, **Neonlicht3**, **Glühlampenlicht** und **Tauchen** muss ich an dieser Stelle vermutlich nicht umfassend beschreiben. Im Zweifelsfall finden Sie sie auch in der Bedienungsanleitung von Fujifilm erläutert. Generell gilt, dass diese Werte nicht als »Standard« verstanden werden sollen. Wenn Sie im Beispiel die Voreinstellung **Tageslicht** verwenden, hängt das Ergebnis natürlich immer noch von der Tageszeit und vom Sonnenstand ab. So kann es zum Beispiel trotzdem sein, dass mit dieser Voreinstellung das Tageslicht recht kühl wirkt. Für solche Fälle können Sie mit einer Weißabgleichverschiebung nachhelfen. Bei Tageslicht verwende ich allerdings meistens den automatischen Weißabgleich.

Abbildung 3.45 *Wenn Sie nicht den automatischen Weißabgleich verwenden, wird der gewählte Weißabgleich auf der rechten Seite durch ein Symbol angezeigt (hier: **Bewölkt** ❶).*

Automatischer Weißabgleich in drei Versionen

Die X-T4 bietet neben dem standardmäßigen automatischen Weißabgleich (**Auto**) mit den Optionen **Auto Priorität-Weiss** und **Auto Priorität-Umgebung** weitere Möglichkeiten, reines Weiß zu verarbeiten. Mit **Auto Priorität-Weiss** werden Szenen, die zum Beispiel mit einer Glühlampe beleuchtet werden, ein »strahlendes« Weiß zurückliefern. Mit der Einstellung **Auto Priorität-Umgebung** hingegen erhalten Sie ein wärmeres Weiß. An dieser Stelle ist es schwer, eine Empfehlung zu geben, wo sich denn nun welche der drei Automatiken besser eignet. Ich finde, dass **Auto Priorität-Weiss** im Freien bei hellem Sonnenlicht ein sehr ausgeglichenes Ergebnis produziert. **Auto Priorität-Umgebung** hingegen bringt deutlich bessere Ergebnisse bei schwächerem Innenlicht in der Wohnung. Probieren Sie es einfach selbst aus!

3.7.2 Weißabgleichverschiebung oder Feinabstimmung (JPEG-Einstellung)

Für alle vorhandenen Vorlagen gibt es die Möglichkeit, durch eine Verschiebung den Weißabgleich einzustellen. Sie können sogar den automatischen Weißabgleich anpassen. Um diese Funktion zu verwenden, rufen Sie die Weißabgleich-Funktion mit der rechten Auswahltaste auf. Wählen Sie dann den entsprechenden Weißabgleich aus (z. B. **Bewölkt**), bestätigen Sie mit der **MENU/OK**-Taste, oder drücken Sie erneut die Auswahltaste nach rechts. Dann haben Sie den **WA verschieben**-Bildschirm vor sich, wo Sie die Feinabstimmung vornehmen.

3.7 Den Weißabgleich anpassen

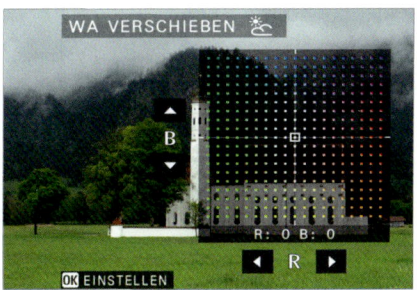

Abbildung 3.46 *Weißabgleich auswählen*

Abbildung 3.47 *Mit* **WA verschieben** *können Sie den Weißabgleich fein abstimmen.*

Über den Fokushebel oder die Auswahltasten können Sie jetzt Grün oder Magenta sowie Blau und Gelb verstärken oder reduzieren. Die Änderungen werden im Sucher bzw. auf dem Display direkt angezeigt. Wenn Sie mit dem Ergebnis zufrieden sind, drücken Sie die **MENU/OK**-Taste.

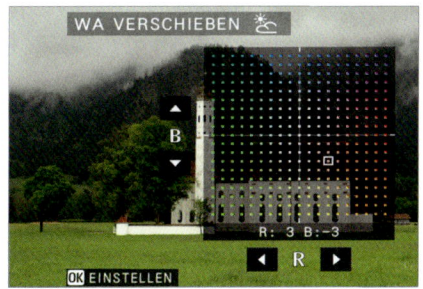

Abbildung 3.48 *Den Weißabgleich* **Bewölkt** *habe ich hier...*

Abbildung 3.49 *... mit* **WA verschieben** *mit wärmeren Farbtönen angepasst.*

> **»WA verschieben« ist nur für JPEG-Dateien**
> Um möglichen Missverständnissen vorzubeugen: **WA verschieben** ist nur eine Option, die sich auf JPEG-Bilder auswirkt bzw. nachträglich im internen Raw-Konverter der Kamera angewendet werden kann, um das Raw-Bild als JPEG zu speichern. Wenn Sie das Raw-Bild mit einem Raw-Konverter wie Capture One oder Adobe Lightroom bearbeiten, werden die Einstellungen von **WA verschieben** nicht berücksichtigt. Aber hier sind Sie ja auch völlig frei bei der Beeinflussung des Weißabgleichs.

Die Feineinstellung des Weißabgleichs kann durchaus ihren Nutzen haben. So können Sie jederzeit jeden ausgewählten Weißabgleich feintunen oder dem Bild eine eigene Farbstimmung geben. Trotzdem sollten Sie dabei bedenken, dass Sie die Farben nach Gefühl ohne irgendwelche Regeln anhand des Vorschaubildes im Sucher oder auf dem Display verschieben können, bis Sie zufrieden sind. Sie können aber nicht einfach den Weißabgleich von **Glühlampenlicht** wie das **Tageslicht** aussehen lassen. Mit dieser Funktion werden einfach die Farben als weitere Ebene über den eingestellten Weißabgleich geschoben, ähnlich wie bei einem Stil. Wenn Sie also nach Gelb herunterziehen, wird es nicht wärmer wie bei der Einstellung der Farbtemperatur mittels Kelvin-Wert, sondern einfach nur »gelber«.

Feinabstimmung zurücksetzen

Die Feinabstimmung des Weißabgleichs mit Hilfe einer Verschiebung bleibt bestehen (auch beim automatischen Weißabgleich). Setzen Sie sie daher wieder zurück, wenn Sie nicht bei allen künftigen Motiven eine Farbverschiebung haben wollen. Für Raw-Fotografen ist dies kein Problem, weil sie alles noch im Nachhinein ändern können, aber wenn Sie ausschließlich im JPEG-Format fotografieren, dann können alle folgenden Bilder u. a. einen unschönen Farbstich enthalten.

3.7.3 Farbtemperatur (Kelvin)

Die Farbtemperatur wird in der Regel in der Einheit *Kelvin* (K) angegeben. Wer im Umgang mit den genauen Kelvin-Werten vertraut ist, kann diese auch aus einer Liste von vorgegebenen Kelvin-Werten wählen. Sie finden auch diesen Eintrag im Menü der Auswahl des Weißabgleichs mit **K** (für Kelvin) vor. Ich stelle den Kelvin-Wert zum Beispiel in der Studiofotografie gerne manuell ein, auf einen Wert von 5300 Kelvin. Der Wert lässt sich sehr fein in 10er-Schritten 2500 K bis hoch zu 10.000 K einstellen. Auch können Sie über eine Verschiebung jeden Kelvin-Wert fein abstimmen. Die Feinabstimmung bleibt so lange erhalten, bis Sie einen anderen Kelvin-Wert auswählen.

Abbildung 3.50 *Die Farbtemperatur als Kelvin-Wert auswählen*

3.7.4 Manueller Weißabgleich

Wenn Sie einen korrekten Weißabgleich passend zu den vorhandenen Lichtverhältnissen erstellen wollen, dann hilft Ihnen auch kein Raw-Konverter. In einem solchen Fall müssen Sie einen eigenen benutzerdefinierten Weißabgleich erstellen. Die X-T4 macht es Ihnen hierbei sehr leicht. Sie benötigen lediglich ein weißes oder graues Objekt wie ein weißes Papiertaschentuch oder die Rückseite eines Notizblocks. Besser (und genauer) wäre allerdings eine Graukarte mit 18 % neutralem Grau, die von verschiedenen Herstellern in unterschiedlichen Preisklassen angeboten wird. Ich verwende im folgenden Beispiel den ColorChecker von X-Rite.

SCHRITT FÜR SCHRITT
Einen benutzerdefinierten Weißabgleich erstellen

1 Benutzerdefinierte Einstellung wählen
Rufen Sie das **Weissabgleich**-Menü mit der Auswahltaste nach rechts auf, und scrollen Sie nach unten zu den benutzerdefinierten Einstellungen. Sie könnten drei Einstellungen anlegen. Ich verwende gleich die erste Einstellung mit **Ben. Einst. 1** und bestätige mit der **MENU/OK**-Taste.

2 Graukarte fotografieren
Richten Sie jetzt die Kamera auf die Graukarte, oder halten Sie die Graukarte so vor die Kamera, dass der weiße eingeblendete Rahmen komplett damit gefüllt ist, und betätigen Sie den Auslöser. Erscheint die Anzeige **Ausgeführt!**, dann können Sie die Einstellung mit **OK** bestätigen. Erscheint der Hinweis **Unterbelichtet** oder **Überbelichtet**, müssen Sie die Belichtung korrigieren und die Graukarte erneut fotografieren, bis **Ausgeführt!** erscheint.

Abbildung 3.51 *Benutzerdefinierten Weißabgleich auswählen*

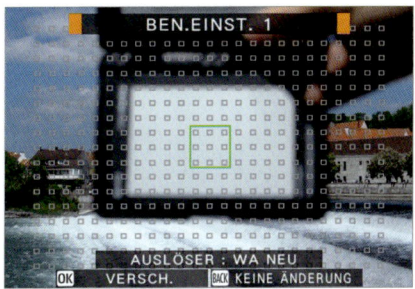

Abbildung 3.52 *Graukarte abfotografieren*

3 Fotos aufnehmen
Nun haben Sie den perfekten Weißabgleich für die aktuelle Lichtsituation erstellt. Wenn Sie fotografieren, sollte das Ergebnis also Ihrer Wahrnehmung der realen Umgebung entsprechen. Ob dies aber besser aussieht oder nicht, ist auch abhängig vom verwendeten Umgebungslicht und eine Frage des Geschmacks. Auf die beschriebene Weise können Sie insgesamt drei solcher Einstellungen speichern. Der so erstellte benutzerdefinierte Weißabgleich bleibt so lange erhalten, bis Sie einen neuen erstellen.

Abbildung 3.53 *Links das Motiv mit dem automatischen Weißabgleich und rechts mit dem eben erstellten benutzerdefinierten Weißabgleich*

37 mm | ƒ8 | 1/640 s | ISO 160

Mit der Graukarte im Raw-Konverter

Eine gängige Praxis ist es auch, die Graukarte einfach in ein erstes Bild zu halten oder einem Model in die Hand zu geben. Auf diese Weise können Sie später im Raw-Konverter den Weißabgleich mit Hilfe des Weißabgleichwerkzeuges und der Pipette durchführen.

Abbildung 3.54 *Mit Hilfe der vom Model in Richtung Kamera gehaltenen Graukarte können Sie später im Raw-Konverter den Weißabgleich festlegen und auf alle anderen Bilder mit derselben Belichtung (und natürlich ohne die Graukarte) anwenden.*

EXKURS
Die Welt ist grau – das Problem mit schwarzen und weißen Motiven

Belichtungsmessmethoden sind farbenblind und gehen davon aus, dass alles in der Welt grau ist. Wenn Sie einen bunten Blumenstrauß mit vielen Farben fotografieren, bei dem die einzelnen Farben unter gleichbleibendem Licht unterschiedlich stark reflektiert werden, kann die Kamera nichts mit den Farben anfangen, sondern sieht darin nur unterschiedliche Lichtmengen. Belichtungsmesser – und dazu zählt auch der in der X-T4 eingebaute Belichtungsmesser – sind auf eine Motivreflexion von ungefähr 18 % geeicht. Diese 18 % entsprechen einem mittleren Grau. Ein Blick auf eine Karte mit verschiedenen Graustufen zeigt, dass 18 % Grau in etwa genau zwischen Weiß und Schwarz liegt. Die Messmethoden der Kameras sind daher so programmiert, dass sie denken, die Durchschnittshelligkeit von allem betrage 18 %. Das erklärt, warum die Kamera in manchen Situationen nicht korrekt belichten kann. Und es erklärt auch, warum helle oder dunkle Motive ohne Belichtungskorrektur nie so hell bzw. so dunkel wie gewünscht sind. Weißer Schnee wird grau, weil die Kamera – die das Motiv als solches (noch) nicht erkennt – einfach nur eine durchschnittliche Helligkeit von 18 % erzielen will. Dasselbe gilt für reines Schwarz.

Wenn man das weiß, dann ist es einfach, entsprechend mit einer Belichtungskorrektur zur reagieren. Um ein echtes Weiß auch in der Kamera wieder weiß zu machen, müssen Sie leicht überbelichten. Und um ein echtes Schwarz auch wirklich schwarz und nicht dunkelgrau erscheinen zu lassen, müssen Sie leicht unterbelichten.

Abbildung 3.55 *Bei diesem Bild ist der Hintergrund weiß, und die Szene wurde im linken Beispiel auch technisch korrekt belichtet. Aber die Belichtungsmessmethode der Kamera ist so eingestellt, dass sie die Dinge 18 % grau erscheinen lässt Eine Überbelichtung von +1 EV, mit dem Einstellrad für die Belichtungskorrektur vorgenommen, hat das Problem behoben.*

Kapitel 4
Fokussieren mit der X-T4

Die X-T4 verfügt für die Scharfstellung über einen sehr guten und schnellen Hybrid-Autofokus. Den Hybrid-Autofokus werde ich am Ende des Kapitels noch in einem Exkurs kurz erklären, falls Sie Ihr Wissen auffrischen möchten. Damit das Fokussieren auch in unterschiedlichsten Situationen gelingt, bietet die X-T4 verschiedene Möglichkeiten an. In diesem Kapitel erfahren Sie, wie und wann Sie diese Möglichkeiten am besten einsetzen können.

4.1 Die Modi für den Autofokus

Die X-T4 bietet mit **S** (für AF-S = »AF-Single«, auch *Einzel-AF*) und **C** (für AF-C = »AF-Continuous«, auch *kontinuierlicher AF*) die zwei grundlegenden Modi für den Autofokus, die Sie rechts an der Seite (von vorn gesehen) an der Kamera am Fokusmodus-Schalter wählen. Mit AF-**S** können Sie statische Motive sicher scharfstellen, während Sie mit AF-**C** sich bewegende Motive verfolgen und im Fokus halten können. Mehr dazu erfahren Sie gleich in den nächsten beiden Abschnitten. Die dritte Option, **M** (für MF = »Manual Focus«), dient zum manuellen Fokussieren; ich werde in Abschnitt 4.4, »Manuelles Fokussieren mit der X-T4«, noch gesondert darauf eingehen. Der gewählte Fokusmodus wird im Sucher oder auf dem Display der Kamera unten links mit **AF-S**, **AF-C** oder **MF** angezeigt.

Abbildung 4.1 *Der Fokusmodus-Schalter der X-T4*

Abbildung 4.2 *Links unten wird der verwendete Fokusmodus angezeigt (hier: **AF-S**).*

Autofokus beschleunigen

Der Autofokus der X-T4 ist sehr schnell und sollte allen Ansprüchen gerecht werden. Wollen Sie den Autofokus trotzdem noch beschleunigen, dann können Sie dies tun, indem Sie im Kameramenü **Einrichtung > Power Ma-**

nagement > **Leistung** den Wert von **Normal** auf **Verstärk** setzen. Auf dem Display bzw. im Sucher wird dieser Modus rechts unten mit **Boost** angezeigt. Auf der Gegenseite wird dann allerdings die Batterie schneller geleert.

4.1.1 AF-S für statische Motive

Der Modus **AF-S** eignet sich für Motive, die sich nicht bewegen. Wenn Sie in diesem Modus den Auslöser antippen, startet der Fokussiervorgang. Haben Sie so das anvisierte Motiv scharfgestellt, leuchten ein oder mehrere Fokuspunkte auf dem Display als grünes Quadrat auf. Auch links unten auf dem Display/im Sucher ist ein grüner Punkt anstelle des Fokusmodus zu sehen. Der gefundene Schärfepunkt bleibt unverändert, solange Sie den Auslöser halb heruntergedrückt halten – auch wenn sich das Motiv mittlerweile nicht mehr im fokussierten Bereich befindet. Dieses Verhalten des Autofokus ist in vielen Situationen sehr hilfreich, weil Sie so ein Motiv anvisieren und dann den Ausschnitt des Bildes etwas ändern können, ohne dass sich die Schärfe verstellt. Das **AFL**-Symbol (AFL = »AF-Lock«, Schärfespeicherung) unten links symbolisiert, dass Sie den Fokus gespeichert oder auch gesperrt haben, indem Sie entweder den Auslöser halb gedrückt halten oder die Taste **AF-ON** gedrückt haben. Sie können jetzt entweder den Auslöser voll durchdrücken und eine Aufnahme machen oder den Finger vom Auslöser nehmen und dann erneut fokussieren.

Leuchtet hingegen der Fokuspunkt rot mit einem roten **!AF** als Warnung und blinkt die Fokusanzeige links unten auf dem Display oder im Sucher weiß, dann konnte die Kamera nicht auf das Objekt fokussieren.

Abbildung 4.3 *Das anvisierte Motiv habe ich mit AF-S scharfgestellt, der Fokusrahmen und der Fokuspunkt leuchten grün.*

Abbildung 4.4 *Hier konnte die X-T4 hingegen nicht fokussieren, der Fokusrahmen leuchtet rot, und !AF erscheint. Der Fokuspunkt ist weiß.*

Fokusprobleme

Wenn die Scharfstellung mit dem Autofokus nicht gelingt und der Fokuspunkt rot leuchtet, kann dies unterschiedliche Ursachen haben. Ein mögliches Problem ist, dass Sie den Nahbereich des Objektivs unterschritten haben. Es gibt bei jedem Objektiv eine Grenze, wie nah Sie ans Motiv gehen können, die sogenannte *Naheinstellgrenze*. Gehen Sie näher heran, können Sie das Motiv nicht mehr scharfstellen – weder automatisch noch manuell. Die zweite Möglichkeit, bei der der Fokus versagen kann, ist zu wenig Licht oder kaum Kontrast. Auch wenn die X-T4 einen Hybrid-Autofokus mit Kontrastdetektions-AF und Phasendetektions-AF hat, sind beide Verfahren lichtabhängig. Und je heller und kontrastreicher eine Szene ist, umso besser funktioniert der Autofokus. Je dunkler es dagegen wird, desto schwieriger wird es für den Autofokus. Aber auch eine kontrastarme weiße Wand kann zum Problem werden. Auch bei zu viel Licht kann der Fokus der Kamera versagen, wie dies z. B. bei Gegenlichtaufnahmen der Fall sein kann.

Tipp: Bei zu wenig Licht können Sie sich unter Umständen behelfen, indem Sie das Hilfslicht über **AF/MF-Einstellung > Hilfslicht** vorübergehend auf **An** stellen. Das AF-Hilfslicht strahlt das Motiv an, woraufhin der Autofokus genügend Informationen findet und seine Arbeit verrichten kann. Allerdings ist die Unterstützung durch das Hilfslicht begrenzt und funktioniert eher im Nahbereich. Beim Testen des Hilfslichtes hat sich eine realistische Reichweite von etwa 5–6 Metern ergeben. Allerdings klappt dies nicht immer, da aufgrund der Position der LED schon mal die Gegenlichtblende vom Objektiv genommen werden muss. Auch der Finger legt sich gerne mal über die LED. Das Hilfslicht funktioniert automatisch und sinngemäß nur im Modus AF-**S**.

4.1.2 AF-C für bewegte Motive

Der Modus *AF-***C** (oft auch *Nachführ-AF*) stellt das Autofokussystem auf einen Dauerbetrieb. Wenn Sie in diesem Modus den Auslöser halb herunterdrücken, stellt die Kamera innerhalb des aktiven Autofokusfeldes oder einer konfigurierten Autofokuszone kontinuierlich auf das anvisierte Motiv scharf.

Abbildung 4.5 *Bei sich bewegenden Motiven spielt der Modus AF-C seine Stärken aus.*
124 mm | *f* 3,6 | 1/1000 s | ISO 160

Dieser Fokusmodus eignet sich hervorragend für bewegte Motive – oder auch wenn man sich selbst in der Bewegung befindet. Aber auch hier leuchten ein oder mehrere Fokuspunkte im Sucher oder auf dem Display grün auf, wenn das Motiv scharfgestellt ist. Und auch den grünen Punkt zur Fokusanzeige gibt es. Lassen Sie sich nicht irritieren, wenn der grüne Punkt zur Fokusanzeige häufig unregelmäßig aufleuchtet. Wenn Sie den Auslöser durchdrücken, ist die Trefferquote trotzdem sehr gut.

Hohe Trefferquote bei Action- und Sportaufnahmen – meine Empfehlung

Bei sich zu mir hin oder von mir weg bewegenden Motiven, die nicht still halten, verwende ich meistens den Fokusmodus **AF-C**, um das sich bewegende Motiv scharfzustellen. Bewegt sich das Motiv schneller, wie bei der Action- oder Sportfotografie, dann stelle ich den Schalter für die Aufnahmebetriebsart auf der linken hinteren Seite auf **CH** (mit 15 Bildern/Sekunde) oder **CL** (mit 8 Bildern/Sekunde). Noch mehr Bilder pro Sekunde stehen Ihnen zur Verfügung, wenn Sie den elektronischen **Auslösertyp** im Kameramenü **Aufnahme-Einstellung** wählen. Mit dem elektronischen Verschluss können Sie dann schon 20 bzw. mit einem Crop von 1,25 bis zu 30 Bilder in der Sekunde fotografieren. Damit stelle ich sicher, dass bei sehr schnellen Bewegungen auch einige gelungene Bilder dabei sind. Damit meine ich nicht scharfe Bilder, sondern Bilder, die im richtigen Moment aufgenommen wurden. Es ist schwierig, wenn jemand zum Beispiel einen Salto oder einen schnellen Tanz ausführt, mit der Einzelbildaufnahme auch den richtigen Moment zu erwischen.

Vorfokussieren

Sie finden im Kameramenü **AF/MF-Einstellung** mit **Pre-AF** eine Hilfsfunktion zum Fokussieren. Wenn Sie diese Funktion einschalten, dann wird sowohl im AF-**S**- als auch im AF-**C**-Modus dauerhaft fokussiert. Dieses Vorfokussieren kann bei der einen oder anderen Situation einen Geschwindigkeitsvorteil bringen, wenn es darauf ankommen sollte. Aber diese Funktion leert natürlich auch den Akku schneller, denn es wird permanent fokussiert. Bei AF-**S** wird die Schärfe dennoch behalten, wenn Sie den Auslöser halb gedrückt halten oder die **AF-ON**-Taste gedrückt haben. Ansonsten verhält sich die Kamera ähnlich wie beim AF-**C** und stellt den Bereich mit dem Fokusrahmen scharf, nur dass nicht der Auslöser zum Scharfstellen gedrückt wird.

Die Technik des Pre-AF stammt noch aus älteren Zeiten. Neuere (Fujifilm-)Kameras arbeiten im Fokusmodus AF-**C** mit einem sogenannten *prädiktiven Autofokus*, bei dem die Kamera erkennt, wie schnell sich das anvisierte Objekt bewegt, und so die nächste Position »vorausahnen« kann.

4.2 Die verschiedenen Autofokusbereiche

Von enormer Bedeutung für die Schärfe ist die Wahl des Autofokusbereiches. Die X-T4 bietet hierfür mit **Einzelpunkt**, **Zone** und **Weit/Verfolgung** drei verschiedene Arten an. Diese Bereiche stellen Sie im Kameramenü über **AF/MF-Einstellung > AF Modus** ein. In der Standardkonfiguration erreichen Sie diese Autofokus-Optionen auch über Drücken der Auswahltaste nach oben oder über den Schnellzugriff mit der **Q**-Taste.

Abbildung 4.6 *Hier wählen Sie den AF-Modus.*

Abbildung 4.7 *Auch im Schnellmenü der Kamera finden Sie die Auswahl des Autofokusbereiches wieder.*

AF-Modus	Fokus-Modus	Beschreibung
Einzelpunkt	AF-S	Die Kamera stellt das Motiv im ausgewählten Fokussierpunkt scharf. Damit können Sie punktgenau auf ein Motiv scharfstellen.
	AF-C	Das mit dem Fokussierpunkt ausgewählte Motiv wird verfolgt. Dies eignet sich beispielsweise besonders gut für Motive, die sich zur Kamera hin oder von ihr wegbewegen.
Zone	AF-S	Die Kamera stellt auf ein Motiv innerhalb der gewählten Fokuszone scharf. Eine Fokuszone enthält mehrere Fokussierpunkte. Das ist sehr hilfreich beim Fokussieren von Motiven in Bewegung.
	AF-C	Hier wird das Motiv innerhalb der Fokuszone verfolgt. Das kann das Fokussieren von Motiven erleichtern, deren Bewegung vorhersehbar ist, die sich z. B. von rechts nach links bewegen.
Weit	AF-S	Hierbei wird gewöhnlich das kontrastreichste Objekt scharfgestellt. Auf dem Display werden diese scharfgestellten Bereiche angezeigt. Hiermit übergeben Sie die Kontrolle des Fokussierens an die Kamera.
Verfolgung	AF-C	Die Kamera folgt dem anvisierten Motiv, sobald es scharfgestellt und der Auslöser halb heruntergedrückt ist. Sehr kleine Objekte oder Objekte in schneller Bewegung werden dabei möglicherweise nicht immer erfasst.

Tabelle 4.1 *Schnellübersicht zu den AF-Modi und der Funktionsweise im jeweiligen Fokus-Modus, wenn Sie den Auslöser zum Fokussieren halb herunterdrücken.*

AF-Modus »Alle« (Standardeinstellung)

Als Standardeinstellung im Menü **AF Modus** (siehe Abbildung 4.6) finden Sie den Eintrag **Alle**. Dies ist kein weiterer Modus, sondern dient für die Auswahl der einzelnen AF-Modus-Optionen. Wenn Sie die Option **Alle** verwenden und dann den Fokushebel drücken, erscheint auch hier die Fokussierpunkt-Anzeige, bei der oben der aktuelle Modus eingeblendet wird. Wenn Sie jetzt das vordere Einstellrad drehen bis zur maximalen bzw. minimalen Größe des Fokusrahmens (und dann darüber bzw. darunter hinaus), können Sie den AF-Modus auf diese Art wechseln.

Abbildung 4.8 Am oberen Rand erkennen Sie den ausgewählten Modus.

4.2.1 AF-Modus »Einzelpunkt«

Im **Einzelpunkt**-Modus wählen Sie selbst den Punkt im Sucher oder Display aus, an dem der Fokus gemessen werden soll. Die Einstellung ist häufig meine erste Wahl beim Fokussieren. Mit dem Fokushebel können Sie exakt das gewünschte Autofokusfeld im gesamten Bildausschnitt fast randlos selbst bestimmen, auf das Sie scharfstellen wollen. Wie genau Sie den Punkt auswählen können, hängt davon ab, ob Sie 117 Punkte (9×13-Raster) oder 425 Punkte (17×25-Raster) verwenden. Per Standardeinstellung werden 117 Punkte verwendet, was in der Regel in dem meisten völlig Anwendungsfällen ausreichend ist.

*Abbildung 4.9 Der **Einzelpunkt**-Fokus ist hier auf die Mitte des Bildschirmes gelegt.*

Abbildung 4.10 Jetzt habe ich den Fokuspunkt mit dem Fokushebel leicht nach links oben verschoben, um gezielt auf das Gesicht der Statue zu fokussieren, ohne den Bildausschnitt zu verändern.

Der **Einzelpunkt**-Modus eignet sich auch sehr gut für den Fokusmodus AF-**C**, wenn das Motiv auf Sie zukommt oder sich von Ihnen entfernt. Wenn das Motiv allerdings den Bildbereich überquert, z. B. von rechts nach links, müssen Sie die Kamera mitschwenken, damit das Motiv weiterhin im ausgewählten Einzelpunkt scharfgestellt werden kann. Sie müssen hierbei immer den Fokuspunkt auf das Motiv richten, das Sie kontinuierlich scharfstellen wollen.

Die Größe des Fokusrahmens in der Fokussierpunkt-Anzeige einstellen | In die Fokussierpunkt-Anzeige wechseln Sie, indem Sie den Fokushebel drücken. Wenn Sie den Fokushebel gedrückt haben, werden Sie feststellen, dass der Einzelpunkt gar kein einzelner Fokuspunkt ist, sondern ein Fokusrahmen, der mehrere Fokuspunkte zusammenfasst. Die Größe dieses Fokusrahmens können Sie aber anpassen, indem Sie, nachdem Sie den Fokushebel gedrückt haben, das hintere Einstellrad drehen. Es gibt sechs verschiedene Größen, wobei Sie mit der kleinsten Größe den Einzelpunkt tatsächlich auf einen Fokuspunkt reduzieren können. Standardmäßig ist eine mittlere Größe eingestellt, und Sie können jeweils noch um zwei Stufen vergrößern oder um drei Stufen verkleinern. Die Anpassung des Fokusrahmen können Sie auch über das Kameramenü **AF/MF-Einstellung > Fokussierbereich** aufrufen, wenn Sie den Fokushebel deaktiviert haben sollten.

Zurücksetzen der Größe und Position

Wenn Sie beim Anpassen die Größe des Fokusrahmens wieder auf die Standardeinstellung zurücksetzen wollen, müssen Sie nur das hintere Einstellrad drücken. Wollen Sie außerdem die Position des Fokusrahmens wieder in die Mitte setzen, drücken Sie den Fokushebel. Für beide Einstellungen müssen Sie sich aber in der Fokussierpunkt-Anzeige befinden, wie in Abbildung 4.11 zu sehen ist.

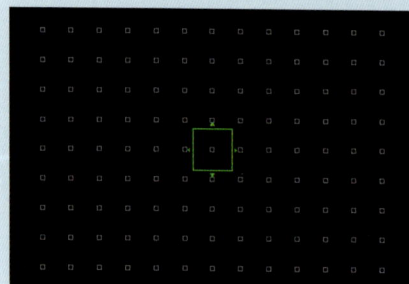

Abbildung 4.11 *Die Fokussierpunkt-Anzeige mit dem Fokusrahmen rufen Sie durch das Drücken des Fokushebels auf.*

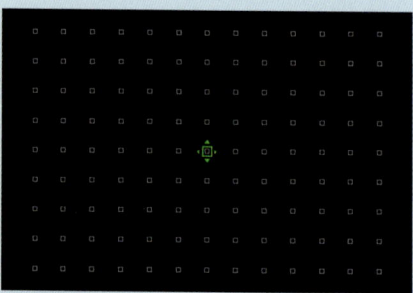

Abbildung 4.12 *Durch Drehen des hinteren Einstellrades vergrößern oder verkleinern Sie diesen Fokusrahmen, hier bis auf den Einzelpunkt.*

Einstellungen an der Größe des Fokusrahmens haben Auswirkungen auf die Fokussierung. So wird es bei einem kleineren Fokusrahmen schwieriger zu fokussieren, wenn der Bereich einfarbig, dunkel oder sehr strukturarm ist. Auf der anderen Seite steigt mit einem kleineren Fokusrahmen auch die Autofokus-Genauigkeit, weil Sie hiermit quasi punktgenau scharfstellen können, wenn Sie dies benötigen. Generell sollten Sie beim Fokussieren vermeiden, dass der Fokusrahmen größer ist als das zu fokussierende Motiv. Eine Ausnahme sind sich bewegende Motive, bei denen Sie es einfacher haben, wenn der Fokusrahmen etwas größer ist. Es kommt daher auch auf den Anwendungsfall an, aber in der Praxis dürften Sie mit der Standardgröße des Fokusrahmens in den meisten Situationen recht gut fahren. Und wenn nicht, dann wissen Sie jetzt, wie Sie die Rahmengröße ändern.

> **Anzahl der Fokussierpunkte ändern**
>
> Die Anzahl der Autofokusmessfelder in der Fokussierpunkt-Anzeige bei der Option **Einzelpunkt** beträgt zunächst standardmäßig 117 Messfelder. Im **Einzelpunkt**-Modus ist diese Anzahl recht sinnvoll, wenn Sie mit dem Fokushebel ein bestimmtes Feld auswählen wollen. Reichen Ihnen die 117 Messfelder nicht aus oder müssen Sie noch präziser fokussieren, können Sie über das Kameramenü **AF/MF-Einstellung > Anzahl der Fokussierpunkte** die Anzahl auf 425 Messfelder erhöhen.

Schwenken oder Fokusrahmen verschieben? | Eine gerne verwendete Technik beim Fotografieren im Modus AF-**S** ist es, auf einen bestimmten Punkt scharfzustellen, indem der Auslöser halb gedrückt wird, dann den Bildausschnitt etwas zu schwenken und den Auslöser voll durchzudrücken, um das Bild zu erstellen. Bei längeren Brennweiten, abgeblendeten Motiven und größeren Abständen zum fokussierten Motiv ist diese Herangehensweise ganz gut geeignet. Wenn Sie aber ein Motiv in unmittelbarer Nähe vor sich haben und mit einer offenen Blende fotografieren, beträgt der Spielraum für den scharfen Bereich häufig nur ein paar wenige Zentimeter. Bewegt sich dabei das Motiv oder bewegen Sie sich ein wenig nach vorn oder hinten, kann es sein, dass z. B. statt des Auges nur die Nasenspitze scharfgestellt ist. In solchen Fällen ist es oft sicherer, mit einem gut platzierten Autofokusfeld zu arbeiten und nicht zu verschwenken.

4.2.2 Den Fokushebel anpassen

Wenn Sie häufiger versehentlich über den Fokushebel den Fokusrahmen verstellen, können Sie den Hebel auch arretieren. Hierzu müssen Sie ihn nur etwas länger drücken, und es erscheint ein Menü, in dem Sie die Option **Drücken zum Entsp.** aktivieren. Ist sie aktiv, müssen Sie künftig vorher auf den Fokushebel drücken, um die Position des Fokusrahmens ändern zu können. Mit **Off** wird der Fokushebel komplett deaktiviert und kann dann nur noch über das Kameramenü mit **AF/MF-Einstellung > Fokussierbereich** geändert werden. Die Einstellungen für den Fokushebel erreichen Sie auch über das Kameramenü via **Einrichtung > Tasten/Rad-Einstellung > Fokushebel-Einstellung**.

Abbildung 4.13 Drücken Sie länger auf den Fokushebel, erscheint ein Menü, in dem Sie ihn sperren oder komplett deaktivieren können.

4.2.3 AF-Modus »Zone«

Der AF-Modus **Zone** ist eine Erweiterung von **Einzelpunkt** und setzt sich innerhalb einer bestimmten Zone aus mehreren kleinen Autofokusfeldern zusammen. Innerhalb der Zone mit den vier Ecken befindet sich zunächst ein Fadenkreuz, das das Zentrum markiert. Das Fadenkreuz verschwindet, wenn Sie den Auslöser halb herunterdrücken und scharfstellen. Wenn Sie ein Motiv anfokussieren, wählt die Kamera die Schärfepunkte innerhalb der Zone automatisch aus. Das Scharfstellen über Fokuszonen ist recht hilfreich, um das Fokussieren bei Objekten in langsamer oder vorhersehbarer Bewegung einfacher zu machen. Den Zonenbereich können Sie auch hier mit dem Fokushebel verschieben.

Abbildung 4.14 *Der AF-Modus* **Zone** *umfasst mehrere Fokussierpunkte, um das Fokussieren von bewegten Objekten zu erleichtern.*

Abbildung 4.15 *Hier habe ich den Zonenbereich mit dem Fokushebel auf die fahrende Straßenbahn verschoben und fokussiert. Die Kamera sucht sich innerhalb dieser Zone einen geeigneten Bereich zum Scharfstellen und zeigt diesen mit den grünen Fokussierpunkten an. Zum Einsatz kam ein Zonenbereich von 3 × 3 Fokuspunkten.*

Um das Fokussieren eines bestimmten Bereiches zu erleichtern, können Sie auch hier die Größe der Fokuszone ändern, indem Sie den Fokushebel drücken und in der Fokussierpunkt-Anzeige mit dem hinteren Einstellrad die Größe der Zone ändern. Die Standardeinstellung ist die kleinste Zone mit 3 × 3 Fokuspunkten. Daneben gibt es zwei größere Zonen mit 5 × 5 und 7 × 7 Fokuspunkten, die Sie aus insgesamt 117 verfügbaren AF-Punkten wählen können. Alle 425 Fokussierpunkte hingegen lassen sich mit dem AF-Modus **Zone** nicht verwenden.

Abbildung 4.16 *Die kleinste Zonengröße (Standardeinstellung)*

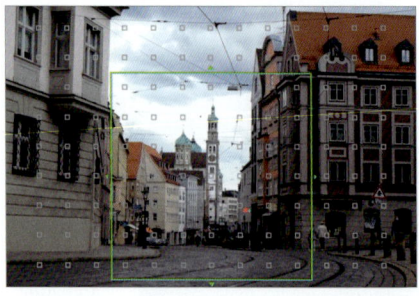

Abbildung 4.17 *Die größtmögliche Zonengröße*

Es werden trotzdem 117 AF-Punkte verwendet, auch wenn Sie 425 AF-Punkte vorher eingestellt haben. Eine kleinere Zone wie 3 × 3 hat den Vorteil, dass sich die Scharfstellung auf einen kleinen Bereich beschränkt, was die Trefferchancen erhöht. Je größer die Zone ist, umso höher ist natürlich auch die Gefahr, dass auf etwas ganz anderes fokussiert wird als beabsichtigt, wenn sich zum Beispiel sehr viele Strukturen und Details im Bild befinden. Hierfür bietet sich ein kleineres Zonenfeld an oder eben der **Einzelpunkt**-Autofokus.

Fokusmessfelder anzeigen

Standardmäßig werden die Fokusmessfelder in den Modi **Zone** oder **Weit/Verfolgung** nicht angezeigt. Beim Betätigen des Auslösers werden nur die fokussierten Messfelder grün dargestellt. Wollen Sie die Fokusmessfelder anzeigen, setzen Sie über das Kameramenü **AF/MF-Einstellung > AF-Punktanzeige** die Option auf **On**.

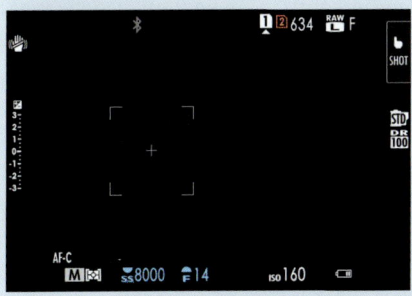

*Abbildung 4.18 Der AF-Modus **Zone** mit eingeblendeten Fokusmessfeldern*

Wenn Sie **Zone** im Fokusmodus AF-**S** verwenden, dann bietet sich dieser Modus für Objekte an, die sich innerhalb dieser Zone bewegen. Entsprechend können Sie dafür auch die Zonengröße einstellen. Im Fokusmodus AF-**C** hingegen versucht die Kamera, das Objekt innerhalb der Zone zu erkennen und ihm zu folgen, um den Fokus zu halten.

*Abbildung 4.19 Hier findet wenig Bewegung innerhalb der Zone statt, weshalb ich den Autofokus AF-**S** verwendet habe.*

*Abbildung 4.20 Da ich dem sich bewegenden Pferd und der Reiterin innerhalb der Zone folgen will, habe ich auf AF-**C** umgestellt.*

4.2.4 AF-Modus »Weit/Verfolgung«

Der AF-Modus **Weit/Verfolgung** umfasst zwei Autofokus-Methoden. Welche Sie verwenden, hängt vom Fokusmodus ab. Um es kurz zu machen: Mit AF-**S** verwenden Sie **Weit**, und mit AF-**C** ist es **Verfolgung**.

»Weit« mit AF-S | Mit dem Fokusmodus AF-**S** und **Weit** entscheidet die Kamera automatisch mit bis zu neun von 117 verfügbaren Autofokusfeldern, worauf der Fokus liegen soll. Beim Testen hat sich gezeigt, dass die Kamera häufig den Bereich mit dem höchsten Kontrast wählt. Auch scheint die Priorität im Zweifelsfall etwas mittiger ausgerichtet zu sein. Daher kann es sein, dass der Fokus nicht da liegt, wo Sie ihn vielleicht gerne hätten. Es ist schwer, einen sinnvollen Anwendungszweck zu empfehlen. In der Praxis verwende ich diese Kombination mit AF-**S** nie. Fujifilm empfiehlt diese Einstellung für unvorhersehbare Bewegungen oder wenn viele sich bewegende Objekte im Bildbereich liegen. Stellen Sie die Einstellräder für Blende, Belichtungszeit und ISO auf **A**(uto), dann erinnert der Fokusmodus AF-**S** mit **Weit** ein wenig an eine Vollautomatik-Funktion, wie man sie beispielsweise von Einsteigerkameras her kennt. Sie übergeben hierbei die Fokuskontrolle an den Algorithmus der Kamera.

Abbildung 4.21 *Der AF-Modus* **Weit/Verfolgen** *mit AF-***S** *im Einsatz (als* **Weit***). Hier wurden die Zweige der Bäume automatisch scharfgestellt. Das war nicht das Ziel.*

Abbildung 4.22 *Für diese Aufnahme habe ich die Kamera näher am Monopteros im englischen Garten in München positioniert, wodurch nun vorwiegend auf das eigentliche Motiv fokussiert wurde.*

»Verfolgung« mit AF-C | Wenn Sie den Fokusmodus auf AF-**C** umschalten, bietet **Weit/Verfolgung** eine automatische Verfolgung von Objekten über den gesamten Bildbereich in alle Richtungen. Objekte, die sich von links bzw. oben nach rechts bzw. unten bewegen (und umgekehrt), werden also nahtlos verfolgt. Dasselbe gilt für Objekte, die sich zur Kamera hin- oder von ihr wegbewegen. Ein weißer Fokusrahmen hilft Ihnen bei der Motivverfolgung. Damit die Verfolgung eines Motivs funktioniert, müssen Sie den Auslöser halb herunterdrücken. Sobald die Kamera den Fokus auf ein Motiv gelegt hat, wird sie mit den grünen Autofokusfeldern das Objekt verfolgen, solange es sich im Bildbereich bewegt. Drücken Sie den Auslöser durch, um ein Foto zu machen, oder stellen Sie die Aufnahmebetriebsart auf eine Serienaufnahme wie **CL** oder **CH**, um eine ganze Serie von Bildern zu machen.

Diese Verfolgung funktioniert auch, wenn Sie die Kamera auf ein Stativ fixiert haben, wodurch der Bildausschnitt behalten werden kann, während die Kamera dem Objekt folgt. So können Sie zum Beispiel eine Person im Zickzack auf Sie zu rennen lassen und eine Serienaufnahme erstellen. Diese Art der Fokussierung funktioniert erstaunlich gut. Wichtig ist nur, wie bereits erwähnt, dass die Fokussierung ebendiese Person bzw. das Objekt erfasst hat, um das Motiv weiterzuverfolgen.

Abbildung 4.23 *Hier habe ich den Fokusrahmen als »Fokusfalle« auf der linken Seite platziert, da ich von dort einen Surfer erwarte. Die Kamera steht auf einem Stativ.*

Abbildung 4.24 *Der Surfer kommt in das Bild, und dank halb heruntergedrücktem Auslöser wird er auch gleich anvisiert und …*

Abbildung 4.25 *… verfolgt, dank AF-C und AF-Modus* **Weit/Verfolgung***, …*

Abbildung 4.26 *… bis er wieder aus dem Bild verschwindet. Natürlich können Sie dem Motiv auch frei Hand folgen.*

4.2.5 AF-C anpassen

Wenn in bestimmten Situationen die Ergebnisse mit dem Autofokus im Fokusmodus AF-C Sie nicht zufriedenstellen, schauen Sie sich im Kameramenü über **AF/MF-Einstellung > AF-C Benutzerdef.Einst.** fünf verschiedene vordefinierte Einstellungen für unterschiedliche Arten von Fotos mit beweglichen Motiven an: **Mehrzweck** (Standardeinstellung), **Hindernis ignorieren & Motiv weiter verfolgen**, **Für beschleunigendes/verlangsamdes Motiv**, **Für plötzlich erscheinendes Motiv** und **Für sprunghaft bewegendes & besch./verlngs. Motiv**. Die Bezeichnungen und die Abbildungen auf dem Display machen es einfach, die passende Einstellung für die konkrete Actionaufnahme zu verwenden. Nach längerem Testen habe ich den Eindruck gewonnen, dass sich das beste Ergebnis in der Tat mit der zur Aufnahme passenden Einstellung erzielen lässt. Das war zu hoffen und spricht für die Einstellungen.

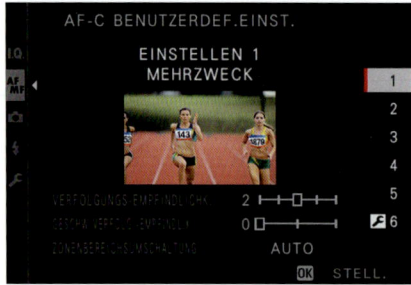

Abbildung 4.27 *Sie können zwischen fünf vordefinierten Sets für den kontinuierlichen Autofokus (AF-C) wählen.*

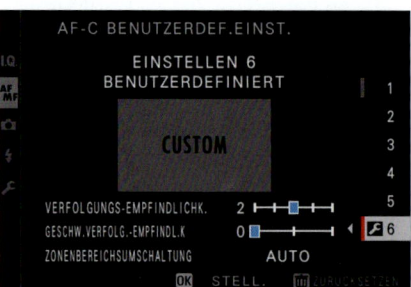

Abbildung 4.28 *Auch benutzerdefinierte Vorgaben lassen sich mit den drei vorhandenen Parametern erstellen.*

Alle fünf vordefinierten Einstellungen verwenden unterschiedliche Werte der drei Parameter **Verfolgungs-Empfindlichk.**, **Geschw.verfolgung.Empfindl.k** und **Zonenbereichsumschaltung**. Da Sie neben den fünf Einstellungen auch eine eigene benutzerdefinierte Einstellung mit diesen drei Parametern erstellen können, gehe ich an dieser Stelle kurz darauf ein.

Verfolgungs-Empfindlichk. | Mit der **Verfolgungs-Empfindlichkeit** bestimmen Sie, wie lange die Kamera wartet, bis sie den Fokus auf ein anderes Ziel lenkt. Je niedriger der Wert, umso schneller wechselt die Kamera das Ziel.

Animierte Grafik zur Beschreibung

Wenn Sie bei der benutzerdefinierten Einstellung einen der drei Parameter auswählen und jeweils die **MENU/OK**-Taste oder den Fokushebel drücken, erscheint eine animierte Grafik, die die Auswirkung des Parameters visuell verdeutlicht. In dieser Ansicht können Sie den Wert des Parameters mit dem vorderen Einstellrad einstellen und mit dem hinteren Einstellrad zum nächsten Parameter wechseln.

Abbildung 4.29 *Wenn Sie bei den benutzerdefinierten Einstellungen einen Parameter mit der MENU/OK-Taste auswählen ...*

Abbildung 4.30 *... sehen Sie eine animierte Grafik, die die Bedeutung des Parameters verdeutlichen soll. Im Beispiel sehen Sie die Verfolgungs-Empfindlichkeit.*

Wenn Sie z. B. plötzlich erscheinende Motive aufnehmen wollen, dann können Sie den Wert 0 verwenden, den niedrigsten Wert. Nehmen Sie hingegen ein sich bewegendes Objekt auf, vor dem sich während der Nachführung Hindernisse befinden (ein rennendes Tier verschwindet kurz hinter einem Busch oder hinter einem Zaun oder Vögel im Baum), dann wählen Sie einen höheren Wert, wie 3 oder 4, damit die Kamera nicht aufgrund des Hindernisses sofort neu fokussiert.

Geschw.Verfolg.-Empfindl.k | Mit der **Geschw.verfolg.-Empfindl.k** stellen Sie die Empfindlichkeit der Kamera bezogen auf die Objektgeschwindigkeit ein. Bei einem niedrigen Wert von 0 geht die Kamera von einer gleichmäßigen Geschwindigkeit wie einem Radfahrer oder Läufer aus. Je höher Sie den Wert hingegen stellen, umso empfindlicher reagiert die Kamera auf plötzliche Geschwindigkeitsänderungen, wie sie beim Tennis, Eishockey, Fußball oder spielenden Hunden der Fall sind, wo das zu fokussierende Objekt regelmäßig und abrupt Richtung und Geschwindigkeit ändert.

Zonenbereichsumschaltung | Wenn Sie den AF-Modus **Zone** verwenden, stellen Sie mit der **Zonenbereichsumschaltung** ein, welcher Bereich innerhalb der Zone bevorzugt fokussiert werden soll. Mit der Option **Auto** konzentriert sich die Kamera auf das zuerst fokussierte Ziel. Mit **Mitte** legen Sie den Fokus mehr auf das Zentrum der ausgewählten Zone. Diese Einstellung ist zum Beispiel für das Mitziehen bei vorbeifahrenden Objekten sehr gut geeignet. Mit **Vorne** hingegen werden Objekte mit der geringsten Entfernung zur Kamera bevorzugt. Diese Option ist besonders nützlich, um auf plötzlich auftauchende Objekte zu fokussieren.

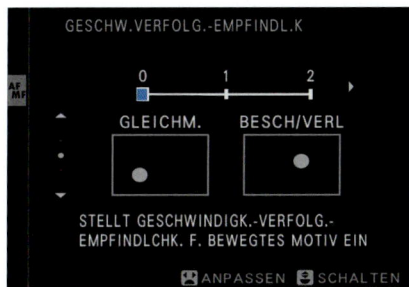

Abbildung 4.31 *Die Geschwindigkeitsverfolgungsempfindlichkeit von 0 bis 2*

Abbildung 4.32 *Einstellungen für die Zonenbereichsumschaltung*

Die Qual der Wahl

Die Möglichkeit einer benutzerdefinierten Einstellung anhand der drei Parameter ist durchaus reizvoll. Allerdings erfordert dies ein umfangreiches Testen der Einstellungen, da alle Parameter miteinander harmonieren sollten. Ich gehe in der Praxis so vor, dass ich passend zur jeweiligen Situation eine der fünf vordefinierten Einstellungen (**Mehrzweck** etc.) wähle. Bemerke ich dann, dass zum Beispiel die Verfolgungsempfindlichkeit einen Zacken länger bzw. kürzer warten könnte oder die Geschwindigkeitsverfolgungsempfindlichkeit etwas sensibler (oder weniger sensibel) reagieren sollte, merke ich mir die Werte der gewählten Einstellung und passe dann den von mir gewünschten Wert im Modus **Benutzerdefiniert** an meine Bedürfnisse an.

4.2.6 Weniger Ausschuss fotografieren

In der Standardeinstellung arbeitet die X-T4 sowohl bei AF-**S** als auch bei AF-**C** auf Auslösepriorität und löst daher gelegentlich auch aus, wenn das Bild noch nicht ganz scharfgestellt ist. Der Vorteil dieser Option ist, dass Sie in kurzer Zeit häufiger auslösen können. Bei einer Aufnahme in Serie mit schnellen Bewegungen nehme ich es in Kauf, dass eventuell einige Bilder unscharf sind. Wollen Sie diese Option aber ändern, damit nur ausgelöst wird, wenn der Autofokus sein Ziel gefunden hat, finden Sie im Kameramenü **AF/MF-Einstellung > Prio. Auslösen/Fokus** entsprechende Einstellungen für AF-**S** (**AF-S Prio.-Ausw.**) und AF-**C** (**AF-C Prio.-Ausw.**) vor. Hier können Sie die Option **Auslösen** in **Fokus** ändern, womit erst nach korrekter Scharfstellung ausgelöst wird. Diese Fokuspriorität ist in der Praxis etwas langsamer, weil eben nur dann ausgelöst wird, wenn der Autofokus scharfgestellt hat.

Ich belasse die X-T4 in der Standardeinstellung mit Auslösepriorität, weil ich bei interessanten Momenten lieber ein leicht unscharfes Bild habe als gar keines.

4.2.7 Die Fokusdistanz mit AF-ON speichern

Wenn Sie die **AF-ON**-Taste rechts oben auf der Rückseite der Kamera drücken und gedrückt halten, nachdem Sie auf ein Motiv fokussiert haben, wird die Fokusdistanz gespeichert. In der Standardeinstellung bleibt diese Fokusdistanz so lange erhalten, wie Sie **AF-ON** gedrückt halten. Wenn Sie dann den Auslöser erneut halb herunterdrücken oder selbst wenn Sie ausgelöst haben, bleibt die Fokusdistanz erhalten, und es wird nicht erneut eine Schärfemessung durchgeführt. Damit können Sie mehrere Bilder mit derselben Schärfeeinstellung machen. Dies ist recht hilfreich bei schwierig zu fokussierenden Motiven, bei denen Sie nicht wollen, dass erneut fokussiert wird, wenn Sie den Auslöser ein weiteres Mal halb herunterdrücken. Die Belichtungsmessung hingegen wird nach wie vor durchgeführt.

Allerdings klappt es je nach Größe der Hand und der Fingerfertigkeit nicht immer so gut mit dem Fokussieren *und* dem Halten der **AF-ON**-Taste; obgleich die Position der Taste im Vergleich zur Vorgängerin X-T3 nun erheblich besser ist. Wenn Sie daher diese Art des Fotografierens mit der **AF-ON**-Taste häufiger verwenden wollen, können Sie die Taste auch so umkonfigurieren, dass Sie nur einmal auf die **AF-ON**-Taste drücken müssen, um die gemessene Fokusdistanz zu speichern und zu halten. Zunächst müssen Sie hierfür die Funktion der **AF-ON**-Taste über **Einrichtung > Tasten/Rad-Einstellung > Funktionen (Fn) > AF** von **AF-Ein** auf **Nur AF Sperre** stellen. Als Nächstes ändern Sie die Option für die Taste über **Einrichtung > Tasten/Rad-Einstellung > AE/AF Lock Modus** um in **AE/AF-L Ein/Aus**. Beachten Sie allerdings, dass Sie dasselbe für die Belichtungsmessung mit der **AEL**-Taste übernehmen müssen. Sie können die Einstellung **AE/AF Lock Modus** nur für beide Tasten »gleichzeitig« ändern. Erst wenn Sie die **AF-ON**-Taste künftig erneut drücken, wird der Autofokus wieder freigegeben, und Sie können durch halbes Herunterdrücken des Auslösers erneut eine neue Fokusdistanz messen und verwenden.

Will ich zum Beispiel bei einem Vortrag den Redner fotografieren, während dieser eine bestimmte Geste macht, dann verwende ich die Taste **AF-ON** in Verbindung mit AF-**S**. Hierbei will ich den Redner auf der linken Seite im Bild haben, um rechts von ihm einen Teil des Publikums unscharf darzustellen. Daher fokussiere ich auf den Redner, drücke die **AF-ON**-Taste, um die Fokusdistanz zu speichern, schwenke die Kamera nach rechts und warte jetzt auf einen Moment, in dem der Redner eine für mich interessante Geste macht. Zugegeben, dies könnte man natürlich auch mit dem Versetzen des Fokuspunktes machen, aber so sind Sie einen Tick schneller, weil Sie sich nur noch auf den Redner konzentrieren müssen und sofort auslösen können, weil der Fokus bereits sitzt.

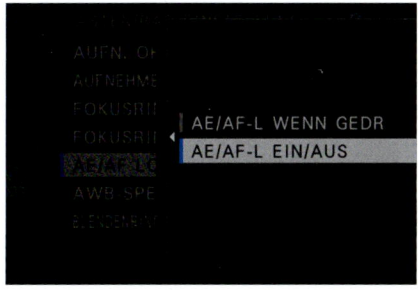

Abbildung 4.33 *Den Modus der Tasten **AF-ON** und **AEL** können Sie ändern: entweder gedrückt halten oder einmaliges Drücken zum Speichern und Sperren sowie erneutes Drücken zum Wiederfreigeben*

Abbildung 4.34 *Hier habe ich auf den vorderen Bereich der Kirche, die Bäume, fokussiert und dann diese Einstellung mit der **AF-ON**-Taste gespeichert, was Sie am blauen **AFL**-Symbol mit dem grünen Punkt erkennen.*

Abbildung 4.35 *Dann habe ich einen leichten Kameraschwenk zur rechten Seite gemacht und kann auch gleich auslösen, weil die Kirche immer noch scharfgestellt ist. Alternativ hätte ich auch ohne Zuhilfenahme der **AF-ON**-Taste den Fokusrahmen auf das Dach verschieben können.*

An dieser Stelle sollte ich noch erwähnen, dass Sie dasselbe wie hier mit der **AF-ON**-Taste in gewisser Weise auch mit dem Auslöser erreichen, indem Sie ihn halb heruntergedrückt halten und dann die Kamera schwenken. Aber im Gegensatz hierzu wird bei der **AF-ON**-Taste nicht die Belichtung mitgespeichert und beim Schwenken neu gemessen und angepasst, falls die Lichtverhältnisse unterschiedlich sind. Dies gilt allerdings nicht für den manuellen Programmmodus. Für das Speichern der Belichtung gibt es ja die **AEL**-Taste, die ich bereits in Abschnitt 3.1.4, »Die Spotmessung«, im Hinweiskasten »Speichern der Belichtung« beschrieben habe.

4.2.8 Fokussieren und Auslösen trennen

Eine Funktion, die ich gerne bei einer Systemkamera verwende, ist es, das Fokussieren und Auslösen voneinander zu trennen. Das Fokussieren mache ich dann mit der **AF-ON**-Taste mit dem rechten Daumen; der Auslöser dient nur noch zum Auslösen. Voraussetzung dafür ist, dass Sie die Standardfunktion der **AF-ON**-Taste nicht geändert haben. Die Standardeinstellung dieser Funktion sollte über **Einrichtung > Tasten/Rad-Einstellung > Funktionen (Fn)** bei **AF** auf **AF-Ein** gestellt sein.

Zusätzlich müssen Sie das Fokussieren durch das halbe Herunterdrücken des Auslösers ausschalten. Dies erledigen Sie über **Einrichtung > Tasten/Rad-Einstellung > Auslöser AF**. Dort haben Sie über **Blende AF** die Wahl, ob Sie das Fokussieren durch den Auslöser bei AF-**S** und/oder AF-**C** deaktivieren. Ich habe beide auf **Aus** gestellt. Damit ist der Autofokus vom Auslöseknopf entkoppelt, und der Auslöser kann nicht mehr zum Fokussieren verwendet werden.

Abbildung 4.36 *Jetzt wurde der Autofokus vom Auslöser entkoppelt.*

In der Praxis verwende ich diese Art der Fokussierung gerne, um nicht zwischen den Fokusmodi AF-**S** und AF-**C** umschalten zu müssen. Ein einfaches Beispiel: Wenn Sie eine Porträtaufnahme einer Person machen wollen, werden Sie vermutlich die Person mit AF-**S** fokussieren und auslösen. Wenn die Person aber auf Sie zu läuft und Sie weiterhin AF-**S** verwenden, wird das Bild sehr wahrscheinlich unscharf, weil sich die Person zwischen dem Moment des Fokussierens und dem Auslösen weiterbewegt. Daher lässt sich in einem solchen Fall besser AF-**C** verwenden, mit dem die anvisierte Person kontinuierlich fokussiert wird. Sie müssen also vom Fokusmodus AF-**S** zu AF-**C** umschalten.

Häufig wird Ihnen diese Zeit zum Umschalten nicht bleiben. Auch bringt Sie das gegebenenfalls aus dem Foto-Workflow, weil Sie sich wieder auf die Anpassung der Kameraeinstellungen konzentrieren müssen. Aber gerade bei der Streetfotografie, bei Reportagen oder der Sportfotografie haben Sie diese Zeit nicht. Genau da kommt der Vorteil der eben eingestellten Backfokus-Funktion zum Tragen. Sie müssen nicht mehr zwischen AF-**S** und AF-**C** umschalten. Sie stellen den Modus der Kamera auf AF-**C** und können nun nahtlos zwischen den beiden Modi wechseln. Für sich wenig bewegende Objekte müssen Sie die **AF-ON**-Taste nur einmal kurz drücken, um scharfzustellen (und können bei Bedarf auch den Ausschnitt verschieben). Bei sich bewegenden Objekten halten Sie die **AF-ON**-Taste einfach gedrückt. Diese Funktion lässt sich übrigens auch prima mit der Augen- und Gesichtserkennung erweitern.

Aber auch das Umschalten auf den manuellen Fokusmodus können Sie sich hiermit ersparen. Wenn Sie z. B. mehrere Bilder mit derselben Einstellung und demselben Fokus machen müssen, reicht das einmalige Fokussieren mit der **AF-ON**-Taste aus, und Sie können auslösen. Wenn Sie mit derselben Taste fokussieren und auslösen, was in der Standardeinstellung der Fall ist, würde jedes Mal neu fokussiert.

Auch bei schlechten Lichtverhältnissen ist die Backfokus-Funktion sehr nützlich, weil sich die Kamera dann oftmals schwertut, den Fokus zu finden und das Motiv von vorne nach hinten absucht (*Focus Hunting*), bis der Schärfepunkt sitzt. Mit der Backfokus-Funktion reicht einmaliges Fokussieren aus (beispielsweise auf eine Lichtquelle), und Sie können mehrere Fotos hintereinander machen. Muss die Kamera hingegen, wie in der Standardeinstellung, nach jeder Aufnahme neu fokussieren, geht das Focus Hunting von vorn los.

Ebenso können Sie die Backfokus-Funktion verwenden, um auf eine bestimmte Stelle einer Szene zu fokussieren. Dann warten Sie, bis jemand an dieser Stelle erscheint, und drücken den Auslöser. Auch lässt sich mit der Backfokus-Funktion effizienter und sicherer fotografieren, weil nicht, wie beim halb heruntergedrückten Auslöser, die Gefahr besteht, versehentlich auszulösen oder eben die Taste loszulassen und so den Fokus zu verlieren.

Backbutton-Funktion im manuellen Fokusmodus

Ist Ihnen die Methode, das Fokussieren und Auslösen zu trennen, zu radikal, können Sie auch eine Backbutton-Funktion im manuellen Fokusmodus **AF-M** der Kamera einrichten. Stellen Sie hierzu im Kameramenü **AF/MF-Einstellung > Einst. Sofort-AF** den Wert auf **AF-C**. Damit können Sie jetzt in gewisser Weise nahtlos zwischen **AF-C**, **AF-S** und **AF-M** wechseln, ohne den Fokusschalter betätigen zu müssen. Auch dazu fokussieren Sie mit der **AF-ON**-Taste und lösen mit dem Auslöser aus.

4.3 Gesichts- und Augenerkennung

Eine hilfreiche Funktion ist die Gesichts- und Augenerkennung, die es Ihnen einfacher machen soll, Menschen zu fotografieren und die Schärfe gezielt auf das Gesicht bzw. die Augen zu legen. Die Gesichts- und Augenerkennung funktioniert sowohl mit AF-**S** als auch mit AF-**C**. In der Standardkonfiguration können Sie diese Funktion über die **Fn1**-Taste auf der rechten oberen Seite der Kamera (de-)aktivieren. Die Einstellungen für diese Funktion finden Sie im Kameramenü unter **AF/MF-Einstellung > Ges./Augen-Erkenn.-Einst. > Gesichtserkennung Ein** vor. In der Anzeige erkennen Sie links unten rechts neben dem Programmmodus anhand eines Icons, ob Sie aktuell eine Gesichts- und Augenerkennung Sie verwenden und wenn ja, welche.

Abbildung 4.37 *Gesichts- und Augenerkennung über das Kameramenü auswählen*

Abbildung 4.38 *Eine aktive Gesichts- und Augenerkennung wird im Sucher bzw. Display links unten neben dem eingestellten Programmmodus angezeigt.*

4.3.1 Gesichtserkennung

Wenn die Kamera mit der Option **Auge aus** kein Gesicht erkennt, funktioniert der Autofokus wie üblich abhängig vom einstellten **AF Modus**-Wert **Einzelpunkt**, **Zone** oder **Weit/Verfolgung**. Wird ein Gesicht erkannt, wird es in einem grünen größeren Rahmen verfolgt. Dieser Rahmen ändert seine Größe passend zum Gesicht. Werden mehrere Gesichter erkannt, verfolgt die Kamera eines der Gesichter mit einem grünen Rahmen und die anderen Gesichter mit einem weißen Rahmen. Gewöhnlich wird das Gesicht, das der Kamera am nächsten oder in der Mitte liegt, verfolgt. In der Anzeige erkennen Sie diese Funktion an einem Symbol mit einer Person.

> **Belichtungsmessung und die Gesichtserkennung**
> Wenn Sie die Gesichtserkennung verwenden, wird die Kamera auch eine spezielle Belichtungsmessung auf das anvisierte Gesicht durchführen, damit das Gesicht immer ordentlich belichtet wird.

Wenn Sie ein Gesicht scharfstellen, erhält der grüne Rahmen um das Gesicht gelbe Ecken im Modus AF-**S**. Beim Modus AF-**C** hingegen wird der grüne Rahmen lediglich verstärkt.

Abbildung 4.39 *Erkannte Gesichter verfolgt die Kamera mit einem grünen Rahmen.*

Abbildung 4.40 *Stellen Sie im AF-**S**-Modus scharf, erhält der Rahmen gelbe Ecken (linke Abbildung). Im AF-**C**-Modus hingegen wird der grüne Rahmen verstärkt dargestellt (rechte Abbildung).*

Gesichtsauswahl

Eine Funktion die Sie nur als Funktionstaste über **Einrichten > Tasten/Rad-Einstellung > Funktionen (Fn)** einrichten können, ist die **Gesichtsauswahl**. Wenn Sie diese Funktion einer Taste zugewiesen haben und diese Taste drücken, können Sie mit dem Fokushebel oder der Touch-Steuerung das Gesicht auswählen, das scharfgestellt werden soll. Auf das Einrichten von Funktionstasten gehe ich in Abschnitt 6.1, »Die Tastenbelegung ändern«, ein, und die Steuerung mit dem Touchscreen ist noch Thema in Abschnitt 4.5, »Fokussieren mit dem Touchscreen«.

4.3.2 Gesichtserkennung mit Auge

Zusätzlich zur Gesichtserkennung können Sie eine Augenerkennung verwenden, die innerhalb des Gesichtes das Auge findet und verfolgt. Sie finden drei Varianten vor: Mit **Auge Auto** (Anzeigesymbol:) überlassen Sie der Kamera die Entscheidung, welches Auge sie verfolgen soll. Mit den anderen beiden Optionen, **Prior.Auge Rechts** (Anzeigesymbol:) und **Prior.Auge Links**, (Anzeigesymbol:) legen Sie die Priorität auf das rechte oder linke Auge der Person. Bei der Verfolgung eines Auges innerhalb des Gesichtes wird das entsprechende Auge mit einem weißen Quadrat angezeigt. Kann die Kamera kein Auge finden, weil die Augen beispielsweise durch eine Brille oder Haare verdeckt sind, wird nur das Gesicht verfolgt.

Abbildung 4.41 *Das Auge innerhalb des Gesichtes wird mit einem weißen Quadrat verfolgt. Beim Scharfstellen wird das Quadrat in grüner Farbe angezeigt.*

4.3.3 Die Kameraausrichtung bestimmt das Autofokusfeld

Ob Sie die Gesichts- und Augenerkennung für Porträtaufnahmen verwenden oder lieber selbst den Fokus auf das Gesicht oder die Augen festlegen wollen, müssen Sie letztendlich selbst entscheiden. Für den Fall, dass Sie bei der Porträtfotografie lieber den Fokus im AF-Modus **Einzelpunkt** festlegen und häufiger die Kameraausrichtung ändern, wollen Sie vielleicht nicht jedes Mal den Einzelpunkt über den Fokushebel neu festlegen, wenn Sie ein Bild im Querformat machen und das nächste im Hochformat – und umgekehrt.

Auch für diesen Zweck finden Sie eine Funktion im Kameramenü **AF/MF-Einstellung > AF-Modus d. Ausr. Speich.** Mit der aktivierten Option **Nur Fokusbereich** wird der Fokussierbereich für jede Kameraausrichtung separat mitsamt der Größe gespeichert. Wollen Sie neben dem Fokussierbereich den Autofokusmodus (**AF Modus**) wie **Einzelpunkt**, **Zone** oder **Weit/Verfolgung** separat je nach Ausrichtung der Kamera im Hochformat oder Querformat speichern, wählen Sie die Option **An**.

Abbildung 4.42 *Je nachdem, in welche Richtung Sie die Kamera drehen, kann der Fokussierbereich und bei Bedarf auch der Fokusmodus entsprechend gespeichert und wiederverwendet werden, wenn Sie die entsprechenden Optionen aktiviert haben.*

4.4 Manuelles Fokussieren mit der X-T4

Natürlich können Sie das Scharfstellen auch manuell mit Hilfe des Scharfstellrings am Objektiv selbst durchführen. Hierfür müssen Sie zunächst den Fokusmodus-Schalter auf **M** stellen. Im Sucher bzw. auf dem Display erkennen Sie den manuellen Modus anhand der Zeichen **MF** links unten und einer Entfernungseinstellung.

Abbildung 4.43 *Für manuelles Fokussieren stellen Sie den Fokusschalter auf **M**.*

Abbildung 4.44 *Den manuellen Modus erkennen Sie am **MF** links unten und an der Entfernungsanzeige.*

Drehrichtung beim manuellen Fokussieren
Wenn Sie den Scharfstellring nach links drehen, stellen Sie auf eine kurze Entfernung scharf. Drehen Sie hingegen nach rechts, dann fokussieren Sie in die Weite. Die Drehrichtung können Sie aber bei Bedarf im Kameramenü **Einrichtung > Tasten/Rad-Einstellung > Fokusring** ändern.

Gründe dafür, den manuellen Fokus zu nutzen, gibt es eine Menge: in Dunkelheit bei Nachtaufnahmen, bei der Fotografie mit Stativ, bei niedrigen Motivkontrasten, bei der Makrofotografie oder wenn Sie durch etwas Halbtransparentes wie Gardinen oder verschmutzte Scheiben fotografieren wollen. Überall, wo es eben schwierig wird, mit dem Autofokus ein Motiv scharfzustellen, kommt die manuelle Fokussierung ins Spiel.

Auch den Umstand, dass beim manuellen Fokussieren sofort ausgelöst wird, sollten Sie nicht verachten. Natürlich hilft Ihnen auch hier die Kamera mit verschiedenen Hilfsmitteln, die das manuelle Fokussieren sehr angenehm machen.

Manueller Fokus mit dem Objektiv Fujinon XF 14 mm F2,8 R
Ein besonderes Feature hat das Objektiv XF 14 mm F2,8 R von Fujinon, wo Sie den Fokusring nach hinten ziehen können, um vom Autofokus in den manuellen Fokus zu wechseln. Hiermit ersparen Sie sich den Umweg, den Fokusmodus-Schalter extra auf **M** zu stellen. Sie können so praktisch jederzeit vom Fokusmodus AF-**S** oder AF-**C** zum manuellen Modus wechseln. Schieben Sie den Fokusring wieder zurück nach vorn, wird der eingestellte Fokusmodus verwendet, der entsprechend dem Fokusmodus-Schalter eingestellt ist. Aber auch wenn Sie trotzdem den Fokusmodus-Schalter mit diesem Objektiv auf **M** stellen, müssen Sie den Fokusring für das manuelle Fokussieren nach hinten ziehen, weil Sie sonst nicht am Scharfstellring manuell fokussieren können.

4.4.1 Digitale Entfernungsanzeige und hyperfokale Distanz

Mit der digitalen Entfernungsanzeige im unteren Bildbereich wird die Distanz zwischen der Kamera und der Fokusebene in Metern angezeigt. Eine zusätzliche Hilfe ist die blaue Schärfentiefeskala. Damit wird angegeben, dass sich Objekte, die sich innerhalb dieses blauen Bereiches befinden, scharf angezeigt werden. In Abbildung 4.45 verwende ich Blende *f*8 und stelle die Schärfe auf ca. 2 Meter. Der Schärfentiefebereich mit der blauen Skala beträgt ca. 1,5 bis 4 Meter. Das bedeutet, dass alles, was sich innerhalb dieses Bereiches befindet, scharf abgebildet wird. Wenn Sie die Blende weiter schließen, vergrößert sich dieser Bereich. Machen Sie weiter auf, wird der Bereich reduziert.

Sie können mit dieser Schärfentiefeskala aber noch etwas viel Besseres machen, als »nur« den Schärfentiefebereich zu ermitteln: Sie können damit auch die sogenannte *hyperfokale Distanz* einstellen. Hierfür stellen Sie die Schärfentiefeskala am Scharfstellring des Objektivs so ein, dass sie gerade so rechts am Unendlichkeitssymbol (der liegenden 8) anstößt. Auf diese Weise stellen Sie die für die Blende größtmögliche Schärfentiefe zwischen dem Nahbereich und Unendlich ein.

Abbildung 4.45 *Die digitale Entfernungsanzeige mit der blauen Schärfentiefeskala*

Abbildung 4.46 *Hier habe ich die hyperfokale Distanz eingestellt, was Ihnen die größtmögliche Schärfentiefe zwischen dem Nahbereich (hier: 2 Meter) und unendlich garantiert.*

Digitale Entfernungsanzeige mit Schärfentiefeskala für den Autofokus

Wenn Sie die Funktion der digitalen Entfernungsanzeige mit der Schärfentiefeskala auch gerne in Kombination mit dem Autofokus nutzen wollen, aktivieren Sie sie im Kameramenü über **Einrichtung > Display-Einstellung > Display Einstell.**, indem Sie dort ein Häkchen vor **AF-Abstandsanzeige** setzen. Darunter finden Sie auch **MF-Abstandsanzeige** für den manuellen Fokus wieder, für den Fall, dass Sie diese Anzeige nicht im manuellen Fokusmodus sehen wollen.

4.4.2 Fokuskontrolle

Eine weitere Funktion für das manuelle Fokussieren können Sie im Kameramenü über **AF/MF-Einstellung > Fokuskontrolle** mit **An** aktivieren. Wenn Sie jetzt am Fokusring drehen (oder das hintere Einstellrad drücken), wird der Bereich mit dem weißen Rahmen vergrößert. In der vergrößerten Ansicht können Sie diesen Bereich mit dem Fokushebel verschieben oder mit dem hinteren Einstellrad durch Drehen vergrößern und verkleinern. Mit dieser vergrößerten Ansicht können Sie mit Hilfe des Fokusrings gezielter manuell fokussieren. Auf diese Weise ist es auch möglich, den Auslöser zu betätigen und ein Foto zu machen oder die Vergrößerung durch Drücken des hinteren Einstellrades oder durch halbes Herunterdrücken des Auslösers zu beenden.

Abbildung 4.47 *Der kleine weiße Rahmen wird bei aktiver **Fokuskontrolle** mit Hilfe des Fokusrings ...*

Abbildung 4.48 *... vergrößert dargestellt und hilft so beim manuellen Fokussieren.*

Eine weitere Hilfe für das manuelle Fokussieren kann die Ansicht mit zwei Displays sein (auch: *duales Display*), die verwendet wird, wenn Sie die **DISP/BACK**-Taste beim manuellen Fokussieren mehrmals (3×) drücken, bis die Ansicht mit den zwei »Displays« angezeigt wird. Betätigen Sie sie gegebenenfalls mehrfach, bis diese Anzeige wie in Abbildung 4.49 erscheint. In der Standardeinstellung sehen Sie links das normale Fenster und rechts davon eine Vergrößerung des kleinen weißen Quadrats. Das Quadrat und somit auch den Ausschnitt der Vergrößerung können Sie mit dem Fokushebel verschieben.

Die Ansicht können Sie auch über das Kameramenü bei **Einrichtung > Display-Einstellung > Duale Display-Einst.** tauschen, so dass links der vergrößerte Bereich in einem großen Display und rechts der komplette Bildausschnitt in einem kleinen Display angezeigt wird. Auch hier lässt sich der vergrößerte Bereich über das kleine Quadrat auf der rechten Seite mit dem Fokushebel verschieben.

Abbildung 4.49 *Das duale Display in der Standardeinstellung*

Abbildung 4.50 *Das duale Display mit dem vergrößerten Fokusbereich auf der linken Seite*

4.4.3 Assistenten für das manuelle Fokussieren

Die X-T4 verfügt über drei Assistenten, die Ihnen das Scharfstellen im manuellen Modus erleichtern. Die Assistenten können Sie durch längeres Gedrückthalten des hinteren Einstellrads aufrufen bzw. wechseln. Hierbei wird kurz der Name des aktuell verwendeten Assistenten eingeblendet. Sie finden diese Assistenten auch über das Kameramenü **AF/MF-Einstellung > MF-Assistent** wieder.

Abbildung 4.51 *Die drei MF-Assistenten unterstützen Sie beim manuellen Fokussieren.*

Abbildung 4.52 *Halten Sie das hintere Einstellrad länger gedrückt, wechseln Sie jeweils zum nächsten Assistenten.*

Bei den Assistenten zum manuellen Fokussieren stehen auch die **Fokuskontrolle** und das duale Display für eine Vergrößerung des Ausschnitts zur Verfügung.

Digitales Schnittbild | Das *Schnittbild* ist eine Methode aus analogen Zeiten, die Sie bei der X-T4 digital nutzen können. Dazu müssen Sie im mittleren Teil des Bildes zwei Teilbilder durch Drehen am Fokusring zur Deckung bringen, um zu fokussieren. Dieser Bereich kann wahlweise in Farbe oder Schwarzweiß angezeigt werden. Diese Funktion eignet sich idealerweise für Motive mit klaren vertikalen Kanten und Linien im Bild. Bei horizontalen Linien sollten Sie die Kamera allerdings im Hochformat halten. In Kombination mit einer Lupenfunktion wie der **Fokuskontrolle** oder dem dualen Display funktioniert die Methode natürlich noch besser.

Abbildung 4.53 *Ein Digitales Schnittbild ist sehr hilfreich bei vertikalen Linien. Für eine exaktere Fokussierung kommen Sie allerdings nicht um ...*

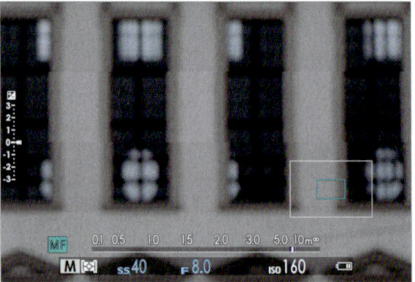

Abbildung 4.54 *... eine Vergrößerung (hier mit der **Fokuskontrolle**) herum. Drehen Sie nun am Fokusring, bis Sie die horizontal verschobenen Teilbilder zur Deckung bringen. Ist dies der Fall, haben Sie das Motiv scharfgestellt.*

Digital-Microprisma | Auch das dem **Digital-Microprisma** zugrundeliegende Prinzip stammt noch aus anlogen Zeiten. Bei dieser Methode wird in der Mitte des Bildschirms ein digitales Mikroprisma als Kreis angezeigt. Auch hier ist es das Ziel, dass sich die vielen Kanten im Bild decken und Sie kein Raster mehr im Bild erkennen können. Das Prinzip ist ähnlich wie beim digitalen Schnittbild, nur dass Sie eben ein Raster anstatt Linien verwenden. Ein wenig erinnert diese Technik an die Phasenerkennung beim Autofokus, bei der die Kamera die entstehenden Halbbilder durch das Verschieben der Objektivlinsen zur Deckung bringt und scharfstellt.

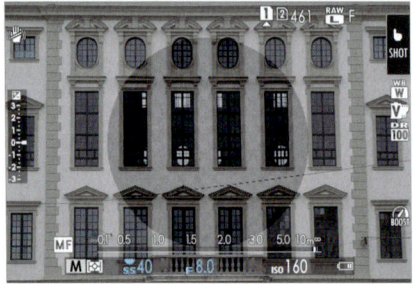

Abbildung 4.55 *Das **Digital-Microprisma** ist ein weiterer Assistent zum manuellen Fokussieren.*

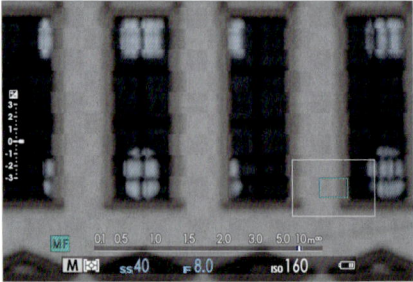

Abbildung 4.56 *Auch hier ist es hilfreich, den Bildausschnitt zu vergrößern (hier mit der **Fokuskontrolle**).*

Focus Peaking | Die beiden Assistenten **Digitales Schnittbild** und **Digital-Microprisma** sind durchaus interessante Werkzeuge, die Ihnen das Leben beim manuellen Fokussieren erleichtern. Die wohl populärste Methode dürfte aber das *Focus Peaking* sein. Damit werden die Bildbereiche, zwischen denen ein hoher Kontrast besteht und die gewöhnlich besonders scharf erscheinen, eingefärbt. Anhand der Farbe erkennen Sie sehr schnell, welcher Motivbereich scharfgestellt ist. Wenn Sie diese Funktion im Kameramenü von **MF-Assistent** auswählen, können Sie sich zwischen **Weiss**, **Rot**, **Blau** und **Gelb** als Hervorhebungsfarbe für das **Focus Peaking** entscheiden. Diese Auswahl kann je nach Motivfarbe sehr hilfreich sein. Mit dem Zusatz in Klammern hinter den Farben (**Hoch** oder **Niedrig**) wählen Sie die Intensität des Kontrasts. Ich bevorzuge die **Niedrig**-Versionen, weil sie die Farbe nicht so »dick« auftragen und ich damit etwas feiner und genauer arbeiten kann.

Abbildung 4.57 *Focus Peaking* im Einsatz: Bereiche, die scharfgestellt sind (hoher Kontrast), werden in der eingestellten Farbe hervorgehoben. Zur Auswahl stehen **Weiss**, **Rot**, **Blau** und **Gelb**. Auch hier hilft die Vergrößerung mit dem dualen Display oder der aktiven **Fokuskontrolle** beim Scharfstellen.

Schwarzweiß und Raw mit Focus Peaking

Ich finde es einfacher, das **Focus Peaking** in einem Schwarzweißbild durchzuführen, denn zu viel Farbe lenkt häufig ab. Ganz besonders, wenn im Bild ähnliche Farben enthalten sind wie die gewählte Farbe für das **Focus Peaking**. Ich stelle hierfür im Kameramenü **Bildqualitäts-Einstellung > Filmsimulation** auf **Schwarzweiss**. Wenn Sie ohnehin im Raw-Format fotografieren, dann ist diese Einstellung nicht relevant, und Sie haben im Ergebnis dennoch ein farbiges Bild. Wenn Sie hingegen JPEG und Raw fotografieren, dann haben Sie ein Schwarzweißbild (JPEG) und ein farbiges Bild (Raw).

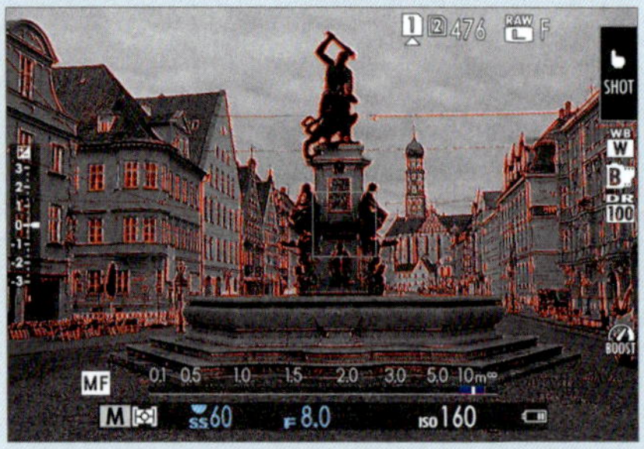

Abbildung 4.58 *Mit Hilfe einer schwarzweißen Filmsimulation ist es noch einfacher, das Focus Peaking zu verwenden.*

4.4.4 Im manuellen Modus den Autofokus verwenden

Als äußerst hilfreich erweist sich die **AF-ON**-Taste beim manuellen Fokussieren. Drücken Sie die Taste, wird das ausgewählte Fokusfeld scharfgestellt. Dies ist ungemein nützlich, weil Sie sich so die Zeit ersparen, mühsam den Fokus mit dem Fokusring einzustellen. Anschließend können Sie dazu übergehen, das Feintuning mit dem Fokusring vorzunehmen. Standardmäßig wird mit jedem Tastendruck wie mit AF-**S** fokussiert. Aber auch das können Sie ändern, indem Sie im Kameramenü **AF/MF-Einstellung > Einst. Sofort-AF** auf **AF-C** stellen. Dann wird beim Drücken der **AF-ON**-Taste kontinuierlich fokussiert.

> **Funktioniert nicht mit dem XF 14 mm F2,8 R**
> Das Scharfstellen mit der **AF-ON**-Taste im manuellen Modus funktioniert nicht mit dem Objektiv XF 14 mm F2,8 R von Fujinon.

4.4.5 Autofokus und manuellen Fokus kombinieren

Wenn der Autofokus versagt und nicht so trifft, wie Sie das gerne hätten, dann ist das manchmal ein guter Grund, in die manuelle Fokussierung zu wechseln. Aber anstatt unnötig Zeit zu verlieren und den Fokusschalter von **S** auf **M** zu stellen, können Sie auch gleich im Autofokusmodus über den Fokusring in die Fokussierung eingreifen und manuell nachregeln. Damit das auch funktioniert, müssen Sie im Kameramenü die **AF/MF-Einstellung > AF+MF** auf **An** stellen. Im Sucher oder Display wird dann rechts unten **A+M** angezeigt. Jetzt können Sie wie gewohnt im Fokusmodus AF-**S** fokussieren, indem Sie den Auslöser halb herunterdrücken. Sobald der Autofokus scharfgestellt hat, können Sie den Fokus über den Fokusring manuell nachregeln. Wichtig ist, dass Sie nach wie vor den Auslöser halb herunterdrücken und nicht loslassen, weil die Kamera sonst wieder von vorn fokussiert.

Auch bei **A+M** stehen Ihnen alle Funktionen und Assistenten der manuellen Fokussierung wie z. B. **Focus Peaking** zur Verfügung. Ich empfehle Ihnen, zusätzlich die **Fokuskontrolle** auf **An** zu stellen, was allerdings nur im Fokusmodus AF-**S** und nicht mit AF-**C** möglich ist. Außerdem können Sie diese Funktion wiederum nicht mit dem Fujinon XF 14 mm F2,8 R verwenden.

Abbildung 4.59 *Aus dem Fokusmodus AF-S kann bei entsprechender Einstellung und durch das Drehen am Fokusring ...*

Abbildung 4.60 *... schnell ein manueller Modus zum Nachjustieren der Autofokuseinstellung werden.*

> **Bereich für die Schärfentiefe verschieben**
>
> Ein weiterer Vorteil von **A+M** ist, dass Sie die digitale Entfernungsanzeige mitsamt der Schärfentiefeskala angezeigt bekommen und so die Schärfentiefe nachträglich anpassen und auch hier die hyperfokale Distanz einstellen können.

4.5 Fokussieren mit dem Touchscreen

Wenn Sie wollen, können Sie die X-T4 auch über den Touchscreen fokussieren. Das kann in der Praxis hilfreich sein, wenn Sie den Fokusrahmen mit dem Finger verschieben oder per Fingertipp fokussieren und auslösen wollen. Ebenso können Sie mit dem Finger den Fokus über das Display steuern und das Ergebnis gleichzeitig im Sucher sehen. Leider können Sie den Touchscreen jedoch nicht zum Navigieren in den Kameramenüs nutzen. Zwar gibt es vereinzelte Menüeinträge wie z. B. die Tastatur zur Eingabe des Copyrights, aber mehr geht nicht.

> **Meine Empfehlung: Augensensor deaktivieren**
>
> Wenn Sie den Touchscreen ausgiebig zum Fokussieren oder Auslösen nutzen und den Touchscreen nach links ausgeklappt haben, werden Sie (in der Standardeinstellung), wenn Sie mit der rechten Hand fokussieren oder auslösen wollen, häufig dem Augensensor zu nahe kommen, so dass dieser das Display ausschaltet und kurz auf den Sucher umschaltet. Dies kann recht schnell nervig werden. In dem Fall kann es sinnvoll sein, über die **VIEWMODE**-Taste den Wert auf **Nur LCD** zu stellen.

In der Standardkonfiguration ist der Touchscreen bereits aktiviert. Sollte dies nicht der Fall sein, so können Sie ihn über **Einrichtung** > **Tasten/Rad-Einstellung** > **Touchscreen-Einstellung** > **Touchscreen Ein/Aus** auf **An** stellen. Der Touchscreen-Modus wird auf dem Aufnahmebildschirm rechts oben mit einem Fingersymbol angezeigt.

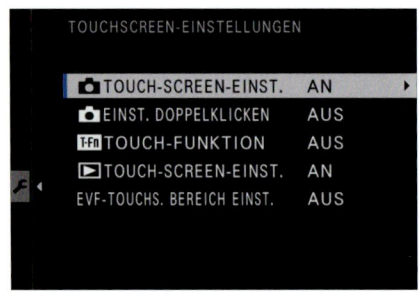

Abbildung 4.61 *Touch-Bedienung aktivieren*

Abbildung 4.62 *Ein Fingersymbol (rechts oben) zeigt an, dass die Touch-Aufnahme aktiviert ist (hier: Shot).*

4.5.1 Touchscreen-Modi

Über das Fingersymbol oder das Menü **AF/MF-Einstellung > Touchscreen-Modus** können Sie den Touchscreen-Modus ändern. Zur Verfügung stehen **AF**, **Touch-Aufnahme (Shot)**, **Bereich (Area)** und das Ausschalten der Touch-Funktion.

Touchscreen vorübergehend ausschalten

Wenn Sie das Fingersymbol rechts oben auf **Off** stellen, schalten Sie die Touchscreen-Funktion für Aufnahmen aus. Trotzdem können Sie dann die Touchscreen-Funktion bei der Bildwiedergabe, der Gestensteuerung oder zum Zoomen per Doppeltippen nutzen.

AF | Mit **AF** setzen Sie den Fokussierpunkt auf dem Display mit einem Fingertipp. Der Punkt wird sofort scharfgestellt, aber es wird nicht ausgelöst. Die Fokussierung funktioniert auch bei einer vergrößerten Ansicht, wenn Sie das hintere Einstellrad drücken. Im Fokusmodus AF-**C** wird beim einmaligen Antippen dauerhaft auf diese Stelle fokussiert (und es wird auch mehr Strom benötigt). Sobald Sie den **AF** per Fingertipp auf dem Display ausführen, wird die Fokusdistanz gespeichert bzw. gesperrt, und der Auslöser kann nicht mehr mit dem Auslöser durch halbes Herunterdrücken fokussieren. Sie erkennen dies am grünen Fokusrahmen, am grünen Fokuspunkt und am blauen AFL links unten auf dem Display. Tippen Sie erneut an einer anderen Stelle des Displays, wird dort die Fokusdistanz gespeichert. Beenden können Sie die Funktion, indem Sie den Auslöser betätigen und die Aufnahme machen oder das **AF/OFF**-Symbol auf dem Touchscreen berühren. Zur Aufnahme des Bildes müssen Sie in diesem Modus immer den Auslöser betätigen.

AF im manuellen Fokusmodus – meine Empfehlung

Ich verwende die **AF**-Touch-Funktion sehr gerne im Fokusmodus **M** beim manuellen Fokussieren, wo sie ebenfalls funktioniert. Es ist sehr hilfreich, mal schnell auf dem Display an der gewünschten Stelle zu tippen, um diese Position im manuellen Modus scharfzustellen und dann mit dem Fokusring, **Focus Peaking** und der Lupenfunktion nachzujustieren.

Abbildung 4.63 *Sie verwenden hier den AF (siehe auch das Symbol rechts oben).*

Abbildung 4.64 *Sobald Sie per Touch fokussiert haben, wird die Fokussierung durch den Auslöser deaktiviert, wie Sie es am AF/OFF-Symbol rechts oben erkennen.*

Touch-Aufnahme (Shot) | Die Funktion *Touch-Aufnahme* erkennen Sie am Finger mit dem Text **Shot** (siehe Abbildung 4.62). In diesem Modus wird mit jedem Fingertipp auf das Display scharfgestellt und dann gleich das Bild aufgenommen. Ändern Sie zudem die Aufnahmebetriebsart in **CH** oder **CL**, können Sie Serienaufnahmen erstellen, solange Sie den Finger auf dem Touchscreen lassen. Wenn Sie die Touch-Aufnahme im manuellen Fokusmodus **M** verwenden, wird nicht fokussiert, bevor die Kamera auslöst.

Bereich (Area) | *Bereich* haben Sie aktiviert, wenn Sie den Text **Area** beim Fingersymbol rechts oben sehen. Mit dieser Funktion versetzen Sie den Fokusbereich mit dem weißen Kästchen auf dem Bildschirm, ohne zu fokussieren oder auszulösen. Das eigentliche Fokussieren und Auslösen führen Sie in diesem Touch-Modus wie gehabt über den Auslöser durch. Halb heruntergedrückt wird fokussiert und beim Durchdrücken ausgelöst.

Abbildung 4.65 *Touch-Bereich (Area) bei der Ausführung*

> **Zoomen per Doppeltippen**
> Eine Funktion, die vielleicht ganz nützlich ist, dürfte das Ein- und Auszoomen per Doppeltippen auf dem Touchscreen sein, um die Lupenfunktion zu verwenden. Den Bereich können Sie dann mit dem Fokushebel verschieben. Allerdings müssen Sie diese Funktion erst über **Einrichtung > Tasten/Rad-Einstellung > Touchscreen-Einstellung > Einst. Doppelklicken** auf **An** stellen.

4.5.2 Touchscreen-Steuerung bei Sucheraufnahmen

Unabhängig davon, welchen Touchscreen-Modus Sie verwenden, können Sie ihn auch als Alternative zum Fokushebel zur Steuerung des Autofokus über den Sucher verwenden. Hierbei schauen Sie durch den Sucher, während Sie mit dem Touchscreen über **Touch-Area** den Fokusbereich mit dem Daumen verschieben. Mit dem Auslöser fokussieren und fotografieren Sie dann wie gehabt. In der Regel dürften Sie dies bisher mit dem Fokushebel gemacht haben. Der Touchscreen-Modus wird automatisch auf **Area** geschaltet, sobald Sie mit dem Auge durch den Sucher schauen. Es dürfte vielleicht nicht jedermanns Fall sein, so zu fotografieren, aber diese Art kann effizient und schnell sein, wenn die Bedienung in Fleisch und Blut übergegangen ist.

Standardmäßig ist diese Funktion deaktiviert. Zur Aktivierung legen Sie im Kameramenü **Einrichtung > Tasten/Rad-Einstellung > Touchscreen-Einstellung > EVF-Touchs. Bereich Einst.** fest, welchen Bereich des Touchscreens Sie für die Steuerung verwenden wollen. Es stehen Ihnen mehrere Bereiche oder auch das komplette Display zur Verfügung. Bei der Wahl des kompletten Displays habe ich mit meiner Nasenspitze recht häufig versehentlich den Fokusbereich verschoben oder die Touch-Steuerung blockiert. Mit der rechten Seite als touchempfindlichem Bereich hat es dann besser funktioniert. Trotzdem sagt mir diese Art der Steuerung nicht zu, ich habe diese Funktion immer deaktiviert.

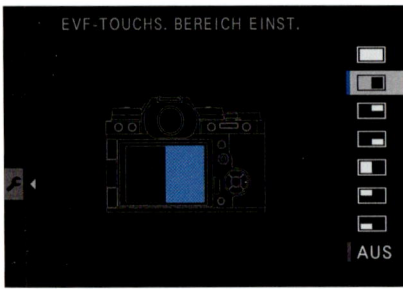

Abbildung 4.66 *Hier stellen Sie den Bereich für den Touchscreen bei der Verwendung mit dem Sucher ein.*

Das Verschieben des Fokusbereiches geschieht über eine relative Position, wie Sie dies von einem Mauszeiger auf dem Computer gewohnt sind. Eine absolute Positionierung – also jede Position auf dem Touchpad wird 1:1 auf dem Sucher abgebildet – gibt es bei der X-T4 nicht. Interessant ist in diesem Modus auch die Option, durch Doppeltippen die Lupenansicht zu aktivieren, bei der Sie ebenfalls den Bildausschnitt über den Touchscreen verschieben können.

> **Touchscreen-Funktion bei der Wiedergabe**
>
> Die Touchscreen-Funktion können Sie auch beim Durchblättern von Bildern bei der Wiedergabe verwenden. Wischen Sie nach rechts oder links, um durch die Bilder zu navigieren. Mit Doppeltippen zoomen Sie maximal in das Bild, wo Sie wiederum über den Touchscreen den Bildausschnitt verschieben können. Auch das Ein- und Auszoomen durch Spreizen oder Zusammenziehen der Finger funktioniert ähnlich, wie man dies von Smartphones her kennt. Sollte diese Funktion bei Ihnen nicht aktiviert sein oder wollen Sie sie deaktivieren, finden Sie sie unter **Einrichtung > Tasten/Rad-Einstellung > Touchscreen-Einstellung > Touch-Screen-Einst.**

4.5.3 Gestensteuerung

Mit dem Touchscreen stehen Ihnen vier Wischgesten zur Verfügung, mit denen Sie Funktionen direkt aufrufen können. Die **Touch-Funktion** müssen Sie allerdings zunächst über **Einrichtung > Tasten/Rad-Einstellung > Touchscreen-Einstellung** einstellen. Wischen Sie zum Beispiel nach oben, werden das Histogramm und die Überbelichtungswarnung aktiviert. Führen Sie dieselbe Wischgeste erneut aus, wird die Funktion wieder deaktiviert. Wischen Sie nach unten, wird die Wasserwaage angezeigt, beim Wischen nach rechts eine Vergrößerung der Indikatoreinstellungen des Displays, und ein Wischen nach links aktiviert den **Sport-Sucher-Modus**. Sie sind natürlich nicht auf die vorgegebenen Funktionen angewiesen und können die Gesten über das Kameramenü unter **Einrichtung > Tasten/Rad-Einstellung > Funktionen (Fn)** jederzeit mit anderen Funktionen belegen. Gemeint sind die Funktionstasten **T-Fn1** bis **T-Fn4**.

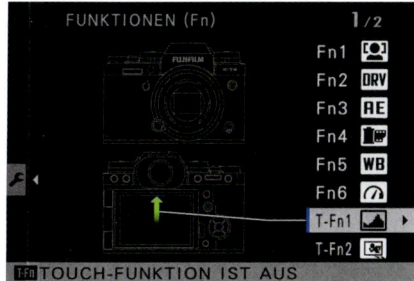

Abbildung 4.67 *Mit aktivem Touchscreen stehen Ihnen vier Wischgesten zur Verfügung.*

Abbildung 4.68 *Die Wasserwaage wurde per Wischgeste aktiviert.*

4.5.4 Das Schnellmenü mit dem Touchscreen steuern

Zwar können Sie bei der X-T4 nicht die Menübefehle via Touchscreen auswählen, aber beim Schnellmenü ist es möglich. Hierzu stellen Sie über das Kameramenü **Einrichtung > Tasten/Rad-Einstellung > Touchscreen-Einstellung** die Option **Touch-Screen-Einst.** auf **An**. Wenn Sie nun das Schnellmenü über die **Q**-Taste auf der Rückseite der Kamera aufrufen und eine Funktion auf dem Touchscreen antippen, wird ein Band mit den Optionen dieser Funktion eingeblendet, die Sie über den Touchscreen durch Antippen ändern können. Ich finde diese Steuerung sehr gelungen, weil ich nicht erst mit dem Fokushebel eine entsprechende Funktion auswählen und mit dem hinteren Einstellrad ändern muss, sondern gleich diese Funktion durch Antippen auswählen und ändern kann.

EXKURS
Hybrid-AF

Beim *Kontrast-Autofokus* gelangt durch Anvisieren des Motivs Licht durch das Objektiv auf den Sensor. Das vorliegende Sensorbild wird daraufhin auf seinen Kontrast hin untersucht. Um einen Vergleich zu haben, ermittelt das System weitere Fokuspositionen in verschiedene Richtungen, da die Kamera ja nicht wissen kann, in welche Richtung sie fokussieren muss. Steigt der Kontrast an, wird die Richtung beibehalten. Liegt ein niedrigerer Kontrast vor, ändert das System die Richtung und macht dasselbe in die andere Richtung. Das Objektiv fährt so lange hin und her, bis der maximale Kontrastwert gefunden wurde. Aufgrund der Arbeitsweise liegt es auf der Hand, dass dieses Autofokus-System zwar sehr genau arbeitet, aber auch etwas mehr Zeit benötigt. Motive mit wenig Kontrast oder sich schnell bewegende Motive erschweren die Suche nach einem Maximalwert. Bei diesem Verfahren arbeitet der Autofokus direkt mit den Daten vom Bildsensor.

Stärken des Kontrast-Autofokus	Schwächen des Kontrast-Autofokus
■ sehr genaue Arbeitsweise ■ bei guten Lichtverhältnissen sehr schnell ■ kostengünstig, da kein Extrasensor notwendig ist	■ bei schlechten Lichtverhältnissen relativ langsam ■ Schwierigkeiten mit bewegten Motiven und Serienaufnahmen ■ langsamer im Telebereich

Beim *Phasen-Autofokus* erfolgt die Scharfstellung, indem das einfallende Licht vom Autofokus-System ausgewertet wird. Bei dieser Form der Messung weiß das System gleich nach der Analyse der Messung, wie und in welche Richtung das Objektiv verstellt werden muss. Die dabei entstehenden Teilbilder werden durch das Verstellen der Linsen im Objektiv zur Deckung gebracht. Der Phasen-Autofokus ist sehr präzise und schnell, was sich natürlich auch positiv bei sich schnell bewegenden Motiven auswirkt. Dieser Autofokus erfordert einen eigenen Sensor, der ausschließlich für den Fokus zuständig ist.

Stärken des Phasen-Autofokus	Schwächen des Phasen-Autofokus
■ kann auch gut mit schlechten Lichtverhältnissen arbeiten ■ sehr schneller Autofokus ■ schnelle Serienaufnahmen mit Fokuskorrektur	■ nicht so genau wie der Kontrast-Autofokus ■ benötigt lichtstärkere Objektive ■ setzt bestimmte Motivkontraste und eine Mindesthelligkeit voraus

EXKURS Hybrid-AF

Wie viele andere Hersteller setzt auch Fujifilm bei der X-T4 auf einen Hybrid-Autofokus, der sich aus den beiden Systemen (Kontrast-Autofokus und Phasen-Autofokus) zusammensetzt und bei dem die Kamera automatisch je nach Situation automatisch von der einen Methode zur anderen umschaltet. Gewöhnlich läuft dies nach dem Schema ab, dass der Phasen-Autofokus die Linsen im Objektiv in eine möglichst genaue Position bringt und der Kontrast-Autofokus dann die Feineinstellungen vornimmt. Bei der X-T4 sind zudem alle Fokussierpunkte mit dem Hybrid-Autofokus ausgestattet, weshalb auch in den Randbereichen des Sensors eine gute Autofokus-Performance gegeben ist.

Bei den beiden Autofokussystemen Kontrast-Autofokus und Phasen-Autofokus, die am weitesten verbreitet sind, handelt es sich um passive Autofokussysteme. Solche Systeme sind immer auf eine ausreichende Beleuchtung und einen guten Motivkontrast angewiesen. Daher funktionieren sie nur noch eingeschränkt oder gar nicht, wenn nicht ausreichend Licht vorhanden ist. Dem können Sie gegebenenfalls mit einem Hilfslicht gegensteuern, wie es in der X-T4 verfügbar ist. Oder Sie nutzen eine Taschenlampe.

Um noch einen Blick über den Tellerrand jenseits der X-T4 zu werfen: Es gibt auch aktive Autofokussysteme. Diese funktionieren auch bei absoluter Dunkelheit, indem ein Ultraschallton, ein Laserstrahl oder ein Infrarotstrahl auf das anvisierte Objekt gesendet wird. Das anvisierte Objekt reflektiert das Signal zur Kamera. Anhand dieser Daten stellt die Kamera auf das Objekt scharf. (Ich habe den Vorgang extrem vereinfacht beschrieben, die Realität ist komplexer.) Der Vorteil des aktiven Autofokussystems ist, dass damit auch bei völliger Dunkelheit gearbeitet werden kann. Aber diese Technik ist auf einen Aufnahmeabstand von einigen Metern beschränkt, und glatte Flächen können die Signalreflexion schwierig und fehleranfällig machen.

Kapitel 5
Bildlooks und JPEG-Rezepte verwenden und erstellen

Nicht jeder hat Lust oder Zeit, sich nach dem Fotografieren auch noch mit der Bildbearbeitung bzw. der Konvertierung des Raw-Formates auseinanderzusetzen. Die Begeisterung dafür, einfach nur zu fotografieren und die Bilder so weiterzuverwenden, wie sie aus der Kamera kommen (*Out-of-Cam*), nimmt zu. Natürlich haben Bilder im Raw-Format mehr Potential in der Nachbearbeitung, aber wer einmal nach einer längeren Reise mit ein paar Tausend Bildern nach Hause gekommen ist und diese dann noch sichten, bearbeiten und konvertieren musste, der weiß, was für ein großer Aufwand es sein kann. Außerdem sind Fujifilm-Kameras bekannt für die hohe Qualität ihrer JPEG-Bilder. Da zudem fast alle Funktionen im Kameramenü **Bildqualitäts-Einstellungen** reine JPEG-Einstellungen sind, bieten sich Fujifilm-Kameras geradezu für einen JPEG-Workflow an. Dieses Kapitel stellt somit ein reines JPEG-Kapitel dar. Sie werden zudem erfahren, wie Sie eigene Bildlooks einstellen und verwenden können.

In eigener Sache

Ganz klar: Bei wichtigen Shootings oder Auftragsarbeiten, bei denen ich die Bilder hinterher weitergeben muss, verwende ich weiterhin das Raw-Format zusätzlich zum JPEG. Trotzdem fotografiere ich mittlerweile mehr als 50 % meiner Bilder ausschließlich im JPEG-Format und gebe sie dann in der Regel ohne eine zusätzliche Bearbeitung weiter. Das dürfte dem einen oder anderen Fotografen den Schweiß auf die Stirn treiben, aber dadurch konzentriert man sich wieder stärker auf die Aufnahme des Fotos. Auch hat mich die Erstellung und Verwendung von Bildlooks dazu bewogen, mal wieder mit einem echten Film analog zu fotografieren, um zu sehen, wie sich die unterschiedlichen Filme tatsächlich auswirken. Ich habe zwar mit Film angefangen zu fotografieren, aber mir zu dieser Zeit nicht wirklich Gedanken über die unterschiedlichen Filme gemacht, die es gab, und darüber, was diese eigentlich bewirken. Nein, Sie müssen jetzt nicht auch mit Film fotografieren. Die X-T4 und dieses Kapitel bieten Ihnen alles, um das analoge Gefühl ein Stück weit (wieder) zu erleben.

5.1 Warum im JPEG-Format fotografieren?

Vielleicht fragen Sie sich, warum Sie überhaupt im JPEG-Format fotografieren sollen, wenn das Raw-Format doch potentiell mehr Qualität bietet und man im Raw-Konverter so viele Möglichkeiten hat. Zudem können Sie sogar mit dem internen Raw-Konverter der Kamera Anpassungen durchführen. Trotzdem gibt es immer noch oder vielleicht auch wieder gute Gründe, das JPEG-Format zu nutzen. Vielleicht ist es Teil Ihres Jobs, Bilder einer Veranstaltung direkt zu liefern, damit noch während der Veranstaltung zum Beispiel die sozialen Medien bespielt werden können. Das geht nur ohne großen Zeitverlust, wenn Sie JPEG-Dateien liefern. Oder denken Sie daran, dass Sie aus Ihrem Urlaub ein Bild an Freunde schicken wollen. Eine Raw-Datei müssten Sie erst bearbeiten und umspeichern. Eine JPEG-Datei per WiFi ans Smartphone übertragen, können Sie ohne einen wirklichen Umweg direkt verwenden.

Wer bisher ausschließlich im Raw-Format fotografiert hat, den wird dabei zunächst wohl ein unsicheres Gefühl beschleichen. Schließlich schränken Sie sich mit dem JPEG-Format zunächst etwas ein, weil Ihnen eine beachtliche Anzahl von Helligkeitsstufen verlorengeht. Allerdings werden Sie feststellen, dass Sie sich durch diese Einschränkung wieder mehr auf das Wesentliche konzentrieren und auch deutlich kreativer werden: Licht, Farbe, Bildkomposition und der Bildausschnitt stehen schon bei der Aufnahme wieder im Mittelpunkt und werden nicht erst nachträglich am Computer angepasst. Es ist wieder mehr Fotografie und weniger Bildbearbeitung. Denn es gibt natürlich auch die Fotografen, die keine Lust oder keine Zeit haben, am Computer zu sitzen, um die Bilder nachzubearbeiten.

Die Frage ist weniger, was das bessere Format ist. Sondern vielmehr: Was ist das bessere Format für die jeweilige Aufgabe? Es gibt Szenarien, bei denen JPEG-Dateien ausreichen oder die bessere Wahl sind. Dann sollten Sie aber auch schon bei der Aufnahme alle Einstellungen richtig treffen.

Gerade bezüglich der Fujifilm-Filmsimulationen (siehe Abschnitt 5.2, »Die Fujifilm-Filmsimulationen für JPEG-Bilder«) könnte man argumentieren, dass sie sich auch hinterher mit verschiedenen Programmen und Filtern auf dem Rechner anwenden lassen. Auch bieten Raw-Konverter wie Capture One oder Adobe Lightroom mittlerweile die Option an, diese Filmsimulationen nachträglich auf das Raw-Bild anzuwenden. Dieses Vorgehen widerspricht aber dem eigentlichen Sinn der Fujifilm-Filmsimulationen: Es geht nicht darum, irgendwelche Effekte zu einem JPEG hinzuzufügen; es geht in der Tat darum, das Gefühl zu haben, zu fotografieren wie in analogen Zeiten. Hier war die Wahl des passenden Films ein ganz wichtiger Schritt im Prozess. Nicht umsonst basieren einige der Filmsimulationen von Fujifilm-Kameras auf der Farbwiedergabe und anderen Merkmalen analoger Filme und verwenden deren Bezeichnungen. Aber auch wenn Sie kein Nostalgiker sind, bieten diese Filmsimulationen, zusammen mit anderen JPEG-Einstellungen im Kameramenü **Bildqualitäts-Einstellung**, genügend Spielraum für kreatives Arbeiten und dafür, den Bildern eine bestimmte, persönliche und auch in einer Serie einheitliche Note zu verpassen. Ich fotografiere selbst im JPEG- und Raw-Format, aber ich muss gestehen, dass ich immer häufiger die fertige JPEG-Variante mit einer Filmsimulation für die Weitergabe verwende und nicht erst den Umweg über die Raw-Konvertierung gehe, ganz speziell bei den schwarzweißen Filmsimulationen. Das ist natürlich auch eine Frage des persönlichen Workflows.

Die Kamera auf JPEG umstellen – meine Empfehlung
Wie Sie die Kamera auf JPEG und/oder Raw einstellen, habe ich bereits am Anfang des Buches kurz erwähnt. Die Einstellungen finden Sie über den Menüpunkt **Bildqualitäts-Einstellung > Bildqualität** vor. Die Einstellung

Fine speichert JPEG-Dateien in hoher Qualität; bei **Normal** sind die Dateien von mittlerer Qualität, benötigen aber weniger Speicherplatz. Ich empfehle, die JPEG-Dateien in hoher Qualität mit **Fine** zu speichern. Ich verwende die Einstellung **Fine+RAW** und speichere so neben dem JPEG-Bild zusätzlich eine Raw-Version ab.

Dafür habe ich einen guten Grund: Ich führe regelmäßig wichtige Fotoshootings für andere Personen durch. Mit dem Raw-Format gehe ich auf Nummer sicher, da ich möglichst viele Informationen speichere. Doch es ist mir schön häufiger passiert, dass ich vergessen habe, von **Fine** auf **Fine+RAW** umzustellen. Daher behalte ich diese Einstellung nun als Standard bei.

5.2 Die Fujifilm-Filmsimulationen für JPEG-Bilder

Die Filmsimulationen sind das Ergebnis einer internen Nachbearbeitung in der Kamera und werden nur in JPEG-Bildern gespeichert. Solange Sie nicht ausschließlich im Raw-Format fotografieren, verwenden Sie also immer eine Filmsimulation. Standardmäßig ist **Provia/Standard** eingestellt. In der Standardeinstellung können Sie die Filmsimulationen mit der **Fn4**-Taste (Auswahltaste nach links), im Schnellmenü über die **Q**-Taste und natürlich im Kameramenü über **Bildqualitäts-Einstellung > Filmsimulation** auswählen.

Abbildung 5.1 *Es stehen verschiedene Filmsimulationen zur Auswahl.*

Filmsimulationen und Raw

Zwar werden die Filmsimulationen nur auf JPEG-Dateien angewendet, aber wenn Sie im JPEG- und Raw-Format fotografieren, können Sie das Beste aus beiden Welten nutzen: das JPEG mit der Filmsimulation und die Raw-Datei als »neutrale« Datei, die Sie nachträglich mit einem Raw-Konverter bearbeiten können. Wenn Sie ausschließlich im Raw-Format fotografieren, wird zwar bei der Bildwiedergabe in der Kamera die verwendete Filmsimulation angezeigt, aber dies bezieht sich nur auf die Anzeige im Sucher und auf dem Display.

Neben der Farbstimmung beeinflusst die Filmsimulation die Sättigung, den Kontrast und den Dynamikumfang. Die Vorgaben der Filmsimulation orientieren sich an den klassischen analogen Filmen gleichen Namens. In Tabelle 5.1 finden Sie eine Übersicht der vorgegebenen Filmsimulationen der X-T4. Die Empfehlungen für das Fotogenre sind meine Meinung für eine entsprechende Filmsimulation. Letztendlich können Sie die Filmsimulationen verwenden, wie es Ihrem Geschmack entspricht.

5.2 Die Fujifilm-Filmsimulationen für JPEG-Bilder

Wenn Sie Ihre Bilder im Raw-Format aufnehmen, können Sie die Filmsimulationen auch nachträglich mit dem internen Raw-Konverter zuweisen und das Ergebnis als JPEG speichern. Auf den internen Raw-Konverter gehe ich gesondert im Bonuskapitel B.2, »Kamerainterne Raw-Bearbeitung«, ein.

Filmsimulation	Beschreibung
Provia/Standard	**Provia** ist die Standard-Filmsimulation. Diese Filmsimulation liefert lebendige Farben (ohne zu bunt zu wirken), einen mittleren Kontrast und eine neutrale Graubalance.
Velvia/Lebendig	**Velvia** ist die wohl farbenfroheste und kontrastreichste Filmsimulation. Der entsprechende Film wurde in analogen Zeiten in der Mode- und Produktfotografie verwendet. In manchen Situationen wie der Porträtfotografie sind die Farben allerdings zu bunt.
Astia/Weich	**Astia** ist ein wenig das Gegenstück zu **Velvia** und gibt Lichter und Farben etwas sanfter wieder. Blau, Grün, Gelb und Rot erscheinen etwas weicher. Trotzdem hat diese Filmsimulation noch ordentliche Kontraste. Hauttöne werden mit **Astia** besonders schön wiedergegeben. Darüber hinaus lässt sich diese Filmsimulation durchaus auch für Landschafts- oder Makroaufnahmen einsetzen.
Classic Chrome	Die Filmsimulation **Classic Chrome** stammt nicht aus analogen Fujifilm-Zeiten (sondern vom analogen Kodachrome-Film) und wurde zu den meisten X-Kameras von Fujifilm im Jahr 2014 hinzugefügt. Mit ihren sanften Farben und etwas milderen Kontrasten in den Schatten verleiht sie dem Bild einen ruhigen und nostalgischen Look, den man aus klassischen Magazinen von beispielsweise der Reportagefotografie her kennt. Zwar wird diese Filmsimulation für Porträt- und Landschaftsaufnahmen und in der Streetfotografie empfohlen, aber für mich ist sie ein Allroundtalent.
PRO Neg. Hi	Wie **Astia** zielt **PRO Neg. Hi** auf eine günstige Darstellung von Hauttönen bei Porträtaufnahmen ab, nur mit einer etwas geringeren Sättigung und einem leicht verringerten Kontrast gegenüber **Astia**. Der Kontrast bleibt trotzdem angemessen hoch, wodurch das Bild nicht flau wirkt. Lebendigkeit und Farbechtheit bleiben erhalten. **PRO Neg. Hi** wird gerne für Außenporträtaufnahmen empfohlen.
PRO Neg. Std	**PRO Neg. Std** bietet im Gegensatz zu **PRO Neg. Hi** weniger Kontraste und eine reduziertere Farbsättigung. Das Ergebnis dieser Filmsimulation ist ein Bild mit flachen Tonwerten, was einen flauen Look erzeugt. Daher eignet sich diese Simulation auch sehr gut bei Motiven mit hohem Kontrast. Fujifilm empfiehlt diese Einstellung auch für Porträtaufnahmen im Studio mit Blitzlicht.

Tabelle 5.1 *Übersicht über die verschiedenen Filmsimulationen der X-T4*

Filmsimulation	Beschreibung
Klassisch Schwarz Classic Negative	Die Filmsimulation **Klassisch Schwarz** sollte wohl eher mit *Classic Negative* übersetzt werden. Damit erhalten Ihre Bilder wie mit **Classic Chrome** einen nostalgischen Look. Grüntöne und Hauttöne bekommen damit eine besonders schöne Farbgebung. Die Bilder werden allerdings weniger gesättigt und die Kontraste mehr verstärkt als bei **Classic Chrome**. **Klassisch Schwarz** kann ich für die Streetfotografie sowie für Reportage- und Architekturaufnahmen empfehlen.
Eterna/Kino	Noch eine Spur weniger Kontrast und Farbsättigung als **PRO Neg. Std** erhalten Sie mit der Filmsimulation **Eterna**. Beim Fotografieren eignet sich diese Filmsimulation bei Motiven mit hohen Kontrasten sehr gut. Der Zusatz »Kino« bei dieser Filmsimulation deutet aber auch an, dass sie sich sehr gut für das Filmen mit der X-T4 eignet, wo Sie bei Bedarf nachträglich die Sättigung und den Kontrast anheben können.
Eterna Bleach Bypass	Der Bleach-Bypass-Effekt ist eine Technik aus der traditionellen Filmindustrie, die sich im Ergebnis durch einen harten Kontrast und geringe Sättigung auszeichnet. Bekannte Filme wie »Der Soldat James Ryan«, »300« oder »1984« haben diesen Effekt ausgiebig eingesetzt. Die entsättigten Farben und dunkleren Töne erzeugen eine dramatische Stimmung. Außer zum Filmen verwende ich diese Filmsimulation auch bei Motiven mit einer hohen Farbsättigung.
Acros (**Ye**, **R**, **G**)	**Acros** ist eine Schwarzweiß-Filmsimulation mit sanften Schatten und etwas mehr Kontrast im mittleren Tonwertbereich. Lichter werden ebenfalls kontrastreich wiedergegeben, ohne Details zu verlieren. Das Besondere an dieser Filmsimulation ist, dass ein analoges Filmkorn nicht einfach so hinzugefügt wird, sondern vom eingestellten ISO-Wert abhängt. Durch dieses Rauschen wirkt das Bild schärfer (*Noise Sharpening*), und der Effekt kann auch in keinem externen Raw-Konverter nachträglich hinzugefügt werden. Neben der ungefilterten Variante steht Ihnen hier je eine Version mit Gelb-, Rot- und Grünfilter zur Verfügung, wenn Sie den Fokushebel nach rechts kippen oder die **OK**-Taste drücken. Ich finde diese Filmsimulation für die Porträt-, Akt-, Street-, Reportage- und Architekturfotografie besonders passend.

Tabelle 5.1 *Übersicht über die verschiedenen Filmsimulationen der X-T4 (Forts.)*

5.2 Die Fujifilm-Filmsimulationen für JPEG-Bilder

Filmsimulation	Beschreibung
Schwarzweiss (Ye, R, G)	**Schwarzweiss** enthält die klassischen Schwarzweiß-Filmsimulationen. Neben der Standardversion finden Sie hier je eine Version mit digitalem Gelb-, Rot- und Grünfilter vor, wenn Sie den Fokushebel nach rechts kippen. Beim Gelbfilter bekommt Gelb einen helleren Farbton, während andere Farbtöne wie Lila und Blau etwas dunkler dargestellt werden. Der Rotfilter hellt die roten Farbtöne auf und verdunkelt ebenfalls Lila- und Blautöne. Der Grünfilter ist das Gegenstück zum Rotfilter: Er verdunkelt rote und braune Farbtöne und sorgt für bessere Hauttöne bei Porträtaufnahmen. Darüber hinaus können Sie **Schwarzweiss** für Akt-, Street-, Reportage- und Architekturaufnahmen ausprobieren.
Sepia	Mit **Sepia** wird das Bild entsättigt und mit einer gelblich-bräunlichen Farbe versehen. Die Simulation lässt sich für kreative Zwecke einsetzen; ob sie gut wirkt, ist vom Motiv abhängig.

Tabelle 5.1 *Übersicht über die verschiedenen Filmsimulationen der X-T4 (Forts.)*

Abbildung 5.2 *Provia*

Abbildung 5.3 *Velvia*

Abbildung 5.4 *Astia*

Abbildung 5.5 *Classic Chrome*

Abbildung 5.6 *PRO Neg. Hi*

Abbildung 5.7 *PRO Neg. Std*

Abbildung 5.8 *Klassisch Schwarz (Classic Negative)*

Abbildung 5.9 *Eterna/Kino*

Abbildung 5.10 *Eterna Bleach Bypass*

Abbildung 5.11 *Acros*

Abbildung 5.12 *Schwarzweiss*

Abbildung 5.13 *Sepia*

5.3 Weitere Bildeffekte und Einstellungen für JPEG-Bilder

Bei den Filmsimulationen können Sie weitere JPEG-Einstellungen vornehmen und damit die Filmsimulationen anpassen. Auf Raw-Dateien haben diese Einstellungen keine Auswirkungen. Sie finden alle diese Einstellungen im Kameramenü über **Bildqualitäts-Einstellung** oder zum Teil auch über das Schnellmenü, das Sie mit der **Q**-Taste aufrufen können.

Das Histogramm für die JPEG-Fotografie nutzen

Da der Spielraum der Helligkeitsstufen beim JPEG geringer ist als beim Raw-Format, blende ich insbesondere beim Fotografieren im JPEG-Format das Histogramm ein. Zwar haben Sie über das Display oder den Sucher schon einen guten Eindruck, wie das fertige Bild aussehen wird; trotzdem verlasse ich mich nicht allein auf die Vorschau. Natürlich sollten Sie das Histogramm auch lesen können. Sie finden am Ende von Abschnitt 3.3 einen kleinen Exkurs dazu. Ein- bzw. ausblenden können Sie das Histogramm über **Einrichtung > Display-Einstellung > Display Einstell.**, indem Sie das Häkchen vor **Histogramm** setzen bzw. entfernen.

5.3.1 Weißabgleich

Den Weißabgleich im Menü **Bildqualitäts-Einstellung > Weissabgleich** habe ich bereits beschrieben. Fotografieren Sie im Raw-Format, können Sie der Automatik vertrauen, weil Sie den Weißabgleich jederzeit nachträglich anpassen können. Möchten Sie allerdings ausschließlich im JPEG-Format fotografieren, dann müssen Sie sich genauer mit dem Weißabgleich auseinandersetzen, weil ein nachträgliches Anpassen nicht mehr möglich ist. Zwar können Sie die Weißabgleich-Regler in den Raw-Konvertern auch bei Bildern im JPEG-Format verschieben, aber das Ergebnis ist nicht vergleichbar mit dem Effekt im Raw-Format. Probieren Sie es einfach selbst aus, und Sie werden verstehen, was ich meine.

Wenn Sie bei künstlichem Licht fotografieren oder gar keine weißen oder grauen Bereiche im Bild vorhanden sind, gibt der automatische Weißabgleich nicht die korrekte Farbgebung wieder. Hier ist eine Anpassung des Weißabgleichs nötig, indem Sie vordefinierte Farbtemperaturen wie **Tageslicht** oder **Bewölkt** verwenden oder indem Sie ihn manuell einstellen, wie ich es in Abschnitt 3.7, »Den Weißabgleich anpassen«, beschrieben habe. Es bleibt Ihrem Geschmack überlassen, ob Sie den Weißabgleich lieber korrekt oder kreativ einstellen wollen.

Weißabgleich kreativ einsetzen – meine Empfehlung

Der (automatische) Weißabgleich ist leider eine Variable und keine Konstante bei den Bildlooks und in der JPEG-Fotografie. Das kann das Gefühl, einfach nur fotografieren zu wollen, etwas stören. Wenn Sie keine Lust haben, ihn ständig zu kontrollieren und anzupassen, dann können Sie weiterhin der Automatik die Arbeit überlassen. Ich verlasse mich bei gutem Tageslicht häufig auf die Automatik. Auf dem Display und im Sucher erhalten Sie eine ungefähre Vorschau der Wirkung. In extremen Fällen lässt sich der Wert dann trotzdem schnell ändern.

Für viele Bildlooks benutze ich gerne die Funktion **WA verschieben**, wo ich die Farben in Richtung Blau, Gelb sowie Rot und Grün verschieben kann. Ich verwende zum Beispiel Werte von **R: +3, B –2**, um mir einen Kodachrome-Style zu basteln.

5.3.2 Bildgröße und Seitenverhältnis

Zwei weitere Einstellungen, die sich nur auf JPEG-Dateien auswirken, sind die Bildgröße und das Seitenverhältnis. Diese beiden Einstellungen erreichen Sie über **Bildqualitäts-Einstellung** unter **Bildgrösse**. Die Bildgröße bzw. genau genommen die Auflösung bestimmen Sie mit **L**, **M** oder **S**. In Tabelle 5.2 finden Sie die Werte zu den drei Angaben für die X-T4. Mit jeder niedrigeren Bildauflösung als **L** halbieren sich die Werte in Megapixeln, womit sich die Größe Ihrer JPEG-Dateien reduziert. Ich bevorzuge in der Regel die volle Auflösung. Auf Raw-Dateien hat diese Einstellung keinen Einfluss, dort wird immer die volle Auflösung gespeichert.

L	6240 × 4160	24 Megapixel
M	4416 × 2944	12 Megapixel
S	3120 × 2080	6 Megapixel

Tabelle 5.2 *Bildauflösung beim voreingestellten 3:2-Seitenverhältnis*

Eine zweite Einstellung finden Sie mit dem **Seitenverhältnis** vor. Zur Auswahl stehen bei der X-T4 **3:2**, **16:9** und **1:1**. Auch hier gilt, dass die Raw-Daten immer im nativen Seitenverhältnis der Kamera, hier 3:2, gespeichert werden, weil damit die komplette Fläche des Sensors genutzt wird. Verwenden Sie also ein anderes Seitenverhältnis für Ihre JPEG-Bilder, werden diese in der Kamera entsprechend beschnitten.

Seitenverhältnis – meine Empfehlung
Wenn ich frage, in welchem Seitenverhältnis jemand seine Bilder aufnimmt, bekomme ich häufig nur ein Achselzucken als Antwort. Die meisten nutzen, was eben die Standardeinstellung ist. Bei der X-T4 ist dies das 3:2-Format. Es ist allerdings schade, immer mit der Voreinstellung zu arbeiten, weil Sie mit dem Seitenverhältnis beachtlichen Einfluss auf die Bildwirkung nehmen können. Der eine oder andere, der vielleicht Bilder auf Instagram im 1:1-Seitenverhältnis verwendet, dürfte schnell feststellen, dass die Bildwirkung im Quadrat viel ruhiger ist als bei Bildern im klassischen 3:2-Format und der Fokus auf dem Wesentlichen liegt. Breitere Formate wie 16:9 spielen ihre Stärken eher bei Landschafsaufnahmen aus. Wenn Sie direkt im gewünschten Seitenverhältnis fotografieren, gehen Sie auch noch mal bewusster an den Bildaufbau heran. Ein nachträglicher Beschnitt funktioniert nicht immer perfekt. Dies sollen aber keine Regeln sein; ich möchte Sie lediglich ein wenig für das Seitenverhältnis sensibilisieren.

5.3.3 Dynamikbereich

Wenn Sie Ihre Bilder bevorzugt im Raw-Format aufnehmen, dann stellen Sie die Einstellung für den **Dynamikbereich** bei **Bildqualitäts-Einstellung** auf **DR100**, damit Sie ein Live-Histogramm erhalten, das in etwa dem zu erwartenden Bild entspricht. Sie haben bereits erfahren, dass sich diese Einstellung perfekt dazu eignet, schwierige Kontraste bei der Aufnahmesituation zu meistern. Gerade wenn Sie sich nicht auf das Raw-Format verlassen, ist die Einstellung für den

Dynamikbereich oftmals sehr nützlich, wenn der Kontrastumfang eines Motivs den Dynamikumfang des Kamerasensors übersteigt. Die Lichter werden dann oft zu hell oder gar komplett weiß und/oder die mittleren Töne zu dunkel oder gar schwarz dargestellt. Fotografieren Sie im Raw-Format, können Sie dies nachträglich mit einem Raw-Konverter beheben, indem Sie die Schattenbereiche anheben und die Lichter leicht absenken. Ausgebrannte weiße Bereiche lassen sich aber auch im Raw-Format nicht mehr reparieren.

Genau dasselbe, was Sie mit einem Raw-Konverter mit den Schatten und Lichtern machen können, kann auch die X-T4 für Sie übernehmen, wenn Sie bei **Dynamikbereich** einen Wert wie **DR200** oder **DR400** verwenden. Das Bild wird um zwei Blenden unterbelichtet, um die Lichter zu erhalten, die Schatten werden in der Kamera angehoben, und das Bild wird als JPEG gespeichert. Dass dies nicht so gut funktioniert wie in einem Raw-Konverter, sollte klar sein. Trotzdem ist es eine gute Möglichkeit, auch im JPEG-Formt Bilder mit hohen Kontrasten aufzunehmen. Auf der Gegenseite bedeutet das allerdings auch, dass **DR200** mindestens ISO 400 und **DR400** mindestens ISO 800 benötigt, weshalb die Aktivierung der automatischen ISO-Auswahl recht hilfreich ist.

Der Dynamikumfang – meine Empfehlung

Wenn Sie sich nicht ständig Gedanken über den Dynamikumfang machen wollen, können Sie diesen Wert auch auf **Auto** stellen. Bedenken Sie allerdings, dass diese Funktion nicht wissen kann, was Sie wollen. Ich will zum Beispiel oft sehr kontrastreiche Bilder aufnehmen, weil sie mir gefallen, und belasse es meistens bei **DR100**. Wenn ich trotzdem die Dynamikerweiterung verwende, dann stelle ich zuerst meine Belichtung bei **DR100** ein und achte im Histogramm meiner Kamera darauf, dass die Lichter auf der rechten Seite nicht abgeschnitten werden.

Das Histogramm beachte ich allerdings auch beim Fotografieren im Raw-Format, weil sich ausgebrannte Lichter auch in Raw-Aufnahmen nicht mehr retten lassen. Je nach Umgebungslicht und dem Histogramm passe ich die Belichtung über das hintere Belichtungsrad mit dem Wert **DR100** an. Laufen die Bereiche rechts bei den Lichtern aus dem Histogramm hinaus, drehe ich das Einstellrad für die Belichtungskorrektur im Uhrzeigersinn und schiebe das Histogramm nach links, bis sich auf der rechten Seite keine überlaufenden Balken mehr befinden. Sind die Lichter »gerettet«, stelle ich außerdem über das Belichtungskorrekturrad die Helligkeit für die Mitteltöne und Tiefen nach meinem Geschmack ein. Mit dieser Strategie und anschließendem Umstellen auf den Wert **DR200** oder **DR400** bekomme ich häufig auch bei Motiven mit einem hohen Kontrastumfang ordentliche JPEG-Ergebnisse. Ich verwende diese Option zum Beispiel sehr gerne für Nachtaufnahmen im JPEG-Format, um die Zeichnung von hellen Lichtern und Farben zu erhalten.

5.3.4 Kontrasteinstellungen – »Tonkurve«

Mit der Einstellung **Tonkurve** können Sie mit den Werten **Spitzlichter** und **Schatten** die hellen und dunklen Bildbereiche separat anpassen. In der Praxis werden diese beiden Werte häufig verwendet, um den Dynamikumfang von JPEG-Bildern zu erweitern. Wenn Sie beispielsweise beide Werte um −2 verringern, wird das Bild zwar insgesamt flauer, aber Sie haben auch weniger Kontrastumfang im Bild und verringern zudem die Gefahr, Informationen in hellen Bildbereichen zu verlieren. Natürlich können Sie den Kontrastumfang umgekehrt auch vergrößern, indem Sie den Wert auf maximal +4 erhöhen. Das verstärkt den Schärfeeindruck und die Farben wirken gesättigter, jedoch können die Lichter oder Schatten ausbrennen oder absaufen. Dies hängt wiederum von der Aufnahmesituation und den übrigen Einstellungen ab.

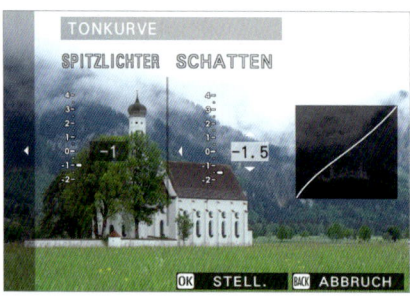

Abbildung 5.14 *Die* **Spitzlichter** *und* **Schatten** *können Sie über die Funktion* **Tonkurve** *anpassen. Die Einstellungen werden zusätzlich als Gradationskurve rechts daneben dargestellt.*

Abbildung 5.15 *Die* **Provia**-*Filmsimulation ohne Anpassungen*
50 mm | f8 | 1/80 s | ISO 200

Abbildung 5.16 *Bei dieser Aufnahme habe ich* **Spitzlichter** *und* **Schatten** *jeweils auf –2 gestellt.*
50 mm | f8 | 1/80 s | ISO 200

Ton-Lichter und Ton-Schatten vs. Spitzlichter und Schatten

Wenn Sie im Schnellmenü **Ton-Lichter** und **Ton-Schatten** vorfinden, handelt es sich nicht um andere Einstellungen/Werte, sondern lediglich um die beiden Werte **Spitzlichter** (**Ton-Lichter**) und **Schatten** (**Ton-Schatten**). Fujifilm hat wohl vergessen, die beiden Bezeichnungen im Schnellmenü umzubenennen. In der X-T3 lauten diese Funktionen noch **Ton-Lichter** und **Ton-Schatten**. Dies kann in der Zukunft mit einer neuen Firmware behoben werden, sollte hier aber zur Sicherheit erwähnt werden.

5.3.5 D-Bereichspriorität

Die Funktion **D-Bereichspriorität** führt ein Schattenleben bei Fujifilm-Kameras und wird selten verwendet. Mit dieser Funktion übergeben Sie die Kontrolle über die Einstellungen **Dynamikbereich** und **Tonkurve** der Kamera. Die Kamera versucht, die Verluste in den Tiefen und Lichtern bei starken Kontrasten so minimal wie möglich zu halten, um möglichst viele Details zu erhalten. Standardmäßig ist diese Funktion deaktiviert. Je nach Lichtverhältnissen können Sie die Optionen **Stark** (bei starken Kontrasten) oder **Schwach** (bei schwächeren Kontrasten) wählen. Mit **Auto** überlassen Sie auch diese Einstellung der Kamera.

Bei der Option **Schwach** wirkt das Bild wie bei **DR200%**, wo die beiden Werte **Spitzlichter** und **Schatten** der **Tonkurve** jeweils auf –1 gesetzt sind. **Stark** hingegen scheint **DR400%** zu entsprechen und die **Spitzlichter** und **Schatten** auf –2 zu stellen. Daher muss auch entsprechend der ISO-Wert für **Schwach** mit 320 und für **Stark** mit 640 eingestellt werden. Ich bevorzuge es, den **Dynamikbereich** und die **Tonkurve** selbst an die Situation anzupassen. Oftmals reicht es aus, nur eine der beiden Einstellungen zu ändern, weshalb **D-Bereichspriorität** schnell zu viel des Guten sein kann. Ich empfehle Ihnen allerdings, bei schwierigen Kontrasten einfach selbst mit dieser Einstellung zu experimentieren.

5.3.6 Körnungseffekt und Rauschreduktion

Mit dem **Körnungseffekt** fügen Sie ein simuliertes analoges Filmkorn zur JPEG-Datei hinzu; Sie können bei **Rauheit** zwischen **Schwach** und **Stark** wählen. Des Weiteren können Sie die **Grösse** des Korns über **Gross** und **Klein** festlegen. Abhängig vom Bildmotiv kann ein solches Filmkorn den Mikrokontrast verbessern und so für mehr Details sorgen. Das Filmkorn wird allerdings nicht wie mit der Filmsimulation **Acros** über das ISO-Rauschen hinzugefügt, sondern lediglich als Effekt auf das JPEG-Bild angewendet. Abbildung 5.17 zeigt den Unterschied: Im linken Bild habe ich den **Körnungseffekt** hinzugefügt und im rechten Bild die Filmsimulation **Acros**.

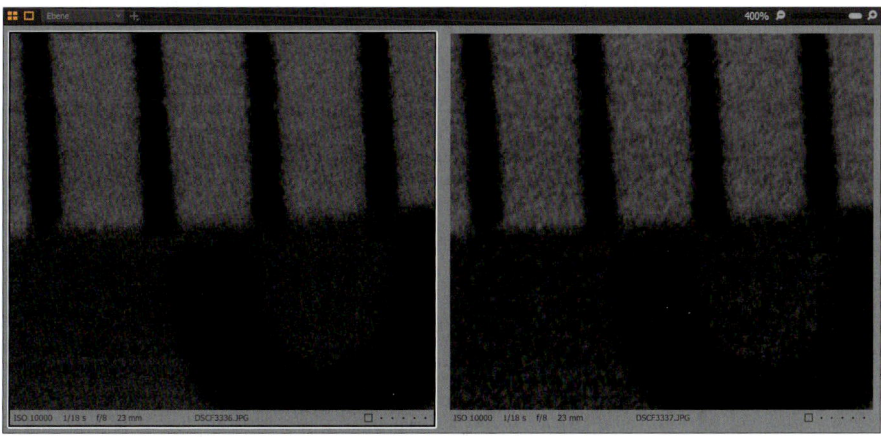

Abbildung 5.17 *Zum Vergleich habe ich im linken Bild den **Körnungseffekt** verwendet und im rechten Bild die Filmsimulation **Acros**. Die Ansicht beträgt hier 400 %, damit Sie im Buch den Unterschied etwas deutlicher erkennen*

Eine weitere Option ist die **Hohe ISO-NR**, für die Sie einen Wert von –4 (möglichst viel Rauschen zulassen) bis +4 (möglichst wenig Rauschen zulassen) vorgeben können. Bei der X-T3 heißt diese Option »Rauschreduktion«. Ich habe diesen Wert noch nie erhöht, weil mir beim Reduzieren des durch einen höheren ISO-Wert verursachten Bildrauschens einfach zu viele Details glattgebügelt werden. Gerne setze ich die **Hohe ISO-NR** auf –2, um möglichst viele Details zu erhalten oder um dem Bild einen bestimmten Look zu verleihen. Welchen Wert Sie verwenden (sollten), hängt von vielen verschiedenen Faktoren wie dem ISO-Wert, der aktiven Filmsimulation und natürlich auch von Ihrem individuellen Geschmack ab. Wohlgemerkt, der maximal negative Wert –4 bei der **Hohe ISO-NR** deaktiviert nicht die interne Rauschunterdrückung der Kamera. Dies ist nicht möglich.

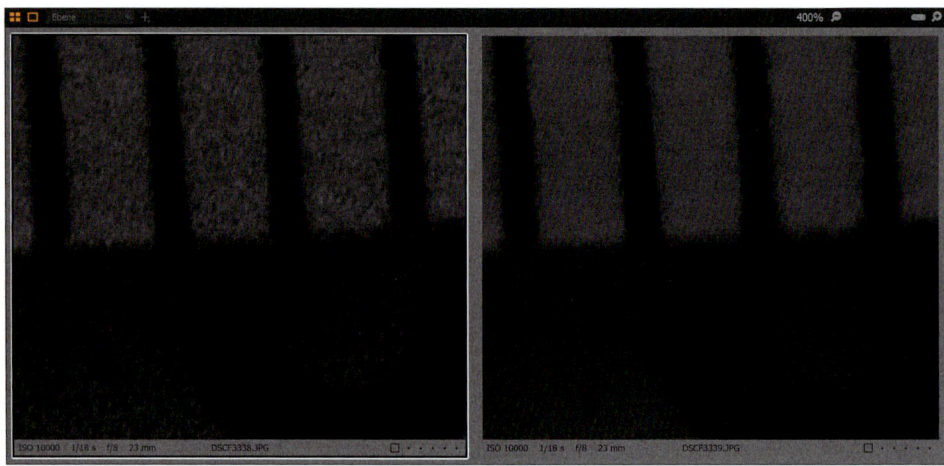

Abbildung 5.18 *Auch hierzu ein Vergleich: Im linken Bild liegt der Wert der* **Hohe ISO-NR** *bei –4. Im rechten Bild wirkt mit +4 alles nur noch glattgebügelt (inklusive der Bilddetails).*

Körnungseffekt vs. ISO-Wert – meine Empfehlung

Ich bin ein großer Fan von leichtem Bildrauschen. Ich meine damit nicht das krasse Rauschen bei ISO 12.800, sondern eine gleichmäßige Körnung. Oftmals hat es den positiven Effekt, dass ein Bild dadurch noch etwas »schärfer« wirkt. Rauschen wird heutzutage oft verteufelt und als schlecht empfunden; nur selten wird es als Stilmittel gesehen. Daher reduziere ich den Wert der **Hohe ISO-NR** gerne, um ein natürlicheres Rauschen mit mehr Details zu erhalten.

5.3.7 Farbe Chrome-Effekt, Farbe Chrom FX Blau und Monochrome Farbe

Der Effekt **Farbe Chrome-effekt** bietet mit **Schwach** und **Stark** zwei Stufen. Der Effekt war bisher den Mittelformatkameras von Fujifilm vorbehalten. Mit ihm können Sie gerade bei besonders farbintensiven Motiven auch in schwierigen Lichtsituationen Farbtiefe und Kontrast in größtmöglichem Umfang darstellen. Die Intensität der Farben in den Tiefen wird verstärkt, wodurch intensive Farben etwas dunkler dargestellt werden. Dieser Effekt erinnert ein wenig an den Analogfilm *Fujichrome Fortida*, der noch eine Spur mehr Farbsättigung aufweist als *Velvia*.

Am besten wirkt er bei hellen Farben wie Rot, Orange, Gelb und hellem Grün. Da sich dieser Effekt nicht unter den Filmsimulationen befindet, können Sie ihn mit den anderen Filmsimulationen kombinieren.

Abbildung 5.19 *Im linken Bild habe ich mit **Farbe Chrome-Effekt** fotografiert; rechts ohne.*

Mit **Farbe Chrom FX Blau** fügen Sie dem Bild denselben Effekt wie mit **Farbe Chrome-Effekt** hinzu, allerdings wirkt er sich auf die blauen Farben aus. Auch hier können Sie mit **Schwach** und **Stark** aus zwei Stufen wählen. Bei kühlen Bildern wirkt dieser Effekt besonders stark; er kann ebenfalls mit den anderen Filmsimulationen kombiniert werden.

Wenn Sie eine der beiden Schwarzweiß-Filmsimulationen **Schwarzweiss** oder **Acros** ausgewählt haben, können Sie im Kameramenü **Bildqualitäts-Einstellung > Monochrome Farbe** noch eine Farbtonung hinzufügen. Über die vertikale Achse **Warm – Cool** wird der Look wärmer oder kühler; über die horizontale Achse **G – M** verstärken Sie die Farben Grün oder Magenta.

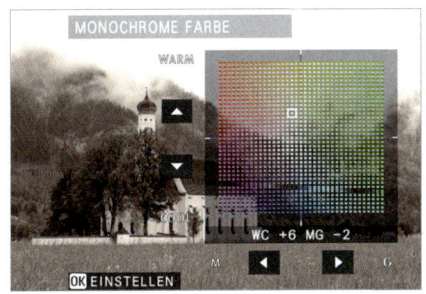

Abbildung 5.20 *Über **Monochrome Farbe** können Sie den schwarzweißen Filmsimulationen eine Farbtonung hinzufügen.*

5.3.8 Farbsättigung anpassen

Mit der Option **Farbe** können Sie die Farbsättigung im Bild anpassen. Die Einstellungen reichen auch hier von –4 (weniger gesättigt) bis +4 (maximal gesättigt). Mit der Option können Sie ein JPEG-Bild lebendiger oder die Farbstimmung etwas flacher wirken lassen. Die Option steht logischerweise nur bei farbigen Filmsimulationen zur Verfügung, ansonsten ist sie ausgegraut. In der Praxis eignet sie sich auch für besonders gesättigte Bildmotive, bei denen durch die starke Sättigung schon mal Details verlorengehen. Mit einer Reduzierung des Werts können Sie dem entgegenwirken.

Abbildung 5.21 *Bei übersättigten Bildern besteht die Gefahr, Details zu verlieren.*

Abbildung 5.22 *Durch die Reduzierung der* **Farbe** *bleiben die Details erhalten.*

Farbsättigung reduzieren – meine Empfehlung

Einige Fujifilm-Filmsimulationen wie **Velvia** sind mir häufig zu gesättigt, weshalb ich den Wert von **Farbe** hier generell etwas reduziere. Mit der Reduzierung der Farbe lassen sich außerdem Details retten, die durch eine Übersättigung verlorengehen könnten. Gerade wenn im Bild viel Rot enthalten ist, kommt es bei farbenfroheren Filmsimulationen dazu, dass die feineren Details in der Farbe untergehen.

5.3.9 Schärfen

Mit der Option **Schärfe** passen Sie die Schärfe für das JPEG-Bild an. Die Kamera führt bei JPEG-Dateien standardmäßig eine Schärfung durch. Wenn Sie den Wert erhöhen, besteht die Gefahr einer Überschärfung, was auch bedeutet, dass vorhandenes Bildrauschen oder Artefakte im Bild mit verstärkt werden. Ein Wert unter 0 (beispielsweise –4) bedeutet aber im Gegenzug nicht, dass Sie das Bild weichzeichnen, um es softer wirken zu lassen! Es hängt wohl auch vom Anwendungszweck ab. Bei Architekturbildern oder Naturaufnahmen können Sie durchaus noch eine leichte Schärfung hinzufügen. Übertreiben Sie es aber nicht, weil ein überschärftes Bild im Nachhinein nicht mehr »entschärft« werden kann. Bei Porträtaufnahmen hingegen reduziere ich die Schärfe ein wenig, um ein softeres Hautbild zu erhalten – wie allerdings erwähnt, wird mit einer negativen Einstellung nicht weichgezeichnet.

5.3.10 Klarheit

Interessant ist auch die Funktion **Klarheit**, mit der Sie Texturen und Konturen des Motivs hervorheben oder abschwächen können, ohne dabei die generelle Farbwiedergabe des Bildes zu beeinträchtigen. Bei Architekturaufnahmen wirkt das Bild dadurch insgesamt viel schärfer und knackiger und bekommt einen »härteren« Look. Bei Porträtaufnahmen hingegen können Sie durch eine Reduzierung der **Klarheit** die Hautunreinheiten oder Falten etwas absoften bzw. kaschieren.

Abbildung 5.23 *Im linken Bild habe ich die **Klarheit** auf den maximalen Wert **+5** gesetzt, in der Mitte sehen Sie das Bild mit dem minimalen Wert **−5**, und im rechten Bild habe ich den Standardwert **0** verwendet.*

5.3.11   Korrekturen mit »Objektivmod.-Opt.«

Eine Option, die Sie beim Fotografieren von JPEG-Bildern immer aktiviert haben sollten, finden Sie im Kameramenü **Bildqualitäts-Einstellung > Objektivmod.-Opt.** für eine digitale Objektivkorrektur. Damit stellen Sie sicher, dass die X-T4 bei der Umwandlung der Raw-Daten in JPEG die objektivspezifische Beugungsunschärfe und Randunschärfe korrigiert. Die Beugungsunschärfe tritt gewöhnlich auf, wenn Sie die Blende beim Fotografieren weit geschlossen haben. Die Randunschärfe betrifft im Grunde jedes Objektiv, da die Abbildung zum Rand hin nicht mehr so scharf ist wie in der Mitte. Die entsprechenden Daten dazu liefert das angeschlossene Objektiv an die Kamera. Bei XC-Objektiven und Fremdhersteller-Objektiven gibt es diese Unterstützung nicht, weshalb bei solchen angeschlossenen Objektiven diese Option **Objektivmod.-Opt.** ausgegraut ist.

5.3.12   Filtereffekte verwenden (Aufnahmebetriebsart ADV.)

Wenn Sie die Aufnahmebetriebsart auf **Adv.** (erweiterte Filter) stellen, finden Sie verschiedene Filtereffekte für JPEG-Bilder vor. Drücken Sie hierbei die Funktionstaste **Fn2** auf der vorderen Seite der Kamera, können Sie den Filter wechseln. Alternativ finden Sie diese Filter auch über das Kameramenü über **Aufnahme-Einstellung > Drive-Einstellung > Erweit. Filtereinstellung**.

Die Filter haben keine weiteren Optionen, und auch die meisten anderen Einstellungen im Kameramenü **Bildqualitäts-Einstellung** sind deaktiviert. Diese Filter sind nicht nach meinem Geschmack, aber das soll Sie nicht davon abhalten, sie selbst auszuprobieren. Wählen Sie einfach den gewünschten Filter aus, und fotografieren Sie.

Abbildung 5.24 *Die Aufnahmebetriebsart* **Adv.** *(erweiterte Filter) enthält fertige Filter für JPEG-Bilder.*

Abbildung 5.25 *Auswählen von erweiterten Filtern*

5.4 Eigene Bildlooks für JPEG-Bilder erstellen

Die X-T4 bietet Ihnen die Möglichkeit, bis zu sieben benutzerdefinierte Einstellungen für JPEG-Bilder aus angepassten Filmsimulationen zu speichern und bei Bedarf auszuwählen. Am Ende dieses Abschnittes finden Sie einige Beispiele wieder, die ich selbst sehr gerne einsetze. Im Kameramenü erreichen Sie die Funktion über **Bildqualitäts-Einstellung > Ben.Einst. Bearbeiten/ Speicher**. Ich verwende den ersten Speicherplatz für meine Standardeinstellungen, für die ich keinerlei Werte anpasse; alles ist auf 0 gestellt. Wenn Sie eine Einstellung (beispielsweise **Ben.Einst. 2**) auswählen, finden Sie alle bekannten JPEG-Parameter aus diesem Kapitel wieder.

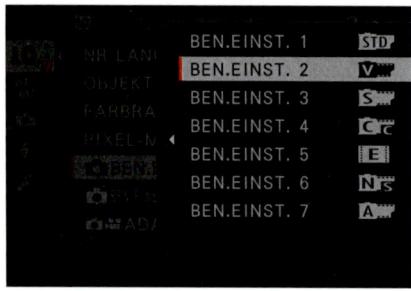

Abbildung 5.26 *Die Fujifilm X-T4 bietet Ihnen sieben Speicherplätze, auf denen Sie Ihre eigenen JPEG-Einstellungen speichern können.*

Abbildung 5.27 *Die Parameter für die Einstellungen sind alte Bekannte aus diesem Kapitel.*

SCHRITT FÜR SCHRITT
Benutzerdefinierte Einstellungen erstellen

1 Speicherplatz auswählen

Wählen Sie im Kameramenü **Bildqualitäts-Einstellung > Ben.Einst. Bearbeiten/Speicher** einen Speicherplatz aus, indem Sie die **MENU/OK**-Taste drücken. Wie bereits erwähnt, verwende ich den ersten Speicherplatz für meine Standardeinstellungen. Daher wähle ich zunächst **Ben. Einst. 2** aus und gehe dann auf **Bearbeiten**.

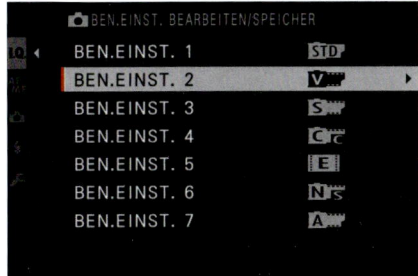

Abbildung 5.28 *Wählen Sie zunächst den Speicherplatz aus und dann den Befehl* **Bearbeiten**.

2 Einstellungen vornehmen

Passen Sie nun die Werte wie gewünscht an. Ich wähle zunächst meine Filmsimulation aus und passe dann die restlichen Werte an. Als Anregung finden Sie im Anschluss an diese Anleitung meine Einstellungen als Beispiele vor. Im Internet finden Sie auch schnell weitere Beispiele. Scheuen Sie sich aber nicht, einfach selbst herumzuprobieren.

Abbildung 5.29 *Wählen Sie zuerst die Einstellungen für Ihren eigenen Bildlook.*

3 Einstellung speichern

Sind Sie mit den Einstellungen fertig, drücken Sie die **DISP/BACK**-Taste. Die Nachfrage, ob Sie die Änderungen speichern wollen, bestätigen Sie mit **OK**.

4 Benutzerdefinierte Einstellung benennen

Ich finde es recht hilfreich, meinen Einstellungen eine Bezeichnung zu geben. Wählen Sie dazu nochmals die eben angepassten Einstellungen aus (hier: **Ben. Einst. 2**), und rufen Sie den Eintrag **Benutzerdef. Name eingeben** auf. Vergeben Sie im sich öffnenden Dialog den Namen, und bestätigen Sie mit **Einstell**. Sie können den Namen auch über den Touchscreen eintippen. Sie finden auch die Option **Reset** vor, mit der Sie den aktiven Speicherbereich jederzeit wieder auf die Standardeinstellungen zurücksetzen können.

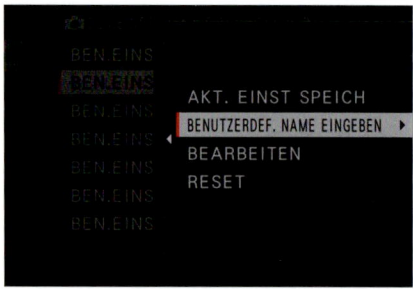

Abbildung 5.30 *Vergeben Sie einen Namen für die benutzerdefinierte Einstellung. Tippen Sie den Namen für die benutzerdefinierte Einstellung – gegebenenfalls über den Touchscreen – ein.*

Abbildung 5.31 *Meine Liste mit meinen benutzerdefinierten Einstellungen*

5 Einstellung auswählen

Auswählen können Sie die Einstellungen über das Kameramenü **Bildqualitäts-Einstellung > Ben.Einst. Ausw.** oder über das Schnellmenü, das Sie mit der **Q**-Taste aufrufen. In der Standardeinstellung wählen Sie das Feld links oben, und drehen Sie am hinteren Einstellrad, um eine Einstellung auszuwählen (siehe Abbildung 5.33).

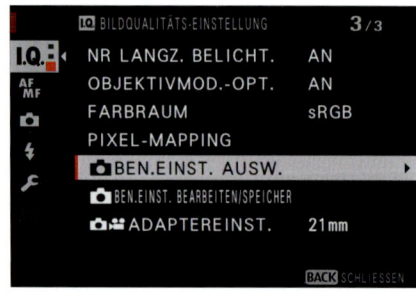
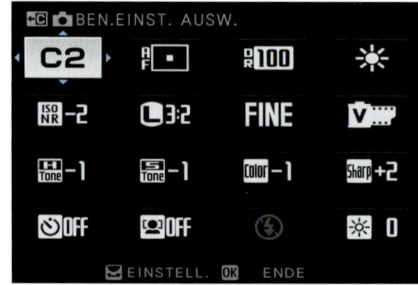

Abbildung 5.32 *Benutzerdefinierte Einstellungen über das Kameramenü ...*

Abbildung 5.33 *... oder über das Schnellmenü mit der Q-Taste auswählen*

Da Sie nun wissen, wie Sie eigene JPEG-Rezepte erstellen können, will ich Ihnen gleich einige meiner Favoriten zeigen. Sie finden darüber hinaus im Internet unzählige weitere Rezepte, und mittlerweile gibt es auch schon ein eigenes Buch zu den JPEG-Rezepten. Suchen Sie im Internet nach Rezepten von Ritchie Roesch, werden Sie viele wunderschöne Ergebnisse finden. Die unglaubliche Sammlung erreichen Sie auf *https://fujixweekly.com/recipes/*. Mir gefällt diese Sammlung sehr gut, weil der Autor versucht, die Wirkung echter Filme nachzuahmen.

Warum es nicht immer toll aussieht

Bei allen Filmsimulationen und Bildlooks, die Sie verwenden und selbst erstellen, hängen die Ergebnisse sehr stark vom Umgebungslicht während der Aufnahme ab, wenn Sie nicht den automatischen Weißabgleich verwenden. Daher kann es auch passieren, dass der eine oder andere Bildlook nicht so toll aussieht, wie Sie sich das erhoffen. Probieren Sie es in dem Fall einfach bei einem anderen Umgebungslicht, oder passen Sie den Weißabgleich an.

5.4.1 Rezept: Eine Kodachrome-Interpretation

Kodak produzierte in der Vergangenheit verschiedene Umkehr- und Diafilme unter dem Markennamen *Kodachrome*. Die entwickelten Filme hatten eine hohe Schärfe und natürliche Farbwiedergabe (besonders bei den Hauttönen). Das besondere Merkmal der Ergebnisse war zudem ein leichter Rotstich in den dunklen Bildpartien, und auch die Grüntöne wurden damit stärker betont. Davon profitieren gerade Landschaftsaufnahmen, weil unser Sehempfinden stark von der grünen Farbe abhängt. Wohlgemerkt, es gab verschiedene Kodachrome-Filme; das von mir in der Kamera verwendete Rezept soll nur die typischen Merkmale eines Kodachrome-Films abdecken. Wie immer sind Sie dazu eingeladen, diese Werte nach Ihren Vorstellungen anzupassen.

Rezept			
Dynamikbereich	DR400%	Tonkurve > Spitzlichter	+1
Filmsimulation	Classic Chrome	Tonkurve > Schatten	+1
Hohe ISO-NR	−2	Farbe	0
Weissabgleich WA verschieben	Tageslicht R: +2, B: −5	Schärfe	+2
Körnungseffekt Grösse	Schwach Klein	Farbe Chrome-Effekt	Schwach
Klarheit	0	Farbe Chrom FX Blau	Aus
Kameraeinstellungen			
ISO-Wert	Auto (maximal 6400)	Belichtungskorr.	+1/3 bis +2/3

Abbildung 5.34 *Bei Hauttönen punktet der »Kodachrome«-Bildlook mit der natürlichen Farbwiedergabe.*

17 mm | ƒ4,5 | 1/125 s | ISO 200 | Blitzlicht (direkt)

5.4.2 Rezept: Urban Style

Viele meiner Rezepte mische ich am liebsten mit der Fujifilm-Simulation **Classic Chrome**. Aber auch Classic Negative (**Klassisch Schwarz**) habe ich zu schätzen gelernt. Beide Simulationen treffen einfach meinen Geschmack und sind oft eine gute Basis für einen alten und klassisch wirkenden Filmlook. Für Fotospaziergänge in einer städtischen Umgebung mag ich es gerne etwas körniger, weniger gesättigt, ohne den Kontrast zu verlieren. Die Farbe halte ich dabei möglichst kühl. Hier eines meiner Lieblingsrezepte für die urbane Fotografie. Dieses Rezept eignet sich sowohl in Kombination mit **Classic Chrome** als auch mit **Klassisch Schwarz**.

Rezept			
Dynamikbereich	DR200%	Tonkurve > Spitzlichter	0
Filmsimulation	Klassisch Schwarz	Tonkurve > Schatten	+2
Hohe ISO-NR	−2	Farbe	−4
Weissabgleich	4500 K R: −2, B: +2	Schärfe	0
Körnungseffekt Grösse	Schwach Klein	Farbe Chrome-Effekt	Schwach
Klarheit	0	Farbe Chrom FX Blau	Aus
Kameraeinstellungen			
ISO-Wert	Auto (maximal 6400)	Belichtungskorr.	+1/3 bis +2/3

Abbildung 5.35 *Ich mag den Bildlook »Urban Style« gerne bei Dokumentationen oder bei der Straßenfotografie, wo es ganz nah an die Personen geht.*
23 mm | f4 | 1/150 s | ISO 500

5.4.3 Rezept: Crossentwicklung

Die Crossentwicklung hat ihren Ursprung in der Entwicklung des Filmes im Fotolabor. Durch einen absichtlich falschen Entwicklungsprozess wurden leichte bis extreme Farbverschiebungen erzielt mit starken Farben, hohen Kontrasten, grobem Korn und leichter Unschärfe. Die Farbverschiebungen führten oftmals zu grün- oder pinkstichigen Bildern. Das genaue Ergebnis war abhängig vom verwendeten Film. Es gab durchaus auch Ergebnisse ohne eine Farbverschiebung. Nachfolgend ein Rezept einer Crossentwicklung, das ich gerne verwende.

Rezept			
Dynamikbereich	DR200%	Tonkurve > Spitzlichter	+2
Filmsimulation	Classic Chrome	Tonkurve > Schatten	+2
Hohe ISO-NR	−4	Farbe	+2
Weissabgleich	Auto R: −7, B: −4	Schärfe	+1
Körnungseffekt Grösse	Stark Klein	Farbe Chrome-Effekt	Aus
Klarheit	+2	Farbe Chrom FX Blau	Aus
Kameraeinstellungen			
ISO-Wert	Auto (maximal 6400)	Belichtungskorr.	+1/3 bis +2/3

Abbildung 5.36 *Zigarren werden in vielen Teilen von Südamerika noch in Handarbeit erstellt (Rezept »Crossentwicklung«).*

35 mm | ƒ4 | 1/100 s | ISO 1600

5.4.4 Rezept: Farbenfroh

Bei Bildern aus Ländern wie Mexiko, Kuba oder Marokko, wo starke Farben und kräftige Kontraste bei viel Sonnenschein dominieren, böte sich auch ein etwas farbenfreudigerer Film an. Ich verwende aber auch in meinen »Heimatbildern« sehr gerne kräftigere Farben. Ganz klar, solch ein Bildlook eignet sich nicht für die alltägliche Fotografie. Sollen die Farben kräftig, aber nicht übersättigt sein, können Sie es mit diesem Rezept ausprobieren. Dunkle Schatten werden damit noch dunkler, und das Bild wird insgesamt korn- und kontrastreicher.

Rezept			
Dynamikbereich	DR200 oder DR400	Tonkurve > Spitzlichter	0
Filmsimulation	Velvia	Tonkurve > Schatten	+2
Hohe ISO-NR	−2	Farbe	−2
Weissabgleich	Auto	Schärfe	0
Körnungseffekt Grösse	Schwach Klein	Farbe Chrome-Effekt	Schwach
Klarheit	+2	Farbe Chrom FX Blau	Schwach
Kameraeinstellungen			
ISO-Wert	Auto (maximal 6400)	Belichtungskorr.	0 bis +2/3

Abbildung 5.37 *Ein Beispielbild mit dem Bildlook »Farbenfroh«*
41 mm | f5,6 | 1/2000 s | ISO 200

5.4.5 Fujifilm X RAW Studio

Wie bereits erwähnt, finden Sie unzählige JPEG-Rezepte im Internet, die nur darauf warten, von Ihnen ausprobiert zu werden. Sofern Sie sich mit der JPEG-Fotografie anfreunden können und eigene JPEG-Rezepte erstellen wollen, bietet sich die Software *X RAW Studio* von Fujifilm an. Diese Software können Sie verwenden, um Raw-Dateien nachträglich durch die JPEG-Engine der X-T4 zu entwickeln. Damit Ihr Rechner auf die JPEG-Engine der X-T4 zugreifen kann, müssen Sie die Software X RAW Studio installieren und die Kamera über ein USB-C-Kabel mit dem Rechner verbinden. So können Sie am Computer aus den Raw- Dateien tolle JPEG-Bilder erstellen, mit der X-T4 als Prozessor. Zusätzlich können Sie so Bildrezepte erstellen und abspeichern, mehr als die sieben, für die Ihnen die X-T4 Platz bietet.

SCHRITT FÜR SCHRITT
JPEG-Dateien und Rezepte mit X RAW Studio erstellen

Hier eine Schnellanleitung dazu, wie Sie mit X RAW Studio aus Raw-Dateien mit Hilfe der JPEG-Engine der Kamera JPEG-Dateien erstellen und dabei Bildlooks ausprobieren können.

1 X RAW Studio herunterladen und installieren
Laden Sie sich zuerst die neueste Version der Software von der Fujifilm-Website *https://fujifilm-x.com/de-de/support/download/software/x-raw-studio/* herunter. X RAW Studio ist für

Windows und Mac erhältlich. Installieren Sie die Software, indem Sie den Anweisungen auf dem Bildschirm folgen.

2   X-T4 für X RAW Studio vorbereiten
Damit X RAW Studio auch die JPEG-Engine der X-T4 verwendet, müssen Sie im Kameramenü **Einrichtung > Verbindungs-Einstellung > Verbindungsmodus** die Option **USB RAW-Konv./Sicher.** auswählen. Da nun die X-T4 nicht mehr als Kartenleser verwendet werden kann, müssen Sie die Raw-Bilder, die Sie anschließend mit X RAW Studio bearbeiten wollen, vorher entweder auf eine externe Festplatte oder auf den Rechner kopieren oder die SD-Karte in einen SD-Kartenslot am Rechner stecken.

3   Verbinden Sie die X-T4 mit dem Rechner
Verbinden Sie jetzt die X-T4 über den USB-C-Port der Kamera mit dem USB-Anschluss Ihres Rechners. Hat ihr Rechner einen USB-C-Anschluss, können Sie das im Lieferumfang enthaltene Kabel dafür verwenden. Ansonsten benötigen Sie ein optionales USB-C-Kabel auf USB 3.0 bzw. 2.0.

4   X RAW Studio starten
Starten Sie die Software X RAW Studio, und schalten Sie dann die Kamera ein. Links oben in der Software sollten nun der Kameraname und die Versionsnummer angezeigt werden (hier: **Fujifilm X-T4 V1.00**).

5   Zu den Bildern navigieren
Links oben im Quellverzeichnis ❶ navigieren Sie nun zu dem Speicherort, an dem Sie die mit der X-T4 erstellten Raw-Dateien gespeichert haben. Dies kann eine externe Festplatte, ein Verzeichnis auf dem Rechner oder die SD-Karte in einem Kartenleser sein. Im Filmstreifen ❷ im unteren Bereich der Software werden die Bilder aufgelistet. Wählen Sie ein Raw-Bild mit der Endung **.RAF** aus, so wird das Bild oberhalb angezeigt, und Sie finden auf der rechten Seite ❹ viele bekannte Funktionen aus dem Kameramenü **Bildqualitäts-Einstellungen** wieder.

6   JPEG-Einstellungen vornehmen
Jetzt können Sie auf die ausgewählte Raw-Datei alle bekannten Einstellungen auf der rechten Seite anwenden und so die Raw-Datei mit Hilfe der Kamera bearbeiten. Sobald Sie einen Wert ändern, wie beispielsweise die **Filmsimulation**, wird dies sofort im Vorschaubild angezeigt. Es ist sogar möglich, nachträglich auf den **Dynamikbereich** oder die **HDR**-Raw-Einstellungen zuzugreifen, wenn Sie eine HDR-Raw-Datei erstellt haben. Allerdings ist es nicht möglich, den Dynamikbereich hoch auf **DR400%** zu stellen, wenn das Bild bei **DR200%** aufgenommen wurde – diese Informationen existieren eben nicht. Das Bild auf **DR100%** herunterzurechnen, ist hingegen möglich. Dasselbe gilt für die HDR-Einstellungen.

Auf der rechten Seite werden die Einstellungen angezeigt, die bei der Aufnahme der Raw-Datei in der Kamera zur Anwendung kamen. Wollen Sie aus dem Raw-Bild mit den gemachten

5.4 Eigene Bildlooks für JPEG-Bilder erstellen

Einstellungen eine JPEG-Datei erstellen, müssen Sie lediglich die Schaltfläche **RAW-Konvertierung** ❺ anklicken. Im selben Verzeichnis, in dem das Raw-Bild liegt, wird dann ein JPEG-Bild erstellt. Bei **Kameraprofil** ❸ finden Sie dann auch die benutzerdefinierten Einstellungen wieder, die Sie durch Anklicken jederzeit auf das Raw-Bild anwenden können.

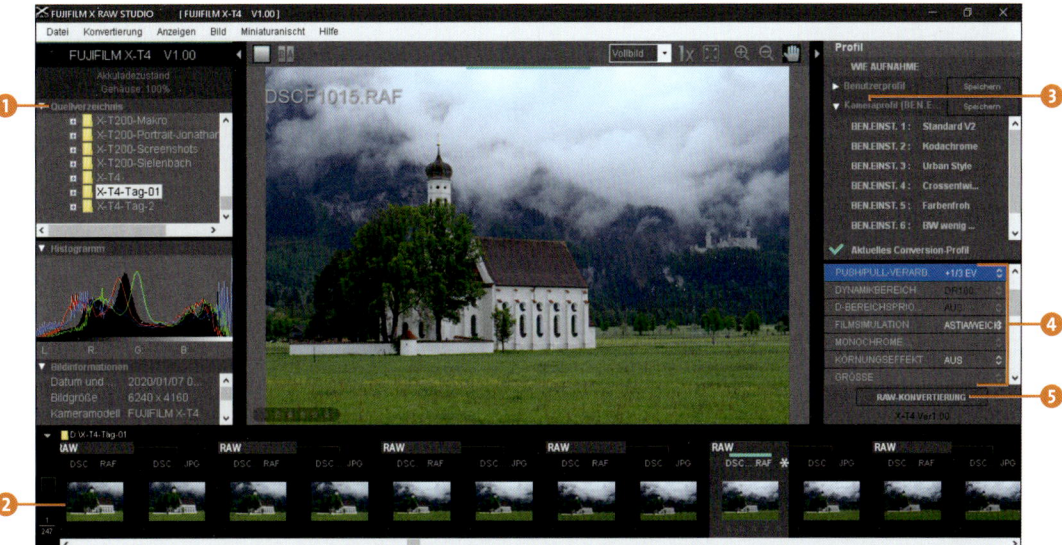

Abbildung 5.38 *X RAW Studio verwendet die JPEG-Engine der X-T4-Kamera.*

> **Raw-Konverter in der Kamera**
>
> Denselben Raw-Konverter der Kamera, den Sie hier praktisch nur mit dem Computer verkabelt haben, um ihn als Visualisierungsgerät zu verwenden, können Sie auch direkt innerhalb der Kamera benutzen, indem Sie im Wiedergabemodus mit der **MENU/OK**-Taste das Kameramenü aufrufen und dort **RAW-Konvertierung** aufrufen.

7 Benutzerprofile speichern

Zwar können Sie mit dieser Anleitung die tolle JPEG-Engine der Kamera direkt verwenden und so auch JPEG-Bilder mit der sehr hohen Fujifilm-üblichen Qualität erzeugen, viel spannender aber ist diese Option, wenn Sie eigene Bildlooks erstellen oder testen wollen. Zum einen sehen Sie das Ergebnis direkt in der Vorschau, zum anderen können Sie eigene Bildlooks auf dem Rechner speichern oder direkt auf die Kamera übertragen. Als Voraussetzung müssen Sie ein beliebiges Raw-Bild als Basis auswählen. Wollen Sie beim **Dynamikbereich** flexibel sein, sollten Sie ein Raw-Bild mit **DR400%** als Basis verwenden.

Einen JPEG-Bildlook können Sie über **Profil** mit der Schaltfläche **Speichern** ❶ bei **Benutzerprofil** auf dem Rechner speichern. Im folgenden Dialog geben Sie eine Bezeichnung für das Benutzerprofil ein, und schon wird es zur Liste der Benutzerprofile hinzugefügt ❷, worüber Sie es nun jederzeit durch Anklicken jedem beliebigen Raw-Bild (das Sie mit der X-T4 aufgenommen haben) zuweisen können. Auf diese Weise können Sie viele Bildlooks speichern und wiederverwenden, während die Kamera auf sieben Bildlooks beschränkt ist. Das ist sehr hilfreich, weil Sie damit praktisch beliebig viele Bildlooks auf dem Rechner speichern und verwalten können, die Sie dann bei Bedarf in die Kamera einspielen können. Damit ersparen Sie sich den umständlichen Weg, die Bildlooks immer in der Kamera eintippen zu müssen. Wie Sie einen Bildlook in die Kamera einspielen können, erfahren Sie gleich im nächsten Schritt.

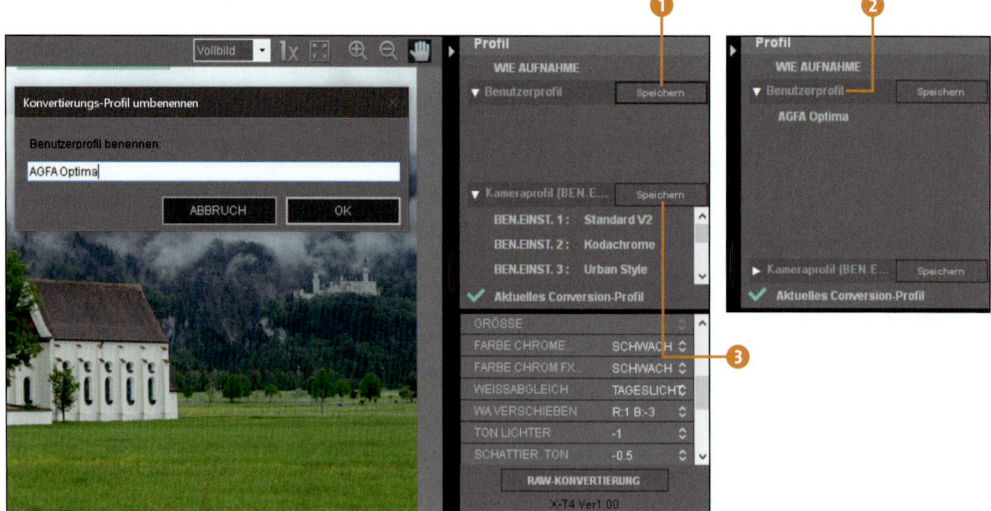

Abbildung 5.39 *Alle gemachten JPEG-Einstellungen können Sie als Benutzerprofil speichern und mit X RAW Studio durch Anklicken auf andere Raw-Dateien anwenden.*

8 Kameraprofile speichern

Einen Schritt weiter geht die **Speichern**-Schaltfläche ❸ bei **Kameraprofil**. Klicken Sie sie an, können Sie die aktuellen JPEG-Einstellungen als neuen Bildlook an einem der sieben dafür vorgesehenen Speicherplätze der Kamera sichern. Dies funktioniert auch (und vor allem), wenn Sie ein im Schritt 7 erstelltes **Benutzerprofil** ausgewählt haben. Im sich öffnenden Dialog wählen Sie den Bestimmungsort von 1 bis 7 aus. Es folgt ein weiterer Dialog, und dann wird die neue Einstellung bzw. der neue JPEG-Bildlook in der Kamera am entsprechenden Bestimmungsort gesichert und kann dort auch verwendet werden. Auf diese Weise verwalte und verwende ich unzählige Bildlooks. Ich erstelle meine Bildlooks, speichere diese als **Benutzerprofil** auf dem Rechner und übertrage diese dann bei Bedarf als **Kameraprofil** in die Kamera. Anders herum können Sie hierbei auch ein Kameraprofil auswählen und es als Benutzerprofil speichern, um so eine Sicherungskopie des Kameraprofils auf dem Rechner zu haben.

5.4 Eigene Bildlooks für JPEG-Bilder erstellen

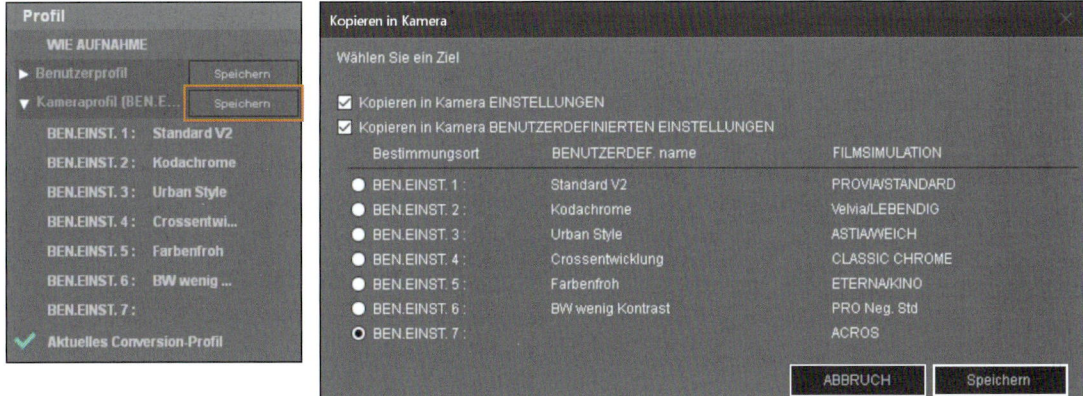

Abbildung 5.40 *Über die **Speichern**-Schaltfläche bei **Kameraprofil** können Sie die gemachten JPEG-Einstellungen an einem der sieben dafür vorgesehenen Speicherorte in der Kamera sichern.*

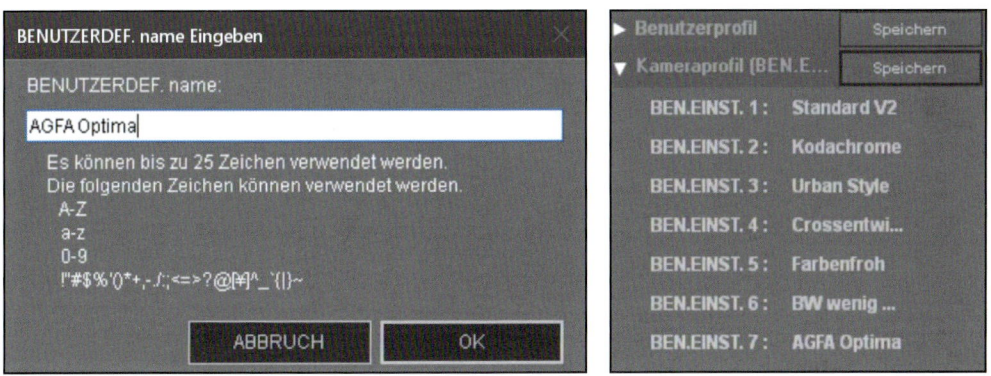

Abbildung 5.41 *Ein Dialog fragt nach dem Namen (hier: **AGFA Optima**) für den Bildlook und fügt diesen zu den Kameraprofilen hinzu.*

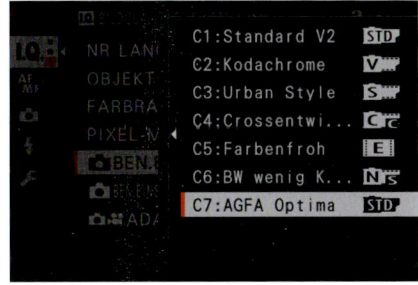

Abbildung 5.42 *Der in X RAW Studio erstellte und in der Kamera gespeicherte Bildlook kann verwendet werden.*

5.5 sRGB oder Adobe RGB?

Sie finden im Kameramenü **Bildqualitäts-Einstellung > Farbraum** mit **sRGB** und **Adobe RGB** zwei Optionen für den Farbraum vor. Ein Farbraum definiert die Anzahl der darstellbaren Farbtöne in einem bestimmten Modell. Leider herrscht häufig noch der Irrtum vor, dass Adobe RGB mehr Farben darstellen könne als sRGB. Die Anzahl der Farben hängt von der Farbtiefe ab, und ein 8-Bit-RGB-Bild kann daher, egal in welchem Farbraum, 16,7 Millionen Farben kodieren. Bei 16 Bit wären es schon 281 Billionen Farben.

Der Unterschied liegt vielmehr in der Größe des Bereiches, über den sich die 16,7 Millionen Farben erstrecken (auch als *Gamut* bezeichnet). Und hier ist es richtig, dass Adobe RGB einen größeren Bereich (nicht mehr Farben) als sRGB hat. Durch den größeren Gamut von Adobe RGB werden auch mehr für das menschliche Auge unterscheidbare Farbtöne dargestellt als bei sRGB. Für die Auswahl des Farbraumes ist der Anwendungszweck entscheidend und mit welchen Geräten Sie die Farben verwenden wollen.

In der Praxis dürften Sie wohl mit **sRGB** ganz gut zurechtkommen, weil dieser Farbraum von allen Bildschirmen unterstützt wird. Selbst bei der Entwicklung von Raw-Dateien (bei denen Sie diesen Wert nachträglich ändern können) ist sRGB die bevorzugte Wahl, wenn Sie die Bilder im Internet weitergeben wollen. Damit können Sie sich sicher sein, dass ein Bild auf den verschiedensten Geräten gleich gut aussieht. Die Option **Adobe RGB** ist eher für die Weiterverarbeitung im Vierfarbdruck (CMYK) gedacht. Wenn Sie hierbei **Adobe RGB** verwenden wollen, müssen Sie sicherstellen, dass Sie einen (kalibrierten) Bildschirm verwenden, der Adobe RGB als Farbraum unterstützt. Unterstützt der Bildschirm den Farbraum nicht, können die Farben auch nicht korrekt angezeigt werden. Beachten Sie, dass auch die Liveansicht der Kamera den Adobe-RGB-Farbraum nicht darstellen kann. Allerdings liefern das Display und der Sucher der Kamera immer nur einen ungefähren Gesamteindruck der Farben und können niemals einen kalibrierten Monitor ersetzen. Dies gilt natürlich auch für sRGB.

Wenn Sie im Raw-Format fotografieren, können Sie den Farbraum jederzeit nachträglich mit dem Raw-Konverter ändern. Fotografieren Sie hingegen ausschließlich im JPEG-Format, müssen Sie die Entscheidung vor der Aufnahme treffen. Das Thema des Farbraumes ist schon ein wenig komplexer. Einfach ausgedrückt: Wenn Sie **Adobe RGB** verwenden wollen, sollten Sie sich unbedingt vorher intensiv mit dem Thema Farbmanagement befassen und dieses dann auch konsequent anwenden. Sonst laufen Sie recht schnell Gefahr, sich mehr Nachteile als Vorteile einzufangen. Sofern Sie also (noch) keine Kenntnisse mitbringen, sollten Sie vielleicht doch zunächst **sRGB** verwenden. Diese Vorentscheidung bezieht sich, wie bereits erwähnt, auf Fotografen, die ausschließlich im JPEG-Format fotografieren.

Kapitel 6
Die Fujifilm X-T4 individuell anpassen

Die bisherigen Kapitel haben Sie mit den grundlegenden Funktionen der X-T4 vertraut gemacht. Bestimmt haben Sie sich aber das eine oder andere Mal gewünscht, eine bestimmte Funktion auf eine andere Taste zu legen oder komplett zu deaktivieren. Auch das Durchlaufen des Kameramenüs, nur um eine bestimmte Funktion auszuwählen, ist manchmal recht mühsam. Glücklicherweise lässt sich die X-T4 recht weitgehend an Ihre Bedürfnisse anpassen. In diesem Kapitel erfahren Sie, was alles möglich ist.

> **Alles wieder zurücksetzen**
>
> Gerne probiert man zu Beginn mit der Kamera das eine oder andere aus und würde dann doch gerne wieder alles auf den Ursprungszustand zurücksetzen, um eventuell nochmals neu anzufangen oder weil man nicht mehr genau weiß, was die Standardeinstellungen für die einzelnen Tasten gewesen sind. Zurücksetzen können Sie die X-T4 jederzeit über **Einrichtung > Benutzer-Einstellung > Reset**. Alle Optionen im Aufnahmemenü für den **STILL**-Modus setzen Sie mit **Aufnahme.menü zurücksetz** zurück. Die Einstellungen für den **MOVIE**-Modus hingegen setzen Sie über **Filmmenü zurücksetzen** zurück. Die Setup-Einstellungen vom **Einrichten**-Register, die in diesem Kapitel behandelt werden, setzen Sie mit **Setup zurücks.** zurück. Nicht zurückgesetzt werden generell die benutzerdefinierten JPEG-Bildeinstellungen. Diese müssen Sie manuell über **Bildqualitäts-Einstellung > Ben.Einst. Bearbeiten/Speichern** einzeln mit **Reset** zurücksetzen.

6.1 Die Tastenbelegung ändern

Die Funktionstasten und Einstellräder der X-T4 sind in der Standardeinstellung mit sinnvollen Funktionen belegt. Dennoch kann es natürlich sein, dass Sie lieber die eine oder andere Einstellung anders haben wollen. Das geht weitestgehend. Beachten Sie aber, dass die Tastenbelegung für den **STILL**- und den **MOVIE**-Modus gilt und nicht separat eingestellt werden kann. Verwenden Sie daher eine Taste, die nur für das Fotografieren gedacht ist, wie beispielsweise standardmäßig die **Fn3**-Taste (Auswahltaste-nach-oben) mit der Belichtungsmessmethode (**AE-Messung**), dann hat diese Taste beim Drücken im **MOVIE**-Modus keine Funktion, auch wenn Sie sie mit einer Funktion belegt haben.

6.1.1 Funktionstasten ändern

Wenn Sie die **DISP/BACK**-Taste länger gedrückt halten, sehen Sie einen Überblick über alle Funktionstasten der X-T4 und mit welcher Funktion diese im Augenblick belegt sind. Über das Kameramenü finden Sie diese Übersicht über **Einrichtung > Tasten/Rad-Einstellung > Funktionen (Fn)**.

Kapitel 6 Die Fujifilm X-T4 individuell anpassen

Zur Auswahl stehen Ihnen 14 Tasten, die Sie individuell belegen können. Dies sind **Fn1** auf der Kamera neben dem Auslöser, **Fn2** vorn an der Kamera sowie die vier Auswahltasten **Fn3** bis **Fn6**. **T-Fn1** bis **T-Fn4** sind keine echten Tasten, sondern Wischgesten, die Sie verwenden können, wenn der Touchscreen und die Touch-Funktion aktiviert sind. Nicht jedem sagen diese Wischgesten zu, und auch sie können Sie mit einer neuen Funktion versehen oder komplett deaktivieren. Dazu kommen die Tasten **AF-ON** und **AEL** sowie das hintere Einstellrad, das auch gedrückt werden kann. Sie finden das hintere Einstellrad zum Drücken im **Funktionen (Fn)**-Menü als **R-Dial**. Auch die **Q**-Taste für das Schnellmenü kann mit einer anderen Funktion belegt werden.

Um die Funktion einer Taste zu ändern, drücken Sie in der Übersicht auf dem gewünschten Bedienelement die **MENU/OK**-Taste oder den Fokushebel und weisen der Taste aus der Auswahl von Funktionen die gewünschte Funktion zu. Für Tasten, die Sie überhaupt nicht verwenden oder gerne mal versehentlich drücken, können Sie auch die Option **Keine** auswählen und eine solche Funktionstaste damit komplett deaktivieren.

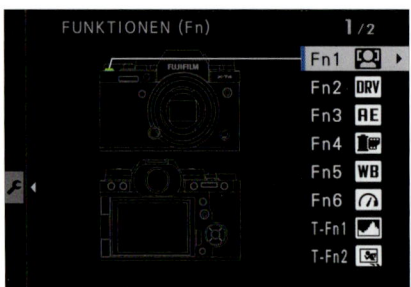 

Abbildung 6.1 *Übersicht über die Funktionstasten und deren Belegung*

Abbildung 6.2 *Wenn Sie eine Funktionstaste ausgewählt haben, können Sie aus einer sehr umfangreichen Liste eine neue Funktion zuweisen.*

Es ist kaum sinnvoll möglich, Empfehlungen für die individuelle Konfiguration zu geben. Es hängt stark davon ab, wie Sie fotografieren und filmen und welche Funktionen Ihnen dabei besonders wichtig sind. Leider trennt die X-T4 bei der Tastenbelegung auch nicht zwischen dem Fotografieren (**STILL**) und dem Filmen (**MOVIE**).

Ich gebe Ihnen hier einen kurzen Überblick zu den Standardeinstellungen der X-T4, und dazu meine Einstellung, wie ich sie bevorzuge. Sie werden feststellen, dass Fujifilm – zumindest für meinen Geschmack – die Tasten schon recht sinnvoll vorbelegt hat.

Taste	Standard	Meine Einstellung
Fn1	Gesichtserk. Ein/Aus	Auch ich verwende hier die Gesichtserkennung, da ich sie sowohl beim Fotografieren als auch beim Filmen regelmäßig einsetze.

Tabelle 6.1 *Meine Belegung der Funktionstasten*

6.1 Die Tastenbelegung ändern

Taste	Standard	Meine Einstellung
Fn2	Drive-Einstellung	Die **Drive-Einstellung** ist eine wirklich hilfreiche Funktion, schnell Einstellungen gemäß der Aufnahmebetriebsart anzupassen. Diese Taste erspart den Umweg über das überladene Menü **Aufnahme-Einstellung > Drive-Einstellung**. Mehr dazu gleich nach dieser Tabelle. Für das Filmen stelle ich diese Taste allerdings häufig auf **Zebra Einstellung** um.
Fn3	AE Messung	Da ich in der Praxis häufiger zwischen der Mehrfeld- und die Spotmessung wechsle, bleibt auch bei mir die Wahl der Belichtungsmessmethode mit **AE Messung** hier.
Fn4	Filmsimulation	Die Filmsimulation finde ich bereits im Schnellmenü zur Auswahl, und häufig verwende ich ohnehin eigene vordefinierte Bildlooks. Da ich viel im Studio fotografiere, habe ich **Bel-.Vorschau/Weissabgleich Man.** auf diese Taste gelegt, womit ich die Belichtungsvorschau mitsamt Weißabgleich (de-)aktivieren kann.
Fn5	Weissabgleich	Der Weißabgleich ist für mich unverzichtbar beim Fotografieren und, wenn das geht, noch wichtiger beim Filmen. Daher lasse ich diese Einstellung unverändert.
Fn6	Leistung	Wer häufig den Batteriegriff an der Kamera hat, kann diese Funktion auch anderweitig belegen, da man am Griff ja einen Boost-Schalter vorfindet. Ich schalte den Boost ein, wenn ich die Autofokusleistung erhöhen will. Ich verwende dies häufig beim Filmen, wo ich die X-T4 auf einem Gimbal ohne den Batteriegriff verwende. Daher bleibe ich auch hier bei der Standardeinstellung.
Tn1	Histogramm	Um diese Funktionen verwenden zu können, müssen Sie **Einrichtung > Tasten/Rad-Einstellung > Touchscreen-Einstellung > Touch-Funktion** auf **An** stellen. In der Praxis habe ich die Touch-Funktionen ausgeschaltet, weil ich sie immer wieder versehentlich aktiviert habe.
Tn2	Sport-Sucher-Modus	
Tn3	Modus Grosse Indikat	
Tn4	Wasserwaage	
AF-ON	AF-ON	In Abschnitt 4.2.8, »Fokussieren und Auslösen trennen«, bin ich bereits darauf eingegangen, wie ich **AF-ON**-Taste benutze. Ich trenne für gewöhnlich den Auslöser vom Fokussieren und nutze ausschließlich **AF-ON** dafür.

Tabelle 6.1 *Meine Belegung der Funktionstasten (Forts.)*

Taste	Standard	Meine Einstellung
AEL	Nur AE Sperre	Ich benutze die **AEL**-Taste zum Speichern der Belichtung auch gerne beim Filmen, um eventuelle Belichtungssprünge zu vermeiden. Natürlich ist diese Funktion nur dann sinnvoll, wenn man nicht im manuellen Programmmodus fotografiert oder filmt. Trotzdem bleibt die Standardbelegung bei mir so eingestellt.
R-Dial	Fokuskontrolle	Für mich unverzichtbar beim Fotografieren und Filmen. Beim Filmen steht Ihnen diese Funktion allerdings nur im manuellen Fokusmodus zur Verfügung.
Q	Schnellmenü	Auch die **Q**-Taste belasse ich bei der Standardfunktion mit dem Schnellmenü, weil ich bei Bedarf weitere benutzerdefinierte Funktionen im Schnellmenü anpassen kann.

Tabelle 6.1 *Meine Belegung der Funktionstasten (Forts.)*

6.1.2 Drive-Einstellung in der Aufnahmebetriebsart BKT für die Fn2-Taste einstellen

Die standardmäßig verwendete **Drive-Einstellung** der **Fn2**-Taste an der vorderen Seite der Kamera ist sehr hilfreich. Entsprechend der gewählten Aufnahmebetriebsart wie **ADV.**, **BKT**, **CH**, **CL** oder **HDR** können Sie dann die dafür vorgesehenen Optionen anzeigen und einstellen. (Die Aufnahmebetriebsart ▭ (für Panorama) und **S** (für Einzelbild) haben keine weiteren Optionen.) Beim Drücken der **Fn2**-Taste können Sie so mit **ADV.** den erweiterten Filter auswählen, mit **CH** und **CL** die maximale Anzahl der Bilder in der Sekunde und mit **HDR** den Dynamikbereich von **200%** bis hoch zu **800%+**.

Bei der Aufnahmebetriebsart **BKT** hingegen hängt die Funktion von der Auswahl in **Aufnahme-Einstellung > Drive-Einstellung > BKT-Einstellung > BKT Auswahl** ab. Standardmäßig ist hier die **Auto-Belichtungs-Serie** ausgewählt. Daher werden beim Drücken der **Fn2**-Taste in der Aufnahmebetriebsart **BKT** auch gleich die Einstellungen für die **Auto-Belichtungs-Serie** aufgerufen. Zur Auswahl stehen außerdem **ISO BKT**, **Filmsimulation-Serie**, **Weissab. BKT**, **Dynamikbereich-Serie** und **Fokus-BKT**.

6.1.3 Bedienrad-Einstellungen beim Drehen ändern

Dem vorderen Einstellrad können Sie drei Funktionen zuweisen, zwischen denen Sie in der Standardeinstellung durch ein kurzes Drücken wechseln und dann durch Drehen am Einstellrad anwenden. Mehrere Funktionen werden zum Beispiel verwendet, wenn Sie folgende Einstellungen vornehmen:

- Das Belichtungskorrekturrad steht auf **C** (= *custom*; benutzerdefiniert).
- Der ISO-Wert steht auf **C**.
- Sie verwenden ein XC-Objektiv ohne Blendenring, oder Sie stellen für Objektive mit Blendenring **Einrichtung > Tasten/Rad-Einstellung > Blendenring-Einstellung(A)** auf **Befehl** und den Blendenring auf **A** für Automatik.

Alle drei Möglichkeiten sind optional und können unabhängig voneinander verwendet werden. Sie können sich für eine, zwei oder alle drei Optionen entscheiden. Um es nochmals deutlich zu machen, hier geht es rein um die Funktion, die beim Drehen des vorderen Einstellrades ausgeführt wird, zwischen denen Sie durch Drücken des Einstellrades durchwechseln können.

Für das hintere Einstellrad ist die Sache schon viel einfacher, weil Sie hier ohnehin nur eine Einstellung definieren können, die beim Drehen ausgeführt wird.

In welcher Reihenfolge die Funktionen gewechselt und welche Funktion ausgeführt wird, wenn Sie das vordere Einstellrad drücken und dann daran drehen, können Sie anpassen, indem Sie das vordere Einstellrad länger gedrückt halten oder im Kameramenü **Einrichtung > Tasten/Rad-Einstellung > Bedienrad-Einst.** wählen. Hierbei stehen Ihnen drei Optionen für das vordere und eine für das hintere Einstellrad zur Verfügung (siehe Abbildung 6.3).

In der Standardeinstellung wird nach jedem Drücken des vorderen Einstellrads zunächst die Funktion (**1**) **Blende**, dann (**2**) **Belichtungskorrektur** und als Letztes (**3**) **ISO** ausgeführt. Drücken Sie das vordere Einstellrad erneut, springt es wieder zur **Blende**. Natürlich werden nur die entsprechenden Funktionen ausgewählt, wenn Sie sie auch für das vordere Einstellrad eingerichtet haben. Haben Sie z. B. das Belichtungskorrekturrad nicht auf **C** gestellt, wird diese Funktion auch nicht ausgewählt. Haben Sie hingegen gar keine der drei möglichen Funktionen auf das vordere Einstellrad gelegt, dann passiert beim Drücken bzw. Drehen des Rades gar nichts.

Das hintere Einstellrad ist standardmäßig mit **S.S.** (= **Schnellauslöser. Progr.Wechs**) belegt, womit Sie durch Drehen die Belichtungszeit in den Programmmodi **S** und **M** einstellen bzw. den Programm-Shift im Programmmodus **P** durchführen.

Abbildung 6.3 *Bedienrad-Einstellungen für das vordere und hintere Einstellrad*

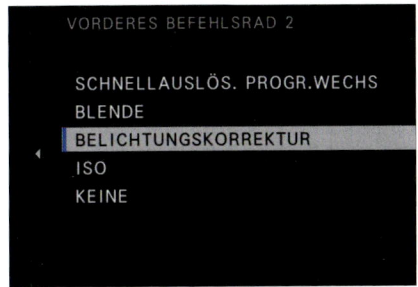

Abbildung 6.4 *Aus diesen Funktionen können Sie für den zweiten und dritten Speicherplatz des vorderen Einstellrades wählen. Für den ersten Speicherplatz stehen nur* **Schnellauslös. Progr.Wechs** *oder* **Blende** *zur Verfügung.*

Ich finde die standardmäßige Belegung und Reihenfolge beim Drücken und Drehen der Einstellräder der X-T4 bereits sehr gut gelöst. Wollen Sie trotzdem lieber eine Funktion vom vorderen auf das hintere Einstellrad legen oder die Reihenfolge beim vorderen Einstellrad ändern bzw. eine Funktion komplett deaktivieren, öffnen Sie den entsprechenden Eintrag und wählen eine andere Funktion dafür aus. Hier eine kurze Beschreibung der vorhandenen Funktionen:

- **Schnellauslös. Progr.Wechs**: Diese Einstellung dient zum Anpassen der Belichtungszeit in den Programmmodi **S** und **M**. Im Programmmodus **P** führen Sie damit einen Programm-Shift durch. Standardmäßig ist diese Funktion bei der X-T4 auf das hintere Einstellrad gelegt.

- **Blende**: Standardmäßig liegt diese Funktion auf dem ersten Speicherplatz des vorderen Einstellrads, so dass beim Drehen des Rades der Blendenwert bestimmt wird. Diese Funktion können Sie verwenden, wenn Sie **Einrichtung > Tasten/Rad-Einstellung > Blendenring-Einstellung(A)** auf **Befehl** stellen. Wenn Sie jetzt die Blende beim Objektiv auf **A** stellen, können Sie mit dem vorderen Einstellrad den Blendenwert anpassen.

- **Belichtungskorrektur**: Wenn Sie das Einstellrad für die Belichtungskorrektur auf **C** stellen, können Sie die Belichtung mit dem Einstellrad durch Drehen anpassen. Standardmäßig liegt diese Funktion auf dem zweiten Speicherplatz des vorderen Einstellrades.

- **ISO**: Mit dieser Funktion ändern Sie den ISO-Wert. Standardmäßig liegt diese Funktion auf dem dritten Speicherplatz des vorderen Einstellrades. Um diese Funktion nutzen zu können, drehen Sie das ISO-Einstellrad auf **C**.

- **Keine**: Mit dieser Einstellung deaktivieren Sie eine Funktion oder auch das Einstellrad komplett – wohlgemerkt nur die Funktion, die beim Drehen ausgeführt wird und nicht beim Drücken.

Bei der ersten Option des vorderen Einstellrads stehen Ihnen lediglich **Schnellauslöser. Progr. Wechs** und **Blende** als Auswahl zur Verfügung.

Funktionssperre

Wenn Sie beim Fotografieren häufiger bestimmte Bedienelemente versehentlich betätigen, können Sie über das Kameramenü **Einrichtung > Tasten/Rad-Einstellung > Funktionssperre** mit der Funktion **Alle Funktionen** alle oder gewählte Funktionen sperren. Sie erkennen diese Sperrung an einem gelben Schlosssymbol rechts unten im Display oder im Sucher. Zur Auswahl stehen dann nur noch der Auslöser, die Wiedergabe-Taste und die **Menu/Ok**-Taste. Auch im Kameramenü sind alle Funktionen bis auf die **Funktionssperre** zum Aufheben der Sperre deaktiviert. Zum Sperren einzelner Funktionen müssen/können Sie diese vorher im Bereich **Funktionswahl** auswählen.

6.2 Das Schnellmenü anpassen

Neben den konfigurierbaren Tasten kann Ihnen auch das Schnellmenü den recht umständlichen Weg über das Kameramenü ersparen. Sie erreichen es über die **Q**-Taste. In der Standardeinstellung finden Sie hier viele JPEG-Einstellungen aus dem Kameramenübereich **Bildqualitäts-Einstellung** beim Fotografieren im **STILL**-Modus. Beim Filmen im **MOVIE**-Modus hingegen finden Sie wichtige Einstellungen für das Filmen. Sehr schön hier, dass es ein Schnellmenü extra für das Fotografieren (**STILL**) und das Filmen (**MOVIE**) gibt, die sich auch unabhängig voneinander anpassen lassen. Wenn Sie diese Einstellungen nicht an dieser Stelle benötigen und noch Funktionen vermissen, dann können Sie auch die Einträge des Schnellmenüs ändern. Halten Sie die **Q**-Taste im Aufnahmemodus so lange gedrückt, bis Sie zur Konfiguration des Schnellmenüs gelangen. Die Kamera berücksichtigt automatisch den aktivierten Modus. Alternativ finden Sie diese Einstellungen jeweils für das Fotografieren und Filmen über das Kameramenü **Einrichtung > Tasten/Rad-Einstellung** mit 📷 **Schnellmenü Bearb./Sp.** für den **STILL**-Modus und 🎥 **Schnellmenü Bearb./Sp.** für den **MOVIE**-Modus wieder.

Abbildung 6.5 *Das Schnellmenü in der Standardeinstellung (STILL-Modus)*

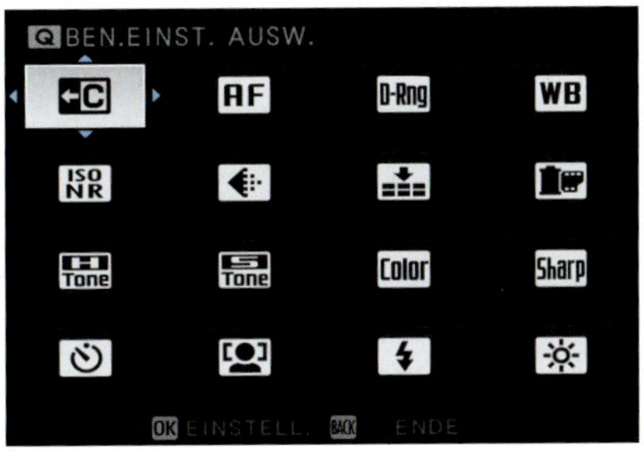

Abbildung 6.6 *Das Schnellmenü konfigurieren*

Bei der Konfiguration des Schnellmenüs wählen Sie zunächst mit dem Fokushebel und der **MENU/OK**-Taste das Feld aus, das Sie verändern wollen. Dann wählen Sie aus einer Liste von Funktionen eine aus, die die ursprüngliche Funktion ersetzen soll. Wollen Sie die Auswahl im Schnellmenü etwas kleiner halten, können Sie auch **Keine** auswählen, und das Feld bleibt leer.

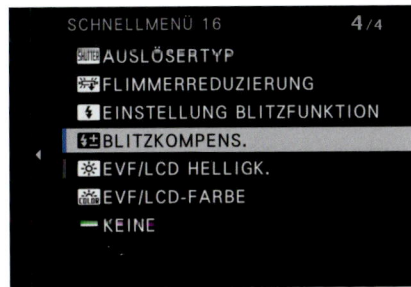

Abbildung 6.7 *Eine Liste von Funktionen für das Schnellmenü*

Abbildung 6.8 *Mein angepasstes Schnellmenü mit den Funktionen, die ich häufig in der Praxis verwende*

Q-Taste im Wiedergabemodus
Drücken Sie die **Q**-Taste im Wiedergabemodus, können Sie den in der Kamera integrierten Raw-Konverter aufrufen und das Bild in der Kamera damit bearbeiten. Auf den internen Raw-Konverter gehe ich gesondert im Bonuskapitel B.2, »Kamerainterne Raw-Bearbeitung«, ein. Voraussetzung für diese Funktion ist, dass Sie die ausgewählte Aufnahme im Raw-Format gespeichert haben.

Um die einzelnen Optionen im Schnellmenü selbst zu ändern, wählen Sie die Funktion mit den Auswahltasten oder dem Fokushebel aus und drehen dann das hintere Einstellrad.

Anstatt einzelne Funktionen im Schnellmenü mit **Keine** leer zu lassen, können Sie auch ein Schnellmenü mit weniger Steckplätzen verwenden, wie dies im **MOVIE**-Modus beim Filmen mit acht Steckplätzen der Fall ist. Die Einstellung dazu erreichen Sie über **Einrichtung > Tasten/Rad-Einstellung** mit 📷 **Schnellmenü Bearb./Sp.** für den **STILL**-Modus und 🎥 **Schnellmenü Bearb./Sp.** für den **MOVIE**-Modus. Dort können Sie neben der Standardeinstellung von 16 Steckplätzen beim Fotografieren bzw. 8 Steckplätzen beim Filmen auch noch Versionen mit 16, 12, 8 und 4 Steckplätzen wählen, die Sie genauso anpassen können, wie ich es eben beschrieben habe. Beachten Sie, dass Sie jedes Schnellmenü individuell bearbeiten. Änderungen am Schnellmenü mit 12 Steckplätzen haben zum Beispiel keine Auswirkungen auf die Schnellmenüs mit 4, 8 oder 16 Steckplätzen. Jedes Schnellmenü wird dauerhaft gespeichert. So habe ich mir zum Beispiel ein Schnellmenü rein zum Blitzen im Studio mit 8 Steckplätzen erstellt. Für das alltägliche Fotografieren stelle ich wieder auf 16 Steckplätze um. Dasselbe gilt natürlich für das Filmen.

Über **Einrichtung > Display-Einstellung >** 📷 **Q-Menü-Hintergrund** (für **STILL**) bzw. 🎥 **Q-Menü-Hintergrund** (für **MOVIE**) können Sie jeweils für das Fotografieren und Filmen separat einstellen, ob der Hintergrund des Q-Menüs transparent oder schwarz sein soll. Beim Fotografieren ist der Hintergrund standardmäßig schwarz und beim Filmen transparent.

6.3 »Mein Menü« individuell anpassen

Selbst mit den Funktionstasten und dem Schnellmenü können nicht alle Funktionen der X-T4 erfasst werden bzw. sind teilweise auch gar nicht dafür auswählbar. Gibt es also im Kameramenü Funktionen, die Sie häufiger verwenden, dann können Sie sie in das Register **Mein Menü** MY legen. Darin können Sie jeweils für den **STILL**- und **MOVIE**-Modus bis zu 16 Funktionen aus dem Kameramenü speichern. Zum Einrichten von **Mein Menü** rufen Sie im Kameramenü **Einrichtung > Benutzer-Einstellung > Meine Menü-Einstellung** auf. Auch hier haben Sie wieder einen Extra-Eintrag für das Fotografieren, 📷 **Meine Menü-Einstellung** (**STILL**) und einen für das Filmen 🎥 **Meine Menü-Einstellung** (**MOVIE**). Beide können unabhängig voneinander angepasst werden. Es folgt ein Menü, in dem Sie mit **Elemente hinzufügen** eben genau dies tun können.

In diesem Menü sehen Sie Kameramenüeinträge in blauer Farbe, die noch nicht zu **Mein Menü** hinzugefügt wurden und die Sie jetzt mit **MENU/OK** auswählen und zu **Mein Menü** hinzufügen können. Abgesehen vom Register **Einrichtung**, wo Sie nur einige **Display-Einstellungen** hinzufügen können, stehen alle anderen Kameramenü-Einträge zur Verfügung. Beim Hinzufügen der Elemente können Sie zudem gleich die Reihenfolge festlegen. Hinzugefügte Einträge werden bei der Auswahl abgehakt und in weißer Schrift angezeigt.

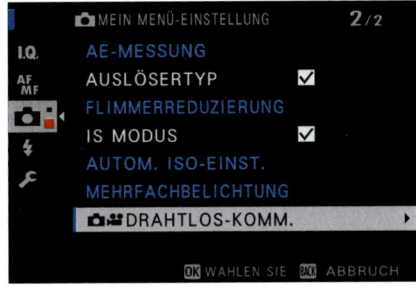 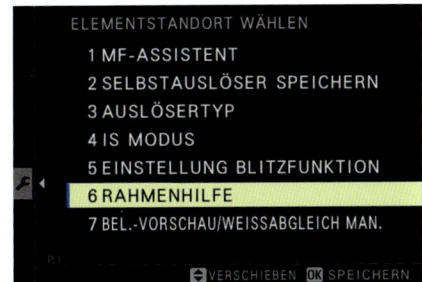

Abbildung 6.9 *Elemente aus dem Kameramenü hinzufügen: Bereits hinzugefügte Elemente werden abgehakt und in weißer Schrift angezeigt.*

Abbildung 6.10 *Sie können bestimmen, welcher Menüpunkt an welcher Stelle angezeigt wird.*

Wenn Sie mit der Auswahl der Einträge für **Mein Menü** fertig sind, können Sie den Vorgang durch Antippen des Auslösers oder der **DISP/BACK**-Taste beenden. Drücken Sie die **MENU/OK**-Taste, um das Kameramenü aufzurufen, wird jetzt immer **Mein Menü** als erstes ausgewähltes Register angezeigt. Das Umsortieren und das Entfernen von Einträgen ist jederzeit über **Einrichtung > Benutzer-Einstellung > Meine Menü-Einstellung** und die Befehle **Elemente sortieren** und **Elemente entfernen** möglich.

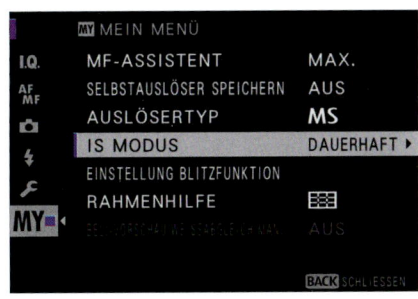 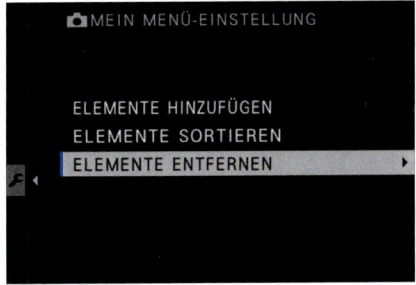

Abbildung 6.11 *Mein Menü wird jetzt immer als erstes Kameramenu aufgerufen.*

Abbildung 6.12 *Nachträgliches Entfernen oder Umsortieren von Elementen ist kein Problem.*

Formatieren per Tastenkürzel aufrufen

Wenn Sie das Formatieren als Schnellzugriff in **Mein Menü** legen wollen, dann können Sie sich dies auch sparen. Die X-T4 bietet hierfür ein praktisches Tastenkürzel an: Halten Sie das Papierkorb-Symbol für 2 Sekunden gedrückt, und drücken Sie dann zusätzlich auf das hintere Einstellrad. Nun erscheint ein Menü, in dem Sie den Steckplatz der SD-Karte auswählen, die formatiert werden soll.

6.4 Display- und Suchereinstellungen

Viele Einstellungen für das Display und den Sucher habe ich im Buch bereits an verschiedenen Stellen kurz erwähnt, und ich denke mir auch, dass diese Einstellungen im Kameramenü **Einrichtung > Display-Einstellung** zusammen mit der Bedienungsanleitung ab Seite 213 niemanden überfordern dürften, weshalb hier nicht umfangreich darauf eingegangen werden soll.

Die wichtigsten Einstellungen für die persönliche Anpassung der X-T4 dürften die **Display Einstell.** sein, wo Sie durch Setzen oder Entfernen eines Häkchens entscheiden, was auf dem Display oder im Sucher angezeigt werden soll.

Wenn Sie außerdem eine vergrößerte Anzeige der Symbole und Ziffern mit **Modus Grosse Indikat(EVF)** für den Sucher oder **Modus Grosse Indikat(LCD)** für das Display aktiviert haben, dann können Sie auch diese Anzeige mit **Anzeigeeinst Grosse Indik** an Ihre Bedürfnisse anpassen.

Abbildung 6.13 *Hier wählen Sie aus, was auf dem Display oder im Sucher angezeigt werden soll.*

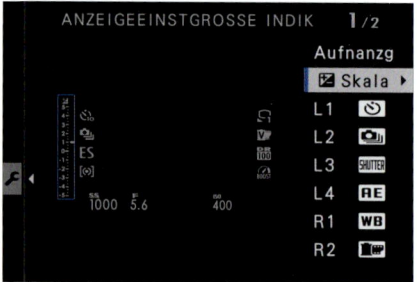

Abbildung 6.14 *Auch die vergrößerte Ansicht von Display und/oder Sucher können Sie Ihren Bedürfnissen anpassen.*

Auch wenn die X-T4 viele Anpassungen für das Display oder den Sucher bietet, so empfehle ich Ihnen, die Anzeige auf das Nötigste zu beschränken, damit Sie sich ausschließlich auf das Fotografieren oder Filmen konzentrieren können. Ein überladenes Display oder ein zu voller Sucher mit zu vielen Informationen lenkt Sie nur von der Motivgestaltung ab. Verwenden Sie daher wirklich nur, was Sie auch benötigen.

Display oder Sucher bei Leistungsverstärkung anpassen
Wenn Sie die Leistungsverstärkung der Kamera über **Einrichtung > Power Management > Leistung** auf **Verstärk** gestellt haben, können Sie das Verhalten des Displays oder des Suchers passend zur aktuellen Aufnahmesituation anpassen. Mit **EVF/LCD-Restlicht-Priorität** wird die Anzeige bei Aufnahmen mit schlechten Lichtverhältnissen verbessert. Bei Bewegungen kann es allerdings zu Geisterbildern kommen. Bei **EVF/LCD-Auflösungspriorität** werden die feineren Details besser wiedergegeben, indem die Auflösung erhöht wird, und **EVF-Priorität-Bildrate** sorgt für weichere Übergänge bei Aufnahmen von bewegten Motiven, dank einer höheren Bildwiederholungsfrequenz für den Sucher.

Kapitel 7
Blitzen mit der X-T4

Ein externer Blitz ist ein sehr hilfreiches Zubehör, wenn es um das Aufhellen einzelner Motivbereiche geht. Und das nicht nur, wenn es dunkel ist. Die X-T4 bietet keinen eingebauten Blitz, und auch das kleine Blitzgerät EF-X8 wurde gegenüber der Vorgängerin X-T3 gestrichen. Das EF-X8 können Sie aber bereits für kleines Geld (ca. 40 Euro) kaufen und so zumindest bei schwachen Lichtverhältnissen für ein wenig mehr Licht sorgen. Für gelegentliches Blitzen ist das Gerät ausreichend. Für ernsthaftere Arbeiten oder für das entfesselte Blitzen benötigen Sie in der Regel leistungsfähigere Geräte. In diesem Kapitel erfahren Sie, wie Sie die verschiedenen Blitzoptionen der X-T4 sinnvoll verwenden können.

Situationen, in denen der Blitz nicht zündet
Der Blitz funktioniert nicht mit dem elektronischen Auslöser, weil in diesem Fall zeilenweise ausgelesen wird. Auch bei verschiedenen Aufnahmebetriebsarten wie **BKT**, **CH**, **CL**, **HDR** oder **Panorama** lässt sich der Blitz nicht verwenden.

7.1 Erste Schritte mit einem Blitzgerät

Die Verwendung eines Fujifilm-kompatiblen Blitzgerätes ist einfach. Im Grunde müssen Sie es nur auf den Blitzschuh der Kamera schieben, festmachen und können loslegen. Die Blitzautomatik macht das Blitzen zum Kinderspiel. Im Sucher oder auf dem Display erkennen Sie links über der Belichtungsskala den Blitzmodus.

Abbildung 7.1 *Der günstige Aufsteckblitz EF-X8 auf der X-T4*

Abbildung 7.2 *Links oben über der Belichtungsskala wird der Blitzmodus (hier: **TTL**) angezeigt.*

Sie sind bei der Verwendung des Blitzgerätes natürlich nicht auf die Standardeinstellungen der Blitzautomatik beschränkt. Über das Kameramenü **Blitz-Einstellung > Einstellung Blitzfunktion** können Sie, abhängig vom Aufnahmemodus **P**, **S**, **A** oder **M**, die Blitzsteuerung, Blitzleistung, den Blitzmodus und die Synchronisation, also ob der Blitz sofort nach dem Öffnen des Verschlusses oder nach dem Schließen dessen zündet, ändern.

Abbildung 7.3 *Einstellungen der Blitzfunktionen. Hier wird zudem **EF-X8** angezeigt, wenn sich der EF-X8 auf der Kamera befindet. Der Name des Blitzgerätes wird allerdings nur bei Fujifilm-Blitzen angezeigt.*

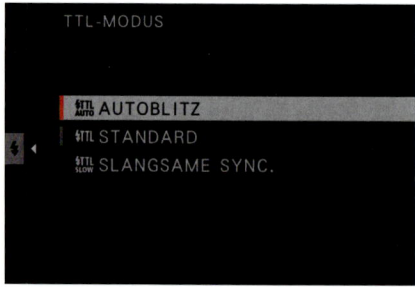

Abbildung 7.4 *Stellen Sie den **TTL-Mode** auf **Autoblitz**, entscheidet die Kamera, ob geblitzt wird oder nicht.*

Wer noch nicht viel Erfahrung mit dem Blitzen hat, dem empfehle ich, zunächst die Programmautomatik (**P**) zu verwenden, den ISO-Wert auf maximal 3200 einzuschränken und den Weißabgleich auf 5000–5300 Kelvin zu stellen. Auf einen automatischen Weißabgleich würde ich dabei verzichten, weil dieser dann den Schwerpunkt auf das vorhandene Licht legt und der Blitz die Szene einfach nur mit Licht auffüllt. Der Blitz hat aber eine andere Farbtemperatur als beispielsweise ein Lagerfeuer und erzeugt dann häufig nur eine kühle Farbstimmung mit AWB. Dies ist allerdings keine Regel, sondern nur meine persönliche Empfehlung. Wollen Sie zudem die Kamera entscheiden lassen, ob der Blitz gezündet werden soll oder nicht, können Sie den **TTL-Mode** auf **Autoblitz** stellen. Jetzt regelt die Kamera mit Hilfe des gemessenen Umgebungslichtes und der eingebauten TTL-Blitzlichtmessung alles von selbst.

TTL-Blitzmessung

Mit der TTL-Blitzmessung wird das Licht gemessen, das durch das Objektiv auf den Sensor der Kamera fällt. TTL steht für *Through The Lens*. Dank dieser Messung kann die Kamera das Blitzgerät mit der passenden Blitzstärke auslösen. Hierbei werden auch die Brennweite und die Lichtstärke des Objektivs berücksichtigt. Vor der Aufnahme sendet der Blitz noch kurze Messblitze, um auch die Reflexionseigenschaften des Motivbereiches zu ermitteln. Auch die eingestellte Belichtungsmessung spielt eine Rolle. Da die TTL-Blitzmessung sich von Hersteller zu Hersteller ein wenig unterscheidet, muss die TTL-Blitzmessung auf das Kamerasystem abgestimmt sein. Daher funktioniert die TTL-Blitzmessung z. B. nicht so ohne weiteres, wenn Sie ein Blitzgerät für ein anderes System (beispielsweise Canon) auf die X-T4 stecken.

7.2 Systemblitze für die X-T4

Einen passenden Systemblitz zu finden, ist nicht immer leicht. Theoretisch können Sie jedes Blitzgerät verwenden, das auf den Blitzschuh passt. Allerdings gilt für Blitzgeräte, die nicht für das Fujifilm-System vorgesehen sind, dass sie nur im manuellen Modus verwendet werden können. Hierbei müssen Sie die Einstellungen am Blitzgerät selbst vornehmen, die Kamera hilft Ihnen nicht – also kein TTL.

Sinnigerweise beginnt die Suche nach kompatiblen Blitzgeräten beim Hersteller selbst. In der Tat kann Fujifilm mit einigen interessanten Geräten aufwarten. Aber auch Fremdhersteller bieten mittlerweile interessante Alternativen an, die nichts vermissen lassen.

In eigener Sache

Auch wenn Sie praktisch jedes Blitzgerät auf den Blitzschuh der X-T4 stecken können, das darauf passt, will ich hier auf keinen Fall eine Empfehlung für diese Vorgehensweise aussprechen. Zwar hatte ich mit meinem Canon Speedlite 600EX keine Probleme, es im manuellen Modus auf der X-T4 zu betreiben, aber ich nutzte es auch auf eigene Gefahr. Die kleinen Kontakte auf dem Blitzschuh und dem Systemblitz werden von Hersteller zu Hersteller unterschiedlich verwendet. Da kann es durchaus passieren, dass diese Kontakte eine zu hohe Spannung an die Kamera abgeben – mit unvorhersehbaren Folgen für die Elektronik.

Eine mögliche Lösung, die ich verwende, ist der Cactus V6 II, ein kabelloser Blitzauslöser. Mit ihm können Sie auch fremde Blitzgeräte mitsamt TTL (*Through The Lens*) und HSS (*High-Speed-Synchronisation*) auf der X-T4 verwenden; ich habe so mein Canon Speedlite 600EX auf der X-T4 mitsamt TTL und HSS genutzt. Für Umsteiger von anderen Systemen kann daher das Cactus V6 II eine interessante Lösung sein, um »alle« Blitzgeräte auch auf der X-T4 zu betreiben. Allerdings sollten Sie dann auch genügend Motivation mitbringen, sich damit etwas ausgiebiger zu befassen. Mehr Informationen finden Sie auf der offiziellen Website www.cactus-image.com/v6ii.html.

7.2.1 Fujifilm EF-X8

Anfangen will ich mit dem *Fujifilm EF-X8* (ca. 40 Euro), einem kleinen TTL-Blitz, der eine Leitzahl von 8 aufzuweisen hat. Der Blitz wurde bei der X-T3 noch kostenlos beigelegt und muss jetzt mit der X-T4 extra erworben werden. Für gelegentliches Aufhellen ist die Leistung ausreichend, allerdings können Sie mit diesem Blitz nur frontal blitzen; Dreh- und Schwenkmöglichkeiten gibt es nicht.

Abbildung 7.5 *Der Fujifilm EF-X8 ist die kleinste und günstigste Option aus dem Haus Fujifilm.*

Die Leitzahl

Die Leitzahl ist bei Blitzsystemen so etwas wie der Stärkeindikator und gibt die Blitzreichweite an. Je höher der Wert ist, umso mehr Leistung kann der Blitz bringen. Mit Hilfe dieser Zahl lässt sich auch berechnen, aus welcher Entfernung ein Motiv bei ISO 100 aufgehellt werden kann. Hierbei wird die Leitzahl (z. B. 8 wie beim EF-X8) durch die eingestellte Blende dividiert. Haben Sie also beim EF-X8 die Blende f5,6 eingestellt, reicht der Blitz bei ISO 100 gerade einmal 1,40 Meter weit. Der Abstand verkürzt sich mit steigendem Blendenwert. Gegensteuern können Sie aber mit einem höheren ISO-Wert. Die Leitzahl ist allerdings selten das Maß aller Dinge, da in der Praxis ohnehin selten mit voller Blitzleistung fotografiert wird.

7.2.2 Fujifilm EF-20

Die »nächste Stufe« ist der *Fujifilm EF-20* (ca. 80 €), ein einfacher TTL-Blitz mit einer Leitzahl von 20. Der Blitzkopf ist um 90° in den Schritten 45°, 60° und 75° nach oben schwenkbar und erlaubt so das indirekte Blitzen beispielsweise über die Zimmerdecke (wenn diese nicht zu hoch ist). Eine integrierte Streuscheibe kann ausgeklappt werden, um für eine weichere Beleuchtung zu sorgen und um harte Schlagschatten zu vermeiden. Das Gerät ist super kompakt und ideal für das kleine Gepäck. Der EF-20 eignet sich sehr gut, um ein Porträt bei Gegenlicht zu machen oder den Raum aufzuhellen, indem er nach oben gerichtet wird.

Abbildung 7.6 *Der Fujifilm EF-20 zeichnet sich durch seine kompakte Bauweise aus. (Bild: Fujifilm)*

7.2.3 Fujifilm EF-X20

Ein weiteres interessantes Gerät ist der *Fujifilm EF-X20* (ca. 160 €), der sich auch durch seine Retro-Optik visuell in das Fujifilm-System einfügt. Er kann als TTL-Blitz, aber auch manuell direkt am Gerät eingestellt werden. Die Bauweise ist sehr robust; die Leitzahl liegt ebenfalls bei 20. Für eine weichere Ausleuchtung ist eine Streublende an Bord. Allerdings können Sie mit dem EF-X20 nur direkt blitzen. Er kann aber auch als Remote-Blitz genutzt werden, dann allerdings ohne die automatische TTL-Steuerung.

Abbildung 7.7 *Der kompakte Fujifilm EF-X20 kommt im klassischen Retrolook daher. (Bild: Fujifilm)*

7.2.4 Fujifilm EF-42

Nach diesen kompakten Blitzgeräten von Fujifilm folgt der TTL-Blitz *Fujifilm EF-42* (150–200 €), der eine Leitzahl von 42 hat und am Display mit einer Reichweitenanzeige ausgestattet ist. Der Schwenkreflektor kann bis auf 90° nach oben gestellt, um 180° nach links und 120° nach rechts gedreht werden. Leider kann dieser Blitz nicht mit anderen Geräten im Verbund verwendet werden, was komplexere Lichtaufbauten möglich machen würde.

Abbildung 7.8 *Beim Fujifilm EF-42 handelt es sich um einen typischen Systemblitz mit ordentlicher Blitzleistung. (Bild: Fujifilm)*

7.2.5 Fujifilm EF-X500

Als letztes Blitzgerät von Fujifilm sei der *Fujifilm EF-X500* (ca. 450 Euro) erwähnt. Der EF-X500 ist der leistungsstärkste Systemblitz von Fujifilm mit einer Leitzahl von 50. Er bietet die drahtlose TTL-Steuerung von mehreren Blitzgeräten, Stroboskop-Blitzen sowie einen LED-Reflektor als Aufhelllicht. Mit ihm ist auch HSS für Belichtungszeiten von bis zu 1/8000 s möglich. Wenn Sie allerdings entfesselt blitzen müssen, benötigen Sie schon zwei von diesen Blitzgeräten. Das dürfte aufgrund der höheren Kosten nicht jedem gefallen.

Abbildung 7.9 *Das beste und leistungsstärkste Blitzgerät von Fujifilm: der EF-X500 (Bild: Fujifilm)*

7.2.6 Blitze von Metz, Godox und Nissin

Wer nicht unbedingt ein Blitzgerät von Fujifilm haben will, der findet mittlerweile auch einige gute Alternativen bei Drittanbietern. Eine Option wäre der *Metz mecablitz M400* für Fujifilm. Dieser TTL-Blitz hat eine Leitzahl von 40, ist um 90° vertikal und um 360° horizontal schwenkbar. Der M400 bietet auch ein integriertes Videolicht. Zudem beherrscht dieser Blitz HSS und kann im Verbund verwendet werden. Da der Einzelpreis bei 200 Euro liegt, dürfte ein Verbund aus zwei oder drei solcher Geräte für den einen oder anderen recht interessant sein.

Abbildung 7.10 *Sehr beliebt aufgrund des guten Preis-Leistungs-Verhältnisses: Systemblitze von Godox*

Wenn Sie ein TTL-System suchen, das ein gutes Preis-Leistungs-Verhältnis hat, HSS bietet und zudem ein Funk-Blitzsystem ist, dann werfen Sie einen Blick auf den *Godox TT685F* für Fujifilm. Ich verwende das Gerät zusammen mit dem kleineren *Godox TT350F* im Verbund. Beide können sowohl als Sender wie auch als Empfänger verwendet werden. Zusätzlich gibt es mit dem *X1T-F* oder *X2T-F* einen Funksender, mit dem Sie entfesselt blitzen können. Der Preis für alle drei Geräte liegt zusammen bei ungefähr 260 Euro.

> **Weitere Geräte**
>
> Das waren natürlich noch lange nicht alle Systemblitze für die X-T4, und die hier erwähnten sollen nur der Übersicht dienen. So gibt es zum Beispiel von Nissin mit dem *Nissin i40* und dem *Nissin i60* ebenfalls zwei Ge-

räte für das Fujifilm-System. Ich will an dieser Stelle keine generelle Empfehlung aussprechen. Denn die Entscheidung hängt auch immer davon ab, was Sie mit dem Blitz machen wollen. Hinterfragen Sie sich selbst, beispielsweise: Wie häufig benötigen Sie einen Blitz, und wozu? Wollen Sie entfesselt blitzen? Benötigen Sie HSS?

7.3 Die Blitzeinstellungen der X-T4

Wenn Sie einen Fujifilm-kompatiblen Blitz haben, dann können Sie damit in der Regel auch die Blitzautomatik, die TTL-Blitzlichtmessung, verwenden, bei der die Kamera die Blitzleistung bestimmt. Damit wird sichergestellt, dass der Blitz nicht nur einfach die volle bzw. die manuell eingestellte Leistung abfeuert, sondern die Leistung an das Umgebungslicht anpasst – mit dem Ziel einer ausgewogenen Belichtung. Sobald Sie den Auslöser halb herunterdrücken, misst die Kamera das Umgebungslicht wie gehabt. Wenn Sie den Auslöser durchdrücken, wird ein Vorblitz ausgelöst, der das Motiv aufhellt. Anhand dieser Daten kann die Kamera in etwa abschätzen, wie hell es ohne Blitz ist und mit wie viel Leistung der Blitz die Szene aufhellen muss. Aus einer Mischung von Umgebungslicht und Blitzlicht wird somit die aus Sicht der Kamera optimale Blitzleistung ermittelt. Diese Vorgänge laufen so schnell ab, dass Sie den Vorblitz in der Regel gar nicht wahrnehmen.

7.3.1 Die Blitzsteuerung

Ob Ihr Blitz auch wirklich TTL verwendet, erkennen Sie im Sucher oder auf dem Display links oben am **TTL**-Zeichen über der Belichtungsskala. Haben Sie einen Blitz aufgesteckt, der nicht kompatibel mit der Kamera ist, steht hier **M** für manuell, und der Blitz zündet in dem Fall mit der am Blitz eingestellten Stärke. Sie können auch einen Fujifilm-kompatiblen Blitz im manuellen Modus betreiben. Hierzu finden Sie einen Eintrag im Schnellmenü über die **Q**-Taste, oder Sie nutzen das Kameramenü über **Blitz-Einstellung > Einstellung Blitzfunktion**. Wählen Sie den quadratischen hellgrauen Eintrag links oben aus (siehe Abbildung 7.12), und drehen Sie das hintere Einstellrad, um die Blitzsteuerung zu ändern. Abhängig vom Blitzgerät stehen Ihnen verschiedene Steuerungen zur Verfügung.

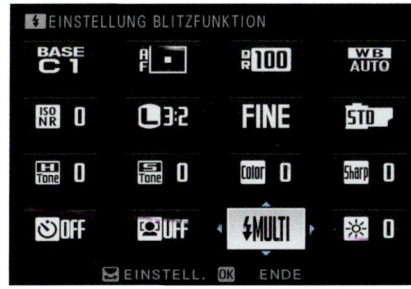 

Abbildung 7.11 *Blitzsteuerung per Schnellmenü ändern (hier: **Multi**)*

Abbildung 7.12 *Blitzsteuerung über das Kameramenü ändern (hier: **TTL**)*

Blitzsteuerung	Beschreibung
TTL	Die Blitzautomatik **TTL** wird gewöhnlich bei Fujifilm-kompatiblen Blitzgeräten automatisch gleich nach dem Aufstecken des Blitzgerätes verwendet.
M	Im Modus **M** regeln Sie die Blitzleistung selbst. Die Blitzstärke wird als Bruchteil der vollen Leistung 1/1 bis 1/512 (abhängig vom Blitzgerät) angegeben. Die manuelle Einstellung ist sinnvoll, wenn Sie mit konstanter Blitzmenge arbeiten wollen.
Multi	Wenn es unterstützt wird, können Sie mit **Multi** die Stroboskopblitz-Steuerung (Serienblitz) aktivieren, um kurze Lichtblitze in schneller Folge zu senden. Damit frieren Sie zum Beispiel Bewegungsfolgen innerhalb eines Bildes ein.
Commander	Mit **Commander** stellen Sie den Master-Modus ein und steuern Blitzgeräte fern.
Off	Mit **Off** deaktivieren Sie den Blitz.

Tabelle 7.1 *Verschiedene Blitzsteuerungen mit der X-T4*

Die Commander-Funktion

Mit der **Commander**-Funktion können Sie über ein Steuerblitzlicht externe Blitzgeräte optisch auslösen, die über einen Sensor mit dieser Funktionalität verfügen. Bei Fujifilm-Blitzgeräten ist diese Funktion bei den Geräten EF-X20 oder EF-X500 vorhanden. Auch viele Studioblitze lassen sich im **Commander**-Modus ohne einen gesonderten Transmitter zünden. Meine Elinchrome-Systemblitze zum Beispiel lassen sich hervorragend mit der **Commander**-Funktion und dem günstigen EF-X8 auslösen. Auf eine TTL-Steuerung müssen Sie hierbei allerdings verzichten und stattdessen im manuellen Modus fotografieren.

7.3.2 Blitzleistung einstellen

Wie jede andere Kameraautomatik liegt auch das TTL-System nicht immer richtig oder liefert vielleicht nicht das zurück, was Sie wollen. So fällt der Blitz für Ihr Empfinden vielleicht zu hell oder zu dunkel aus. Daher können Sie die Leistung über **Blitz-Einstellung > Einstellung Blitzfunktion** mit der Skala rechts neben der Blitzsteuerung mit dem hinteren Einstellrad nach oben oder unten korrigieren. Diese Option unterscheidet sich je nach der ausgewählten Blitzsteuerung. So finden Sie in der TTL-Blitzmessung eine ähnliche Belichtungsskala vor, wie Sie sie auch vom Display oder Sucher der Kamera her kennen.

Beim manuellen Modus in der ungesteuerten Blitzabgabe können Sie die Leistung in Drittelstufen von 1/1 (= volle Leistung) bis auf 1/64 oder auch 1/512 reduzieren. Weit fein Sie die Leistung im manuellen Modus einstellen können, hängt vom verwendeten Blitzgerät ab.

7.3 Die Blitzeinstellungen der X-T4

Abbildung 7.13 *Hier können Sie die Blitzleistung der TTL-Steuerung anpassen.*

Abbildung 7.14 *Und hier wird die Blitzleistung für den manuellen Modus angepasst.*

Abbildung 7.15 *Hier habe ich mit TTL ohne weitere Anpassungen geblitzt. Den Blitz habe ich entfesselt mit einer kleinen Softbox ausgelöst. Für mein Empfinden wurde das Motiv dadurch recht schwach belichtet.*

Abbildung 7.16 *Hier habe ich die Blitzleistung um +1 erhöht, und das Ergebnis entspricht meinen Vorstellungen.*

7.3.3 TTL-Modus anpassen

Abhängig vom ausgewählten Aufnahmemodus **P**, **S**, **A** oder **M** stehen Ihnen über **Blitz-Einstellung > Einstellung Blitzfunktion** bei **TTL Mode** verschiedene Modi für die TTL-Blitzsteuerung zur Verfügung. Entsprechend der Auswahl wird auch hier der gewählte TTL-Modus links oben über der Belichtungsskala angezeigt.

TTL-Modus	Beschreibung
Autoblitz (TTL-Auto)	Diese Option steht nur im Aufnahmemodus **P** zur Verfügung. Hier entscheidet die Kamera, ob der Blitz gezündet wird. Wenn Sie den Auslöser halb herunterdrücken, wird das Blitzsymbol über der Belichtungsskala angezeigt, wenn der Blitz zünden wird.

Tabelle 7.2 *Optionen für die TTL-Blitzsteuerung*

TTL-Modus	Beschreibung
Standard (TTL)	Bei dieser Einstellung zündet der Blitz immer. Die Blitzleistung passt sich dank TTL dem Umgebungslicht an. Der Modus eignet sich perfekt zum Aufhellen dunkler Schatten wie beispielsweise bei Gegenlichtaufnahmen.
Slangsame Sync. (TTL-Slow)	Die Option steht nur in den Aufnahmemodi **P** und **A** zur Verfügung. Hier wird versucht, mit einer längeren Belichtungszeit zu blitzen. Damit wird beispielsweise bei einer nächtlichen Porträtaufnahme der Hintergrund länger beleuchtet und verschwindet somit nicht komplett im Schwarz.

Tabelle 7.2 *Optionen für die TTL-Blitzsteuerung (Forts.)*

7.3.4 Synchronisation

Mit der Synchronisation über **Blitz-Einstellung > Einstellung Blitzfunktion** bei **Sync.** können Sie auswählen, ob der Blitz sofort nach dem Öffnen des Verschlusses zündet (**1.Vorhang/Front**), was auch die Standardeinstellung ist. Alternativ können Sie den Blitz auch am Ende der Verschlusszeit zünden (**2.Vorhang/Rear**). Diese Einstellung macht sich vor allem bei langen Belichtungszeiten und bewegten Motiven bemerkbar. Bei unbewegten Motiven hat diese Einstellung keinen Einfluss auf das Bild.

In den folgenden Abbildungen bewegt sich ein Auto mit Licht von links nach rechts, und ich habe eine längere Belichtungszeit (1 Sekunde) bei der Aufnahme verwendet. Sie entscheiden nun, ob das sich bewegende Objekt am Anfang der Belichtung (**Front/1.Vorhang**) oder am Ende der Belichtung (**Rear/2.Vorhang**) eingefroren werden soll. Das müssen Sie berücksichtigen, weil ein sich bewegendes Objekt am Anfang der Belichtung natürlich eine andere Position hat als am Ende. In der Praxis eignen sich die beiden Programmmodi **S** und **M** am besten dafür, eine längere Belichtungszeit einzustellen, um den gewünschten Effekt zu erzielen.

Abbildung 7.17 *Das ferngesteuerte Auto mit dem Licht ist bei einer Sekunde Belichtungszeit von rechts nach links gefahren. Den Blitz habe ich auf den 1. Vorhang (**Front/1.Vorhang**) gezündet. Es scheint so, als würde das Auto rückwärtsfahren.*

Abbildung 7.18 *Dasselbe Motiv. Hier habe ich mit **Rear/2.Vorhang** den 2. Vorhang für die Blitzsynchronisation verwendet. Die Motivbewegung inklusive Lichtspuren hat nun eine komplett andere Wirkung bekommen.*

Abbildung 7.19 *Ein typisches Langzeitbelichtungs-Blitzbeispiel, bei dem ich mit dem 2. Vorhang am Ende der Verschlusszeit geblitzt habe. So etwas lässt sich auch mit dem 1.Vorhang realisieren, aber hier wäre die Bildwirkung eine andere gewesen. Im Beispiel wird die Bewegung für 2,5 Sekunden verwischt aufgenommen und dann am Ende wird die Person durch den Blitz »eingefroren«.*

23 mm | ƒ7,1 | 2,5 s | ISO 160 | mit Blitzgerät (geblitzt mit 2. Vorhang)

7.3.5 Rote-Augen-Korrektur

Wenn das Blitzgerät recht nah an der optischen Achse des Objektivs liegt, kommt es schnell zu roten Pupillen bei Personen. Gerade bei den Blitzgeräten EF-20 und EF-X20 von Fujifilm ist eben genau dieser geringe Abstand vorhanden. Um den Effekt zu reduzieren, bietet die X-T4 im Menü **Blitz-Einstellung > Rote-Augen-Korr.** einige Optionen an. Mit **Blitz** und **Blitz+Entfernung** wird ein Vorblitz abgefeuert, der die Pupillen verkleinern soll. Mit der Option **Entfernung** wird bei Bedarf nachträglich eine automatische Retusche in der Kamera durchgeführt und der Vorblitz nicht ausgelöst. Die Entfernung via Retusche mit den beiden Optionen **Entfernung** und **Blitz+Entfernung** setzt allerdings voraus, dass Sie (auch) im JPEG-Format fotografieren. Die Retuschen werden nicht auf die Raw-Datei angewendet. Wenn Sie ausschließlich im Raw-Format fotografieren, können Sie diese Entfernung auch nachträglich im internen Raw-Konverter der X-T4 durchführen. Natürlich erhalten Sie als Ergebnis wieder eine JPEG-Datei.

Die Funktion der Rote-Augen-Korrektur ist vielleicht für den einen oder anderen ganz hilfreich und nützlich, aber bei mir ist sie immer deaktiviert. Ich behelfe mir in der Regel damit, dass ich die Person kurz in eine helle Lichtquelle blicken lasse. Auch hilft es, für mehr Umgebungslicht zu sorgen, wenn dies möglich ist. Bei einem höheren Aufsteckblitz, der weiter von der optischen Achse des Objektivs entfernt ist, treten diese roten Augen ohnehin extrem selten auf. Und wenn doch: Sie lassen sich leicht in der nachträglichen Bildbearbeitung korrigieren.

7.3.6 TTL-Sperre

Mit **TTL-LOCK Modus** im Kameramenü **Blitz-Einstellung** können Sie ähnlich wie bei der Belichtungsmessung mit **AEL** die zuletzt gemessene Blitzlichtmessung speichern und somit mit derselben Blitzmenge weiterfotografieren. Das ist beispielsweise bei einem Porträtshooting praktisch, um dieselbe Blitzleistung zu verwenden, auch wenn die Person die Position wechselt. Um diese Funktion nutzen zu können, müssen Sie allerdings eine Funktionstaste damit belegen. Das können Sie über das Kameramenü **Einrichtung > Tasten/Rad-Einstellung > Funktion (Fn)** machen. Ich habe für das Beispiel die Auswahltaste nach unten (**Fn6**-Taste) verwendet.

Abbildung 7.20 *Für die Verwendung von TTL-Lock müssen Sie eine Funktionstaste einrichten.*

Abbildung 7.21 *Wenn Sie die Blitzmessung mit der neu zugewiesenen Taste gespeichert haben, wird dies im Sucher oder auf dem Display mit dem blauen **TL** unten links neben der Belichtungszeit angezeigt.*

Im Menü **Blitz-Einstellungen > TTL-Lock Modus** stehen zwei Optionen zur Auswahl. Mit der Standardeinstellung **Mit letzt Blitz sperr.** können Sie nach einer Aufnahme die vom Blitzgerät abgefeuerte Lichtstärke mit Hilfe der Funktionstaste speichern und für die weitere Aufnahmen verwenden.

Mit der zweiten Option, **Mit Messbl. sperren**, wird – sobald Sie die Funktionstaste drücken – ein Messblitz auf das Objekt gefeuert, der auf diese Weise die Lichtstärke misst und für die folgenden Aufnahmen speichert und verwendet. Im Sucher oder auf dem Display erkennen Sie einen gespeicherten TTL-Wert am blauen **TL** links neben der Belichtungszeit.

7.3.7 Weitere Funktionen

Abhängig vom verwendeten Blitzsystem und vom Programmmodus der Kamera finden Sie noch weitere Funktionen im Kameramenü **Blitz-Einstellung > Einstellung Blitzfunktion** vor. Dazu gehören Funktionen wie **Zoom**, mit der Sie den Lichtkegel des Zoomreflektors in festen Brennweitenstufen verändern. Mit **Angle** legen Sie den Leuchtwinkel fest, und mit **LED** schalten Sie, wenn vorhanden, die LED-Videoleuchte am Blitzgerät hinzu.

Abbildung 7.22 *Abhängig vom Blitzgerät finden Sie weitere Funktionen vor.*

Abbildung 7.23 *Wenn der Blitz es unterstützt, können Sie bei der **LED-Licht-Einstellung** dieses Licbfht als Spitzlicht zum Erzeugen von Lichtreflexen für die Augen, als AF-Hilfslicht oder als eine Mischung aus beidem einrichten. Natürlich können Sie es auch mit **Off** deaktivieren.*

Abbildung 7.24 *Mit der **Zoomeinstellung** verändern Sie den Lichtkegel für den Blitz.*

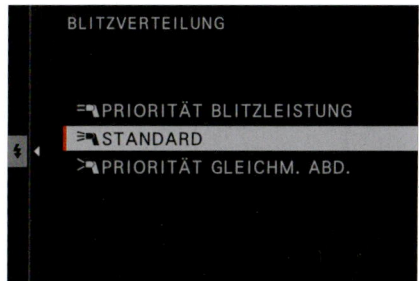

Abbildung 7.25 *Bei **Blitzverteilung** (**Angle**) können Sie neben der Standardeinstellung noch **Priorität Blitzleistung** auswählen, womit die Reichweite durch eine Verkleinerung des Leuchtwinkels erhöht wird. **Priorität Gleichm. Abd.** vergrößert diesen Winkel, wodurch ein Objekt zwar gleichmäßiger ausgeleuchtet, die Reichweite jedoch verringert wird.*

7.4 Blitzen in der Praxis

Auch beim Blitzen steuern Sie mit der Blende die Schärfentiefe, und mit der Belichtungszeit haben Sie das Verwacklungsrisiko im Griff. Allerdings gelten andere Regeln, wenn es zum Beispiel völlig dunkel ist. In der Dunkelheit können Sie mit Hilfe des Blitzes problemlos mit einer Belichtungszeit von mehr als einer Sekunde noch ein perfektes Bild aus der Hand von sich bewegenden Motiven fotografieren. Der Grund ist einfach, wenn man bedenkt, dass die Blitzleuchtdauer häufig nur etwa 1/20 000 s bis 1/800 s beträgt. Bei so kurzen Zeiten spielt es kaum eine Rolle, wie lange die Belichtungszeit der Kamera ausfällt. Dies gilt natürlich nur dann, wenn ein Motiv in der Dunkelheit angeblitzt wird, es also keine anderen Lichtquellen gibt.

In der Praxis werden Sie aber wohl eher selten Bilder in der dunkelsten Nacht machen. Daher gilt auch beim Fotografieren mit Blitz: Ist die Belichtungszeit zu lang, besteht die Gefahr der Bewegungsunschärfe. Diese zeigt sich in Form eines Schleiers.

Abbildung 7.26 *Verwackler ohne Blitz*   **Abbildung 7.27** *Verwackler mit Blitz. So ein Bildeffekt kann natürlich auch gewünscht sein.*

Für ein ordentliches Blitz-Ergebnis bei normalem Umgebungslicht (also nicht in völliger Dunkelheit) steuern Sie einfach wie gewohnt die Belichtung mit Belichtungszeit, Blende und ISO-Wert. Je mehr Umgebungslicht Sie zulassen, umso weniger hart wird das Motiv angeblitzt oder »verblitzt«, weil die TTL-Steuerung immer versuchen wird, ein korrekt belichtetes Ergebnis zu erzeugen. Mit der Belichtungszeit beeinflussen Sie häufig entscheidend, wie viel des vorhandenen Umgebungslichts beim Blitzen im Bild sichtbar gemacht wird.

Der ISO-Wert beim Blitzen

Natürlich spielt der ISO-Wert beim Blitzen eine wichtige Rolle. Mit einem höheren ISO-Wert verstärken Sie das Signal, wodurch der Blitz weniger stark arbeiten muss und mit der gleichen Leistung eine größere Reichweite hat. So können Sie auch mit einer ISO-Erhöhung zum selben Ergebnis kommen wie mit der Verlängerung der Belichtungszeit.

Generell gilt: Wenn Sie einen Fujifilm-kompatiblen Blitz mit der TTL-Funktion verwenden und die TTL-Funktion aktiv ist, dürften Sie mit den Programmmodi **P**, **S** und **A** selten ein Problem mit der Blitzautomatik haben. Gewöhnlich kümmert sich TTL gemäß den eingestellten Werten für ISO, Blende und Belichtungszeit um eine passende Blitzleistung und somit auch um eine ordentliche Belichtung. Natürlich kommen weitere Dinge hinzu wie der Abstand zum Objekt, die Tageszeit, das Umgebungslicht und die Leistung des Blitzes selbst.

Zudem muss klar sein, dass das Ergebnis beim Blitzen, bei dem die Kamera und der TTL-Blitz immer versuchen, eine normale Belichtung zu erreichen, nicht dem entsprechen kann, wie die Situation im Augenblick der Aufnahme tatsächlich ist. »Ordentlich« und »normal« muss nicht Ihrem künstlerischen Empfinden entsprechen. Dennoch: Die X-T4 leistet in Zusammenarbeit mit einem TTL-Blitz eine großartige Arbeit, und die Ergebnisse wirken relativ selten »verblitzt«.

Und ist die Blitzleistung doch einmal zu stark oder zu schwach, können Sie sie in der Kamera in 1/3-Stufen anpassen. Die Anpassung der Leistung wird im Sucher bzw. auf dem Display gleich neben dem TTL-Symbol über der Belichtungsskala angezeigt.

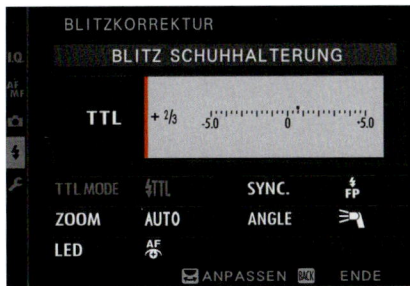

Abbildung 7.28 *Die Blitzleistung beim TTL-Blitzen können Sie in 1/3-Stufen anpassen.*

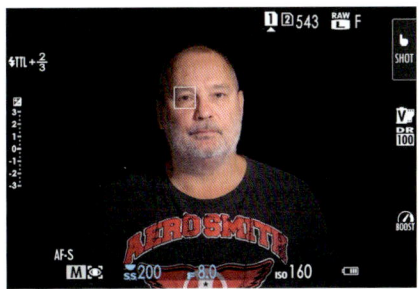

Abbildung 7.29 *Die Anpassung der Blitzleistung wird gleich neben dem TTL-Symbol über der Belichtungsskala angezeigt.*

7.4.1 Indirektes Blitzen

Gerade Einsteiger machen gerne den »Fehler«, ein Objekt oder eine Person direkt anzublitzen. Mit einem indirekten Blitz, beispielsweise über die Decke oder die Wand, sorgen Sie für ein viel gleichmäßigeres und durch Schattensetzung auch interessanteres Licht. Voraussetzung ist allerdings ein Blitzgerät, bei dem Sie den Blitzkopf drehen können.

Ist keine Wand vorhanden, hilft auch ein faltbarer Reflektor oder eine einfache Styroporplatte. Generell sollten Sie beachten, dass die Farbe des Reflektors (Decke, Wand, Styropor etc.) Einfluss auf das Ergebnis hat. Ist die Wand grün, wird auch das reflektierte Licht grün sein. Da beim indirekten Blitzen das Licht einen längeren Weg zurücklegen muss, kommt abhängig von der Höhe der Decke möglicherweise zu wenig Licht beim Motiv an. In dem Fall können Sie sich behelfen, indem Sie die Blitzleistung über das Kameramenü erhöhen.

Abbildung 7.30 *Bei diesem Foto habe ich direkt geblitzt. Zwar ist die Person ordentlich belichtet, aber insgesamt wirkt alles relativ flach, weil es keinerlei Schatten mehr im Gesicht gibt.*

Abbildung 7.31 *Hier habe ich indirekt gegen die Decke geblitzt. Das Gesicht bekommt nun mehr Schatten, wird besser modelliert und wirkt wesentlich interessanter. Das Bild wirkt auch nicht mehr so »verblitzt«.*

7.4.2 Blitzen im Programmmodus S

Wenn Sie im Programmmodus **S** blitzen, versucht die Kamera, zur eingestellten Belichtungszeit die passende Blende zu ermitteln. Der Blitz dient somit als Aufhelllicht. In diesem Modus haben Sie zudem eine gute Kontrolle darüber, wie das Motiv und das Umgebungslicht erfasst werden sollen. Bei einer kürzeren Belichtungszeit wird weniger vom natürlichen Umgebungslicht mit aufgenommen. Hierbei können Sie sogar den Hintergrund komplett ins Schwarz abtauchen lassen, was bei einigen Aufnahmen durchaus ein interessanter Effekt ist.

Bei längeren Belichtungszeiten hat das vorhandene Umgebungslicht einen stärkeren Einfluss auf das Bild. Natürlich bedeutet eine längere Belichtungszeit auch, dass bewegte Motive gegebenenfalls verwackeln. Oftmals ist diese Verwacklung der Umgebung sogar gewollt, um den Fokus stärker auf das Motiv zu lenken.

Abbildung 7.32 *Das Licht kommt von hinten, daher benötigen wir einen Blitz, um die Schatten im Gesicht aufzuhellen. Eine klassische Gegenlichtsituation.*

Abbildung 7.33 *Zuvor sollten Sie aber noch die Spotmessung aktivieren, damit nicht das gesamte Bild bei der Messung berücksichtigt wird, sondern nur die anvisierte Person auf dem Bild. Sie sehen hier, dass dann (mit Spotmessung, ohne Blitz) der Hintergrund komplett ins Weiß »ausbrennt«.*

Abbildung 7.34 *Nun habe ich direkt geblitzt und mit einer Belichtungszeit von 1/40 s fotografiert. Durch die längere Belichtungszeit ist das Umgebungslicht immer noch sehr hell geraten.*

Abbildung 7.35 *Dasselbe nochmals, nur habe ich jetzt die Belichtungszeit deutlich verkürzt (1/180 s), wodurch weniger Umgebungslicht (bzw. hier das Licht von hinten) im Bild enthalten ist, das Bild wesentlich stimmiger und der Hintergrund wesentlich realistischer geworden ist.*

7.4.3 Langzeit-Synchronisation in den Modi A und P

In den Programmmodi **A** und **P** wird die Belichtungszeit automatisch so eingestellt, dass das Fotografieren ohne Verwacklung möglich ist. Das Ergebnis hängt stark von der Lichtumgebung ab. Wie Sie im Abschnitt zuvor erfahren haben, entscheidet die Belichtungszeit darüber, wie viel Umgebungslicht mit aufgenommen wird.

In den Programmmodi **P** und **A** gibt es bei der X-T4 mit einer maximalen Belichtungszeit von 1/60 s ein hartes Limit, das nicht überschritten wird. Das kann bei dunklen Aufnahmen am Abend oder in der Nacht dazu führen, dass ein Motiv trotz Blitzen unterbelichtet wird. Wenn Sie längere Belichtungszeiten benötigen, sollten Sie im Modus **S** oder **M** fotografieren. Oder Sie verwenden die Langzeitsynchronisation mit dem TTL-Modus **Slangsame Sync.**

Der TTL-Modus **Slangsame Sync.** sorgt dafür, dass die Belichtungszeit lang genug ist, damit auch der Hintergrund ordentlich belichtet wird. Diese Methode eignet sich perfekt, um eine Lichtstimmung trotz Blitzlicht zu erhalten. Allerdings kann es dabei auch passieren, dass die Belichtungszeit recht lang wird und es dadurch wieder etwas schwerer wird, aus der Hand ohne Verwacklungen zu fotografieren. Aber auch dieser Effekt der schwebenden Verwacklung kann durchaus gewollt sein.

Sollte die Belichtungszeit zu lang werden, können Sie mit dem Einstellrad für die Belichtungskorrektur unterbelichten. Der Blitz zündet dann mit mehr Leistung, aber in der Entfernung fällt das Licht stärker ab, wodurch wiederum ein dunklerer Hintergrund entsteht. Sie können aber auch die Entfernung zum Motiv vergrößern, um den gleichen Effekt zu erzielen.

Abbildung 7.36 *Bei diesem Bild habe ich mit einer Belichtungszeit von 1/85 s geblitzt. Man erkennt sofort, dass geblitzt wurde: Das Motiv ist zu hart belichtet, und die Lichtstimmung des Umgebungslichtes passt überhaupt nicht mehr. Es war eigentlich recht dunkel, und ich habe ein rotes Spotlight verwendet, das fast komplett weggeblitzt wurde.*

Abbildung 7.37 *Nochmals dasselbe, nur jetzt mit dem TTL-Modus **Slangsame Sync.** und einer Belichtungszeit von 1/8 s, wodurch der Hintergrund wesentlich »echter« belichtet und das Gesamtergebnis nicht mehr so »verblitzt« aussieht. Das rote Spotlight und die Reflexion der roten Farbe im Gesicht des jungen Herrn sind erhalten geblieben.*

7.4.4 Blitzen im Programmmodus M

Beim Blitzen im Programmmodus **M** haben Sie die meiste Freiheit. Sie können die Blende beliebig einstellen und auch eine lange Belichtungszeit im Modus **T** (oder auch mit **B**(ulb)) bis herunter zur Synchronzeit von 1/250 s wählen. Wenn der Blitz HSS unterstützt, wird diese Funktion bei kürzeren Belichtungszeiten automatisch aktiviert. Eine gute Hilfe ist dabei die Belichtungsanzeige im Sucher oder auf dem Display, die Sie über **Einrichtung > Display-Einstellung > Display Einstell.** durch das Setzen eines Häkchens vor **Aufn.Komp. (Ziffer)** aktivieren. Bei einem negativen Wert versucht der Blitz, die fehlende Belichtung durch stärkeres Blitzen auszugleichen, was wiederum zu den verblitzten Ergebnissen führen kann, die Sie vermutlich nicht wollen. Gute Ergebnisse erzielen Sie in der Regel, wenn Sie möglichst um den Wert 0 belichten.

Abbildung 7.38 *Belichtungsanzeige aktivieren*

Abbildung 7.39 *Die Belichtungsskala ist ein gutes Hilfsmittel, wenn Sie im Programmmodus M blitzen.*

7.4.5 Grenzen der Belichtungssynchronzeit und HSS

Ich habe bereits die *Blitzsynchronzeit* erwähnt, die kürzestmögliche Belichtungszeit beim Blitzen, die bei der X-T4 genau 1/250 s beträgt. In den Programmmodi **P** und **A** wird daher die X-T4 niemals eine kürzere Belichtungszeit anbieten. Wenn Sie entsprechend der Lichtsituation in den Modi **P** oder **A** eine noch kürzere Belichtungszeit benötigen, können Sie die Blendenzahl erhöhen (Blende schließen), den ISO-Wert reduzieren oder einen ND-Filter auf das Objektiv schrauben.

> **Graufilter (ND-Filter)**
>
> Wenn mit 1/250 s die Blitzsynchronzeit erreicht wurde, der ISO-Wert auf ein Minimum von 160 gestellt ist und Sie trotzdem mit offener Blende fotografieren wollen, um eine geringere Schärfentiefe bei einer Porträtaufnahme zu erzielen, dann kann die Verwendung eines neutralen Graufilters (ND-Filter) eine Lösung sein. Je nach Stärke des ND-Filters schluckt dieser einige Blendenstufen an Licht, und Sie können damit am Tag trotzdem mit offener Blende und einer Blitzsynchronzeit von 1/250 s fotografieren, ohne überzubelichten. Graufilter können Sie natürlich auch ohne Blitz einsetzen, um z. B. Wasser oder Personen verwischen zu lassen.

Zwar können Sie in den Programmmodi **S** und **M** durchaus eine kürzere Belichtungszeit als 1/250 s einstellen und verwenden, dies führt aber zu Abschattungen im Bild. Die Blitzsynchronzeit von 1/250 s ist die kürzeste Belichtungszeit, mit der Sie ein Foto mit Blitzeinsatz ohne Hilfe von HSS machen können.

Abbildung 7.40 *Hier wird mit 1/500 s geblitzt ...*   **Abbildung 7.41** *... was zu Abschattungen im Bild geführt hat, da der Blitz kein HSS kann.*

Die Abschattungen lassen sich einfach erklären: Bei einer kürzeren Belichtungszeit als 1/250 s ist das Auslesen der einzelnen Zeilen des Sensors noch gar nicht beendet, während schon der Schließvorgang des Verschlusses startet. Daher liegt der Sensor bei solch kurzen Belichtungszeiten niemals komplett frei.

Abhilfe schafft die High-Speed-Synchronisation (kurz: HSS), die auch von der X-T4 unterstützt wird. Damit können Belichtungszeiten von bis zu 1/8000 s mit Blitz realisiert werden. Allerdings hängt diese Unterstützung auch vom verwendeten Blitzgerät ab. Der Blitz EF-X8 zum Beispiel kann kein HSS. Hier müssen Sie bei Fujifilm schon zum EF-X500 greifen. Aber auch Drittanbieter wie Metz, Godox und Nissin unterstützen HSS. Um bei HSS-fähigen Blitzgeräten diese Funktion zu (de-)aktivieren, stellen Sie sie im Kameramenü **Blitz-Einstellung > Einstellung Blitzfunktion** bei **Sync.** auf **Auto-FP (HSS)**.

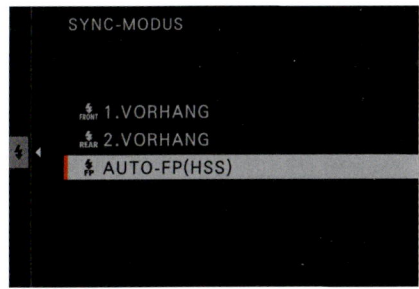 

Abbildung 7.42 *Mit Hilfe des Sync-Modus **Auto-FP(HSS)** können Sie mit sehr kurzen Belichtungszeiten (bis zu 1/8000 s) blitzen und somit den Blitz auch noch mit sehr weit geöffneter Blende bei Tageslicht verwenden.*

Abbildung 7.43 *Mit Hilfe von HSS sind kurze Blitzbelichtungszeiten möglich, womit es beispielsweise kein Problem mehr ist, am hellen Tag mit offener Blende und ohne ND-Filter zu fotografieren, wie hier mit 1/1000 s bei Blende f2,8.*

Der Trick bei HSS ist, dass der Blitz hierbei permanent, während des gesamten Verschlussvorgangs, kurze Impulse abfeuert. Dadurch wird während dieser Zeit das Motiv konstant beleuchtet, und das Problem mit zu kurzen Belichtungszeiten ist behoben. Der Nachteil bei HSS ist, dass Sie nicht mit der vollen Blitzleistung arbeiten können, weshalb sich Reichweite und Blitzstärke bei HSS etwas verringern. Reicht die Blitzleistung mit Hilfe von HSS nicht mehr aus, bleibt immer noch die Option, ohne HSS mit einem aufgeschraubten ND-Filter zu fotografieren. Dieser schluckt abhängig von der Stärke des ND-Filters eine Menge an Licht, wodurch man sich trotz offener Blende innerhalb der Blitzsynchronisationszeit bewegen kann.

7.4.6 Die Farben beim Blitzen steuern

Während man im Studio beim Blitzen den Weißabgleich noch ganz gezielt manuell über den Kelvin-Wert oder mit einer Graukarte einstellen kann, ist dies in den meisten anderen Situationen häufig gar nicht so leicht. Die Schwierigkeit ist, dass das Blitzlicht gewöhnlich eine andere Farbtemperatur hat als das Umgebungslicht. Ein Blitzlicht hat (ohne Farbgels oder Farbfolien) eine neutrale Farbtemperatur von 5000–5500 Kelvin, ähnlich wie das Tageslicht.

Solch einem Mischlichtverhältnis ist gewöhnlich sehr schwer gegenzusteuern. Sie können lediglich versuchen, das Hauptmotiv mit Hilfe einer Graukarte mit der richtigen Farbtemperatur zu versehen. Wer im Raw-Modus fotografiert, der kann die Farbtemperatur aber auch nachträglich mit dem Raw-Konverter anpassen; gute Konverter können das auch nur für ausgewählte Bereiche. So oder so müssen Sie sich für eine Farbtemperatur entscheiden; ich würde mich immer, wenn möglich, für die korrekte Farbtemperatur beim Hauptmotiv entscheiden.

Eine weitere Option ist eine Farbfolie, die Sie vor den Blitz spannen. Mit einer solchen Farbfolie können Sie, neben kreativen Zwecken, auch die Farbtemperatur des Blitzes ändern. So wird häufig eine orangefarbene Folie (CTO-Folie) vor den Blitz gespannt, um ein gelbliches und damit wärmeres Blitzlicht zu erzeugen.

7.4.7 Manuell blitzen

Nicht immer ist Blitzen mit TTL die beste Lösung. Schließlich weiß TTL nicht, wie Sie das Bild gerne haben möchten. Je nach Hintergrund, Umgebung und der Belichtungsmessmethode usw. erhält man mit TTL häufig unterschiedlich belichtete Fotos. Mal ist das Ergebnis zu hell und mal zu dunkel. Dies ist mit TTL relativ schwer zu steuern. Wer mit dem Ergebnis von TTL nicht zufrieden ist oder selbst gerne die Kontrolle beim Blitzen übernehmen möchte, der kann natürlich auch manuell mit der X-T4 blitzen.

Das manuelle Blitzen funktioniert mit fast jedem Blitzgerät, wenn Sie im Kameramenü **Blitz-Einstellung > Einstellung Blitzfunktion** mit dem hinteren Einstellrad den entsprechenden Modus wählen. Ebenfalls mit dem hinteren Einstellrad können Sie die Blitzleistung einstellen. Im Schnellmenü über die **Q**-Taste finden Sie ebenfalls die entsprechende Option, von TTL auf manuell zu stellen. Wenn Sie manuell blitzen wollen, dann können Sie dies am Blitzgerät einstellen. Die volle Leistung nutzen Sie mit 1/1, was allerdings in der Regel selten nötig ist. Ansonsten können Sie die Leistung am Blitzgerät gewöhnlich auf 1/2 für die halbe Leistung, 1/4 für eine Viertel Leistung bis herunter zu 1/512 reduzieren, wenn es das Blitzgerät unterstützt. Viele Blitzgeräte bieten auch noch Drittelstufen dazwischen. Zur Ermittlung der richtigen Blitzleistung kann ein Blitzbelichtungsmesser hilfreich sein. Ansonsten können Sie auch durch Ausprobieren und Betrachten des Histogramms die richtige Blitzleistung herausfinden.

Abbildung 7.44 *Die Möglichkeiten, einen Fujifilm-kompatiblen Blitz manuell zu steuern*

7.5 Entfesselt blitzen

Neben dem direkten und indirekten Blitzen, bei dem Sie den Blitz auf den Blitzschuh der Kamera setzen, können Sie mit der X-T4 auch den Blitz von der Kamera nehmen, um entfesselt zu blitzen. Beim entfesselten Blitzen haben Sie den Vorteil, dass Sie besser kontrollieren können, von wo das Licht kommt. Es gibt mehrere Wege, den Blitz von der Kamera zu bekommen, um entfesselt zu blitzen.

7.5.1 »Commander«-Modus

Wenn Sie die Blitzsteuerung auf **Commander** setzen, können Sie zum Beispiel mit dem EF-X8 oder dem EF-X500 kabellos andere Servo-Blitzgeräte auslösen. Der **Commander**-Modus funktioniert über Lichtsignale und ist der älteste Modus bei Fujifilm-Blitzen, der seit der ersten X-Kamera an Bord ist. Diese Form des entfesselten Blitzens ist allerdings auch eine rein manuelle Lösung, und auf TTL müssen Sie verzichten. Diese Option funktioniert am besten, wenn Master- und Remote-Blitz in direkter Linie zueinander stehen, damit das Lichtsignal, das gesendet wird, den anderen Blitz ohne Hindernis erreicht. Im Raum selbst funktioniert es aber auch über die Reflexion der Wand oder Decke. Bei hellem Tageslicht ist diese Methode allerdings nicht so zuverlässig wie Indoor oder im Studio.

7.5.2 Funk ohne TTL

Eine weitere günstige Lösung ist es, einen Funkauslöser zu verwenden, um den Blitz fernauszulösen. Der Sender wird auf dem Blitzschuh angebracht, und für jeden Blitz benötigen Sie einen Empfänger. Auch hierbei lassen sich theoretisch Fremdhersteller-Sender und -Empfänger verwenden, die nicht Fujifilm-kompatibel sind. Dies klappt allerdings nicht mit jedem nichtkompatiblen Funkauslöser, und ich kann es auch nicht empfehlen. Wenn Sie es auf eigenes Risiko dennoch probieren möchten, müssen Sie in jedem Fall die Blitzleistung manuell einstellen. Wenn das kein Problem darstellt, können Sie hiermit ein beliebiges Blitzgerät remote auslösen.

7.5.3 Funk mit TTL

Es gibt mittlerweile Fujifilm-kompatible Funksysteme, die das TTL-Signal der X-T4 verstehen und es dann in das TTL-Protokoll des Transmitters umwandeln, um es dem Empfänger zum Auslösen zu senden, der dieses TTL-Protokoll versteht. So verwende ich zum Beispiel den Godox

X1T-F, der das TTL-Protokoll der X-T4 in das TTL-Protokoll für Godox-kompatible Geräte umwandelt, zusammen mit den beiden Godox-Blitzgeräten TT685F und TT350F. Der Transmitter dient als Master, und die beiden Blitze werden als Remote eingerichtet. Bei Godox ist es aber auch möglich, einen der beiden Blitze als Master und den anderen als Remote einzurichten, ohne den X1T-F-Transmitter zu verwenden. Eines der beiden Blitzgeräte muss aber dann auf dem Blitzschuh bleiben.

Die Einstellungen der Master-Remote-Geräte können Sie dann allerdings ausschließlich an der Kamera vornehmen. Die Option, dies über die **Master-Einstellung** und den Kanal über **CH Einstellung** einzurichten, steht nicht zur Verfügung.

Abbildung 7.45 *Der X1T-F-Transmitter von Godox ...*

Abbildung 7.46 *... dient hier als Master für die beiden Blitzgeräte TT685F und TT350F.*

Ein weiteres System, das sehr gute Dienste leistet, ist der *Nissin Air 1 Transmitter* zusammen mit den Nissin-Blitzgeräten i40 oder i60. Auch der Metz mecablitz M400 hat sich bewährt. Allerdings müssen Sie beim M400 wieder mindestens zwei Geräte kaufen.

7.5.4 TTL-Blitzkabel

Eine weitere Lösung für das entfesselte Blitzen ist es, ein Fujifilm-kompatibles TTL-Kabel und ein Fujifilm-kompatibles Blitzgerät zu verwenden. Auf diese Weise können Sie allerdings nicht so frei entfesselt blitzen wie mit Funk. Diese Methode ist zum Beispiel bei den kleinen Geräten wie dem EF-X20 sehr beliebt. Gerade in der Streetfotografie wird diese Methode gerne verwendet. Wer Bruce Gilden kennt und sich ein Video von ihm angesehen hat, der weiß, worauf ich hinauswill. Aber auch bei einfachen Porträtaufnahmen ist dieser Kabelverbund recht nützlich, weil Sie ganz einfach mit dem Blitz von links oder rechts oben in einem 45°-Winkel tolle Porträtaufnahmen machen können. Als TTL-Kabel bietet sich derzeit nur das OC-E3-Blitzkabel von Canon an. Das ist das einzige Kabel, das zumindest von der Pin-Belegung mit Fujifilm kompatibel ist. Damit ist es möglich, Fujifilm-Blitzgeräte sowie Fujifilm-TTL-kompatible Blitzgeräte mit der X-T4 entfesselt im TTL-Modus zu betreiben.

7.5.5 Fujifilm-TTL

Wer den kompletten Umfang der Blitzeinstellungen im Kameramenü verwenden will, der kommt nicht um den EF-X500 von Fujifilm herum. Damit können Sie auch die **Master-Einstel-**

lung und **CH Einstellung** direkt im Kameramenü von **Blitz-Einstellung** vornehmen. Allerdings verläuft die Kommunikation über Lichtsignale anstelle von Funk. Nicht jedem schmeckt der Umstand, dass Fujifilm zur TTL-Kommunikation das veraltete Lichtprotokoll und nicht die Funktechnik verwendet. Ein Vorteil dieser Lichtsteuerung ist natürlich, dass es nicht wie bei der Funktechnik zu Verzögerungen beim Auslösen kommen kann, was gerade bei Hochgeschwindigkeitsaufnahmen wichtig ist. Aber Sie haben dann eben die Beschränkung, dass die Blitzgeräte in Sichtweite sein müssen. Draußen bei hellstem Tageslicht wird es mit dem optischen System auch schwierig, und die Reichweite ist ebenfalls etwas eingeschränkter als bei einem Funksystem. Leider kommt hinzu, dass Sie für das entfesselte Blitzen zwei EF-X500 benötigen, und dieses Blitzgerät ist nicht gerade günstig.

7.5.6 Weitere Hilfsmittel

Um beim entfesselten Blitzen harte Schatten und Reflexionen zu vermeiden, bieten sich viele kleinere Hilfsmittel an. Ich verwende zum Beispiel gerne eine kleinere Softbox (z. B. von Firefly) mit 60 cm Durchmesser für Porträtaufnahmen. Es gibt auch kleinere Diffusoren, die man über den Blitz spannen kann. Solche Diffusoren sorgen für ein weicheres Licht und weichere Schattenübergänge.

Abbildung 7.47 *Ich verwende beim entfesselten Blitzen gerne kleinere Softboxen. Sie sind schnell aufgebaut und können überallhin mitgenommen werden.*

Beim Blitzen mit direktem Licht für eine Porträtaufnahme ist es zudem empfehlenswert, die Streuscheibe herauszuziehen und den weißen Catchlight-Reflektor zu verwenden. Wenn Sie jetzt den Reflektorkopf um 45 bis 60 Grad nach oben neigen, wird ein Teil des Lichtes nach vorn gelenkt, um Spitzlichter zu setzen.

7.6 Blitzen im Studio

Bei der Verwendung der X-T4 im Studio gilt im Prinzip dasselbe, was ich schon beim (entfesselten) Blitzen erwähnt habe: Sie benötigen einen Funk-Transmitter auf dem Blitzschuh, um das Blitzsystem zu zünden. Auf eine Automatik wie das TTL-System können Sie sich im Studio nicht mehr verlassen. In der Regel fotografiert man hier im Programmmodus **M** mit einem niedrigen ISO-Wert von 160 und einer Belichtungszeit von maximal 1/250 s. Auch im Studio müssen Sie die Blitzsynchronzeit (1/250 s bei der X-T4) berücksichtigen, um einen »Jalousien-Effekt« zu vermeiden. Um bei günstigeren Blitzgeräten etwas schneller hintereinander abfeuern zu können, können Sie den ISO-Wert etwas erhöhen und so die erforderliche Blitzleistung reduzieren, damit das Blitzsystem schneller nachladen kann.

Es gibt auch Blitzsysteme mitsamt Transmitter, die HSS beherrschen und somit auch bis zu 1/8000 s auslösen können. Ich habe z. B. einen speziellen Transmitter von Elinchrome im Einsatz, der meine Anlage auch mit HSS auslösen kann.

Abbildung 7.48 *Die X-T4 im Studio mit einem Skyport-Transmitter von Elinchrome*

Dunkler Sucher und Display im Studio

Im Studio ist es häufig etwas dunkler, und man arbeitet oft mit einer größeren Blendenzahl, einem niedrigen ISO-Wert und der kürzesten Synchronzeit 1/250 s (oder kürzer, wenn HSS unterstützt wird). Bei solchen Einstellungen ist allerdings kaum etwas im Sucher oder auf dem Display zu sehen. Daher müssen Sie im Kameramenü **Einrichtung > Display-Einstellung > Bel.-Vorschau/Weissabgleich man.** auf **Aus** stellen. Sie haben dann die Vorschau der eingestellten Belichtung (und des Weißabgleichs) deaktiviert und sehen im Sucher oder auf dem Display keine Livevorschau. Dafür sehen Sie überhaupt wieder etwas. Vergessen Sie nach dem Fotografieren im Studio nicht, diese Einstellung wieder auf **Vorschau Bel./WA** zu stellen.

Die einzustellende Blitzstärke ermittle ich mit einem Blitzbelichtungsmessgerät, indem ich dieses vor mein zu fotografierendes Motiv halte und darauf blitze. Vorher habe ich die gewünschte Belichtungszeit und den ISO-Wert eingestellt. Zeigt mir das Messgerät jetzt Blende ƒ5,6 an, ich möchte das Bild aber mit Blende ƒ8 aufnehmen, was ja ein typischer Wert bei der Studiofotografie ist, muss ich die Leistung des Blitzgerätes erhöhen und erneut den Blitzwert mit dem Messgerät messen. Dies wiederhole ich so lange, bis ich die richtige Belichtung für meine eingestellten Werte an der Kamera auch auf dem Blitzbelichtungsmessgerät habe.

Abbildung 7.49 *Die einzustellende Blitzstärke ermittle ich mit einem Blitzbelichtungsmessgerät. Es geht natürlich auch ohne, indem Sie sich langsam an die richtige Belichtung herantasten. Mit der Zeit und Erfahrung kennen Sie ohnehin die üblichen Werte für das Blitzen im Studio.*

EXKURS
Tethered-Aufnahmen

Gerade wer im Studio fotografiert, der wird auch gerne die Aufnahmen gleich am großen Monitor betrachten und begutachten wollen. Für solche Zwecke bietet es sich an, direkt bei der Aufnahme über ein USB-Kabel oder mit einer WLAN-Verbindung die Bilder an den Computer zu senden. Dafür benötigen Sie die Software *Fujifilm X Acquire*. Sie können sie von der Fujifilm-Website *https://fujifilm-x.com/global/stories/fujifilm-x-acquire-features-users-guide/* für Windows oder macOS herunterladen.

Haben Sie die Software installiert und gestartet, erscheint in der Taskleiste (Windows) oder der Menüleiste (macOS) ein Symbol für diese Software. Wenn Sie das Symbol anklicken, erscheinen weitere Befehle. Besonders wichtig ist der Befehl **Zielordner Auswählen**, wo Sie vorgeben, wohin die übertragenen Dateien auf dem Computer gespeichert werden sollen.

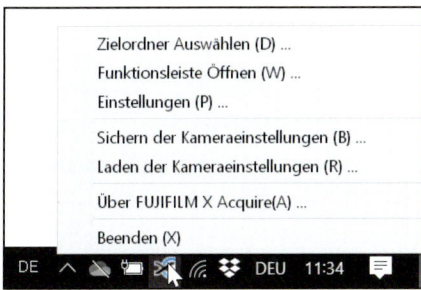

Abbildung 7.50 *Die Funktionen von Fujifilm X Acquire auf einem Windows-Rechner*

Bei **Einstellungen** legen Sie außerdem gleich fest, welche Dateitypen Sie auf dem Computer und der Speicherkarte sichern wollen. Mit der Funktion **Funktionsleiste Öffnen** wird eine Leiste mit den wichtigsten Kameraeinstellungen auf dem Computer angezeigt. Diese Leiste dient allerdings nur für die Anzeige und hat keine weitere Funktion.

Abbildung 7.51 *Legen Sie fest, ob Sie JPEG und/oder Raw auf dem Computer und/oder der Speicherkarte gleichzeitig sichern wollen.*

EXKURS Tethered-Aufnahmen

Wie bereits erwähnt, können Sie die Aufnahmen nun via USB oder WLAN von der X-T4 auf den Computer übertragen. Vorab müssen Sie in der X-T4 noch ein paar Einstellungen vornehmen.

- **USB-Tethering**: Für das USB-Tethering benötigen Sie natürlich zunächst ein passendes USB-Typ-C-auf-USB-Typ-A-Verbindungskabel. Bevor Sie die Kamera mit dem Computer verbinden, müssen Sie im Kameramenü **Einrichtung > Verbindungs-Einstellung** den **Verbindungsmodus** auf **USB-Tethering Aufnahme Automatik** einstellen. Das war es schon. Jetzt können Sie den Computer mit der X-T4 via USB-Kabel verbinden und anfangen zu fotografieren. Die Bilder werden von der Software Fujifilm X Acquire im zuvor ausgewählten Zielordner gespeichert.

- **WLAN-Tethering**: Um die Aufnahmen via WLAN an den Computer zu übertragen, müssen Sie im Kameramenü **Einrichtung > Verbindungs-Einstellung > Netzwerk-Einstellung > Einst Drahtlos.Zugangspkt.** und im folgenden Menü **Einfaches Setup** auswählen. Jetzt wartet die X-T4 darauf, dass Sie die WPS-Taste am WiFi-Router drücken, bis die WiFi-Leuchte blinkt. Klappt es damit nicht, können Sie auch mit **Manuelles Setup** den WLAN-Router auswählen und das Passwort eingeben. Wenn Sie die Verbindung mit der X-T4 aufgebaut haben, müssen Sie nur noch im Kameramenü **Einrichtung > Verbindungs-Einstellung > Verbindungsmodus** auf **Drahtloses Tethering Aufnahme Fest** einstellen, und schon werden die Bilder bei der Aufnahme von der Software Fujifilm X Acquire via WLAN in den eingestellten Zielordner auf dem Computer übertragen.

Abbildung 7.52 *Hier aktivieren Sie das USB- bzw. WLAN-Tethering.*

Kapitel 8
Der Alltag mit der Fujifilm X-T4

In diesem Kapitel gehe ich genauer auf den Einsatz der X-T4 in verschiedenen Motivsituationen ein. Mein Ziel ist es nicht, Ihnen eine Anleitung zu geben, wie Sie z. B. Porträts erstellen. Eher möchte ich zeigen, wie Sie die Kamera in unterschiedlichen fotografischen Situationen bestmöglich nutzen können.

8.1 Porträtfotografie

Die Porträtfotografie ist sicher eines der beliebtesten Genres. Das umfasst Bilder aus dem Alltag, auf denen Sie einen schönen Moment mit Ihrer Familie, Freunden oder Bekannten festhalten, aber auch inszenierte Modelshootings an großartigen Locations gehören dazu. Bei einer Porträtaufnahme versucht man in der Regel, die zu fotografierende Person möglichst interessant und vorteilhaft abzulichten. Die X-T4 ist bestens für die Porträtfotografie geeignet und bietet mit der Gesichts- und Augenerkennung eine großartige Komfortfunktion.

Typische Einstellungen für die Porträtfotografie
- Programmmodus **A**
- Brennweite ab 35 mm bis 140 mm (KB)
- kleine Blendenzahl (offene Blende) für eine geringe Schärfentiefe
- Fokusmodus: **AF-S**
- Aufnahmebetriebsart: **S, CH, CL**

8.1.1 Geeignete Brennweiten

Bei Porträtaufnahmen werden gerne lichtstarke Festbrennweiten ab 35 mm bis 140 mm verwendet. Mein Favorit ist das XF 56 mm mit f1,2. Die genannten Brennweiten haben den Vorteil, dass keine starken Verzerrungen der Proportionen von Gesicht und Körper auftreten und man einen gewissen Aufnahmeabstand zum Motiv, also zur Person, einhalten kann. Bei geringeren Brennweiten ist schon mal die Nase zu groß, das Gesicht zu rund oder sind die Beine zu lang. Wobei Letzteres ja auch durchaus interessant sein kann. Die folgenden beiden Abbildungen zeigen deutlich den Unterschied in der Bildwirkung, wenn mit einem Weitwinkel wie 12 mm und mit 56 mm eine Porträtaufnahme gemacht wird. Sie sehen sehr schön, wie mit einer längeren Brennweite das Gesicht schmaler wird.

Abbildung 8.1 *Porträtaufnahme mit 12 mm*
12 mm | f8 | 1/200 s | ISO 160 | mit Blitzgerät

Abbildung 8.2 *Porträtaufnahme mit 56 mm*
56 mm | f7,1 | 1/200 s | ISO 160 | mit Blitzgerät

8.1.2 Geringe Schärfentiefe

Eine geringe Blendenzahl (weit geöffnete Blende) wird sehr gerne bei Porträtaufnahmen verwendet, um den Hintergrund verschwimmen zu lassen und nur die Person scharf abzubilden, damit sie im wahrsten Sinne des Wortes im Fokus steht. Allerdings hat es durchaus seine Tücken, mit einer Blende von f1,2 zu fotografieren. Manch einer hat schon eine böse Überraschung erlebt, wenn er die Bilder zu Hause auf einem großen Bildschirm betrachtet hat: die Augen unscharf, dafür der Haaransatz oder die Nasenspitze scharf. Sie müssen immer bedenken, dass sich der Schärfebereich bei einem kurzen Abstand zum Motiv von ein bis zwei Metern und einer weit geöffneten Blende häufig nur auf ein paar Zentimeter beschränkt. Bewegt sich das Modell oder bewegen Sie sich selbst während der Aufnahme nur um wenige Zentimeter, dann liegt die Schärfe nicht mehr da, wo Sie sie eigentlich haben wollen.

Abbildung 8.3 *Auf den ersten Blick sieht die Aufnahme sehr gut aus. Erst bei einem genaueren Blick fällt auf, dass der Fokus gar nicht auf einem Auge, sondern auf der Nase liegt, weil sich die Person während der Aufnahme leicht um ein bis zwei Zentimeter nach hinten bewegt hat.*

56 mm | f1,2 | 1/250 s | ISO 160 | mit Blitzgerät

Bewegt sich das Modell oder bewegen Sie sich selbst während der Aufnahme nur ein paar Zentimeter, dann liegt die Schärfe nicht mehr da, wo Sie sie eigentlich haben wollen. Möchten Sie dennoch mit weit geöffneter Blende fotografieren, kann es hilfreich sein, eine Serienaufnahme mit einer Aufnahmebetriebsart wie **CH** oder **CL** zu erstellen. So ist die Chance größer, ein scharfes Bild zu erhalten. Häufig ist es sicherer, ein wenig abzublenden. Wenn Sie ein lichtstarkes Objektiv haben, dann wird der Hintergrund auch bei f2,8 noch schön unscharf; dafür erhalten Sie aber etwas mehr Schärfentiefe. Das hängt natürlich auch von der Brennweite des Objektivs und vom Abstand zum Modell ab.

Es gibt aber noch andere Möglichkeiten, eine gute Hintergrundschärfe bei Porträtaufnahmen zu erzielen:

- Verwenden Sie eine längere Brennweite. Bei einer Brennweite mit beispielsweise 90 mm und Blende f2,8 werden Sie einen größeren Aufnahmeabstand verwenden müssen, damit sich auch die Schärfentiefe erweitert. Statt einigen Zentimetern erhalten Sie schon einen größeren Spielraum von ein bis zwei Metern (je nach Abstand). Damit ist es natürlich wesentlich leichter, das Modell scharfzustellen, weil Sie mehr Spielraum haben.

- Wenn Sie kein lichtstarkes Objektiv haben, können Sie auch einfach nur den Abstand zwischen Modell und Kamera reduzieren. So erzielen Sie auch mit dem günstigen XC 50–230 mm bei einer Brennweite von 70 mm und einer Blende von f5,6 noch eine schöne Hintergrundunschärfe.

- Wenn möglich, erhöhen Sie außerdem den Abstand zwischen Modell und Hintergrund. Ist der Hintergrund nicht so nah am Modell, können Sie ihn auch stärker verschwimmen lassen.

Ein anderer Bildlook durch Abblenden – meine Empfehlung

Zugegeben, der Bildlook bei Offenblende mit viel Unschärfe ist oftmals sehr schön. Trotzdem blende ich auch gerne mal auf f4 bis f5,6 ab, wenn das Modell vor einem interessanten Hintergrund steht oder die Porträtaufnahme auch dokumentieren soll, wo sie aufgenommen wurde. Der Bildlook ändert sich durch das Abblenden; Sie müssen stärker auf die Bildkomposition achten, weil die Elemente im Hintergrund nun Teil des Motivs sind und nicht mehr in Unschärfe verschwimmen.

Wer sich ein ungefähres Bild vom Einfluss der verschiedenen Faktoren – Blendenwert, Abstand zum Modell und Abstand vom Hintergrund – auf die Bildwirkung machen will, der kann sich den *Depth of Field Simulator* auf https://dofsimulator.net/en/ anschauen und damit ein wenig experimentieren.

8.1.3 Gezielt fokussieren

Die größte Herausforderung bei Porträtaufnahmen dürfte das Fokussieren sein. Gewöhnlich liegt der Fokus bei Porträtaufnahmen auf dem Auge, das sich näher an der Kamera befindet. Die Augenerkennung der X-T4 ist dabei ein großartiges Hilfsmittel. Bei extremen Offenblenden kann es allerdings passieren, dass der Fokus auf die Augenbrauen oder Wimpern gelenkt wird. Dann ist es empfehlenswert, zum klassischen Einzelpunkt-Fokus zu wechseln. Damit können Sie den Fokusrahmen direkt auf die Pupille legen. Zusätzlich können Sie den Fokusrahmen bei Bedarf verkleinern.

Eventuell lohnt es sich in einem solchen Fall auch, das Fokussieren mit der **AF-ON**-Taste durchzuführen und vom Auslöser zu trennen, wie in Abschnitt 4.2.8, »Fokussieren und Auslösen trennen«, beschrieben. Je nach Abstand zum Modell und gewählter Blendenöffnung dürfte wohl auch der klassische Weg zum Erfolg führen, bei dem Sie auf das Auge fokussieren und dann zum gewünschten Bildausschnitt schwenken.

 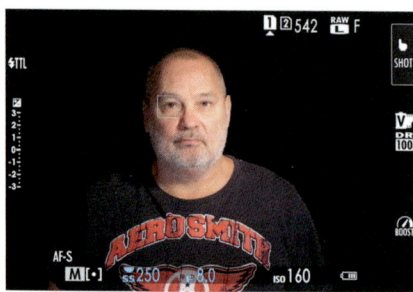

Abbildung 8.4 *Fokussieren mit Augenerkennung …*

Abbildung 8.5 *… oder mit dem Fokushebel und dem Autofokusfeld – Sie haben die Wahl.*

Wenn Sie den Fokus über den Einzelpunkt festlegen und beim Fotografieren häufiger zwischen dem Hoch- und dem Querformat wechseln, dann werden Sie wohl auch gerne die Funktion **AF/MF-Einstellung > AF-Modus d. Ausr. speich.** auf **An** stellen wollen, womit der über den Fokushebel eingestellte Fokusbereich in der gehaltenen Kameraausrichtung gespeichert bleibt.

Generell stelle ich bei Porträtaufnahmen immer die minimale Belichtungszeit über **Aufnahme-Einstellung > ISO** ein, damit mir garantiert verwacklungsfreie Aufnahmen gelingen. Je nach Brennweite wähle ich häufig bis zu 1/125 s, um sicherzugehen, dass ich eine scharfe Aufnahme bekomme. Dank dem integrierten Bildstabilisator in der Kamera können Sie damit auch noch locker mit 140 mm aus der Hand scharfe Bilder machen. Natürlich ist es mit aktiven Bildstabilisator möglich, noch längere Belichtungszeiten zu verwenden, aber ich gehe lieber auf Nummer sicher, gerade bei längeren Brennweiten. Den Bildstabilisator habe ich daher über **Aufnahme-Einstellung > IS Modus** bei Porträtaufnahmen immer aktiviert.

 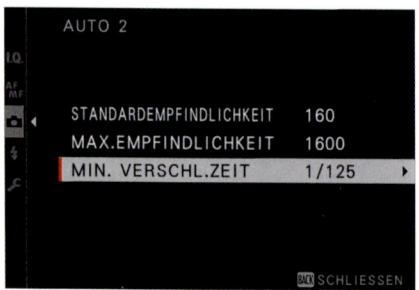

Abbildung 8.6 *Den eingestellten Fokuspunkt sowohl im Hoch- also auch im Querformat separat sichern und wiederverwenden*

Abbildung 8.7 *Um aus der Hand immer scharfe Bilder zu machen, stelle ich die minimale Belichtungszeit (**Min. Verschl.zeit**) auf großzügige 1/125 s.*

Beachten Sie allerdings, dass der Bildstabilisator nur vor einer Verwacklung von Bildern aus der Hand hilft und sich die zu fotografierende Person in der Regel auch (und wenn unbewusst) bewegt. Als maximalen ISO-Wert stelle ich 1600 ein, aber dies dürfte auch vom Umgebungslicht abhängen. Lieber riskiere ich etwas mehr Bildrauschen als unscharfe Bilder.

Meine Präferenzen bei der Porträtfotografie

Meine bevorzugten Brennweiten für die Porträtfotografie sind das Fujinon XF-35 mm F1.4 , das Fujinon XF 56 mm F1.2 und das Fujinon XF 50–140-mm-Zoomobjektiv. Alle drei Objektive lassen Personen nicht durch Verzerrungen unnatürlich wirken. Zudem habe ich ausreichend Spielraum bei den Blendenwerten, um einen schönen unscharfen Hintergrund zu erzielen. Als Programmmodus verwende ich entweder **A** oder **M**. Als Blende wähle ich je nach Brennweite und gewünschtem Bildlook einen Wert zwischen $f2{,}8$ und $f5{,}6$. Die Gesichts-/Augenerkennung aktiviere ich mit der **Fn2**-Taste. Den ISO-Wert stelle ich so hoch wie nötig und so niedrig wie möglich. Dafür verwende ich eine ISO-Automatik, bei der ich außerdem gleich die minimale Verschlusszeit einrichte. Da ich hierbei auch den Bildstabilisator verwende, kann ich mit der minimalen Verschlusszeit etwas großzügiger sein. Ohne Bildstabilisator würde ich die zweifache Brennweite als Mindestverschlusszeit wählen, mit aktiviertem Stabilisator gehe ich auf großzügige 1/125 s.

8.2 Landschaftsfotografie

Die Naturfotografie steht der Porträtfotografie in ihrer Beliebtheit nicht nach und umfasst mehrere Teilgebiete, die in der Regel unterschiedliche Brennweiten erfordern. Während in der Landschaftsfotografie bevorzugt mit (Ultra-)Weitwinkelobjektiven fotografiert wird, greifen Tierfotografen gerne auf längere Brennweiten ab 140 mm zurück, um ihre Motive auch aus weiter Entfernung aufnehmen zu können. Wollen Sie hingegen Pflanzen oder Insekten aufnehmen, dann verwenden Sie gewöhnlich ein Makroobjektiv. In diesem Abschnitt will ich die Landschaftsfotografie mit der X-T4 etwas genauer erläutern.

Typische Einstellungen für die Landschaftsfotografie

- Programmmodus **M**
- Brennweite ab 10 mm bis 23 mm
- oftmals Stativ nötig
- niedriger ISO-Wert
- große Blendenzahl (geschlossene Blende) wie $f8$ für eine hohe Schärfentiefe
- Fokusmodus: **M**
- Aufnahmebetriebsart: **S** (Einzelbild)

8.2.1 Große Schärfentiefe

Bei Landschaftsaufnahmen will man gewöhnlich eine große Schärfentiefe erzielen. Dies erreichen Sie zum einen mit einer geschlossenen Blende (höhere Blendenzahl) wie $f8$ oder $f11$ und zum anderen, wenn der Punkt, auf den Sie fokussieren, weiter entfernt ist. Befindet sich im Vordergrund dazwischen kein Objekt, reicht es oft aus, etwas in der Ferne zu fokussieren, und das Bild ist fast durchgehend scharf.

Ich bediene mich häufig eines Tricks mit der digitalen Entfernungsanzeige im manuellen Fokusmodus: Ich stelle die Belichtungszeit und den ISO-Wert ein und drehe den Blendenwert auf ƒ8. Unabhängig vom fokussierten Bereich erkennen Sie in der Entfernungsanzeige die blaue Skala mit dem Schärfentiefebereich. Alles, was sich innerhalb dieses Bereichs befindet, wird scharf abgebildet. Als Nächstes drehe ich am Fokusring, bis der rechte Rand der blauen Skala am Unendlichkeitssymbol mit der liegenden 8 anstößt. Jetzt habe ich die bestmögliche Schärfentiefe zwischen dem Nahbereich und Unendlich eingestellt (auch als hyperfokale Distanz bekannt) und kann auch gleich fotografieren. Mit dieser Einstellung können Sie im Grunde jede Landschaftsaufnahme fotografieren, ohne sich mit dem Fokussieren auseinandersetzen zu müssen.

Abbildung 8.8 *Die Schärfentiefeskala ist ein großartiges Hilfsmittel für Landschaftsfotografen.*

Abbildung 8.9 *Das Ergebnis der Aufnahme*
14 mm | ƒ8 | 3 s | ISO 160 | ND-Filter 1,8 (64×)

8.2.2 Landschaftsaufnahmen belichten

Die Belichtung hängt natürlich vom jeweiligen Tageslicht ab. Bei viel Licht dürfte es schwierig sein, durch die Spiegelung auf dem Display etwas zu erkennen, weshalb das Fotografieren durch den Sucher häufig die bessere Lösung ist. Auch das Histogramm ist ein sehr gutes Hilfsmittel, um die Belichtung zu kontrollieren. Wenn starke Schatten und Lichter zusammenkommen, werden Sie entweder unter- oder überbelichten und sich für eine Bildwirkung entscheiden müssen. Oder aber Sie erstellen eine Belichtungsreihe (Aufnahmebetriebsart: **BKT**, bei **BKT Auswahl**: **Auto-Belichtungs-Serie**) und entscheiden am Computer, welches Bild Ihnen besser gefällt. Alternativ fügen Sie die Aufnahmen zu einem HDR-Bild zusammen. Das Erstellen einer solchen Belichtungsreihe habe ich bereits in Abschnitt 3.4, »Auf Nummer sicher mit einer Belichtungsreihe«, beschrieben.

Abbildung 8.10 *Schwierige Aufnahmesituation: Dunkle Schatten und der helle Himmel treffen auf leichtes Gegenlicht. Die Sonne kommt von vorn, obgleich sie von Wolken verdeckt ist. Das Bild ist zwar korrekt belichtet, zeigt für mich aber nicht das gewünschte Ergebnis.*

23 mm | f5 | 1/900 s | ISO 200

Abbildung 8.11 *Hier habe ich leicht überbelichtet, um die dunklen Schatten etwas aufzuhellen. Durch die Überbelichtung sind allerdings einige Bereiche in den Wolken verlorengegangen.*

23 mm | f5 | 1/1100 s | ISO 200 | +2/3 EV

> **Bildstabilisator deaktivieren auf dem Stativ**
>
> Bei vielen Landschaftsaufnahmen wie Sonnenaufgängen oder Sonnenuntergängen werden längere Belichtungszeiten notwendig, weil man trotzdem mit einem niedrigen ISO-Wert fotografieren will. Dasselbe gilt, wenn man einen ND-Filter (Graufilter) verwendet, um Wasseroberflächen »glattzustreichen«. Für solche Aufnahmen wird in der Regel ein Stativ oder ein anderer unbeweglicher und stabiler Untergrund verwendet. Bei Aufnahmen von einem Stativ wird in der Regel empfohlen, den Bildstabilisator zu deaktivieren. Aber es gibt auch die Stimmen, die sagen, dass es unproblematisch ist, den Bildstabilisator nicht abzuschalten. In der Tat habe ich schon öfter vergessen, den Bildstabilisator zu deaktivieren, ohne Einbußen in der Bildschärfe feststellen zu können. Das Thema wird häufig diskutiert, aber ich halte mich trotzdem in der Regel daran, den Bildstabilisator auf dem Stativ abzuschalten – obgleich ich es immer wieder mal vergesse. Eine interessante Abhandlung dazu können Sie auf der Website *http://digicam-experts.de/faq/19* nachlesen.

8.2.3 Graufilter und Verlaufsfilter

Um zum Beispiel fließenden Bachläufen eine mystische Stimmung zu verleihen oder heranziehende Wolken verschwimmen zu lassen, müssen Sie eine Langzeitbelichtung durchführen. Für eine Langzeitbelichtung an einem hellen Tag benötigen Sie einen Graufilter. Abhängig von der Stärke des Graufilters können Sie auch tagsüber Belichtungszeiten von mehreren Sekunden einstellen.

Für die Langzeitbelichtung eignet sich zwar der Programmmodus **S**, aber in der Praxis will ich auch gerne die anderen Werte selbst bestimmen und verwende daher meistens den Programmmodus **M**. Auch hier wollen Sie gewöhnlich eine große Schärfentiefe erreichen und stellen eine etwas kleinere Blende von *f*8 bis *f*11 ein. Für ISO nehme ich mit 160 den kleinsten »natürlichen« Wert. Am hinteren Einstellrad stelle ich die passende Belichtungszeit ein. Für das »glattgebügelte« Wasser sind häufig nur wenige Sekunden nötig. Das Histogramm und auch die Belichtungsskala helfen mir, die richtige Belichtung einzustellen.

Abbildung 8.12 *Mit Hilfe eines aufgeschraubten Graufilters sind solche glattgebügelten Wasseroberflächen kein Problem.*
56 mm | *f*10 | 6,5 s | ISO 160 | Graufilter ND 1,8 (64×)

> **Fernauslöser und Selbstauslöser**
> Damit Sie durch das Drücken des Auslösers die Kamera nicht verwackeln, empfiehlt es sich für eine Langzeitbelichtung, einen Fernauslöser zu verwenden. Sie können aber auch einen 2-Sekunden-Selbstauslöser einstellen. Wählen Sie zum Beispiel im Schnellmenü das Feld mit dem Selbstauslöser aus, und drehen Sie am hinteren Rad, bis Sie die Zahl **2** sehen.

Ein weiterer beliebter Filter in der Landschaftsfotografie ist der Grauverlaufsfilter, mit dem der Kontrast zwischen Himmel und Landschaft angeglichen werden kann. Für solche solchen Verlaufsfilter müssen Sie einen gesonderten Filterhalter erwerben, den Sie dann an der X-T4 anbringen können.

Abbildung 8.13 *Ein Grauverlaufsfilter hilft Ihnen, den Kontrast zwischen Himmel und Landschaft zu reduzieren. Der Filterhalter ist von SIOTI, die Filter sind von Formatt-Hitech.*

> **Meine Präferenzen in der Landschaftsfotografie**
> Für Landschaftsaufnahmen bevorzuge ich ein Weitwinkelobjektiv. Meistens habe ich das Fujinon XF 10–24 mm F4 dabei. Aber auch das 14 mm oder 16 mm von Fujinon haben noch einen relativ weiten Winkel. Natürlich gibt es auch Motive, die Sie nicht so ohne weiteres erreichen können und die sehr weit entfernt sind. In solch einem Fall ist ein Teleobjektiv mit langer Brennweite sehr hilfreich. Manche Hügellandschaften wie in der Toskana oder Südmähren sind ohne ein Teleobjektiv kaum schön abzubilden. Um Wasser oder Wolken verwischen zu lassen, habe ich verschiedene ND-Filter dabei (ND 1,8 und ND 3,0). Für den Fall, dass der Kontrast zwischen Himmel und Landschaft zu stark ist, bin ich mit einem Grauverlaufsfilter mitsamt Filterhalter ausgerüstet. Ein Muss dabei ist ein stabiles Stativ, den Bildstabilisator deaktiviere ich dann (wenn ich es nicht vergesse).
> Ich fokussiere bei Landschaftsaufnahmen fast immer manuell. Zur Hilfe verwende ich die Lupenfunktion und auch die Schärfentiefeskala, womit ich die bestmögliche Schärfentiefe zwischen dem Nahbereich und Unendlich einstellen kann. Der Programmmodus steht bei mir dann immer auf **M**. Die Blende stelle ich meistens auf f8 bis f11; wegen der Beugungsunschärfe vermeide ich es, die Blende weiter zu schließen. Der ISO-Wert bleibt so niedrig wie möglich bei 160. Zum Auslösen verwende ich entweder einen Fernauslöser oder den 2-sekündigen Selbstauslöser der X-T4.

8.3 Makrofotografie

In der Makrofotografie können Sie kleine Dinge wie Pflanzen, Tiere oder Insekten ganz groß abbilden, um so dem Betrachter eine nicht ganz alltägliche Sicht auf solche Motive zu ermöglichen. Sie können sogar Dinge sichtbar machen, die mit dem bloßen Auge nicht zu erkennen sind. Für solche Aufnahmen müssen Sie möglichst nah an Ihr Motiv heran. Sie werden aber feststellen, dass es ab einem bestimmten Abstand nicht mehr möglich ist, scharfzustellen. Alle Objektive haben eine sogenannte *Naheinstellgrenze*, womit die Grenze zwischen dem Objektiv und dem Motiv gemeint ist, bis zu der das Objektiv noch scharfstellen kann.

Typische Einstellungen für die Makrofotografie

- Programmmodus **M**
- Aufnahme von einem Stativ
- Makroobjektiv, Zwischenringe, Nahlinsen
- gegebenenfalls Makroschlitten
- niedriger ISO-Wert
- große Blendenzahl (geschlossene Blende) wie ƒ5,6 oder ƒ8 für eine möglichst hohe Schärfentiefe
- Fokusmodus: **M**
- Aufnahmebetriebsart: **S (Einzelbild)**, **BKT (Aufnahme-Einstellung > Drive-Einstellung > BKT-Einstellung > Fokus-BKT)**

Ebenfalls von Bedeutung bei einem passenden Objektiv für die Makrofotografie ist der Abbildungsmaßstab, der angibt, in welcher Größe das Motiv auf dem Sensor abgebildet werden kann. Ein echtes Makroobjektiv sollte mit einem Abbildungsmaßstab von mindestens 1:1 aufwarten. Damit wird das Motiv auf dem Sensor genauso groß abgebildet, wie es in Wirklichkeit ist.

Ob Sie ein Makroobjektiv benötigen, hängt natürlich auch vom Anwendungszweck ab. Wer gelegentlich ein paar Nahaufnahmen macht, kann es auch mit sogenannten *Nahlinsen (Achromaten)* probieren, mit denen Sie den Abstand zwischen der Kamera und dem Motiv verringern, also näher herankommen. Auch sogenannte *Zwischenringe* können einem normalen Objektiv gewisse Makrofähigkeiten verleihen.

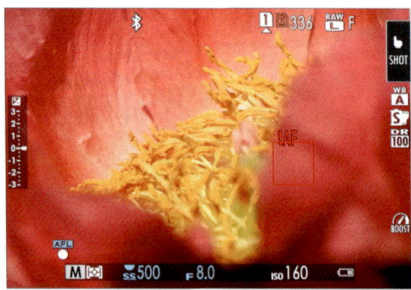

Abbildung 8.14 *Die Naheinstellgrenze des Objektivs wurde unterschritten. Daher kann die Kamera nicht mehr scharfstellen, was Sie an dem* **!AF** *erkennen.*

Auch Teleobjektive sind für Nahaufnahmen geeignet. Zwar kommen Sie damit nicht so nah an das Motiv heran, dennoch können Sie große Abbildungsmaßstäbe erzielen. Oftmals ist ein Teleobjektiv sogar die einzige Möglichkeit, eine Nahaufnahme von beispielsweise einem Frosch am Teich zu machen. Mit einem Makro kämen Sie nicht nah genug heran, ohne dass Ihnen der Frosch weghüpft. Und selbst mit Weitwinkelobjektiven können Sie unter Umständen interessante Nahaufnahmen produzieren. Probieren Sie also die vorhandene Ausrüstung aus, bevor Sie sich gleich ein Makroobjektiv kaufen.

8.3.1 Geringe Schärfentiefe

Die größte Schwierigkeit bei der Makrofotografie ist die geringe Schärfentiefe, wenn sich das Motiv nur wenige Zentimeter vor der Linse befindet. Auf der Website *www.dofmaster.com* können Sie sich die Schärfentiefe ausrechnen lassen. Als Beispiel dient ein Makroobjektiv mit 50 mm Brennweite und Blende ƒ8, mit dem ich auf 15 cm Abstand zum Motiv gehe. Die Schärfeebene liegt in diesem Fall zwischen 14,9 cm und 15,1 cm, ist also gerade einmal 2 mm tief! In dieser Größenordnung verwackeln Sie die Kamera schon, wenn Sie auslösen. Wenn Sie die Blende auf ƒ13 schließen, dann erweitern Sie den Bereich auf 4 mm, riskieren aber eben auch Beugungsunschärfe. Trotzdem bleibt es immer noch ein sehr kleiner Bereich, den Sie wirklich scharfstellen können. Wenn Sie damit ein Insekt oder eine Blume fotografieren, können Sie das Motiv in der Regel nicht durchgehend scharf abbilden. Sie stellen also einen bestimmten Bereich scharf, und der Rest verschwindet in Unschärfe, was auch sehr malerisch wirken kann.

Bei solch einer geringen Schärfentiefe wird es schwierig, mit einer offenen Blende wie ƒ2,8 zu fotografieren. Zudem erschwert sich das Ganze, wenn Sie die Blende schließen, weil sich dadurch die Belichtungszeit verlängert. Dann hängt einiges davon ab, ob Sie aus der Hand fotografieren oder ein Stativ verwenden. Wenn Sie aus der Hand fotografieren, sollten Sie schon mit einer kürzeren Belichtungszeit wie 1/100 s belichten. Dank des Bildstabilisators kann die Belichtungszeit aber auch länger werden. Je nach Brennweite funktionieren auch schon mal 1/15 s bis 1/30 s, ohne zu verwackeln. Dies bringt allerdings wiederum nichts, wenn sich das Motiv bewegt, wie dies zum Beispiel bei Insekten. der Fall ist. Eine Biene, die gerade von der Blume abhebt, braucht wieder eine sehr kurze Belichtungszeit. Je nach Umgebungslicht werden Sie hier wohl den ISO-Wert anheben müssen, um eine kürzere Belichtungszeit zu erzielen.

Abbildung 8.15 *Der Fokus lag bei der Blume in der Mitte am vordersten Blütenblatt. Trotz Blende ƒ8 werden die Blütenblätter nach außen herum recht schnell unscharf.*
60 mm | ƒ8 | 1/50 s | ISO 400 | mit Stativ

Bei der Makrofotografie ist ein Stativ empfehlenswert, um nicht zu verwackeln. Weil bei der Makrofotografie häufig Millimeter entscheidend sind, kann sich auch die Anschaffung eines Einstellschlittens für das Stativ lohnen, der sich über Einstellschrauben millimeterweise verschieben lässt. Zusätzlich ist ein Fernauslöser empfehlenswert, um nicht schon beim Drücken des Auslösers zu verwackeln. Alternativ behelfen Sie sich wieder mit dem 2-Sekunden-Selbstauslöser. Er eignet sich aber natürlich nicht für heranfliegende Bienen oder andere sich bewegende Insekten.

Wenn Sie den Autofokus verwenden wollen, empfiehlt es sich, mit AF-**S** und einem Einzelfokuspunkt zu fokussieren und ein kleines Fokusfeld zu verwenden. Mit der **Fokuskontrolle**, die Sie durch Drücken des hinteren Einstellrades aktivieren, wählen Sie den Bereich an, den Sie scharfstellen wollen. Einfacher ist es allerdings, mit dem manuellen Fokus und den Hilfsfunktionen wie **Focus Peaking** zu arbeiten. Auch die Möglichkeit von **AF+MF** im Register **AF/MF-Einstellung** ist nicht zu unterschätzen, womit Sie das Bild mit dem Autofokus scharfstellen und dann am Fokusring manuell nachregeln können.

8.3.2 Durchgehende Schärfe mit Focus Stacking

Bestimmt haben Sie schon Makroaufnahmen von Insekten oder Blumen gesehen, die durchgehend scharf waren, und haben sich gefragt, wie das geht. Das Prinzip ist einfach: Sie müssen »nur« mehrere Bilder vom selben Motiv von derselben Position aus machen, wobei sich der Fokuspunkt bei jedem Bild unterscheidet. Auf diese Weise haben Sie viele Einzelbilder, die einen bestimmten Bildbereich des Motivs scharf zeigen. Diese Bilder können Sie dann am Computer mit einer Software wie Photoshop oder einer Spezialsoftware wie Helicon Focus weitestgehend automatisch zusammensetzen. Bei diesem *Focus Stacking* werden die scharfen Bereiche in einer Aufnahme kombiniert, die dann einen großen Schärfebereich hat. Um solche Fokusreihen zu erstellen, müssen Sie nicht manuell den Fokuspunkt nach jeder Aufnahme verschieben, sondern können auf eine Funktion der X-T4 zurückgreifen: das *Focus Bracketing* (**Fokus-BKT**).

Abbildung 8.16 *Für dieses Bild habe ich 35 Einzelbilder in Photoshop zu einem Bild zusammengesetzt. Das Ergebnis ist fast durchgehend scharf – bezogen auf die Blume natürlich.*

SCHRITT FÜR SCHRITT
Eine Bilderserie mit Focus Bracketing erstellen

1 Aufnahmebetriebsart auf »Fokus-BKT« stellen

Stellen Sie die Aufnahmebetriebsart am entsprechenden Einstellrad auf **BKT**.

Abbildung 8.17 *Aufnahmebetriebsart auf BKT stellen*

2 Einstellungen vornehmen

Nachdem Sie den Bracketing-Modus der Kamera aktiviert haben, müssen Sie noch die Einstellungen dafür vornehmen. Dies können Sie über **Aufnahme-Einstellung > Drive-Einstellung > BKT-Einstellung > Fokus-BKT** tun. Zur Auswahl stehen **Auto** oder **Manuell**. Ich verwende hier **Manuell**.

> **Einstellungen für das Focus Bracketing auf die Fn2-Taste**
>
> Wollen Sie schneller auf die Einstellungen von **Fokus-BKT** zugreifen, müssen Sie nur im Kameramenü **Aufnahme-Einstellung > Drive-Einstellung > BKT-Einstellung > BKT-Auswahl** den Wert **Fokus-BKT** auswählen. Wenn Sie jetzt vorn an der Kamera die **Fn2**-Taste drücken, gelangen Sie sofort zu den Einstellungen für das Focus Bracketing. Vorausgesetzt natürlich, Sie haben der Funktionstaste **Fn2** nicht bereits eine andere Funktion wie die **Drive-Einstellung** zugewiesen.

Bei **Manuell** stellen Sie zunächst die Anzahl der **Bilder** ein, die Sie für das Focus Stacking erstellen wollen. Mit **Schritt** legen Sie den Fokusabstand von einem zum nächsten Bild fest. Je kleiner dieser Wert ist, umso kleiner sind die Änderungen vom einen zum nächsten Bild, und Sie benötigen eventuell mehr Bilder, um den Fokuspunkt von vorn bis hinten am Motiv entlangwandern zu lassen. Mit **Intervall** können Sie zudem eine Pause in Sekunden zwischen den einzelnen Aufnahmen definieren.

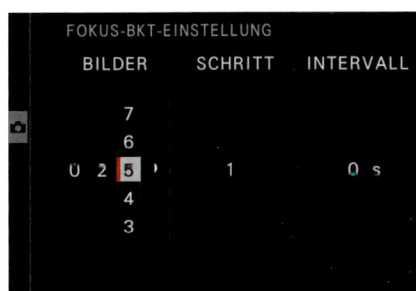

Abbildung 8.18 *Einstellungen für das Focus Bracketing*

3 Focus Bracketing starten

Jetzt ist die Kamera für das Focus Bracketing bereit. Ich wähle beim Fokussieren zunächst den Bereich, der dem Objektiv am nächsten ist. Selbstredend, dass Sie eine solche Serienaufnahme mit der Kamera auf dem Stativ machen sollten. Wenn Sie jetzt den Auslöser durchdrücken oder per Fernauslöser auslösen, nimmt die Kamera die Anzahl der eingestellten Bilder auf, beginnend beim ersten Fokusbereich, wobei sich jedes Mal der Fokuspunkt um den eingestellten **Schritt** verschiebt. Die Fokussierung fährt dabei mit jedem Schritt in die Richtung der Unendlichkeitseinstellung fort. Den Vorgang, wie sich die Schärfeebene verschiebt, können Sie live auf dem Display verfolgen. Sollte der Fokus vor der Anzahl der eingestellten Bilder die Unendlichkeitseinstellung erreicht haben, wird die Aufnahme beendet.

Abbildung 8.19 *Als ersten Fokuspunkt wähle ich für das Focus Bracketing den Bereich, der der Kamera am nächsten ist. Am linken Rand, unterhalb der Belichtungsskala, erkennen Sie außerdem, dass das Focus Bracketing aktiv ist.*

Abbildung 8.20 *Das Focus Bracketing bei der Ausführung. Rechts oben sehen Sie den Fortschritt, hier **26/45**. Mit **MENU/OK** können Sie die Arbeit jederzeit abbrechen.*

8.3.3 Focus Stacking nicht nur in der Makrofotografie

Das Focus Stacking können Sie natürlich nicht nur in der Makrofotografie einsetzen, sondern auch in der Landschafts- oder Architekturfotografie. Fokussieren Sie z. B. ganz nah und groß eine Blume, einen Stein oder eine Statue im Vordergrund, und bilden Sie auch den Hintergrund scharf ab. Selbst mit einer weit geschlossenen Blende bekommen Sie solche Aufnahmen sonst nicht durchgehend scharf. Ein entsprechendes Beispiel will ich Ihnen mit der Option **Auto** bei **Aufnahme-Einstellung > Drive-Einstellung > BKT-Einstellung > Fokus-BKT** demonstrieren.

SCHRITT FÜR SCHRITT
Automatisches Focus Bracketing

1 Aufnahmebetriebsart und Option auswählen

Stellen Sie die Aufnahmebetriebsart auf BKT, und wählen Sie im Kameramenü **Aufnahme-Einstellung > Drive-Einstellung > BKT-Einstellung > Fokus-BKT** die Option **Auto**. Die Kamera wählt

Bilder und Schritt automatisch, und Sie wählen nur ein Intervall in Sekunden zwischen den Aufnahmen aus.

2 Startpunkt scharfstellen

Nachdem Sie das Intervall ausgewählt haben, stellen Sie zunächst mit dem Punkt A den Startpunkt ein. Dies sollte der nahegelegenste Punkt des Motivs sein. Stellen Sie scharf, indem Sie am Fokusring drehen. Als Hilfe stehen Ihnen die Schärfentiefeskala und die Fokuskontrolle (hinteres Einstellrad drücken) zur Verfügung. Hilfreich ist es auch, das Focus Peaking zu aktivieren. Haben Sie den Startpunkt scharfgestellt, drücken Sie die MENU/OK-Taste.

Abbildung 8.21 *Mit Punkt A stellen Sie auf den Startpunkt scharf. Ich verwende dabei das Focus Peaking; die Fokuskontrolle steht ebenfalls zur Verfügung.*

3 Endpunkt scharfstellen

Den Fokuspunkt B für den Endbereich können Sie nun genauso über den Fokusring einstellen. Hierbei stellen Sie den am weitesten entfernten Punkt des Motivs scharf. Drücken Sie MENU/OK, um zwischen den Punkten A und B zu wechseln und sie anzupassen. Drücken Sie DISP/BACK oder den Auslöser halb herunter, wenn Sie fertig sind.

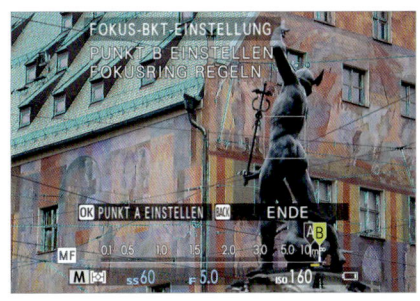

Abbildung 8.22 *Mit Punkt B stellen Sie den Endpunkt des am weitesten entfernt liegenden Motivbereichs scharf. Auch hier verwende ich wieder Focus Peaking.*

4 Fokusserie starten

Wenn Sie die Kamera nicht mit manuellem Fokus betreiben, können Sie sich mit Einrichtung > Display-Einstellung > Display Einstell. durch Setzen des Häkchens vor AF-Abstandsanzeige den Bereich, den Sie eingestellt haben, als gelbe Balken in der Schärfentiefeskala ansehen. Beim manuellen Fokussieren wird die Schärfentiefeskala ohnehin angezeigt. Drücken Sie den Auslöser, wird die Fokusserie gestartet. Die Kamera berechnet automatisch die Werte für Bilder und Schritt.

Abbildung 8.23 *In der Anzeige wird die Anzahl der Bilder eingeblendet.*

Abbildung 8.24 *Das Bild wurde am Computer als Fokus Stacking aus 11 Aufnahmen zusammengesetzt und ist durchgehend scharf.*

SCHRITT FÜR SCHRITT
Focus Stacking mit Adobe Photoshop CC

Zwar handelt es sich hier um ein Kamerahandbuch, aber die Frage zum Focus Stacking kam bei früheren Fujifilm-Büchern recht häufig. Ich verwende für diesen kurzen Workshop Adobe Photoshop, weil es eine gängige Software ist. Aber die Schritte dürften in anderen Programmen vergleichbar sein.

1 Bilder als Ebenen öffnen

Ausgehend davon, dass alle Bilder bereits fertig zur Verarbeitung im Focus Stack sind, wähle ich in Photoshop den Befehl **Datei > Automatisieren > Photomerge** und gehe dort auf **Durchsuchen**. Im Dialog markiere ich alle Dateien für das Focus Stacking und bestätige den Dialog. Jetzt sind alle Dateien im Dialog **Photomerge** geladen. Deaktivieren Sie alle Einstellungen, und wählen Sie beim Layout **Auto** aus. Bestätigen Sie mit **OK**.

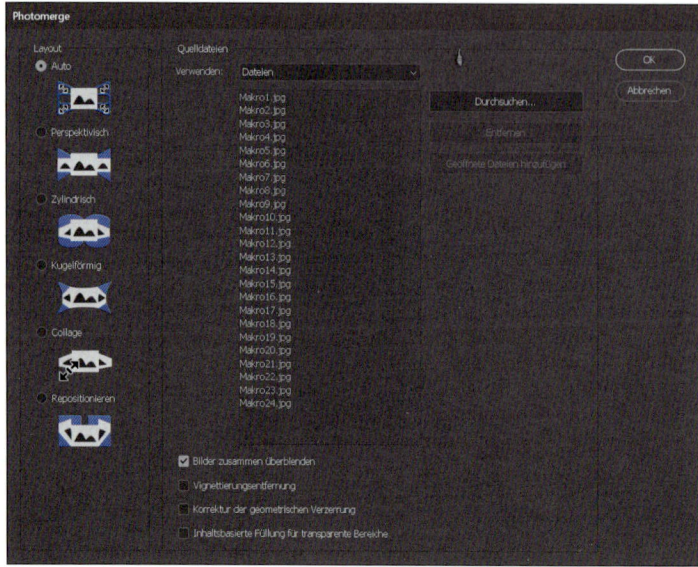

Abbildung 8.25 *Bilder in Photomerge laden*

2 Ebenen automatisch überblenden

Als nächsten Schritt können Sie nun Photoshop die Arbeit überlassen, die einzelnen Ebenen so zu überblenden, dass immer der Fokus einer Szene hervorgehoben und der unscharfe Teil maskiert wird. Aktivieren Sie hierzu alle Ebenen im **Ebenen**-Bedienfeld, und wählen Sie den Befehl **Bearbeiten > Ebenen automatisch überblenden**. Wählen Sie als Überblendungsmethode **Bilder stapeln**, und aktivieren Sie die Option **Nahtlose Töne und Farben**. Klicken Sie auf **OK**.

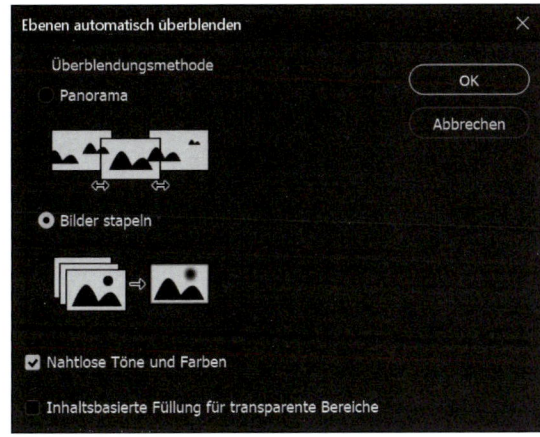

Abbildung 8.26 *Mit diesem Dialog übernimmt Photoshop die Arbeit des Focus Stackings für Sie.*

Als Endergebnis erhalten Sie ein fast durchgehend scharfes Bild, in dem alle scharfen Fokusbereiche der Serie sichtbar gemacht und die unscharfen Bereiche ausgeblendet wurden. Dafür verwendet Photoshop die Ebenenmasken, in denen Sie wie gewohnt nacharbeiten können, wenn Sie mit dem Ergebnis nicht ganz zufrieden sind.

Meine Präferenzen bei der Makrofotografie/Focus Stacking

Ich mache gerne Makrofotos, aber nicht besonders häufig. Daher rentiert sich für mich der Kauf des 80-mm-Makroobjektivs von Fujifilm nicht. Wer sich allerdings ernsthaft mit der Makrofotografie befassen möchte, der kommt wohl um das Objektiv nicht herum. Ich konnte es leihweise für einen Monat testen, und es ist schon eine Referenz in diesem Segment. Es macht sich auch sehr gut als Porträtlinse. Neben dem Fujinon-Makro XF 60 mm (das leider nur eine 1:2-Darstellung bietet) verwende ich noch ein 40 Jahre altes Makroobjektiv von Canon, das ich an die X-T4 adaptiert habe. Da ich meine Makros ohnehin manuell fokussiere, fahre ich damit sehr gut. Alternativ habe ich auch Zwischenringe, um mit meinen anderen Objektiven möglichst nah an das Motiv zu gelangen. Ein Stativ ist dabei ohnehin Pflicht. Wenn ich einen Focus Stack plane, verwende ich einen Makroschlitten für die Aufnahmen.

Die Blende stelle ich gewöhnlich auf *f*5,6 oder *f*8, und den ISO-Wert halte ich so niedrig wie möglich zwischen 160 und 640. Der Programmmodus ist natürlich **M**. Gewöhnlich fokussiere ich ohnehin manuell; wenn ich mal **AF-S** zum Fokussieren verwende, dann nutze ich auch auf die Einstellung **AF+MF** und reduziere den Fokusrahmen im Fokusbereich erheblich, um kleinere Bereiche anvisieren zu können.

8.4 Straßenfotografie

Die Straßenfotografie ist ein kontroverses Thema, weil man dabei oft rechtliche Grenzen überschreitet und die Privatsphäre verletzt. Diese Aspekte sollten Sie unbedingt beachten, aber ich will mich hier auf den Einsatz der X-T4 in der Straßenfotografie konzentrieren. Da die X-T4 zusammen mit einer Festbrennweite wie eine 23 mm oder 35 mm eine verhältnismäßig kleine und leichte Kamera ist, eignet sie sich hervorragend für die Straßenfotografie, die eine sehr anspruchsvolle Disziplin ist: Sie müssen oft sehr schnell reagieren, um einen besonderen Moment festzuhalten, und haben daher auch wenig Zeit, sich mit den Einstellungen der Kamera zu befassen. Daher sollten Sie bereits von vornherein Ihre Einstellungen festlegen.

Typische Einstellungen für die Straßenfotografie

- Programmmodus **A**, **M** oder **S** (auch **P**)
- Brennweite ab 23 bis 35 mm
- flexibler ISO-Wert
- kürzere Belichtungszeit wie 1/125 s oder kürzer
- mittlere bis größere Blendenzahl (geschlossene Blende) wie *f*5,6 oder *f*8
- Fokusmodus: **C** oder **M** (mit **Focus Peaking**)
- Aufnahmebetriebsart: **S** (Einzelbild), **CH** oder **CL**

Zunächst müssen Sie entscheiden, welchen Programmmodus Sie verwenden wollen. **A**, **M** oder **S** bieten sich an. Es gibt aber auch Streetfotografen, die **P** als Programmmodus verwenden und dann die gewünschte Blenden-Belichtungszeit-Kombination durch den Programm-Shift anpassen. Entscheiden Sie selbst, wie Sie bildgestalterisch eingreifen wollen. Egal, welchen Programmmodus Sie verwenden, Sie sollten immer die Belichtungszeit im Auge haben. Es empfiehlt sich, eine Belichtungszeit von 1/125 s oder (besser) länger anzupeilen. Damit vermeiden Sie die Gefahr unscharfer Personen, die Sie ja häufig im Vorbeigehen fotografieren. Natürlich kann eine gewisse Unschärfe des Motivs auch für Spannung und Dynamik im Bild sorgen.

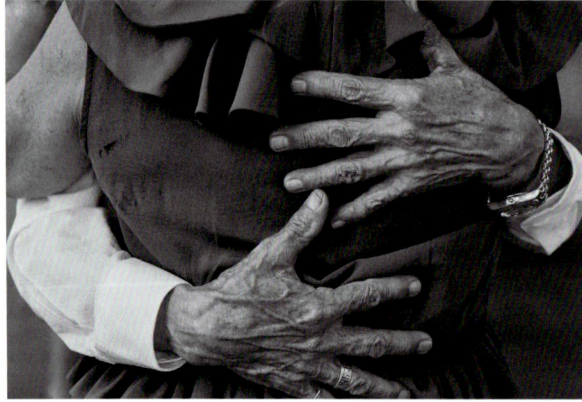

Abbildung 8.27 *Dank einer ausreichend kurzen Belichtungszeit wurde das an mir vorbeitanzende ältere Paar scharf abgebildet.*

23 mm | *f*4 | 1/200 s | ISO 160 | Filmsimulation: Schwarzweiß

Abbildung 8.28 *Hier habe ich eine längere Belichtungszeit verwendet, wodurch das Bild eine gewisse Dynamik erhält.*

23 mm | ƒ10 | 1/10 s | ISO 160 | Filmsimulation: Schwarzweiß

Auch beim ISO-Wert sollten Sie großzügig sein, weil sich bei der Straßenfotografie ständig die Belichtung ändern kann. Bei Tageslicht können Sie den ISO-Wert bei 400 bis 800 belassen. In der Dämmerung müssen Sie dann schon mal auf 6400 hochgehen. Es bietet sich die Regelung über Auto-ISO an, wo Sie auch gleich eine Mindestverschlusszeit von 1/125 s einstellen können.

Der Blendenwert ist eine Frage des Geschmacks. Allerdings muss es auf der Straße oft sehr schnell gehen, und mit einer Blende wie ƒ2 wird es schwer, den Fokuspunkt schnell richtig zu setzen. Daher ist es oftmals sicherer, auf die geringere Schärfentiefe zu verzichten und die Blende etwas zu schließen. Es gibt nicht wenige Streetfotografen, die der Meinung sind, ein Streetfoto dürfe wenig bis keinen Schärfeverlauf haben. Eine Blende von ƒ5,6 bis ƒ8 ist dafür eine gute Wahl. Wer grelles Sonnenlicht mit harten Schatten bevorzugt, der kann auch mal mit Blende ƒ8 oder gar ƒ9 mit einer Belichtungszeit von 1/500 s und einem ISO-Wert von 400 oder 640 fotografieren. Damit entstehen Straßenbilder mit harten und dunklen Kontrasten.

Abbildung 8.29 *Solch Aufnahmen lassen sich mit weiter geschlossener Blende und einer schnelleren Belichtungszeit realisieren.*

23 mm | ƒ8 | 1/500 s | ISO 160 | Filmsimulation: Acros

Das Fokussieren in der Straßenfotografie ist sehr anspruchsvoll. Es bieten sich mehrere Strategien an. Eine ist es, den Fokusmodus auf AF-**C** und die Aufnahmebetriebsart auf **CH** oder **CL** zu stellen. Da Sie bei der Straßenfotografie recht nah an Personen herangehen müssen/können, empfehle ich, auch gleich den elektronischen und leisen Verschluss mit **ES** zu wählen. Mit dem kontinuierlichen Autofokus und der schnellen (aber stillen) Serienaufnahme von 8 bzw. 15 Bildern in der Sekunde klappt es in der Regel sehr gut, so dass immer ein oder zwei tolle Aufnahmen dabei sind. Natürlich können Sie auch ohne die schnelle Serienaufnahme fotografieren. Auch die Augen-/Gesichtserkennung ist bei der Straßenfotografie recht hilfreich.

Oftmals reicht allerdings die Zeit gar nicht aus, um kontrolliert zu fokussieren. Daher ist es hilfreich, sich eine Fokuszone einzurichten: Stellen Sie dafür die Blende auf ƒ5,6 bis ƒ8, und verwenden Sie den manuellen Fokusmodus **M**. Mit Hilfe der Schärfentiefeskala fokussieren Sie dann z. B. auf 3,50 Meter Entfernung. Dank der geschlossenen Blende müssten die blauen Balken in der Schärfentiefeskala jetzt zwischen 2,80 bis 5,0 Metern liegen. Das bedeutet, innerhalb dieses Bereichs wird alles scharf abgebildet. Je weiter Sie die Blende schließen, umso größer fällt der Bereich der Fokuszone aus. Aktivieren Sie zusätzlich das **Focus Peaking** zur Unterstützung. Dadurch bekommen Sie auch ein besseres Gefühl für den Abstand zum Motiv. Der Vorteil bei dieser Strategie ist, dass Sie schneller Bilder machen können, ohne sich überhaupt Gedanken um die Fokussierung machen zu müssen. Allerdings bedarf diese Strategie auch ein wenig Übung, um ein Gefühl für den Abstand zu bekommen.

Abbildung 8.30 *Mit Hilfe der Schärfentiefeskala richte ich mir eine Fokuszone ein. Dank des* **Focus Peaking** *erkennen Sie auch gleich, was alles scharf abgebildet wird. Läuft jemand in die eingestellte Fokuszone, müssen Sie nur noch den Auslöser drücken und sich um nichts mehr kümmern – kein Fokussieren mehr nötig.*

Häufig werden bei der Straßenfotografie Festbrennweiten eingesetzt. Der Vorteil ist, dass sie kleiner und unauffälliger sind, und vor allem verlieren Sie damit keine Zeit beim Zoomen. Für die X-T4 würden sich Brennweiten von 23 mm (KB: ca. 35 mm) und/oder 35 mm (KB: ca. 50 mm) anbieten.

8.5 Architekturfotografie

Vieles, was ich für die Landschaftsfotografie beschrieben habe, können Sie für die Architekturfotografie übernehmen. Die Unterschiede sind nicht groß. Allerdings stoßen Sie bei der Architekturfotografie auf ein Problem, das bei der Landschaftsfotografie keine oder nur eine geringe Rolle spielt: die *stürzenden Linien*. Diese treten besonders bei weitwinkligen Objektiven auf. Stehen Sie beispielsweise vor Häuserwänden, großen Toren oder einer ganzen Skyline, scheint es, als würden die Linien nach innen stürzen. Der Effekt verstärkt sich, je näher Sie am Objekt stehen. Stürzende Linien treten besonders bei weitwinkligen Objektiven auf.

Abbildung 8.31 *Stürzende Linien, das Problem in der Architekturfotografie*
10 mm | f4,5 | 1/400 s | ISO 200

Typische Einstellungen für die Architekturfotografie
- Programmmodus **M**
- Brennweite ab 10 mm bis 35 mm
- Aufnahme vom Stativ (Bildstabilisator deaktivieren)
- niedriger ISO-Wert
- große Blendenzahl (geschlossene Blende) wie f8 für eine hohe Schärfentiefe
- Fokusmodus: **M**
- Aufnahmebetriebsart: **S** (Einzelbild)

Um das Problem mit den stürzenden Linien zu beheben, gibt es mehrere Möglichkeiten:
- **Abstand zum Motiv vergrößern**: Erweitern Sie den Abstand zum Motiv, und fotografieren Sie es möglichst mittig. Das ist nicht immer möglich. Wenn doch, benötigen Sie für ge-

wöhnlich kein weitwinkliges Objektiv. Das hat den zusätzlichen Vorteil, dass Normalbrennweiten weniger Verzeichnung aufweisen als Weitwinkelobjektive. Einen höheren Standort einzunehmen, schwächt den Effekt ebenfalls ab. Allerdings hilft es Ihnen nicht weiter, ein Bauwerk von einem höheren Standpunkt aus zu fotografieren; dann stürzen die Linien in die andere Richtung.

- **Tilt-Shift-Objektiv**: Mit einem Tilt-Shift-Objektiv können Sie die Verzerrung bereits vor der Aufnahme korrigieren. Als Ergebnis erhalten Sie gerade Linien. Solche Objektive haben allerdings ihren Preis, und Sie müssen auf Fremdhersteller wie Samyang oder Walimex zurückgreifen und das Objektiv manuell betreiben. Alternativ können Sie sich auch ein altes gebrauchtes Tilt-Shift-Objektiv für beispielsweise Canon kaufen und es an der X-T4 adaptieren.
- **Nacharbeit am Computer**: Viele Raw-Konverter und Bildbearbeitungsprogramme bieten verschiedene Möglichkeiten, die Perspektive von schiefen Linien zu korrigieren. Sie sollten allerdings dann schon beim Fotografieren etwas Raum um das Gebäude bzw. Motiv lassen, weil Sie durch das Geraderücken am Computer auch Bildbereiche entfernen werden.

Abbildung 8.32 *Hier habe ich mich von dem Gebäude entfernt und eine etwas längere Brennweite genutzt.*
33 mm | f8 | 1/100 s | ISO 200

Auch bei der Architekturfotografie hängt die Belichtungseinstellung stark vom Tageslicht und Sonnenstand ab. Am Tag haben Sie oftmals mit Schatten zu kämpfen. In Abbildung 8.34 waren zum Beispiel die Häuser ordentlich von der Sonne belichtet, aber die Statue stand noch im Schatten. In solchen Fällen können Sie entweder das Bild ein wenig überbelichten, so wie ich es in Abbildung 8.35 gemacht habe, oder Sie erstellen eine Belichtungsreihe (Aufnahmebetriebsart: **Auto-Belichtungs-Serie**) und fügen die Bilder am Computer zu einem HDR-Bild zusammen.

8.5 Architekturfotografie

Abbildung 8.33 *Diese Aufnahme habe ich am Computer nachbearbeitet.*

Abbildung 8.34 *Schwierige Aufnahmesituation: Die Sonne beleuchtet zwar das Gebäude, aber die Statue steht noch im Schatten. Das Bild ist korrekt belichtet, aber nicht jedem gefällt das Ergebnis.*
23 mm | f8 | 1/350 s | ISO 160

Abbildung 8.35 *Bei dieser Aufnahme habe ich leicht überbelichtet, um die dunklen Schatten etwas aufzuhellen. Dadurch sind allerdings einige hellere Bereiche beim Gebäude auf der linken Seite arg hell geraten.*
23 mm | f8 | 1/350 s | ISO 160 | +1 EV

Architekturaufnahme mit Normalbrennweiten – meine Empfehlung

Wenn ich kein Objektiv mit einem Weitwinkel dabeihabe und trotzdem eine Architekturaufnahme machen will, dann erstelle ich mehrere Bildausschnitte der Architektur im Hochformat mit einer Überlappung von 30–40 % und füge sie anschließend mit der Panoramafunktion auf dem Computer zusammen. Dabei nutze ich auch gleich den Vorteil, dass die Verzeichnung mit einer Normalbrennweite geringer ist. Für die Aufnahmereihe müssen Sie mit einem Stativ arbeiten und die Belichtung manuell einstellen.

8.6 Action- und Sportfotografie

Wenn es Ihnen um eine schnelle Serie von Aufnahmen von Action- und Sportfotografie geht, bietet Ihnen die X-T4 einige interessante Funktionen. Wie Sie bereits wissen, aktivieren Sie die Serienaufnahme, indem Sie die Aufnahmebetriebsart auf **CH** (schnelle Serienaufnahme) oder **CL** (langsame Serienaufnahme) stellen. Die Anzahl der Bilder, die Sie pro Sekunde in der Aufnahmebetriebsart **CL** oder **CH** machen können, stellen Sie ein, wenn Sie die **Fn2**-Taste drücken. Alternativ finden Sie diese Einstellungen auch über das Kameramenü mit **Aufnahme-Einstellung > Drive-Einstellung** bei **CH Sequenz Hohe Gesch.** und **CL Sequenz Geringe Gesch.** wieder. Wie lange Sie mit durchgedrücktem Auslöser und (sinnvollerweise) kontinuierlichem Autofokus (**AF-C**) eine Serienaufnahme durchführen können, hängt davon ab, ob Sie JPEG, Raw, Raw komprimiert oder JPEG und Raw aufnehmen.

So können Sie im Standardmodus von **CH** mit 15 Bildern pro Sekunde ca. 110 JPEG- oder 35 unkomprimierte Raw-Fotos nacheinander fotografieren. Bei einer Aufnahme von Raw und JPEG gleichzeitig sind es immerhin noch 34 Bilder. Ab dann wird es langsamer, weil die Daten vom internen Puffer auf die Speicherkarte übertragen werden müssen. Sie erkennen das daran, dass die Kontrollleuchte abwechselnd rot und grün blinkt.

Benötigen Sie keine 15 Bilder in der Sekunde, aber dafür eine länger dauernde Aufnahmeserie, müssen Sie die Geschwindigkeit reduzieren. Verwenden Sie zum Beispiel die Aufnahmebetriebsart **CL** mit 8 Bildern in der Sekunde, dann können Sie schon 200 JPEG- oder 39 unkomprimierte Raw-Fotos machen, bis der Puffer voll ist. Bei Raw und JPEG sind es 37 Bilder.

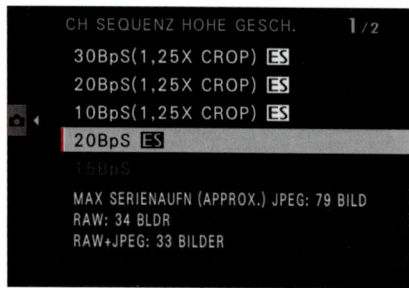

Abbildung 8.36 *In diesem Menü stellen Sie die Geschwindigkeit in der Aufnahmebetriebsart CH ein. Sie finden hier auch gleich die maximale Anzahl von Bildern, die Sie bei dauerhaft durchgedrückter Auslösetaste machen können – bis der Puffer voll ist.*

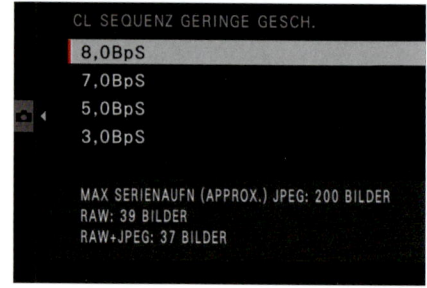

Abbildung 8.37 *Auch für die Aufnahmebetriebsart CL können Sie die Anzahl der Bilder in der Sekunde anpassen. Auch hier wird unten die maximale Anzahl der Bilder angezeigt, die Sie im Dauerbetrieb machen können.*

Um mehr Bilder in der Sekunde aufzunehmen, können Sie auf den elektronischen Verschluss zurückgreifen. Diesen müssen Sie allerdings erst im Kameramenü über **Aufnahme-Einstellung > Auslösertyp** mit **ES Elektronischer Auslöser** aktivieren. Jetzt können Sie in der Aufnahmebetriebsart **CH** auch auf die schnelleren Serienaufnahmen mit der **ES**-Markierung zugreifen. Bei voller Auflösung stehen Ihnen mit dem elektrischen Verschluss maximal 20 Bilder in der Sekunde zur Verfügung. Sie können 79 JPEG- oder 34 Raw-Bilder machen, bis der Puffer bremst. Bei Aufnahme von Raws und JPEG sind es immerhin noch 33 Bilder.

Reicht Ihnen das nicht aus, können Sie die Seriengeschwindigkeit in der Aufnahmebetriebsart **CL** mit einem Cropfaktor von 1,25 auf 30 Bilder in der Sekunde erhöhen. Da das Bild um den Faktor 1,25 kleiner wird (ca. 16,6 Millionen Pixel), können Sie aufgrund der reduzierten Datenmenge mehr Bilder in der Sekunde aufnehmen. Mit 30 Bildern in der Sekunde kann die X-T4 60 JPEG- oder 33-Raw-Fotos am Stück aufnehmen, bis der Puffer etwas bremst. Wenn Sie etwas länger im Dauerbetrieb auslösen wollen, dann müssen Sie die Anzahl der Bilder pro Sekunde reduzieren.

Der elektronische Verschluss steht auch in der Aufnahmebetriebsart **CL** zur Verfügung, natürlich mit denselben Geschwindigkeiten wie beim manuellen Verschluss. Zwar habe ich am Ende des ersten Kapitels auf die möglichen Nachteile des elektronischen Verschlusses hingewiesen, trotzdem hat dieser Verschluss gerade bei einer Serienaufnahme den Vorteil, dass es nicht zu einem kurzen Blackout (schwarzer Bildschirm) kommt und Sie praktisch ohne das störende Flackern weiterfotografieren können.

Typische Einstellungen für die Action- und Sportfotografie
- Programmmodus **S**
- ISO-Wert abhängig von der Lichtumgebung
- sehr kurze Belichtungszeiten wie 1/500 s oder kürzer
- Fokusmodus: **AF-C**
- Aufnahmebetriebsart: **CH, CL, Elektronischer Auslöser**

Damit die X-T4 mit den schnellen Bewegungen des Motivs Schritt halten kann und das Motiv immer scharfgestellt ist, sollten Sie den Fokusmodus AF-**C** einstellen. Wenn Sie den Auslöser halb herunterdrücken, wird das anvisierte Motiv kontinuierlich fokussiert und bleibt auch im Fokus, wenn Sie die Serienaufnahme starten. Auf diese Weise, mit AF-**C** und einem schnellen Serienmodus als Aufnahmebetriebsart, holen Sie das Maximum aus der X-T4 für Action- und Sportaufnahmen heraus.

Abbildung 8.38 *Actionsportarten wie das Surfen sind ein klassischer Fall für Serienaufnahmen, da es schwierig ist, den Surfer im idealen Moment zu erwischen. Mit 15 oder 8 Bildern in der Sekunde stehen die Chancen allerdings sehr gut.*

72 mm | f2,8 | 1/640 s | ISO 400 | +2/3 EV

Die wichtigste Einstellung allerdings, um die Bewegung von schnellen Motiven einzufrieren, ist die Belichtungszeit. Oft wird in der Sport- und Actionfotografie eine Belichtungszeit von 1/500 s angepeilt. Wollen Sie beispielsweise beim Schwimmen oder Turmspringen einzelne Wassertropfen einfrieren, benötigen Sie sogar etwa 1/2500 s. Für die Sportfotografie bietet sich daher der Programmmodus **S** an, in dem Sie die Verschlusszeit vorgeben können und die Kamera die übrigen Parameter für Sie einstellt. Natürlich können Sie auch den manuellen Programmmodus verwenden und alles selbst festlegen.

Der ISO-Wert hängt von der Tageszeit und vom verfügbaren Umgebungslicht ab. Wie immer sollten Sie versuchen, ihn möglichst niedrig zu halten. Da aber die Belichtungszeit Priorität hat, werden Sie hinsichtlich des ISO-Wertes speziell bei schlechten Lichtverhältnissen, wie in einer Halle, in den sauren Apfel beißen und diesen höher stellen müssen. Im Programmmodus **S** passt die Kamera zwar auch die Blende automatisch an, aber auch hier gibt es ein Limit. Verwenden Sie ein Objektiv wie das 50–140 mm, das sich hervorragend für die Sportfotografie eignet, ist bei f2,8 Schluss. Und dieser Wert ist bei 1/500 s und schlechten Lichtverhältnissen schnell erreicht.

Das wäre dann auch gleich ein weiterer wichtiger Punkt in der Action- und Sportfotografie: Das Objektiv, das Sie verwenden, sollte lichtstark sein. Gerade bei Hallensport ist das Umgebungslicht oftmals nicht optimal, so dass Sie mit einer höheren Lichtstärke mehr Spielraum haben und den ISO-Wert nicht gleich auf das Maximum stellen müssen.

Wollen Sie hingegen sogenannte *Mitzieher* fotografieren, um die Schnelligkeit und Dynamik einer Sportart zu betonen, benötigen Sie eine etwas längere Belichtungszeit. Bei dieser Art Aufnahme fokussieren Sie auf eine bestimmte Position des sich bewegenden Objektes, verfolgen es mit der Kamera und starten dann die Serienaufnahme. Mitzieher erfolgreich umzusetzen ist nicht so einfach, und es bedarf viel Übung, sie zu perfektionieren.

Abbildung 8.39 *Hier habe ich einen klassischen Mitzieher aufgenommen. Dafür habe ich eine relativ lange Belichtungszeit mit 1/30 s eingestellt. Dann habe ich die Person mit AF-**C** dauerhaft fokussiert und habe mit ihr im Fokus meinen Oberkörper mitgedreht und den Auslöser durchgedrückt.*

23 mm | f8 | 1/30 s | ISO 160

> **Meine Präferenzen bei der Sportfotografie**
> Da ich häufig Reitsport fotografiere, ist mir ein gutes Objektiv bei der Sportfotografie wichtig. Ich verwende das 50–140 mm von Fujinon. Damit komme ich nah an das Geschehen heran, und auch die Lichtstärke von f2,8 ist sehr hilfreich, wenn die Turniere in der Halle stattfinden. Ich habe es zuvor mit dem Fujinon XF 55–200 mm probiert, aber bei längerer Brennweite schließt sich die Blende zu weit, und ich muss den ISO-Wert in unschöne Höhen drehen, um die Belichtungszeit möglichst kurz zu halten. Im Programmmodus **S** fokussiere ich mit AF-**C**, stelle die Aufnahmebetriebsart auf **CH** oder **CL** und die Belichtungszeit auf 1/500 s (oder kürzer). Den ISO-Wert passe ich dem Umgebungslicht mit einem Auto-ISO-Programm an.

8.6.1 Pre-Aufnahmen mit der X-T4

Eine interessante Funktion in Verbindung mit den Serienaufnahmen mit dem elektronischen Verschluss ist die Funktion **Aufnahme-Einstellung > Pre-Aufnahme ES**. Wenn Sie diese auf **An** stellen, beginnt die Kamera bereits in den Puffer zu fotografieren, wenn Sie den Auslöser nur halb durchdrücken. Die Bilder werden allerdings nur dann gespeichert, wenn Sie den Auslöser daraufhin vollständig herunterdrücken. Dies ist bei so mancher Aufnahme hilfreich, wo Sie vielleicht nach dem Anfokussieren etwas zu spät für den passenden Moment durchgedrückt haben. Wenn Sie Beispielsweise einen Vogel fotografieren wollen und diesen gerade erst fokussiert haben, kann er bereits im nächsten Moment schon wieder weggeflogen sein. Gerade in der Action- oder Tierfotografie, wo es oft um den Bruchteil einer Sekunde geht, kann es schon sehr hilfreich sein, wenn bereits einige Voraufnahmen im Puffer sind. Die Funktion ist natürlich keine Revolution und auch bereits in vielen Smartphones enthalten, aber in der Verbindung mit der Serienaufnahme kann es schon hilfreich sein, mal eben 10–20 Bilder mehr *vor* den eigentlichen Aufnahmen auf der Speicherkarte zu haben. Im Sucher bzw. auf dem Display wird der Modus mit **PRE** unterhalb der Belichtungs-Skala angezeigt.

Abbildung 8.40 *Hier habe ich mit einer langen Brennweite von 280 mm auf die Amsel fokussiert. Bis ich die Brennweite eingestellt und ausgelöst hatte ...*

Abbildung 8.41 *... war sie schon wieder weg. Dank der Pre-Aufnahmen konnten beim Fokussieren bereits einige Aufnahmen in den Puffer gesichert werden, bevor ich den Auslöser durchdrückte. Die Funktion gibt es allerdings nur für den elektronischen Verschluss.*

8.6.2 Sport-Sucher-Modus

Der **Sport-Sucher-Modus** im Kameramenü **Aufnahme-Einstellung** macht den Eindruck, etwas Besonderes zu sein, aber letztendlich ist er nur eine Cropfaktor-Option, die die Brennweitenwirkung um den Faktor 1,25 erweitert. Gleichzeitig wird die Auflösung auf 16,6 Megapixel reduziert und die **Bildqualitäts-Einstellung** der **Bildgrösse** wird auf **M** gestellt. Diese Funktion steht nur in Kombination mit dem manuellen Verschluss zur Verfügung. Trotz des Cropfaktors wird bei der Aufnahme, im Gegensatz zum elektronischen Verschluss und der Option **1,25× Crop**, der komplette Bildschirm angezeigt. Also Achtung: Der tatsächlich aufgenommene Bereich wird durch einen Rahmen markiert (siehe Abbildung 8.43).

Abbildung 8.42 *Sport-Sucher-Modus im Kameramenü*

Abbildung 8.43 *Der Rahmen zeigt das tatsächlich aufgenommene Bild mit dem Cropfaktor 1,25 an. Hier erwarte ich einen ins Bild schwimmenden Schwan bei einer Brennweite von 300 mm.*

Sicherlich werden Sie sich fragen, was der Vorteil dieser Methode in der Sportfotografie (oder Tierfotografie) ist. Alles innerhalb des Rahmens wird aufgenommen, alles außerhalb nicht – so haben Sie eine bessere Übersicht, da Sie sich in das Bild bewegende Objekte schneller bemerken und sich darauf vorbereiten können, rechtzeitig abzudrücken. Das ist ein wenig den Sportfotografen nachempfunden, die häufig mit einem Auge durch den Sucher schauen und mit dem anderen Auge die Action im Umfeld beobachten. Dieses Prinzip könnten Sie natürlich ebenfalls nutzen – und verwenden dann die volle Sensorgröße ohne einen Beschnitt.

Bei kurzen Brennweiten ist der **Sport-Sucher-Modus** für mich recht bedeutungslos, aber wenn Sie Brennweiten jenseits von 200 mm auf einem Einbeinstativ bei der Sport- oder Tierfotografie verwenden, dann bedeutet hier ein Kameraschwenk von ein paar Zentimetern schon mal ein paar Meter und dass das herankommende Motiv nicht mehr im Sucher zu sehen ist. Vielleicht ist die Funktion aber doch für den einen oder anderen in Verbindung mit dem AF-Modus **Weit/Verfolgung** und dem Fokusmodus AF-**C** interessant. Sie sehen das Motiv ins Bild kommen und lösen aus.

8.7 Timelapse mit Intervallaufnahmen erstellen

Auch Timelapse-Videos sind ein spezieller Bereich der Fotografie. Hierbei werden in bestimmten Zeitabständen einzelne Fotos aufgenommen, die dann am Computer zu einem Video zusammengefügt werden. Damit können Sie zum Beispiel imposante Sonnenuntergänge oder das Öffnen einer Blume am Morgen in einem Zeitraffer von wenigen Sekunden zusammenfassen. Die X-T4 bietet Ihnen auch eine Option an, das Timelapse-Video gleich in der Kamera zu erstellen. Im einfachsten Fall suchen Sie sich einen interessanten Platz und stellen dort die Kamera auf ein Stativ. Ich verwende gewöhnlich den Programmmodus **M**, dann wirkt sich eine unterschiedliche Motivhelligkeit wie beispielsweise beim Übergang von Tag zu Nacht nicht auf die Belichtung aus. Wollen Sie hingegen, dass Ihnen die Kamera bei der Belichtungskorrektur während der Intervallaufnahme unter die Arme greift, dann finden Sie im Kameramenü **Aufnahme-Einstellung > Intervallaufnahme mit Belichtungskorrektur** eine Option, die standardmäßig aktiviert ist. Die Funktion ist in der Tat sehr hilfreich, damit sich die Belichtung zwischen den Aufnahmen nicht so stark verändert, wenn sich die Lichtverhältnisse plötzlich ändern. Sinngemäß arbeitet diese Belichtungskorrektur für Intervallaufnahmen nur in den Programmmodi **P**, **A** und **S**. Auch den Fokusschalter stelle ich auf **M**, damit nicht bei jedem Bild der Fokus neu eingestellt und gegebenenfalls verändert wird.

Abbildung 8.44 *Die Anzahl der Bilder und das Intervall einstellen*

SCHRITT FÜR SCHRITT
Timelapse oder Bilder für Timelapse erstellen

1 Intervall und Anzahl der Bilder festlegen
Die Funktion für Intervallaufnahmen finden Sie im Kameramenü **Aufnahme-Einstellung > Intervallaufn. mit Timer**. Mit **Intervall** legen Sie die Pausen zwischen den einzelnen Aufnahmen fest. Mit **Anzahl** geben Sie an, wie viele Bilder Sie aufnehmen wollen. Sie können von 1 bis 999 Bilder erstellen. Mit der liegenden Acht können Sie unendlich viele Bilder aufnehmen, bis die Speicherkarte voll ist. Bei der Anzahl der Bilder sollten Sie bedenken, dass bei einem flüssigen Timelapse-Video mindestens 25 Einzelbilder pro Sekunde abgespielt werden. Für ein ordentliches Timelapse-Video mit einer Dauer von 10 Sekunden benötigen Sie daher in etwa 250 Bilder.

2 Zeitpunkt der Intervallaufnahme festlegen
Haben Sie das **Intervall** und die **Anzahl** der Bilder festgelegt und mit Drücken des Fokushebels bestätigt, folgt noch ein letzter Dialog, in dem Sie mit einer Wartezeit von 1 Minute bis zu 24 Stunden einrichten können, wann die Intervallaufnahme gestartet werden soll.

3 Intervallaufnahme starten

Wenn Sie die **MENU/OK**-Taste oder den Fokushebel drücken, wird die Intervallaufnahme gestartet. Während der Intervallaufnahme zeigt ein Countdown die Zeit bis zur nächsten Aufnahme an, und ein Zähler zeigt an, die wievielte Aufnahme von der gewählten Anzahl bereits gemacht wurde. Den Intervallvorgang können Sie jederzeit mit der **MENU/OK**-Taste oder durch Drücken des Fokushebels (vorzeitig) beenden.

Abbildung 8.45 *Die Startzeit der Intervallaufnahme festlegen*

Abbildung 8.46 *Die Intervallaufnahme einer stark frequentierten Bus- und Bahnhaltestelle bei der Ausführung*

Leider bietet die X-T4 keine Möglichkeit an, direkt in der Kamera ein Timelapse-Video erstellen zu lassen, so wie es zum Beispiel bei der kleinen X-T200 von Fujifilm der Fall ist. Um aus der Bilderserie ein Timelapse-Video zu machen, müssen Sie eine Software auf dem Computer verwenden. Zum Beispiel ist *LRTimelapse*, das kompatibel mit Adobe Camera Raw und Lightroom ist, sehr gut geeignet, weil diese Software auch mit Raw-Dateien umgehen kann. Weitere bekannte Tools für Windows sind das *Time-Lapse Tool* oder *Hyperlapse* von Microsoft; für Mac können Sie *Zeitraffer* nehmen.

8.8 Automatikreihen

Über die Aufnahmebetriebsart **BKT** können Sie über das Kameramenü **Aufnahme-Einstellung > Drive-Einstellung > BKT-Einstellung > BKT Auswahl** aus verschiedenen Automatikreihen wählen. Die wohl interessanteste Option dürfte die **Belichtungs-Serie** sein, mit der Sie Aufnahmen in schwierigen Belichtungssituationen erstellen können. Sie belichten dasselbe Motiv unterschiedlich und fügen auf dem Computer aus dieser Serie ein perfekt belichtetes (HDR-)Bild zusammen. Die Funktion habe ich Ihnen in Abschnitt 3.4, »Auf Nummer sicher mit einer Belichtungsreihe«, schon ausführlich beschrieben. Haben Sie keine Lust oder Zeit, die Belichtungsreihe am Computer zusammenzusetzen, finden Sie über die Aufnahmebetriebsart **HDR** eine entsprechende Funktion. Auch darauf bin ich bereits kurz im besagten Abschnitt eingegangen. Die Aufnahmebetriebsart **HDR** erstellt allerdings ein JPEG-Bild.

Eine Anwendung für die anderen Automatikreihen wie **ISO BKT**, **Filmsimulation-Serie**, **Weissab. BKT** und **Dynamikbereich-Serie** zu finden, fällt mir schwer. Ein Argument könnte die JPEG-Fotografie sein, da alle Funktionen außer der **Auto-Belichtungs-Serie** JPEG-Bilder erzeugen. Ansonsten lassen sich alle diese Belichtungsreihen auch nachträglich im eingebauten Raw-Konverter der Kamera durchführen. Trotzdem will ich Sie nicht mit dem Hinweis auf einen Blick ins Handbuch abspeisen und kurz auf die anderen Automatikreihen eingehen.

Abbildung 8.47 *Zum einen spielt hier das Wetter nicht mit, und zum anderen kommt das Licht von hinten, wodurch die Statue komplett im Schatten steht. Würde ich die Belichtung erhöhen, würde der Himmel strukturlos weiß.*

Abbildung 8.48 *In solchen Fällen entscheide ich mich entweder, die Aufnahme zu einer anderen Tageszeit und Licht zu machen, oder – wie hier der Fall – ich erstelle eine **Auto-Belichtungs-Serie** mit fünf Bildern, bei der ich die einzelnen Bilder am Computer zusammensetze.*

Abbildung 8.49 *Dasselbe Motiv, nur habe ich dieses Bild mit der **HDR**-Aufnahmebetriebsart der Kamera mit **800%** erstellt. In diesem Beispiel ist das Ergebnis für mich nicht so optimal, weshalb ich die **Auto-Belichtungs-Serie** bevorzugen würde.*

Blende, Belichtungszeit und ISO bei Belichtungsreihen

Der Wert, der bei einer Belichtungsreihe konstant bleiben sollte, ist die Blende, weil diese die Schärfentiefe beeinflusst. Wenn Sie zum Beispiel versuchen, im Programmmodus **S** eine **Auto-Belichtungs-Serie** mit festem ISO-Wert zu erstellen, erlauben Sie der Kamera, die Blende während der Serienaufnahme zu ändern. Wenn Sie solche Bilder mit unterschiedlicher Schärfentiefe zusammensetzen, dann sieht das Ergebnis häufig recht seltsam aus. Auch den ISO-Wert würde ich fixieren, um nicht Bilder mit unterschiedlichen Helligkeitsstufen zusammensetzen zu müssen. Eine Serie mit drei Bildern und ISO 400, 800 und 1600 wird niemals die gleiche Qualität haben wie eine Serie mit drei ISO-400-Bildern. Die Belichtungszeit ist somit eigentlich die einzige Variable, die Sie bei einer **Auto-Belichtungs-Serie** anpassen bzw. zuerst anpassen sollten. Daher dürften Sie in den Programmmodi **A** oder besser gleich **M** bei ausgeschaltetem Auto-ISO die besten Ergebnisse mit der **Auto-Belichtungs-Serie** erzielen.

8.8.1 Empfindlichkeitsreihen-Serie – »ISO BKT« (nur JPEG-Bilder)

Bei dieser Aufnahmebetriebsart wird eine Belichtungsreihe erstellt, in der die Belichtungszeit und Blende konstant bleiben und sich nur der ISO-Wert ändert. Wählen Sie über die **Fn2**-Taste oder **Aufnahme-Einstellung > Drive-Einstellung > BKT-Einstellung > ISO BKT** als Differenz zwischen den Aufnahmen 1/3, 2/3 oder 1 Blendenstufe. Eine solche Belichtungsreihe könnte sinnvoll sein, wenn Sie eine einheitliche Schärfentiefe und Bewegungsunschärfe erzielen wollen, was Sie über eine konstante Belichtungszeit und Blende realisieren. Aus den drei JPEG-Dateien, die Sie mit dieser Funktion erstellen, können Sie ein Bild mit einem höheren Dynamikumfang am Computer zusammensetzen. Ein weiteres Beispiel aus der Praxis ist die Sternenfotografie: Wenn Sie die Milchstraße fotografieren, können Sie aus Fotos mit verschiedenen ISO-Einstellungen die beste Kombination aus Rauschverhalten und minimalen Sternenspuren ermitteln bzw. verwenden. Natürlich können Sie den ganzen Vorgang auch manuell im Programmmodus **M** mit manuell eingestelltem ISO-Wert durchführen.

> **Drei Einzelbilder mit nur einer Aufnahme?**
>
> Wenn Sie die Funktion in der Praxis ausprobiert haben, werden Sie vermutlich etwas verwundert sein, dass nur einmal ausgelöst wird und dann drei JPEG-Bilder mit unterschiedlichen ISO-Werten daraus gemacht werden. Die Kamera führt eine Push/Pull-Verarbeitung intern mit der Raw-Datei durch und erzeugt so drei Bilder mit drei unterschiedlichen ISO-Werten.

8.8.2 Filmsimulation-Serie (nur JPEG-Bilder)

Bei dieser Serie werden aus einer Aufnahme drei Bilder mit unterschiedlichen Filmsimulationen als JPEG gespeichert. Welche drei Filmsimulationen das sind, können Sie im Kameramenü über die **Fn2**-Taste oder **Aufnahme-Einstellung > Drive-Einstellung > BKT-Einstellung > Filmsimulation-Serie** einstellen.

8.8.3 Weißabgleich-Reihenaufnahme – »Weissab. BKT« (nur für JPEG-Bilder)

Hierbei wird eine Weißabgleichreihe mit unterschiedlichen Weißabgleicheinstellungen erzeugt. Als Ergebnis erhalten Sie drei JPEG-Bilder mit unterschiedlichen Farbtönen, die entsprechend dem eingestellten Weißabgleich erstellt werden. Die Schrittweite können Sie über die **Fn2**-Taste oder **Aufnahme-Einstellung > Drive-Einstellung > BKT-Einstellung > Weissab. BKT** mit +/–1, +/–2 und +/–3 einstellen. Dabei wird neben dem eingestelltem Weißabgleich jeweils ein Bild mit einem wärmeren und ein Bild mit einem kälteren Weißabgleich erstellt. Die Funktion dürfte für JPEG-Fotografen recht nützlich sein, da sie den Weißabgleich nicht nachträglich wie beim Raw-Format anpassen können. Ansonsten arbeitet die Funktion ähnlich wie schon die Empfindlichkeitsreihe mit **ISO BKT**, wo aus einer Aufnahme drei JPEG-Bilder mit unterschiedlichem ISO-Wert gespeichert werden.

8.8.4 Dynamikbereich-Serie (nur JPEG-Bilder)

Zu guter Letzt finden Sie noch eine Serienfunktion zum Erstellen von drei Aufnahmen mit den unterschiedlichen Dynamikbereichen **DR100**, **DR200** und **DR400**. Für diese Funktion gibt es keine weiteren Einstellungen. Stellen Sie den ISO-Wert auf ISO 800, ansonsten übernimmt die Kamera es für Sie. Es wird in jedem Fall ISO 800 verwendet. Mehr zum Kontrastumfang der Kamera in Verbindung mit JPEG-Bildern habe ich bereits in Abschnitt 3.6.2, »Den Kontrastumfang der Kamera überlassen (im JPEG-Format)«, beschrieben.

8.9 Mehrfachbelichtung (nur JPEG-Bilder)

Die Mehrfachbelichtung finden Sie bei der X-T4 über das Kameramenü **Aufnahme-Einstellung > Mehrfachbelichtung**. Um diese Funktion zu aktivieren, drehen Sie das Aufnahmebetriebsrad auf **S** (für Einzelbild). Wenn Sie die **Mehrfachbelichtung** auf **An** stellen oder den Fokushebel bei **An** nach rechts kippen, können Sie aus verschiedenen Methoden zur Verrechnung der Bilder wählen. Ich wähle meistens **Additiv** oder **Durchschnitt**. Neben diesen beiden Verrechnungen finden Sie noch **Hell** und **Dunkel** vor.

Option	Beschreibung
Additiv	Jede auf das erste Bild folgende Aufnahme wird dem Stapel kumulativ hinzugefügt. Sie sollten daher jedes Folgebild dunkler belichten als das vorherige. Bewährt haben sich bei zwei Belichtungen −1 Stufe, bei drei Belichtungen −1,5 Stufen, bei vier Belichtungen −2 Stufen usw.
Durchschnitt	Im Unterschied zur Option **Additiv** korrigiert bei dieser Option die Kamera die Belichtung nach jedem Bild nach unten. Die Kamera kümmert sich um eine optimal belichtete Mehrfachbelichtung.
Hell **Dunkel**	Entsprechend der Auswahl **Hell** oder **Dunkel** werden die Helligkeit und Dunkelheit des Grundbildes mit den Bildern, die hinzugefügt werden, verglichen. Der jeweils hellere oder dunklere Teil im Bild wird belassen. Bei gleichen Farbüberlappungen werden die Farben gegebenenfalls nach dem Helligkeits- bzw. Dunkelheitsverhältnis der verglichenen Bilder verrechnet.

Tabelle 8.1 *Verrechnungsmöglichkeiten bei der Mehrfachbelichtung*

Den Effekt der Mehrfachbelichtung können Sie natürlich auch in Photoshop erreichen, indem Sie mindestens zwei Bilder als Ebenen übereinanderlagern und mit den Füllmethoden, der Deckkraft oder einer Ebenenmaske die gewünschten Bildteile durchscheinen lassen oder abdecken. Es hat aber nicht jeder Lust dazu. Zudem macht das Experimentieren mit der Kamera sehr viel Spaß! Das Ergebnis der Mehrfachbelichtung ist immer ein JPEG-Bild. Wenn Sie Raw und JPEG eingestellt haben, werden die einzelnen Bilder nur als Raw und das Endergebnis als JPEG gespeichert.

Abbildung 8.50 Beim Programmmodus erkennen Sie die Mehrfachbelichtung am entsprechenden Symbol links neben dem Symbol für die aktive Belichtungsmessung und ebenfalls unterhalb der Belichtungsskala.

SCHRITT FÜR SCHRITT
Eine Mehrfachbelichtung mit der X-T4 erstellen

1 Idee für die Mehrfachbelichtung

Zunächst sollten Sie eine ungefähre Vorstellung davon haben, was für einen Effekt Sie erzielen wollen. So könnten Sie eine Person mehrmals auf dem Bild erscheinen lassen, verträumte Naturbilder erstellen, indem Sie ein Bild scharf und ein zweites unscharf (oder umgekehrt) vom Stativ aufnehmen, ein Motiv fotografieren und beim zweiten Bild heranzoomen und noch vieles mehr. Suchen Sie z. B. im Internet nach Inspiration.

Stellen Sie zuerst die Kamera auf den Programmmodus für die Mehrfachbelichtung. Die Rahmenhilfe mit dem Gitternetz kann Ihnen bei der Positionierung der Motive helfen. Auch Einstellungen wie die Filmsimulation und andere JPEG-Einstellungen im Kameramenü **Bildqualitäts-Einstellung** können Sie für die Mehrfachbelichtung verwenden und bei Bedarf für jede Aufnahme ändern.

2 Optionen für die Mehrfachbelichtungskombination festlegen

Für das Verrechnen der bis zu neun Belichtungen stehen Ihnen vier weitere Optionen zur Verfügung, die festlegen, wie die Aufnahmen kombiniert werden. Wählen Sie die entsprechende Einstellung über **Aufnahme-Einstellung > Mehrfachbelichtung > An**. Ich wähle in der Praxis meistens **Additiv** oder **Durchschnitt** aus. Die Bedeutung der einzelnen Werte habe ich bereits in Tabelle 8.1 beschrieben. Für das folgende Beispiel habe ich **Durchschnitt** verwendet.

3 Erstes Bild erstellen

Passen Sie die Belichtung an, und erstellen Sie das erste Bild der Mehrfachbelichtung. Sind Sie zufrieden, drücken Sie die **MENU/OK**-Taste und fahren mit dem zweiten Bild fort. Wollen Sie die Aufnahme wiederholen, kippen Sie den Fokushebel nach links. Mit **DISP/BACK** brechen Sie die Mehrfachbelichtung ab.

4 Das zweite Bild erstellen

Wenn Sie jetzt das zweite Bild erstellen wollen, können Sie auf dem Display bereits eine Vorschau des Ergebnisses sehen, bevor Sie den Auslöser für das zweite Bild durchdrücken. Sie können auch jederzeit eine Belichtungskorrektur ausführen und das zweite Bild absichtlich über- oder unterbelichten. Wenn Sie **Additiv** als Verrechnungsmethode verwendet haben, sollten Sie die Belichtung nun für das zweite Bild um 1 Stufe herunterregeln. Vieles hängt auch davon ab, wie die Lichtumgebung des ersten und des zweiten Bildes ist. Sie werden um das Experimentieren nicht herumkommen.

Abbildung 8.51 *Die erste Aufnahme der Mehrfachbelichtung*

Abbildung 8.52 *In der Vorschau erkennen Sie bereits, wie das Endergebnis aussehen würde.*

5 Bild fertigstellen

Wenn Sie den Auslöser für das zweite Bild heruntergedrückt haben, haben Sie die Möglichkeit, die zweite Aufnahme zu wiederholen, indem Sie den Fokushebel nach links kippen. Ansonsten können Sie nun weitere Belichtungen machen. Ein Zähler links unten bei der Belichtungsskala zeigt an, wie viele von maximal neun Belichtungen Sie bereits aufgenommen haben. Wollen Sie die Mehrfachbelichtung abschließen und das aktuelle Ergebnis speichern, drücken Sie die die **DISP/BACK**-Taste. Das Ergebnis wird nun als JPEG-Bild gespeichert.

Abbildung 8.53 *Die zweite Aufnahme können Sie ebenfalls wiederholen, eine weitere Belichtung hinzufügen oder die Mehrfachbelichtung abschließen.*

Abbildung 8.54 *Das Endergebnis einer Mehrfachbelichtung wird als JPEG-Datei gespeichert.*

8.10 Langzeitbelichtung

Bei der Langzeitbelichtung geht es darum, durch eine möglichst lange Belichtungszeit zur gewünschten Aufnahme zu kommen. Mit der Langzeitbelichtung können Sie z. B. kreative und spektakuläre Aufnahmen von glatten Wasserflächen, mystisch wirkenden Wasserfällen, Feuerwerk, Wolkenbewegungen oder vom Sternenhimmel machen. Unter einer langen Belichtungszeit versteht man eine Belichtungszeit von mehreren Sekunden bis hin zu Minuten. Voraussetzung dafür ist in der Regel eine feste und unbewegliche Unterlage für die Kamera wie ein Stativ. Auch den Bildstabilisator sollten Sie dann deaktivieren. Für die Langzeitbelichtung mit der X-T4 empfehle ich Ihnen, den Programmmodus **M** zu verwenden, obgleich es auch mit dem Programmmodus **S** (Zeitvorwahl) funktionieren würde. Aber dann haben Sie den Nebeneffekt, dass die Kamera den Blendenwert für Sie übernimmt. Für die Langzeitbelichtung stehen Ihnen zwei Möglichkeiten zur Verfügung:

- **Belichtungswahlrad auf T (Time)**
  Wenn Sie das Belichtungswahlrad auf **T** stellen, können Sie die gewünschte Belichtungszeit mit dem hinteren Einstellrad auf bis zu 15 Minuten stellen. Zum Auslösen empfehle ich Ihnen den Selbstauslöser oder einen Fernauslöser, um Verwacklungen durch das Drücken des Auslösers zu vermeiden.

Abbildung 8.55 *Belichtungswahlrad auf T für Time*

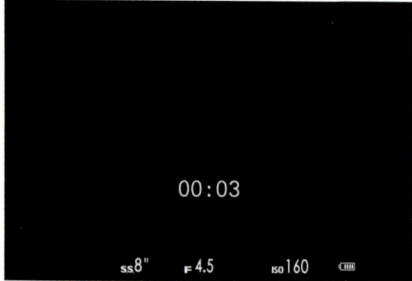

Abbildung 8.56 *Nach dem Auslösen wird die einge stellte Belichtungszeit sekundenweise heruntergezählt.*

- **Belichtungswahlrad auf B (Bulb)**
  Wenn Sie das Belichtungswahlrad auf **B** stellen, belichten Sie so lange, wie Sie den Auslöser gedrückt halten. Alternativ funktioniert das per Touchscreen, wenn Sie diesen aktiviert haben und in den **Shot**-Modus stellen. Dann wird so lange belichtet, wie Sie den Finger darauf halten. Beide Optionen sind wegen der Verwacklungsgefahr nicht ideal, daher würde ich auch hier einen Fernauslöser mit einer Feststelltaste empfehlen. Beachten Sie außerdem, dass im Gegensatz zum mechanischen Verschluss der elektronische Verschluss mit **B**(ulb) auf eine Sekunde beschränkt ist.

8.10 Langzeitbelichtung

Abbildung 8.57 *Die Kamera befindet sich im Bulb-Modus.*

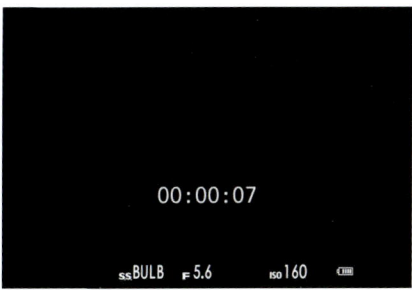

Abbildung 8.58 *Im Modus »Bulb« wird die Dauer der Belichtungszeit hochgezählt.*

»In Arbeit« nach einer langen Belichtung und Pixel-Mapping

Wenn die Kamera nach einer Langzeitbelichtung noch mit **In Arbeit** blockiert, dann liegt das an der Option **Bildqualitäts-Einstellung > NR Langz. Belicht.**, die standardmäßig auf **An** steht. Dadurch erstellt die X-T4 nach der Aufnahme ein Dunkelbild (englisch *darkframe*) mit gleicher Belichtungszeit und Betriebstemperatur wie das eigentliche Bild. Dies dient bei Langzeitaufnahmen dazu, Bildrauschen oder Hotpixel zu reduzieren. Die Belichtungsdauer für das Dunkelbild hängt wiederum vom verwendeten ISO-Wert ab. So kann es sein, dass Sie nach einer 30-Sekunden-Langzeitbelichtung nochmal dieselbe Zeit abwarten müssen, bis die Kamera wieder einsatzbereit ist. Wollen Sie dies vermeiden, deaktivieren Sie die Option.

Zwar ist es auch möglich, Hotpixel in der Nachbearbeitung herauszurechnen, aber das ist aufwendiger und nicht so zuverlässig, weil damit möglicherweise auch helle Lichtpunkte als Hotpixel erkannt werden, die gar keine sind. Es gibt auch spezielle Software wie *BlackFrame NR*, mit der Sie nachträglich solche Dunkelfeldsubtraktionen durchführen können. Ich lasse die Option in der X-T4 in der Regel an, auch wenn es ein wenig Geduld erfordert. Einzige Ausnahme natürlich: Sie machen mehrere Langzeitbelichtungen in kurzer Zeit.

Abbildung 8.59 *Hier wird nach einer Langzeitbelichtung noch das Dunkelbild erstellt.*

Abbildung 8.60 *Fehlerhafte Pixel können bei der X-T4 mit* **Pixel Mapping** *»behoben« werden. Der Erfolg dieser Funktion ist allerdings nicht garantiert.*

Bei den Millionen von Pixeln kann es auch mal passieren, dass einige davon defekt sind. Gerade bei Nachtaufnahmen können Sie solche defekten Pixel häufig als hellen Punkt auf Ihren Bildern erkennen. Eine solcher Defekt kann durch ein Mapping behoben werden. Bei der X-T4 können Sie das Mapping über **Bildqualitäts-Einstellung > Pixel Mapping** durchführen.

8.10.1 Langzeitbelichtung in der Nacht

Die Schwierigkeit bei der Langzeitbelichtung ist es, nicht zu lange und nicht zu kurz Licht auf den Sensor fallen zu lassen. Die ISO-Einstellung können Sie auf den geringsten Wert (160) setzen. Die Blende sollten Sie für eine große Schärfentiefe schließen. Ein Wert von ƒ8 bis maximal ƒ11 dürfte gut geeignet sein, weil Sie dadurch auch die Beugungsunschärfe im Griff haben. Ich gehe immer auf Nummer sicher und verwende meistens ƒ8. Haben Sie den ISO-Wert und die Blende eingestellt, ist es nun ein leichtes Unterfangen, die Belichtungszeit mit dem hinteren Einstellrad im manuellen Programmmodus einzustellen, bis Sie mit dem Balken auf der Belichtungsskala auf 0 kommen. Das Histogramm und die Entfernungsskala mit der Schärfentiefeanzeige sollten Sie als Hilfe einblenden. Das Scharfstellen kann manuell oder mit AF-**S** erfolgen. Für das Auslösen empfehle ich, wie schon erwähnt, den Selbstauslöser oder gleich einen Fernauslöser.

Abbildung 8.61 *Eine klassische Langzeitbelichtungsaufnahme*
27 mm | ƒ11 | 25 s | ISO 160

8.10.2 Langzeitbelichtung am Tag

Mit einer Langzeitbelichtung am Tag können Sie Personen auf belebten Plätzen verschwinden lassen, fließendes Wasser und Wasseroberflächen glätten oder ziehenden Wolken eine gewisse Dynamik verleihen.

Um am Tag eine Langzeitbelichtung durchführen zu können, müssen Sie gewöhnlich einen passenden (und starken) Graufilter (ND-Filter) auf das Objektiv schrauben, der möglichst viel Licht »schluckt«.

Zwar können Sie ein Objektiv bis auf f16 und teilweise mehr abblenden, aber die Beugungsunschärfe ist dann häufig schon relativ stark. Ich verwende zum Beispiel gerne einen Graufilter mit der Stärke 3,0 (Faktor 1000), der 10 Blendenstufen an Licht »schluckt«. Aus einer Tageslichtaufnahme mit 1/60 s ohne Filter wird mit Filter eine Tageslichtaufnahme von 15 Sekunden. Das reicht, um gehende Personen »unsichtbar« zu machen. In manchen Fällen ist daher ein Graufilter mit 3,0 schon zu stark, weswegen es häufig sinnvoll ist, auch Graufilter mit der Stärke 1,8 (Faktor 64) oder 0,9 (Faktor 8) im Gepäck zu haben.

Abbildung 8.62 *Um eine längere Belichtungszeit für einen weichen Flussverlauf zu ermöglichen, habe ich einen Graufilter der Stärke 1,8 verwendet.*

50 mm | f8 | 3 s | ISO 200 | Graufilter 1,8 (Faktor 64)

Ansonsten gilt für die Langzeitbelichtung am Tag, was auch für Nachtaufnahmen gilt: Verwenden Sie die niedrigste ISO-Zahl und einen Blendenwert von f8 bis f11, um Beugungsunschärfe zu vermeiden. Passen Sie wieder die Belichtungszeit über das hintere Einstellrad an, bis der Balken an der Belichtungsskala auf 0 kommt.

8.11 Panoramabilder erstellen

Wer schnell ein JPEG-Panorama erstellen will, ohne sich um Nacharbeit am Computer zu bemühen, der findet über das Aufnahmebetriebsartrad mit ⌑ eine Panoramafunktion vor. Sie können die Kamera dann in einer vertikalen oder horizontalen Bewegung schwenken, wobei eine Reihe von Bildern aufgenommen und zu einem Panorama als JPEG-Datei zusammengefügt wird.

Abbildung 8.63 *Hier habe ich den Panorama-Programmmodus der Kamera gewählt.*

Die Funktion ist sehr überschaubar gehalten. Kippen Sie den Fokushebel nach links (**Winkel**), können Sie zwischen zwei Größen wählen (**M** und **L**); kippen Sie den Fokushebel nach rechts (**Richtung**), legen Sie die Schwenkbewegung (links, rechts, oben oder unten) fest. Sie können die Kamera auch hochkant halten und auf diesem Weg das Schwenkpanorama erstellen.

Abbildung 8.64 *Wählen Sie zwischen zwei Größen:* **M** *= 6400 × 1440 Pixel und* **L** *= 9600 × 1440 Pixel.*

Abbildung 8.65 *Geben Sie die Richtung vor, in der Sie die Kamera bei der Erstellung des Panoramas schwenken wollen.*

Jetzt müssen Sie nur fokussieren, den Auslöser durchdrücken und dann die Kamera langsam und gleichmäßig in die eingestellte Richtung schwenken. Den Fortschritt des Schwenkens sehen Sie an der Führungsleiste. Wenn Sie die Kamera zu schnell oder zu langsam schwenken, wird die Serie mit einem entsprechenden Hinweis abgebrochen. Während des Schwenkens wird die X-T4 viele Aufnahmen machen und am Ende zu einem JPEG-Bild kombinieren. Überprüfen Sie auf jeden Fall immer das fertige Panorama, und achten Sie darauf, ob es Fehler beim Zusammenfügen der Einzelbilder gibt.

Abbildung 8.66 *Das mit der Schwenkfunktion der X-T4 erstellte Panorama*

Die Panoramafunktion ausreizen – meine Empfehlungen

Da die Panoramafunktion der X-T4 ein JPEG-Bild erstellt, müssen Sie unbedingt alle nötigen Einstellungen vorher an der Kamera vornehmen. Wenn Sie die Aufnahme starten, wird die Panoramafunktion alle Einstellungen konstant halten. Das gilt natürlich auch für den Weißabgleich, den Sie vor der Aufnahme festlegen müssen.

- Da sich ein Panorama über einen weiten Winkel erstreckt, können sich die Lichtverhältnisse während der Aufnahme ändern. Achten Sie daher schon vor der Aufnahme darauf, dass die Belichtung über die gesamte

> Szene homogen ist und nicht nur am Anfangsbereich. Haben Sie es mit starken Kontrasten zu tun, können Sie den **Dynamikbereich** auf **DR200** oder **DR400** erhöhen.
> - Für die Belichtung des Panoramas wird die erste Aufnahme verwendet. Wollen Sie individueller einen anderen Bereich der Aufnahme für die Belichtung verwenden, bietet sich die **AEL**-Taste zum Speichern der Belichtung vor der Panoramaaufnahme an.
> - Verwenden Sie, wenn möglich, ein Stativ mit schwenkbarem Kopf, und richten Sie die Kamera sauber darauf aus. Sollten außerdem unschöne vertikale Bildfehler im JPEG zu sehen sein, kann dies darauf hindeuten, dass die Belichtungszeit zu kurz war. In diesem Fall sollten Sie die Belichtungszeit verlängern. Vermeiden Sie es, sich bewegende Objekte im Panorama einzubinden, weil dies zu Geisterbildern führen kann oder die bewegten Motive an mehreren Stellen im fertigen Panorama erscheinen könnten.
> - Beachten Sie außerdem, dass die Bilder beim Zusammenfügen oben und unten etwas beschnitten werden. Kalkulieren Sie bei Ihrem Bildausschnitt daher schon von vornherein ein wenig zusätzlichen Platz nach oben und unten ein.

Ganz klar, wer professionelle Panoramen erstellen will, der tut dies Bild für Bild von einem Stativ mit einem Panoramakopf. Ich erstelle mehrere Bildausschnitte mit einer Überlappung von 30–40% und füge sie anschließend mit der Panoramafunktion auf dem Computer zusammen. Gerne verwende ich die Panoramatechnik auch bei Architekturaufnahmen, indem ich die Kamera im Hochformat auf ein Stativ stelle. Dabei habe ich außerdem den Vorteil, dass die Verzeichnung mit einer Normalbrennweite wie einem 23-mm- oder 35-mm-Objektiv sehr gering ist.

8.12 Den Selbstauslöser verwenden

Es gibt immer wieder Gründe, die Kamera zeitversetzt auszulösen: ein Selbstporträt zum Beispiel oder ein Gruppenfoto, wo man gerne alle, auch den Fotografen, im Bild haben will. Aber auch bei längeren Belichtungszeiten, bei denen die Kamera auf einem Stativ steht, will man nicht gerne den Auslöser drücken und die Gefahr einer Verwacklung eingehen. Dasselbe gilt natürlich bei Makroaufnahmen vom Stativ.

Wenn Sie gerade keinen Fernauslöser zur Hand haben, ist der Selbstauslöser eine gute Wahl, um zeitversetzt auszulösen. Für eine Aufnahme vom Stativ ist die 2-Sekunden-Option ganz praktisch. Für die Aufnahme eines Selbstporträts oder Gruppenfotos sind 10 Sekunden besser geeignet. Leider gibt es keine Möglichkeit, eine benutzerdefinierte Zeitspanne festzulegen. Als Workaround böte sich eine Intervallaufnahme an, bei der Sie über ein längeres Intervall mehrere Bilder aufnehmen (siehe Abschnitt 8.7, »Timelapse mit Intervallaufnahmen erstellen«). Die Einstellungen für den Selbstauslöser treffen Sie über das Schnellmenü, indem Sie das entsprechende Feld auswählen und das hintere Einstellrad drehen. Alternativ finden Sie die Einstellung im Kameramenü über **Aufnahme-Einstellung > Selbstauslöser** wieder.

Abbildung 8.67 *So rufen Sie den Selbstauslöser über das Schnellmenü auf.*

Abbildung 8.68 *Sie können den Selbstauslöser auch über das Kameramenü auswählen.*

Wenn Sie den Timer ausgewählt haben und den Auslöser betätigen, stellt die Kamera das Motiv, das mit dem Fokusrahmen anvisiert wurde, scharf, wenn Sie nicht schon vorher scharfgestellt haben. Ist der manuelle Fokus aktiviert, wird natürlich nicht vorher scharfgestellt. Anschließend blinkt das Autofokus-Hilfslicht, und ein Signalton ertönt, der kurz vor dem Auslösen länger wiederholt wird. Das AF-Hilfslicht können Sie über **Aufnahme-Einstellung > Selbstauslöser-Indikator** deaktivieren, und den Signalton stellen Sie über **Einrichtung > Ton-Einstellung > Selbstausl Signaltonlautst.** ruhig.

Abbildung 8.69 *Ob Sie den Selbstauslöser aktiviert haben oder nicht, erkennen Sie links oben über der Belichtungsskala. Hier ist er in der 10-Sekunden-Variante aktiv.*

Abbildung 8.70 *Wenn der Selbstauslöser aktiviert wurde, wird ein Countdown eingeblendet.*

Selbstauslöser deaktivieren und speichern

Den Selbstauslöser deaktivieren Sie auf demselben Weg, wie Sie ihn aktiviert haben: über das Schnellmenü oder das Kameramenü. Ebenfalls deaktiviert wird der Selbstauslöser, wenn die X-T4 in den Ruhezustand fährt und wenn Sie die Kamera ausschalten.

Nicht immer will man aber, dass der Selbstauslöser beim Ruhezustand oder Ausschalten deaktiviert wird. Für diesen Zweck bietet Ihnen die X-T4 mit **Aufnahme-Einstellung > Selbstauslöser speichern** eine Option: Wenn Sie den Wert auf **An** stellen, bleibt der Selbstauslöser auch im Ruhezustand oder beim Ausschalten der Kamera aktiviert.

8.13 Die Kamera mit mobilen Geräten fernsteuern

Dank vorhandener WiFi- und Bluetooth-Funktionalität können Sie die X-T4 auch via App (*Fujifilm Camera Remote*) mit einem Smartphone oder Tablet verbinden und kabellos fernsteuern. Auch die Übertragung und Weitergabe von Bildern wird so möglich. Das ist besonders praktisch, wenn Sie jemandem mal schnell ein Bild zuschicken wollen. Auch Geotagging lässt sich hierüber verwenden, wenn Sie Positionsdaten zu den Aufnahmen speichern wollen. Ich habe für die Bildschirmfotos im Buch die App für iOS verwendet, die identisch mit der Android-Version ist. Zur Drucklegung war die Version 4.5.1.2 aktuell.

SCHRITT FÜR SCHRITT
Die Kamera mit dem mobilen Gerät verbinden

1 Fujifilm-App installieren und starten
Um die X-T4 mit einem mobilen Gerät zu verbinden, benötigen Sie die App *Fujifilm Camera Remote*, die Sie für mobile Apple-Geräte über den App Store und für Android-Geräte über den Google Play Store herunterladen können. Schalten Sie dann auf Ihrem Smartphone oder Tablet gleich Bluetooth ein, damit eine Verbindung zur Kamera aufgebaut werden kann. Starten Sie die App, und wählen Sie bei den Kamerasystemen **X-System** aus. Im nächsten Bildschirm wählen Sie **Festobjektiv-Kamera**, und dann finden Sie auch schon die **X-T4** zur Auswahl. Berühren Sie nun die Schaltfläche **Einstellung fortsetzen**, und es folgt ein Hinweis, wie Sie weiter vorgehen müssen. Bevor Sie auf **Fortfahren** tippen, führen Sie Schritt 2 aus.

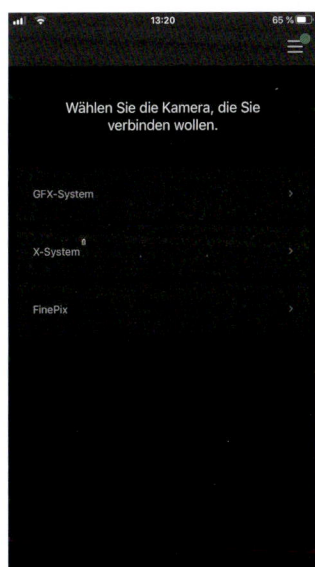 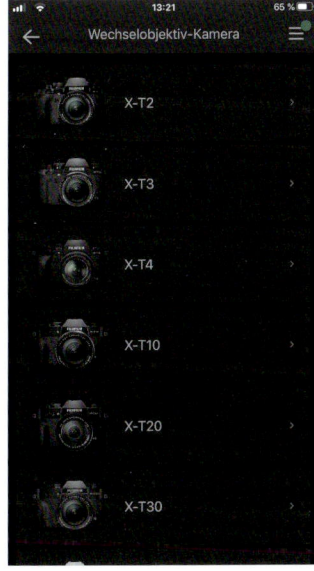 

Abbildung 8.71 *Links: X-System auswählen, Mitte: Die X-T4 auswählen, rechts: Letzte Anweisungen zur Kopplungsregistrierung*

2 Kopplungsregistrierung starten

Wählen Sie jetzt im Kameramenü der X-T4 (hier nicht im Bild gezeigt) **Einrichtung > Verbindungs-Einstellung > Bluetooth-Einstellungen > Kopplungsregistrierung** aus. Sollte Bluetooth in der Kamera nicht aktiviert sein, aktivieren Sie es über **Einrichtung > Verbindungs-Einstellung > Bluetooth-Einstellungen > Bluetooth Ein/Aus**. Die X-T4 müsste nun bereit sein, und Sie können auf dem Smartphone **Fortfahren** auswählen. Nun wählen Sie auf dem mobilen Gerät Ihre X-T4 durch Antippen aus. Auf der Kamera können Sie nun auch gleich das Datum und die Zeit des mobilen Gerätes mit der **MENU/OK**-Taste übernehmen. Auf dem mobilen Gerät tippen Sie auf **Start**. Die X-T4 ist nun bereit für die Fernsteuerung über die mobile App.

Kameraname ändern

Beim Aktivieren der drahtlosen Kommunikation wird auch der vom Werk vergebene Kameraname angezeigt, den Sie dann auf dem mobilen Gerät vorfinden. Wollen Sie diesen Namen ändern, können Sie dies im Kameramenü über **Einrichtung > Verbindungs-Einstellung > Allg. Einstellungen** mit der Option **Name** tun.

 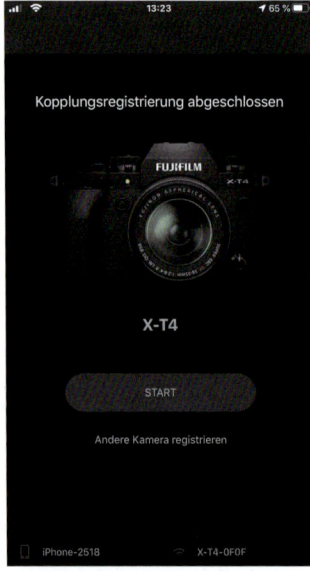 

Abbildung 8.72 Links: Die Kamera auswählen, Mitte: Kopplungsregistrierung abschließen, rechts: Die X-T4 ist bereit für die Fernsteuerung.

3 Verbindung herstellen

Wenn Sie künftig die Verbindung herstellen wollen, dann reicht es für gewöhnlich aus, die Fujifilm-App auf dem mobilen Gerät zu starten, wenn Bluetooth sowohl in der Kamera als auch auf dem mobilen Gerät aktiv ist. Im Sucher und auf dem Display der X-T4 sehen Sie links oben ein Bluetooth-Symbol. Dieses ist ausgegraut, wenn keine Verbindung zum mobilen Gerät besteht. Dasselbe Symbol sehen Sie in der App, rechts neben dem Kameranamen.

8.13 Die Kamera mit mobilen Geräten fernsteuern

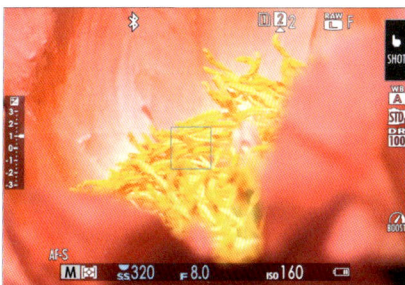

Abbildung 8.73 *Das Bluetooth-Symbol in den Anzeigen der X-T4 sehen Sie am oberen Rand im linken Drittel.*

Abbildung 8.74 *Auch in der App wird das Bluetooth-Symbol angezeigt.*

8.13.1 Fernauslöser für Bulb via Bluetooth

Für die Fernauslöser-Funktion der App reicht die reine Bluetooth-Verbindung aus, und es wird keine WiFi-Funktion benötigt. Tippen Sie **Fernauslöser** in der App an, und lösen Sie die Kamera auf diesem Weg ferngesteuert aus. Wenn Sie die Aufnahmebetriebsart der Kamera auf **MOVIE** gestellt haben, funktioniert auch der Fernauslöser, um eine Filmaufnahme zu starten und wieder zu stoppen. Die Bulb-Funktion kann natürlich nur verwendet werden, wenn Sie die Kamera in den manuellen Programmmodus **M** und die Verschlusszeit auf **B**(ulb) gestellt haben.

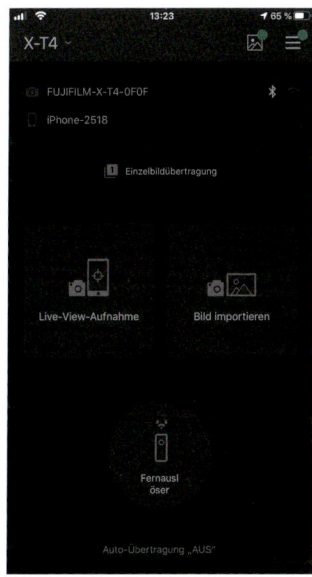 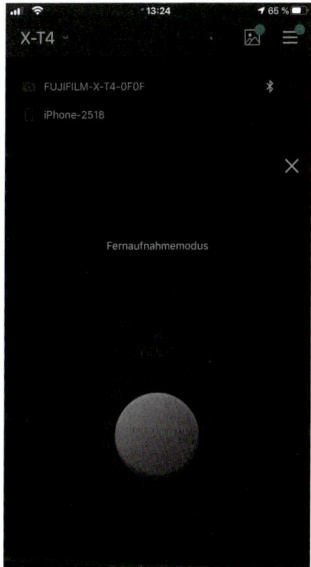 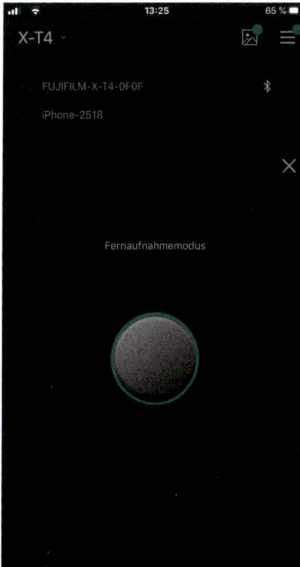

Abbildung 8.75 *Links: Wählen Sie zunächst die **Fernauslöser**-Funktion durch Tippen auf das runde Bedienfeld aus. Mitte: Die aktivierte Fernauslöser-Funktion: Durch Tippen auf den Auslöser lösen Sie die X-T4 ferngesteuert aus. Rechts: Der Fernauslöser beherrscht auch Bulb, solange Sie den Finger auf dem Auslöser lassen, oder Sie schieben den virtuellen Knopf nach vorn, und es wird so lange belichtet, bis Sie den Knopf wieder nach hinten schieben.*

> **Bluetooth und/oder WiFi**
>
> Es sorgt häufig für Verwirrung, dass es zwei Möglichkeiten gibt, die Kamera mit einem Smartphone oder Tablet zu verbinden. Abgesehen vom eben beschriebenen Fernauslöser sind die anderen Funktionen der Fujifilm-App ohne WiFi nicht realisierbar. Bluetooth sorgt aber dafür, dass immer eine Verbindung zwischen der Kamera und dem mobilen Gerät besteht, und ruft im Bedarfsfall auch die WiFi-Funktion der Kamera auf. Wenn ich die Fujifilm-App häufiger verwende, lasse ich daher Bluetooth an der Kamera und am mobilen Gerät aktiviert, weil damit reibungslos eine WiFi-Verbindung hergestellt wird, falls eine benötigt wird.
>
> **Tipp**: Achten Sie einfach darauf, dass Ihr mobiles Gerät und die Kamera über Bluetooth verbunden sind. Dann klappt es mit den anderen Funktionen auch.

8.13.2 Fernsteuerung der Kamera mit WiFi

Wenn Sie die Funktion **Live-View-Aufnahme** in der Fujifilm-App auswählen, benötigen Sie eine WiFi-Verbindung. Wenn Sie auf Ihrem mobilen Gerät die WiFi-Funktion aktiviert haben oder die Bluetooth-Verbindung zwischen der Kamera und dem mobilen Gerät via App steht, dann sollte es ausreichen, in der App die Schaltfläche **Live-View-Aufnahme** zu drücken und den Anweisungen auf dem Bildschirm zu folgen. Bestätigen Sie einmal, um auf dem mobilen Gerät die Verbindung aufzubauen, und einmal, um diese an der Kamera anzunehmen.

Jetzt können Sie mit dem mobilen Gerät (in Grenzen) die Kontrolle über die Kamera übernehmen. Um zu fokussieren, tippen Sie doppelt auf den gewünschten Teil der Liveansicht, den die Kamera daraufhin scharfstellt und mit einem grünen Fokusfeldrahmen bestätigt. Kann die Kamera nicht scharfstellen, wird der Rahmen rot angezeigt.

Entsprechend dem eingestellten Programmmodus **P**, **S**, **A** oder **M** an der Kamera können Sie jetzt die Aufnahmeparameter wie Blende, Belichtungszeit, ISO-Wert oder Belichtungskorrektur bestimmen. Des Weiteren steht die Auswahl von Filmsimulationen, Weißabgleich, Blitzmodus und Selbstauslöser zur Verfügung. Links neben dem Auslöser finden Sie einen Wiedergabemodus in Form eines Vorschaubildes der letzten Aufnahme vor, über den Sie Bilder von der Kamera auf das mobile Gerät importieren können. Rechts sehen Sie ein Icon, über das Sie vom Foto- in den Filmmodus wechseln. Ein Bild aufnehmen können Sie über die Taste mit dem weißen Kreis. Sie beenden die **Live-View-Aufnahme** auf dem mobilen Gerät über das **x**-Symbol rechts oben.

Beachten Sie, dass Sie einen der Programmmodi **P**, **S**, **A** oder **M** *vor* der Drahtloskommunikation an der Kamera einstellen müssen, weil ein Wechseln des Programmmodus über die App nicht möglich ist. Hilfsfunktionen wie ein Histogramm, eine Bildvergrößerung oder die Wasserwaage suchen Sie leider auch vergeblich.

Ist die Fujifilm-App auch nicht perfekt ist, so ermöglicht diese Art der Fernsteuerung schon die eine oder andere Aufnahme, die Sie ohne sie nicht hätten realisieren können. So können Sie die Kamera an Positionen wie einem Balkon, einem fahrenden Auto, oberhalb einer Straßenlaterne, an Ästen auf Bäumen und noch einigen ungewöhnlichen Stellen mehr befestigen und mit dem Smartphone bequem auslösen. So eröffnen sich ganz neue Perspektiven.

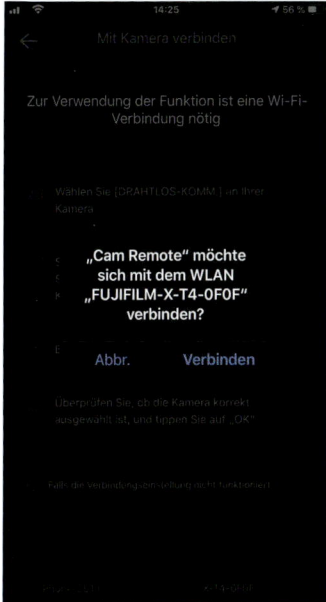

Abbildung 8.76 *Hier rufen Sie die Live-View-Aufnahme auf, wozu Sie eine WiFi-Verbindung benötigen.*

Abbildung 8.77 *Mit der Live-View-Aufnahme wird über das mobile Gerät die Kamera ferngesteuert.*

> **Geotagging (de-)aktivieren**
> Standardmäßig überträgt die X-T4 auch die Standortdaten der Aufnahme (Foto und Film) vom mobilen Gerät zur Kamera und speichert diese in den Exif-Daten. Sofern Sie dies nicht wollen, können Sie diese Funktion an der X-T4 im Kameramenü **Einrichtung** > **Verbindungs-Einstellung** > **Allg. Einstellungen** > **Geotagging** auf **Aus** stellen.

8.13.3 Bilder auf das mobile Gerät übertragen

Die Möglichkeit, Bilder auf ein mobiles Gerät zu übertragen, verwende ich sehr gerne vor Ort, wenn ich schnell ein paar Bilder im JPEG-Format weitergeben will. Zwar funktioniert diese Möglichkeit ausschließlich über die Fujifilm-App, aber für die Weitergabe von Bildern an andere mobile Geräte gibt es genügend andere Wege. Wenn eine Verbindung zwischen dem mobilen Gerät und der Kamera besteht, finden Sie in der Fujifilm-App mit **Einzelbildübertragung** und **Bild importieren** zwei Möglichkeiten, Bilder an das mobile Gerät zu senden.

> **Nur JPEG-Dateien können übertragen werden**
> Mit der Funktion **Einzelbildübertragung** können keine Raw-Bilder oder Filme auf das mobile Gerät übertragen werden. Die Funktion ist auf JPEG-Bilder beschränkt. Bei Filmen und Raw-Bildern wird **Keine Übertragung** angezeigt. Die Funktion **Bild importieren** hingegen erlaubt es, Filme an das mobile Gerät zu senden – aber leider immer noch keine Raw-Bilder.

Wenn Sie die **Einzelbildübertragung** der App verwenden, finden Sie auf dem Display der X-T4 eine Wiedergabeansicht vor, in der Sie mit dem Fokushebel durch Kippen nach links und rechts durch die Aufnahmen navigieren können. Wollen Sie eine Aufnahme zum mobilen Gerät übertragen, drücken Sie die **MENU/OK**-Taste. Auf dem mobilen Gerät zeigt eine Animation an, wenn das Bild dorthin übertragen wurde. Auf diese Weise können Sie beliebig viele einzelne Bilder an das mobile Gerät übertragen, bis Sie den Vorgang mit der **DISP/BACK**-Taste abbrechen.

Mit der zweiten Funktion, **Bild importieren**, hingegen werden die Bilder, die sich auf der Speicherkarte der Kamera befinden, auf dem mobilen Gerät als Miniatur angezeigt. Durch das Setzen eines Häkchens markieren Sie einzelne Bilder für die Übertragung auf das mobile Gerät. Mit **Importieren** starten Sie die Übertragung.

Maximale Dateigröße übertragen

Beachten Sie, dass die X-T4 die Daten für die Übertragung standardmäßig auf 3 Megapixel verkleinert. Dies ist zwar für den Transfer hilfreich und häufig völlig ausreichend, wenn man die Bilder via Messenger oder in den sozialen Medien teilt. Wollen Sie trotzdem die volle Dateigröße von der Kamera auf das mobile Gerät übertragen, stellen Sie die Option **Einrichtung > Verbindungs-Einstellung > Allg. Einstellungen > Verkleinern 3M** auf **Aus**.

Abbildung 8.78 *Die Bilder werden bei der Einzelübertragung erst nach einer erfolgreichen Übertragung an das mobile Gerät dort auf einem visuellen Stapel angezeigt.*

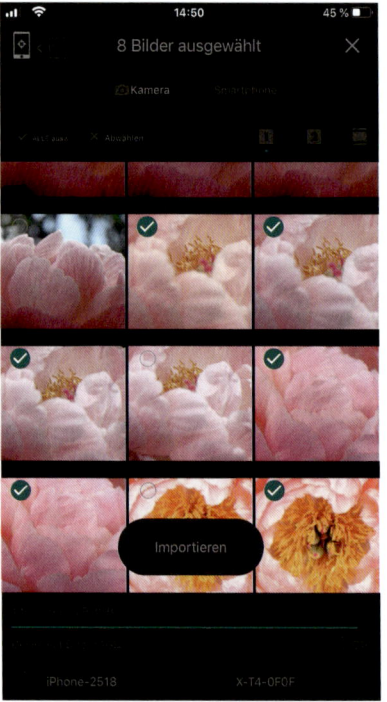

Abbildung 8.79 *Mit **Bild importieren** können Sie Bilder (und Videos) für den Import auf das mobile Gerät auswählen. Sie können also Bilder sehen, die sich bis dato nur auf der Speicherkarte der Kamera befinden.*

Kapitel 9
Filmen mit der X-T4

Die Fujifilm X-T4 ist eine sehr gute Kamera zum Filmen. Was früher zwei getrennte Welten waren – die Fotografie und das Filmen –, rückt näher und näher zusammen; das Thema gehört einfach in dieses Buch. In diesem Kapitel beschreibe ich Ihnen die wichtigsten Funktionen der X-T4 bezüglich des Filmens. Allerdings dürfen Sie hier keine Einführung in das Thema an sich erwarten. Sofern Sie keinerlei Erfahrung mit dem Filmen haben und sich damit tiefgehender auseinandersetzen wollen, empfehle ich Ihnen, sich weitere Literatur zu beschaffen. Mein Tipp wäre das Standardwerk von Jörg Jovy: »Digital filmen. Das umfassende Handbuch«, ebenfalls im Rheinwerk Verlag erschienen.

9.1 Filmaufnahmen starten

Zum Filmen stellen Sie zunächst die Kamera am **STILL/MOVIE**-Schalter auf **MOVIE**. Daraufhin finden Sie im Sucher oder auf dem Display ein ähnliches Bild vor wie schon beim Fotografieren. Anders sind selbstverständlich die für das Filmen typischen Einstellwerte und Anzeigen wie Videomodus, Videocodec oder Tonwertpegel und mit 16:9 auch das Seitenverhältnis (siehe Abbildung 9.1). Des Weiteren finden Sie beim Filmen im **Kameramenü** und im Schnellmenü nur noch Funktionen vor, die für das Filmen relevant sind.

Entsprechend den gewählten Einstellungen und dem Programmmodus **Auto**, **A**, **S** oder **M**, ähnlich wie schon beim Fotografieren, können Sie die Filmaufnahme sofort starten, indem Sie den Auslöser durchdrücken. Während der Filmaufnahme wird im Sucher oder auf dem Display ein roter Punkt angezeigt. Drücken Sie den Auslöser erneut, wird die Filmaufnahme gestoppt.

Abbildung 9.1 *Eine laufende Filmaufnahme; oben sehen Sie den roten Punkt.*

Wenn Sie schnell einen Film aufnehmen wollen, ohne sich an dieser Stelle mit den weiteren Einstellungen zu befassen, stellen Sie einfach die Blende und Belichtungszeit auf **A**, wie Sie es vom Programmmodus **P** vom Fotografieren her kennen, und den Fokusmodus auf AF-**C**. Anstelle von **P**, wie beim Fotografieren, wird hier allerdings **Auto** als Programmmodus links unten angezeigt.

> **Kontrollleuchte für das Filmen einstellen**
>
> Beim Filmen leuchtet die Kontrollleuchte auf der Rückseite der Kamera (rechts oben) dauerhaft in Orange auf. Das Verhalten können Sie über das Kameramenü **Film-Einstellung > Kontrollleuchte** ändern. Neben der Kontrollleuchte hinten können Sie auch das Autofokuslicht vorn aktivieren, wenn Sie filmen. Dies kann zum Beispiel hilfreich sein, wenn Sie sich selbst filmen. Sie finden in dem Menü verschiedene Kombinationsmöglichkeiten vor, mit denen Sie jeweils beide Lichter vorn (Autofokuslicht) und hinten (Kontrollleuchte) aktivieren oder auch alles komplett deaktivieren können.
>
>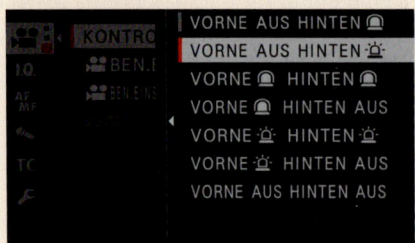
>
> *Abbildung 9.2 Im Menü Film-Einstellung > Kontrollleuchte können Sie die Kontrollleuchten während der Aufnahme einstellen.*

9.2 So fokussieren Sie beim Filmen

Zum Filmen stehen Ihnen zwei Fokusmodi zur Verfügung: **Mehrfeld** und **Vario AF**. Sie finden sie, indem Sie die Auswahltaste nach oben drücken. Alternativ können Sie den Video-AF-Modus auch im Kameramenü unter **AF/MF-Einstellung > Video AF Modus** einstellen.

- **Mehrfeld**: Bei dieser Methode sucht sich die X-T4 den Fokussierpunkt selbst. Sie beschränkt sich in der Regel auf Punkte, die in der Nähe der Kamera oder in der Bildmitte liegen. Wenn Sie den Touchscreen für das Filmen verwenden, wird der Modus zu **Vario AF**, auch wenn Sie **Mehrfeld** ausgewählt haben. Den **Mehrfeld**-Modus sehen Sie in Abbildung 9.4.

Abbildung 9.3 Video AF Modus auswählen

Abbildung 9.4 Im Mehrfeld-Modus gibt es keinen Indikator und keinen Rahmen, der den ausgewählten Fokusbereich anzeigt.

- **Vario AF**: Hiermit positionieren Sie den Fokusbereich beliebig in einem 13×9-Raster über den Fokushebel selbst, wie Sie dies vom Fotografieren mit dem Einzelpunkt-AF her kennen. Der **Vario AF**-Modus wurde in Abbildung 9.1 verwendet.

Fokusrahmen für Vario AF anpassen

Wie schon beim Fotografieren können Sie auch beim Filmen den Fokusrahmen in der Größe anpassen. Hierzu müssen Sie nur den Fokushebel drücken und die gewünschte Größe durch Drehen am hinteren Einstellrad einstellen. Zur Verfügung stehen eine Verkleinerung des Fokusrahmens in drei Stufen und eine Vergrößerung in zwei Stufen. Drücken Sie dabei das hintere Einstellrad, wird die Standardgröße wiederhergestellt. Dasselbe gilt, wenn Sie den Fokushebel doppelt drücken. Dann wird der Fokusrahmen wieder zentriert.

9.2.1 Automatisches Fokussieren mit AF-C

Um beim Filmen dauerhaft automatisch zu fokussieren, schalten Sie die Kamera über den Fokusmodus-Schalter an der linken Seite (von hinten gesehen) in den kontinuierlichen Fokusmodus AF-**C**. Wenn Sie diese Einstellung mit dem Video-Autofokusmodus **Mehrfeld** kombinieren, passt die Kamera fortlaufend den Fokus an. In der Regel setzt die X-T4 hierbei auf naheliegende oder mittige Punkte. Ich habe einige Tests gemacht, bei denen eine Person von rechts nach links durch das Bild gelaufen ist. Die Kamera hat das gut gemeistert. Trotzdem gab es auch Testläufe, bei denen es nicht so klappte wie erhofft. Wenn das Motiv mittig platziert ist, sollte es gut gelingen.

Bei Motiven ohne große Kontraste, wie bei einigen Naturaufnahmen oder Stadtszenen, fing der Fokus manchmal leicht an zu pumpen – sprich, der Fokus sprang nach vorn und hinten. Das wirkt sich störend und deutlich sichtbar auf den Film aus. Wer sich aber selbst filmt und etwas mittig steht, der dürfte mit AF-**C** und **Mehrfeld** ganz gut fahren. Mit der Option **Vario AF** hingegen legen Sie über den Fokushebel den Fokussierbereich fest, den Sie mit AF-**C** dauerhaft beim Filmen scharfstellen wollen. Sie können den Fokusbereich jederzeit während des Filmens verschieben. Sie können auch den Touchscreen (im Modus **Area**) anstelle des Fokushebels verwenden, um den Fokusbereich während des Filmens zu verschieben.

AF-C: Empfindlichkeit und Geschwindigkeit anpassen

Im Menü **AF/MF > AF-C Benutzerdef.Einst.** finden Sie mit **Verfolgungs-Empfindlichk.** und **AF-Geschwindigkeit** zwei Optionen, den kontinuierlichen Autofokus anzupassen. Mit der Funktion **AF-Geschwindigkeit** legen Sie fest, wie schnell der Autofokus auf einen Motivwechsel reagiert. Sie können praktisch den Wechsel des Fokus mit einem negativen Wert von −5 ganz langsam und sanft oder mit +5 sehr schnell und dynamisch einstellen. Der Standardwert ist 0. Mit **Verfolgungs-Empfindlichk.** hingegen stellen Sie ein, wie lange der Fokus mit der Neufokussierung warten soll, wenn zum Beispiel das Motiv hinter einem Baum oder einem Busch verschwindet und dann plötzlich wieder erscheint. Je höher der Wert, desto länger wartet die Kamera. Bei einem niedrigeren Wert kann es sein, dass die Kamera sich ein anderes Hauptmotiv im Fokussierbereich sucht.

Beachten Sie bitte, dass, sobald Sie die Aufnahmebetriebsart über das Einstellrad auf Film gestellt haben, Sie im Fokusmodus AF-**C** automatisch und dauerhaft fokussieren. Dies gilt sowohl im Video-AF-Modus **Mehrfeld** als auch mit **Vario AF** und auch, wenn Sie gerade nicht filmen, aber die Kamera angeschaltet gelassen haben. Dieses ständige Fokussieren saugt den Akku förmlich leer, und Sie sollten daher die Kamera ausschalten, wenn Sie gerade nicht filmen.

Abbildung 9.5 *Mit* **Vario AF** *legen Sie fest, wo der Fokus beim Filmen liegt.*

Abbildung 9.6 *Auch die Gesichtserkennung zusammen mit AF-C ist eine gute Möglichkeit, beim Filmen zu fokussieren.*

Es gibt noch eine dritte Option, die Sie in Verbindung mit AF-**C** zum Fokussieren verwenden können: Sie können die Gesichts- und Augenerkennung über **AF/MF-Einstellung > Ges./Augen-Erkenn.-Einst.** einschalten. Auf diese Weise wird immer auf das Gesicht oder das Auge fokussiert, sofern eines zu sehen ist. Bei mehreren Gesichtern wird dann allerdings häufig das Gesicht fokussiert, das der Kamera am nächsten ist oder das zentraler zur Bildmitte liegt.

> **AF-S beim Filmen**
> Natürlich können Sie auch mit AF-**S** einmalig beim Filmen fokussieren, indem Sie den Auslöser halb herunterdrücken. So bleibt der Fokus aber in der einmal eingestellten Distanz. Bei aktiver Gesichtserkennung allerdings wird aus dem Fokusmodus AF-**S** automatisch ein AF-**C**-Modus.

9.2.2 Fokussieren mit dem Touchscreen

Auch das Fokussieren mit dem Touchscreen ist beim Filmen möglich. Den Touchscreen-Modus habe ich bereits in Abschnitt 4.5, »Fokussieren mit dem Touchscreen«, beschrieben; er verhält sich beim Filmen recht ähnlich wie beim Fotografieren. Im Modus **Shoot** können Sie die Aufnahme fokussieren und starten. Zum Stoppen der Aufnahme müssen Sie allerdings wieder den Auslöser betätigen. Mit den Touch-Modi **AF** und **Area** können Sie den Fokusrahmen an der gewünschten Stelle positionieren, und in Verbindung mit AF-**C** wird darauf auch gleich fokussiert. Verwenden Sie hingegen AF-**S**, wird mit **AF** an der Stelle, auf die Sie tippen, einmalig scharfgestellt. Mit **Area** hingegen wird mit AF-**S** nur der weiße Rahmen verschoben, ohne zu fokussieren. Wenn Ihnen die Fokussierung beim Wechsel des Fokusrahmens zu abrupt vorgeht, können Sie dies über **AF/MF-Einstellung > AF-C Benutzerdef.Einst. > AF-Geschwindigkeit** anpassen. Wenn Sie hier einen Wert von −5 einstellen, ist der Übergang beim Wechsel der Fokusrahmen sehr sanft. Bei einem Wert von +5 geschieht der Vorgang eben möglichst schnell.

9.2.3 Manuell fokussieren

Wenn Sie bei einer stark belebten Szene mit AF-**C** automatisch fokussieren, kann es unruhig im Bild werden, weil entweder immer ein anderes Motiv scharfgestellt wird oder das gewünschte Motiv gar nicht fokussiert werden kann. Auch gibt es Situationen, in denen der Autofokus nicht richtig oder nicht sofort scharfstellt. Der Autofokus pumpt dann hin und her.

Wollen Sie wie in professionellen Produktionen mehr cineastische Effekte beim Fokussieren haben (Stichwort: Hollywood), dann müssen Sie den Fokusschalter auf **M** stellen und manuell fokussieren. Allerdings bedarf es schon einiges an Übung und Erfahrung, manuell mit Hilfe des Displays und einer Hand am Fokusring zu fokussieren. Focus Peaking ist bei dieser Vorgehensweise hilfreich und funktioniert beim Filmen genauso wie beim Fotografieren. Sie können es im Kameramenü über **AF/MF-Assistent > MF-Assistent > Focus Peaking** aktivieren. Ebenso kann die digitale Entfernungsmessung mit der Schärfentiefeskala sehr nützlich sein. Auch die aktive **Fokuskontrolle** ist hilfreich, indem der Bereich mit dem ausgewählten Fokusrahmen vergrößert angezeigt wird, wenn Sie am Fokusring drehen. Um hierbei mal schnell zu fokussieren, funktioniert es auch hier, wenn Sie die **AF-ON**-Taste drücken.

Abbildung 9.7 Fokussieren im manuellen Modus ist mit Hilfe von Focus Peaking und der Schärfentiefeskala problemlos möglich.

Vom Fotografieren wissen Sie ja bereits, dass eine weit geöffnete Blende eine geringe Schärfentiefe bewirkt. Dasselbe gilt beim Filmen, weshalb es beim manuellen Fokussieren häufig einfacher ist, die Blende etwas weiter zu schließen (hoher Blendenwert), um etwas mehr Schärfentiefe und so Spielraum zu haben, gerade wenn Sie vorhaben sollten, aus der Hand zu filmen.

Ausrüstung zum Filmen

Wem es ernster ist mit dem Filmen, der kann sich auch Gedanken über einen externen Monitor machen, der ein größeres Display-Bild bietet – oder gleich einen 4K/HDMI-Rekorder mit Display. Auch ein Stativ oder sogenannte *Rigs* zur Montage von Zubehör haben sich bewährt, um ordentliche Filme ohne stärkere Verwacklungen aufzunehmen. Außerdem gibt es sogenannte *Slider* (auch mit Motor), mit denen Sie den statischen Aufnahmen noch eine schöne und sanfte Bewegung geben können, indem die Kamera während des Filmens auf einer Schiene hin und her bewegt werden kann. Ebenfalls häufig im Einsatz sind Schulterstative. Ich verwende auch sehr gerne ein Gimbal zur Stabilisierung beim Filmen. Für die Stabilisierung sind in einem Gimbal Sensoren und Motoren verbaut, mit denen eine ruhige Aufnahme ohne Verwacklungen möglich ist. Hierbei kommt eine kardanische Aufhängung zum Einsatz, die zusammen mit den Motoren alle Handbewegungen ausgleicht. Der Sensor bemerkt, wenn das Gimbal bewegt wird, und gibt diese Informationen an den Motor für eine Ge-

genbewegung weiter. Auf diese Weise bleibt der Schwerpunkt der Kamera immer gerade, unabhängig von der Bewegung der Hand.

Abbildung 9.8 *Häufig verwende ich das Gimbal Weebill Lab von Zhiyun zum Filmen zusammen mit meinem externen 4K-Rekorder von Atomos (Ninja V).*

9.3 Den Bildstabilisator beim Filmen verwenden

Wer aus der Hand filmt und/oder sich dabei auch noch bewegt, der wird den Bildstabilisator nicht missen wollen. Wie beim Fotografieren können Sie dabei auf den eingebauten Bildstabilisator (*IBIS*, »In-Body Image Stabilization«) der Kamera zugreifen. Wenn Sie zusätzlich ein Objektiv mit eingebauten Bildstabilisator (*OIS*, »Optical Image Stabilization«) haben, dann arbeiten auch beim Filmen IBIS und OIS zusammen. Im Gegensatz zum Fotografieren haben Sie beim Filmen dann zusätzlich noch die Option, einen digitalen Bildstabilisator (*DIS*, »Digital Image Stabilization«) und einen **Stabi-Modus-Boost** zu verwenden. Auf alle Optionen bezogen auf das Filmen gehe ich im Folgenden kurz ein.

9.3.1 IBIS + OIS (Kamera- + Objektiv-Bildstabilisator)

Bei diesem Modus verwenden Sie den IBIS in der Kamera und den OIS im Objektiv, vorausgesetzt natürlich, das Objektiv enthält einen Bildstabilisator (OIS). Hierbei arbeiten IBIS und OIS zusammen, um Bewegungen zu kompensieren. Es ist bei dieser Kombination nicht möglich, nur IBIS oder nur OIS zu verwenden, wenn beides vorhanden ist. Am Schalter des Objektivs können Sie daher nur beide Optionen (IBIS und OIS) ein- und wieder ausschalten. Die Kombination aus IBIS und OIS bringt natürlich auch die bestmöglichen Ergebnisse, wenn es darum geht, Verwacklungen auszugleichen. Gerade beim Filmen aus der Hand erhalten Sie damit ruhige und stabile Aufnahmen. Aber auch bei Objektiven ohne einen eingebauten Bildstabilisator, wie den Festbrennweiten, stabilisiert das IBIS-System der Kamera das Bild sehr gut. Den Bildstabilisator können Sie im Kameramenü mit **Film-Einstellung** > **Stabi-Modus** mit **IBIS/OIS** aktivieren. Bei Objektiven ohne OIS wird, wie beschrieben, natürlich nur die IBIS der Kamera verwendet. Wenn Sie allerdings ein Objektiv mit OIS verwenden und am **OIS**-Schalter den Stabilisator ein- bzw. ausschalten, dann hat der OIS-Schalter am Objektiv immer Vorrang gegenüber der gemachten Einstellung im **Stabi-Modus**-Kameramenü! Bei Objektiven mit OIS können Sie ohnehin den Bildstabilisator nur über den OIS-Schalter am Objektiv ein- und ausschalten.

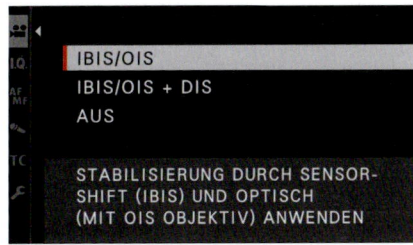

Abbildung 9.9 *Im Kameramenü **Film-Einstellung > Stabi-Modus** finden Sie mehrere Optionen vor. Der Eintrag **Aus** zum Deaktivieren von IBIS steht nur bei angeschlossenen Objektiven ohne einen **OIS**-Schalter zur Verfügung.*

Abbildung 9.10 *Bei Objektiven mit einem **OIS**-Schalter können Sie den IBIS und OIS jederzeit und ausschließlich über diesen Schalter ein- und ausschalten.*

9.3.2 IBIS + OIS + DIS (Kamera- + Objektiv- + digitaler Bildstabilisator)

Zusätzlich zu IBIS und zu OIS können Sie einen digitalen Bildstabilisator (kurz: *DIS*) aktivieren, und zwar über **Film-Einstellung > Stabi-Modus** mit **IBIS/OIS + DIS**. Allerdings ist die digitale Stabilisierung nur das was Sie nachträglich auch mit Videoschnittprogrammen machen können: Eine Software analysiert die Bewegung im Bild anhand von fixen Punkten und kompensiert die Bewegung anhand dessen, was an zusätzliches Material vom Beschnitt da ist. Einfacher gesagt: Das Bild wird leicht beschnitten. Dies ist also eine reine digitale Stabilisierung, die von einem Algorithmus durchgeführt wird. In einem Video erkennt man dies häufig daran, dass einzelne Motive im Bild oder gelegentlich auch das ganze Bild anfängt, leicht zu kippen. Dies lässt sich bei der digitalen Bildstabilisierung nicht vermeiden. Trotzdem ist diese Kombination aus IBIS, OIS und DIS bei ansonsten sehr stark verwackelten Aufnahmen eine Hilfe, es trotzdem noch etwas stabiler zu bekommen. Auch hier ist nur OIS im Einsatz, wenn Sie ein entsprechendes Objektiv verwenden; ansonsten werden nur IBIS und DIS eingesetzt.

Bei Hochgeschwindigkeitsaufnahmen steht der digitale Bildstabilisator nicht zur Verfügung. Wie stark außerdem das Bild zugeschnitten wird, hängt vom ausgewählten **Video Modus** bei den **Film-Einstellung** ab. Bei 4K mit 59,94 und 50 Bildern pro Sekunde beträgt die Zuschnittsrate 1,29×. Bei allen anderen Videomodi beträgt der Zuschnitt 1,1×. Der Zuschnitt wird links oben auf dem Display bzw. im Sucher als **Crop 1.29x** bzw. **Crop 1.1x** angezeigt.

9.3.3 Bildstabilisator ausschalten

Beim Filmen aus der Hand ist der Bildstabilisator eine großartige Sache und wird von mir dabei auch immer verwendet. Trotzdem gibt es auch Situationen, in denen ich den Stabilisator über **Film-Einstellung > Stabi-Modus** auf **Aus** bzw. bei Objektiven mit dem **OIS**-Schalter auf **OFF** stelle.

Dies ist zum Beispiel der Fall, wenn ich die Kamera auf dem Stativ habe und sanfte Schwenks machen will. Bei solchen Schwenks von einem Stativ kann es mit aktiven Bildstabilisator passieren, dass die Kamera den Schwenk als Verwacklung sieht und versucht, gegenzusteuern. Dies kann zu einem verwackelten Ergebnis führen. Ein deaktivierter Bildstabilisator wird mit einer durchgestrichenen Hand links oben auf dem Display oder im Sucher angezeigt.

Ebenso deaktiviere ich den Bildstabilisator, wenn ich ein Gimbal zum Filmen verwende. Auf dem Gimbal kann es dazu kommen, dass der Bildstabilisator aufgrund der sehr geringen Bewegungen zu stark schwingt und ein hochfrequentes Zittern im Bild verursacht. Ich empfehle Ihnen allerdings, ein paar Testaufnahmen zu machen, wenn Sie ein Gimbal zum Filmen verwenden. Bei reinen Schwebestativen (beispielsweise Steadycam) ist der Bildstabilisator eher unproblematisch.

Ein letzter Grund, den Bildstabilisator zu deaktivieren, wäre, wenn Sie Strom sparen wollen. Der Bildstabilisator beansprucht natürlich mehr Energie. Wobei ich hier weniger ein Problem sehe, da Sie beim Filmen ohnehin mindestens einen Ersatzakku dabeihaben sollten, weil diese Arbeiten sehr akkuhungrig sind.

9.3.4 Stabi-Modus-Boost

Der **Stabi-Modus-Boost** im Kameramenü **Film-Einstellung** könnte schnell missverstanden werden. Er ist nicht etwa dafür gedacht, um beispielsweise Stabilisierungen für schnellere Kameraschwenks zu machen oder damit Sie sich schnell mit der Kamera bewegen. Er dient rein dazu, statische Aufnahmen aus der Hand zu machen, die wirken, als wäre die Kamera auf einem Stativ fixiert. Und dies funktioniert in der Tat sehr beeindruckend. Bei Testaufnahmen aus der Hand sehen die Filmaufnahmen aus, als wäre die Kamera auf einem Stativ fixiert. Der Modus eignet sich also bestens für ruhige Aufnahmen von Hand ohne schnellere Kameraschwenks. Der aktive Boost wird links oben auf dem Display bzw. im Sucher der Kamera angezeigt.

9.4 Filmen in den verschiedenen Programmmodi

Wie auch beim Fotografieren stehen Ihnen beim Filmen die Programmmodi **P**, **S**, **A** und **M** zur Verfügung, und auch hier können Sie die Einstellungen mit einer Kombination aus Blende, Belichtungszeit und dem ISO-Wert anpassen. Dementsprechend funktionieren auch beim Filmen die von der Fotografie bekannten Automatiken auf dieselbe Weise. Im Sucher und auf dem Display finden Sie daher die bekannten Werte und Anzeigen des verwendeten Programmmodus, der Belichtungszeit, der Blende und des ISO-Wertes wieder.

Unabhängig vom Programmmodus ist beim Filmen das Ziel, eine korrekte *Belichtung* zu erzielen. Zunächst können Sie auch beim Filmen die Einstellungen genauso durchführen wie beim Fotografieren. Aber es ist etwas kniffliger, weil die Belichtungszeit eine zentrale Rolle in Verbindung mit der *Framerate* oder *Bildrate* (Anzahl der Bilder pro Sekunde) des Videos spielt. Auf jeden Fall vermeiden will man eine Überbelichtung. Zu helle Bildteile wie ein überstrahlter Himmel sind auch mit Nachbearbeitung nicht mehr zu retten. Bei dunklen Bildanteilen hingegen lässt sich immer noch ein wenig Struktur beim Videoschnitt wiederherstellen.

Für die ideale *Belichtungszeit* gibt es eine übliche Pi-mal-Daumen-Regel für ein angenehmes Bild beim Filmen, laut der die Belichtungszeit immer das Doppelte der Bildrate des Filmes beträgt. Verwenden Sie zum Beispiel eine Bildrate von 50 Bildern pro Sekunde, dann sollten Sie als Belichtungszeit mindestens 1/100 s einstellen. Wenn Sie besonders schnelle Aufnahmen etwas schärfer abbilden wollen, können Sie auch noch kürzere Belichtungszeiten verwenden. Hierzu wird häufig eine 8fach kürzere Belichtungszeit verwendet. Für eine Bildrate von 25 Bildern pro Sekunde wäre dies somit eine Belichtungszeit von 1/200 s. Je kürzer allerdings die Belichtungszeit, umso mehr »verpasst« der Film einen Großteil der Bewegung. Bei 25 Bildern pro Sekunde und einer Belichtungszeit von 1/200 s wird praktisch nur ein Achtel der Zeit pro Bild belichtet. Der Film wirkt zwar schärfer, aber dadurch auch deutlich ruckeliger und unruhiger. Je kürzer Sie belichten, umso mehr tritt dieser Stakkato-Effekt auf. Es gibt aber durchaus Filme, die eine kurze Belichtungszeit als Stilmittel einsetzen. So hat man zum Beispiel beim Film »Der Soldat James Ryan« diesen Stakkato-Effekt als Stilmittel eingesetzt. Umgekehrt – wenn Sie eine längere Belichtungszeit wählen als die empfohlene, also länger als das Doppelte der Bildrate des Filmes (beispielsweise 1/30 bei 30 Bildern pro Sekunde) – gibt es mehr Bewegungsunschärfe im Bild.

180-Grad-Regel

Noch eine Information zur Belichtungszeit beim Filmen: Filmleute sprechen in der Praxis eher selten von einer Belichtungszeit in Bruchteil von Sekunden, sondern in Prozent oder als Winkel. Dies ist allerdings eher alten Filmkameras zu verdanken, wo an einer rotierenden Scheibe der Verschluss in Prozent oder Grad eingestellt wurde. 180 Grad bedeutet hier 50 %. Bei den 25 Bildern pro Sekunde wird dann mit 1/50 s belichtet, und es entsteht der Eindruck einer fließenden Bewegung. 45 Grad hingegen macht ein Achtel der Zeit aus, und es entstehen diese abgehackten Bewegungen mit 1/200 s.

Beim Filmen ist die Belichtungszeit somit durch die auswählte Framerate vorgegeben. Auf die Auswahl der Framerate werde ich in Abschnitt 9.7, »4K oder Full HD und welche Framerate?«, eingehen. Je nach Wahl der Framerate liegt die Belichtungszeit beim Filmen somit meistens bei 1/50 s, 1/60 s oder 1/100 s. Auch will man den ISO-Wert nicht zu stark anheben, um ein unschönes Rauschen zu verhindern. Mit der Blende kontrolliert man dann die Schärfentiefe.

ND-Filter verwenden

Da Sie beim Filmen mit der Einstellung der Belichtungszeit beschränkt sind, kommen Sie nicht vollständig um einen ND-Filter herum, um eine korrekte Belichtung einzustellen. Gerade bei hellstem Tageslicht können Sie eine drohende Überbelichtung nicht durch eine kürzere Belichtungszeit anpassen, weil Sie die eingangs erwähnte 180-Grad-Regel beachten müssen/sollten. Oftmals bringt es auch nichts, die Blende weiter zu schließen. Ein ND-Filter beim Filmen ist somit praktisch schon Pflicht. Für das Filmen empfehlen sich sogenannte *Variofilter*, mit denen Sie die Stärke des Filters passend zur Lichtsituation einstellen können und sich das Wechseln von verschiedenen ND-Filtern ersparen. Allerdings haben gute Variofilter ihren Preis.

9.4.1 Filmen in der Programmautomatik

Wollen Sie Belichtungszeit und Blende automatisch von der Kamera wählen lassen, dann können Sie den Programmmodus **P** aktivieren, indem Sie das Einstellrad für die Belichtungszeit und den Blendenring bzw. das Objektiv auf **A** stellen. Damit filmen Sie in einer Automatik, wie dies in der Kamera mit dem Symbol **Auto** links unten angezeigt wird. Für jemanden, der (noch) nicht viel mit dem Filmen am Hut hat und einfach mal einen Film machen will, ist diese Option ganz gut geeignet.

Allerdings sollten Sie auf sich stark verändernde Lichtverhältnisse achten, weil die Belichtungsautomatik eben das tut, wofür Sie gedacht ist, und dem entgegensteuert. Dies führt beim Video zu unschönen und ruckartigen Hell-Dunkel-Effekten, bis die Belichtung wieder angepasst wurde. Drehen Sie eine Szene daher immer besser mit einer fixen Helligkeit. Sollte die Helligkeit stark wechseln, erstellen Sie besser jeweils eine neue Szene.

Abbildung 9.11 *Die Programmautomatik beim Filmen erkennen Sie am Symbol **Auto**.*

Obwohl Sie in diesem Modus keine Kontrolle über die Belichtungszeit und die Blende haben, können Sie manuell den ISO-Wert ändern. Über das Einstellrad für die Belichtungskorrektur passen Sie außerdem gegebenenfalls die Belichtung an. Die Belichtungskorrektur können Sie jederzeit während der Aufnahme ändern. Allerdings stehen Ihnen beim Filmen nur +/−2 EV zur Korrektur zur Verfügung – beim Fotografieren sind es ja bis zu +/−3 EV.

 Keine Information über Belichtungszeit und Blende
Wenn Sie im Programmmodus **P** filmen, wird keinerlei Information über die Belichtungszeit oder Blende angezeigt. Einzig der verwendete ISO-Wert wird in diesem Modus angezeigt. Ansonsten wird in diesem Modus also nichts angezeigt, wenn sich die Werte der Blende und Verschlusszeit während der Aufnahmen ändern.

9.4.2 Filmen im Programmmodus A (Blendenvorwahl)

Auch beim Filmen können und sollten Sie die Blende als Stilmittel einsetzen. Hierzu müssen Sie nur die Kamera über das Einstellrad in den Programmmodus **A** stellen und die Blende manuell wählen. Besonders großartig sehen Filme natürlich mit einer geringen Schärfentiefe aus. Allerdings müssen Sie gegebenenfalls einen Graufilter (ND-Filter) vor das Objektiv schrauben, wenn das Umgebungslicht sehr hell ist und Sie die Blende weit geöffnet haben, um eine zu kurze Belichtungszeit zu vermeiden. Graufilter gibt es auch als Variofilter mit einstellbarer Stärke. Diese sind besonders beim Filmen hilfreich.

Beim Filmen in der Blendenvorwahl wird links unten der Programmmodus mit dem Buchstaben **A** angezeigt. Auch hier können Sie wieder das Einstellrad für die Belichtungskorrektur zur Anpassung verwenden.

Abbildung 9.12 *Filmen mit der Blendenvorwahl*

Rote Werte

Wenn bei schwachen Lichtverhältnissen rote Buchstaben bei der Belichtungszeit und der Blende angezeigt werden, dann kann die Kamera mit den eingestellten Werten nicht richtig belichten.

Das Filmen mit der Blendenvorwahl ist geeignet für Szenen, in denen sich die Lichtverhältnisse kaum ändern. Schnelle Kameraschwenks von hellen auf dunkle Motive (und umgekehrt) sollten Sie damit vermeiden. Bei diesem Modus müssen Sie beachten, dass Sie hiermit der Kamera erlauben, die Belichtungszeit anzupassen. Dabei schnellt die Belichtungszeit schnell mal von 1/50 s bei sehr dunklen Szenen auf 1/500 s bei hellen Szenen hoch. Beim Filmen will man allerdings eine konstante Belichtungszeit beibehalten, um auch eine gleichmäßige Wiedergabe der Szene zu erzielen. Es sieht nicht schön aus, wenn ein Film schön sanft wiedergegeben wird und auf einmal etwas unruhiger wirkt.

9.4.3 Filmen im Programmmodus S (Zeitvorwahl)

Bei diesem Modus geben Sie die Belichtungszeit über das Einstellrad vor und stellen die Blende auf **A**(uto). Damit wird entsprechend der eingestellten Belichtungszeit die Blende angepasst. Beim Filmen in der Zeitvorwahl wird links unten der Programmmodus mit dem Buchstaben **S** angezeigt. Auch hier können Sie das Einstellrad für die Belichtungskorrektur zum Anpassen verwenden.

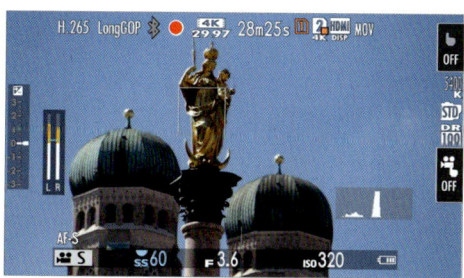

Abbildung 9.13 *Filmen mit der Zeitvorwahl*

Die Zeitvorwahl bzw. Blendenautomatik vermeide ich eigentlich grundsätzlich beim Filmen. Zwar kann ich hiermit die gewünschte und so wichtige Belichtungszeit beim Filmen vorgeben, aber eine automatische Blendenveränderung während des Filmens einer Szene ist einfach unschön und sollte vermieden werden. Die Kamera kann nicht wissen, welche Schärfentiefe für das Motiv geeignet ist und mit jeder Lichtveränderung würde sich bei der Zeitvorwahl der Blendenwert verändern. Wenn sich dann das Licht schnell und häufig ändert, dann sorgt dies für ein störendes Flackern im Film. Daher eignet sich auch dieser Modus vorwiegend für Szenen mit wenig Lichtveränderungen. Auch sollten Sie die Kamera damit nicht schnell von hellen auf dunkle Motive (oder umgekehrt) schwenken.

Keine Belichtungszeit unter der Bildrate des Films

Wenn Sie versuchen, eine Belichtungszeit »unterhalb« der eingestellten Bildrate des Films einzustellen, dann wird das nicht gehen. Beträgt die Bildrate 30 Bilder in der Sekunde, werden Sie keine längere Belichtungszeit als 1/30 s einstellen können. Beträgt die Bildrate 60 Bilder in der Sekunde, dann lässt die Kamera keine längere Belichtungszeit als 1/60 s zu. Damit ist sichergestellt, dass Sie ein flüssig anzusehendes Video erstellen, denn sonst könnte gar nicht die gewünschte Anzahl an Bildern pro Sekunde in der gewählten Qualität erstellt werden. Die kürzestmögliche Belichtungszeit der X-T4 beim Filmen liegt bei 1/8000 s.

Es ist auch möglich, langsamer als mit der eingestellten Bildrate zu filmen, diese Option gilt allerdings nur für **DCI 4K** und **4K**. Hierzu müssen Sie die Filmkompression **All-Intra** bei **Film-Einstellung > Video-Kompression** auswählen. Damit können Sie eine Belichtungszeit von maximal 1/4 s einstellen. Natürlich treten dann deutliche Wischeffekte auf, was aber durchaus als Filmeffekt gewollt sein kann. Mit **All-Intra** ist die Bildqualität sogar noch etwas besser als mit **Long GOP**, aber **All-Intra** erzeugt auch größere Dateien.

9.4.4 Filmen im Programmmodus M (manuell)

Der manuelle Modus ist häufig die beste Option beim Filmen, da Sie gezielt die Blende und die Belichtungszeit einstellen können. Zudem können Sie filmen und die Einstellungen jederzeit während des Filmens anpassen. Mit Hilfe des hinteren Einstellrades können Sie die Belichtungszeit noch in 1/3-Stufen erhöhen oder reduzieren, sofern die Belichtungszeit nicht unter die eingestellte Bildrate des Films gelangt. Die Belichtungsskala hilft Ihnen, die Belichtung zu kontrollieren. Nützlich ist es auch, das Histogramm einzublenden. Im manuellen Programmmodus wird beim Filmen links unten ein **M** angezeigt.

Abbildung 9.14 *Filmen im manuellen Modus ist häufig die beste Option.*

> **ISO-Wert beim Filmen**
>
> Auch den ISO-Wert sollten Sie im manuellen Modus über das Einstellrad auf einen fixen Wert und nicht auf Auto-ISO stellen, um Helligkeitssprünge zu vermeiden, weil Auto-ISO sonst stetig versuchen würde, die Kamera auf eine korrekte Belichtung einzustellen.

9.4.5 ISO-Wert beim Filmen

Wie schon beim Fotografieren sollten Sie auch beim Filmen versuchen, den ISO-Wert so niedrig wie möglich zu halten, um ein möglichst klares Bild ohne viel Rauschen in den dunklen Bereichen zu erhalten. Bei dunklem Umgebungslicht können Sie dann den ISO-Wert anheben. Leider gibt das Display kaum Auskunft darüber, wie stark das Bild rauscht. Ein zu hoher ISO-Wert kann beim Film unangenehm wirken; es kommt zu Krisselmustern, farbigen Bildsäumen und Farbverfälschungen.

> **4K-Rauschreduzierung**
>
> Neben der allgemeinen Rauschreduktion über **Bildqualitäts-Einstellung > Hohe ISO-NR** wie beim Fotografieren finden Sie im Kameramenü **Bildqualitäts-Einstellung** eine Funktion **4K Interf-Rauschmind** vor. Damit können Sie eine Zwischenbild-Rauschreduzierung für 4K-Aufnahmen aktivieren. Diese kann bei statischen 4K-Aufnahmen mit einem hohen ISO-Wert ab 6400 nützlich sein, wo durch starkes Bildrauschen der Hintergrund doch unruhig wirkt. Bei schnellen Bewegungen oder Kameraschwenks kann es dann allerdings zu Geisterbildern kommen.

9.4.6 Bedienungsgeräusche stummschalten

Werte während des Filmens über die Einstellräder zu ändern, führt zwangsläufig zu Geräuschen, die mit aufgenommen werden. Idealerweise bietet die X-T4 die Option an, Werte wie ISO, Belichtungszeit, Belichtungskorrektur oder die Blende lautlos über den Touchscreen einzustellen. Diese Funktion aktivieren Sie über das Kameramenü mit **Film-Einstellung > Film-optimierte Steuerung**. Es dürfte offensichtlich sein, dass für diese Funktion auch die Steuerung des Touchscreens aktiviert sein sollte. Die Funktion lässt sich auch direkt über den Touchscreen aktivieren, wenn Sie auf der rechten Seite auf das **OFF**-Symbol mit einem Zeigefinger und Kamera tippen.

Haben Sie diese Funktion aktiviert, erscheint rechts eine Touch-Fläche **Set**. Tippen Sie diese vor oder während der Aufnahme an, können Sie über den Touchscreen Belichtungszeit, Blende, Belichtungskorrektur, ISO-Wert, Einstellung des internen Mikrofons, Windfilter, Kopfhörerlautstärke, Filmsimulation, Weißabgleich, **Stabi-Modus** und **Stabi-Modus-Boost** anpassen. Zur Navigation und Anpassung der Werte können Sie neben dem Touchscreen auch den Fokushebel oder die Auswahltasten verwenden.

> **Weitere mögliche Geräusche der Kamera**
>
> Auch wenn Sie die Kamera in einem geräuschlosen Modus betreiben können, lässt es sich nicht vermeiden, dass eine Veränderung der Blende ein leises Geräusch macht, das vom Mikrofon der Kamera aufgenommen wird und zu hören ist, wenn die Umgebung sehr leise ist. Dies gilt natürlich auch, wenn Sie die Blendeneinstellung auf **A** gestellt haben. Dem können Sie nur gegensteuern, indem Sie die Blende auf einen festen Wert stellen und diesen während der Aufnahme nicht mehr ändern. Dasselbe gilt für den Fokusmodus AF-**C** mit den Fokusgeräuschen. Auf das Thema Ton werde ich noch gesondert in Abschnitt 9.8, »Den Ton steuern«, eingehen.

Abbildung 9.15 *Wenn Sie die* **Film-optimierte Steuerung** *aktiviert haben, können Sie auf dem Touchscreen die Einstellung antippen, die Sie ändern wollen.*

Abbildung 9.16 *Hier ändere ich gerade den Blendenwert. Der gewählte Wert wird im weißen Querbalken angezeigt.*

9.5 Hilfsfunktionen für die Belichtung beim Filmen

Die korrekte Belichtung beim Filmen einzustellen, kann anspruchsvoller sein als beim Fotografieren. Auf die Bildanzeige des Displays sollten Sie sich nicht allein verlassen. Für die Kontrolle der richtigen Belichtung bieten sich bei der X-T4 die Zebra-Funktion und das Histogramm an.

9.5.1 Zebrastreifen für die Belichtungskontrolle

Die Gefahr von ausgebrannten Stellen durch eine Überbelichtung besteht natürlich auch beim Filmen. Sie können bei der X-T4 die **Zebra-Einstellung** verwenden, um zu sehen, ob bestimmte Bereiche noch genügend Zeichnung enthalten, und dann entsprechend zu reagieren. Die **Zebra-Einstellung** können Sie im Kameramenü über **Film-Einstellung > Zebra-Einstellung** (de-)aktivieren. Hier finden Sie eine links- und eine rechtsausgerichtete Zebraschraffur zur Auswahl vor.

Der Wert der **Zebra-Stufe** liegt standardmäßig bei 50 %. Mit diesem Schwellenwert wird definiert, wie empfindlich die Anzeige des Zebramusters auf helle Flächen reagiert. Den Wert können Sie im Kameramenü über **Film-Einstellung > Zebra-Stufe** anpassen. In der gängigen Praxis werden häufig 70 % oder 100 % verwendet.

9.5 Hilfsfunktionen für die Belichtung beim Filmen

Abbildung 9.17 *Zebra-Einstellung* wählen, hier die linksgerichtete Schraffur

Abbildung 9.18 *Zebra-Stufe* anpassen. Für diese Lichtsituation ist ein Schwellenwert von ca. 85 % eine gute Wahl.

IRE oder Prozent

Zwar wird der Wert der **Zebra-Einstellung** in der Kamera mit Prozent angegeben, aber die genaue Einheit lautet *IRE* (für »Institute of Radio Engineers«). Aber egal, ob ein Prozentwert oder IRE angegeben sind, beide Werte sind identisch. Bei einem Wert von 0 IRE fällt kein Licht mehr auf den Sensor, und das Bild ist schwarz. Der Wert 100 IRE steht für die Lichtmenge, die von der Kamera aufgezeichnet werden kann. In der Regel entsprechen 100 IRE der Farbe Weiß.

Mit 100 IRE verwenden Sie das Zebramuster als klassische Überbelichtungswarnung. Es werden nur noch Stellen schraffiert angezeigt, die komplett weiß sind und wo sich in der Regel keine Details mehr zurückholen lassen. Beim Filmen an hellen Tagen erreichen Sie diesen Wert schnell, wenn der Himmel mit im Bild ist. Solch große helle Flächen wirken im Video unschön und sollten vermieden werden. Das gilt vor allem für Bildbereiche, die nicht wirklich weiß, sondern eigentlich farbig sind. Mit Hilfe der **Zebra-Einstellung** von 100 IRE können Sie diese Details beim Filmen kontrollieren und die Belichtung entsprechend anpassen. Trotzdem wird es Situationen geben, in denen das nicht möglich ist und Sie mit dem ausgefressenen Himmel leben müssen, wenn Sie nicht wollen, dass beim Anpassen der Belichtung der Vordergrund zu stark abgedunkelt wird.

Abbildung 9.19 Hier habe ich den Wert 100 IRE für das Zebra eingestellt. Sie erkennen, dass der Himmel und die Säulen in diesem Fall an einigen Stellen überbelichtet werden.

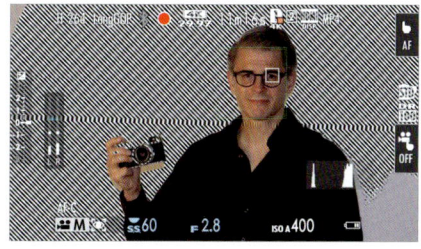

Abbildung 9.20 Beim Filmen einer Person wird häufig ein Wert von 70 IRE in Abhängigkeit von der Hautfarbe verwendet. Sie sollten darauf achten, dass im Gesicht keine Zebraschraffuren zu sehen sind.

Beim Filmen von Personen wird der Wert häufig auf 70 (IRE) eingestellt, um die korrekte Belichtung des Gesichtes sicherzustellen. Passen Sie die Belichtung so an, dass das Zebra im Gesicht gerade so verschwindet. Der Wert für Personen variiert natürlich ein wenig, weil er auch von der Hautfarbe abhängt. Der Wert von 70 IRE passt zu einem mitteleuropäischen, hellen Hauttyp.

9.5.2 Histogramm beim Filmen

Wie schon in der Fotografie ist auch beim Filmen das Histogramm ein unverzichtbares Werkzeug geworden, das Sie über **Display-Einstellung > Display Einstell.** aktivieren, indem Sie ein Häkchen vor **Histogramm** setzen. Damit können Sie die Helligkeitsverteilung im Bild kontrollieren und entsprechend reagieren. In Kapitel 3, »Die Belichtung steuern und den Weißabgleich anpassen«, haben Sie im Exkurs »Das Histogramm lesen« bereits erfahren, wie Sie das Histogramm lesen. Trotzdem spielt das Histogramm beim Filmen nicht eine so zentrale Rolle wie beim Fotografieren. So macht man hier oftmals Kameraschwenks oder bewegt sich mit der Kamera selbst, wodurch nicht jedes einzelne Bild von Bedeutung ist. Beim Filmen will man auch viel eher eine durchgehend ordentliche Belichtung einer Szene erreichen. Während der Aufnahme einer Szene konzentrieren Sie sich zudem auf das Geschehen, so dass kaum noch Zeit für das Histogramm bleibt.

Trotzdem ist es ein gutes Hilfsmittel, um vor der Aufnahme die Helligkeitsverteilung der Szene zu überprüfen. Das Ziel sollte sein, möglichst den Dynamikumfang des gesamten Sensors zu nutzen und möglichst an die Grenzen der Lichter heranzugehen, ohne überzubelichten. Ich gehe in der Praxis daher oft dazu über, leicht unterzubelichten. Wie bereits erwähnt, sollten Sie beim Filmen unbedingt ausgebrannte Stellen vermeiden. Ein weißer überstrahlter Himmel ist nicht schön und kann auch beim Videoschnitt nicht mehr behoben werden.

F-Log und das Histogramm

Auf das Filmen mit F-Log gehe ich noch gesondert ein. Nur sollte schon im Bezug zum Histogramm erwähnt werden, da es sich hier ein wenig anders mit der Belichtung verhält. Auf dem Histogramm wird bei F-Log häufig nur ein flaues Bild angezeigt, und ein technisch korrektes Bild ist in der Regel leicht unterbelichtet, weil die nachträgliche Gammakorrektur noch fehlt. Daher müssen Sie beim Filmen im F-Log leicht überbelichten, um den Dynamikumfang des Bildsensors im vollen Umfang auszunutzen.

9.6 Die Farbe und andere Einstellungen beim Filmen

Von immenser Bedeutung beim Filmen sind die Farbe und die Farbstimmung. Der wichtigste Wert dafür ist der Weißabgleich. Des Weiteren stehen Ihnen auch beim Filmen die Filmsimulationen und weitere Einstellungen zur Verfügung, mit denen Sie das Video gleich in einem bestimmten Look aufnehmen können. Wollen Sie die Farben und die Farbstimmung nachträglich am Computer anpassen, dann bietet die X-T4 das Filmen im F-Log oder HLG an. Auf alle drei Möglichkeiten gehe ich hier kurz ein.

9.6.1 Weißabgleich

Für den Weißabgleich gilt dasselbe wie beim Fotografieren, wo Sie einen angepassten oder automatischen Weißabgleich verwenden können. Das habe ich ja bereits in Abschnitt 3.7, »Den Weißabgleich anpassen«, erläutert. Da allerdings viele Fotografen im Raw-Format und mit Auto-Weißabgleich fotografieren und sich die Anpassung des Weißabgleichs für die Nachbearbeitung aufheben, müssen Sie beim Filmen etwas umdenken. Einen falschen Weißabgleich können Sie nachträglich am Computer nicht ohne Qualitätsverluste ändern, wenn er grob danebenliegt und das Bild einen hohen Kontrastumfang hat. Die Einstellung des Weißabgleichs erreichen Sie über die **Fn5**-Taste (Auswahltaste nach rechts) oder über das Kameramenü **Bildqualitäts-Einstellung> Weissabgleich**.

Abbildung 9.21 Beim Filmen sollten Sie immer schon vor oder bei der Aufnahme den Weißabgleich berücksichtigen.

Abbildung 9.22 Hier habe ich den Weißabgleich mit 5300 Kelvin bei Tageslicht mit Sonnenschein der Umgebung angepasst.

Wenn keine extremen Farbtemperaturen wie bei einem Sonnenaufgang oder bei Dämmerung vorliegen, dann macht der automatische Weißabgleich seine Arbeit in den meisten Fällen sehr gut. Allerdings kann es auch passieren, dass der automatische Weißabgleich sich während des Filmens anpasst. Eine solche Farbänderung fällt beim Filmen schnell als Farbsprung auf. Wer auf Nummer sicher gehen will, der verwendet daher einen benutzerdefinierten Weißabgleich.

Farbstich mit Graufiltern
Beim Filmen am hellsten Tag wird häufig ein Graufilter benötigt, um eine ordentlich lange Belichtungszeit wie 1/30 s, 1/50 s oder 1/100 s zu erreichen. Leider sind diese Graufilter (bzw. ND-Filter) trotz ihres Namens nicht wirklich neutral und erzeugen einen Farbstich. Dieser ist von Hersteller zu Hersteller unterschiedlich. Daher werden Sie bei der Verwendung eines Graufilters erst recht den Weißabgleich anpassen müssen.

Natürlich wird nicht jeder immer und überall eine Graukarte dabeihaben, und wenn sich die Lichtsituation verändert, müssen Sie erneut einen manuellen Weißabgleich machen. Bei Sonnenunter- und -aufgang oder bei Kunstlicht – wie auf einer Party oder einem Konzert – lässt sich damit außerdem die Farbtemperatur kaum noch kontrollieren. An der Stelle helfen manuelle Kelvin-Werte weiter, wenn Sie ein wenig Erfahrung haben. Ich habe mit folgenden drei Werten fast immer gute Erfahrungen gemacht:

- 3200 Kelvin bei Kunstlicht mit Glühlampen oder Halogenlicht mit einem hohen Gelbanteil
- 4200 Kelvin bei Aufnahmen mit Mischlicht in Innenräumen
- 5600 Kelvin bei Tageslicht (bei Bewölkung mehr)

Auch wenn bei diesen Werten der Weißabgleich nicht ganz passen sollte, bleibt Ihnen noch eine leichte Farbkorrektur mit dem Videoschnittprogramm. Aber mit diesen drei Werten liegen Sie zumindest selten komplett daneben.

Erfahrene Kameraleute verwenden häufig nur manuell eingestellte Kelvin-Werte, die auch *Presets* genannt werden. Der Vorteil an dieser Methode ist, dass damit die Stimmung erhalten bleibt. Bei einem benutzerdefinierten Weißabgleich werden häufig die Farben neutralisiert; gerade aber bei einem Sonnenuntergang würde eine Neutralisierung die Farbstimmung ruinieren.

Licht	Weißabgleich	Kelvin
Kerze	Preset	1500 K
Glühlampe (40 W)	Preset	2500 K–3000 K
Halogenlampe	Preset	2800 K
Halogen-Kunstlicht (Scheinwerfer)	Preset, **Auto**	3200 K
Sonnenaufgang Sonnenuntergang	Preset, **Tageslicht**	3400 K
Leuchtstoffröhre	manueller Weißabgleich mit Graukarte	4000 K
Tageslicht Sonnenschein	**Auto**, **Tageslicht** oder Preset	5000 K–6000 K
bewölkt Nebel	Preset, **Tageslicht** oder **Auto**	6500 K–8500 K
Blaue Stunde	Preset, **Tageslicht**	> 8500 K

Tabelle 9.1 *Eine ungefähre Richtlinie zum Einstellen gängiger Lichtstimmungen für den Weißabgleich*

Auch beim Filmen können Sie für den manuellen Weißabgleich eine Graukarte verwenden, um den Weißabgleich anzupassen. Diese funktioniert genauso wie beim Fotografieren.

Graukarte filmen und Farbstimmung beim Videoschnitt anpassen
Beim Fotografieren (im Raw-Format) habe ich Ihnen noch den Tipp gegeben, dass Sie bei einer Testaufnahme eine Graukarte mit ins Bild nehmen und fotografieren können, um später mit Hilfe dieser Graukarte die Farbe in einem Raw-Konverter zu korrigieren. Beim Filmen lässt sich dies leider nicht mehr umsetzen. Sie können zwar auch eine Testaufnahme mit einer Graukarte machen und diese als Hilfe für den Feinschliff beim Video-

schnitt verwenden. Trotzdem wird das Ergebnis nicht wie bei einem Raw-Foto sein. Wenn Sie mit einem Codec wie H.265 oder H.264 und einem Farbsampling von 4:2:0 (8 Bit) filmen, reicht das eingeschränkte Farbsignal für eine spätere Farbkorrektur nur bedingt aus, um einen komplett falschen Weißabgleich anzupassen. Etwas mehr Farbinformationen stehen zur Verfügung, wenn Sie mit einem Farbsampling von 4:2:2 (10 Bit) filmen. Dafür müssen Sie das Video allerdings auf einen externen HDMI-Rekorder aufnehmen. Trotzdem lässt sich auch damit ein komplett verhauener Weißabgleich nicht wiederherstellen. Daher meine Empfehlung, sich beim Filmen immer vorher um den Weißabgleich Gedanken zu machen.

9.6.2 Filmsimulationen und weitere Einstellungen für den Bildlook

Wie schon beim Fotografieren finden Sie bei der X-T4 im Menü **Bildqualitäts-Einstellung** einige Optionen, um den Look des Filmes einzustellen. Zur Auswahl stehen alle Filmsimulationen, die Sie bereits in Abschnitt 5.2, »Die Fujifilm-Filmsimulationen für JPEG-Bilder«, kennengelernt haben. Viele dieser Filmsimulationen können einen coolen Look zum Film hinzufügen. Ich verwende Filmsimulationen beim Filmen sehr gerne, wenn ich keine Lust habe, meine mit F-Log oder HLG aufgenommenen Szenen aufwendig nachzubearbeiten, sondern sie eigentlich nur noch schneiden und zusammenfügen möchte.

Eine Filmsimulation will ich allerdings noch hervorheben, die sich sehr für das Filmen anbietet. Und zwar die Filmsimulation **Eterna/Kino**, die die Eigenschaften eines bekannten Cinema-Films von Fujifilm mit gedeckten Farben und detailreichen Tiefen simuliert. Diese Filmsimulation wurde von Fujifilm für Aufnahmen von Video hinzugefügt, mit der Motivation, die Nachbearbeitung mit Blick auf die Helligkeitsverteilung zu vereinfachen.

Abbildung 9.23 *Eine recht kontrastreiche Szene bei hellster Mittagssonne ohne Bearbeitung. Harte Schatten dominieren das Bild und lassen dunkle Bereiche fast komplett ins Schwarz abdriften.*

Abbildung 9.24 *Hier habe ich mit der Filmsimulation **Eterna/Kino** und einer Reduzierung von **Tonkurve > Spitzlichter**, **Tonkurve > Schatten** und **Farbe** nachgeholfen. Auch den Dynamikbereich habe ich mit **DR400** aktiviert und ein wenig – um +1/3 – überbelichtet.*

Zusätzlich können Sie mit oder ohne Filmsimulationen weitere Anpassungen am Video über **Bildqualitäts-Einstellung** vornehmen. Die Auswahl ist allerdings etwas bescheidener als beim Fotografieren. Auch können Sie keine eigenen Filmlooks erzeugen und speichern. Zur Auswahl stehen die Einstellungen **Tonkurve > Spitzlichter**, **Tonkurve > Schatten**, **Farbe** und die **Schärfe**. Auch den **Dynamikbereich** können Sie hier auswählen.

Wenn der Kontrast beim Filmen sehr stark ist, stelle ich beispielsweise **Tonkurve > Spitzlichter**, **Tonkurve > Schatten** und **Farbe** jeweils auf –2, wie es in Abbildung 9.24 zu sehen ist. Auch hiermit haben Sie immer noch ein gutes Ausgangsmaterial für die Nachbearbeitung.

Zum Reduzieren von Rauschen stehen die Optionen **Rauschreduktion** und **4K Interf-Rauschmind** zur Verfügung, worauf ich bereits in Abschnitt 9.4.5, »ISO-Wert beim Filmen«, eingegangen bin.

Vignettierungskorrektur

Die **Vignettierung-Kor** bei **Film-Einstellung** im Kameramenü tut genau das, wonach sie sich anhört: Sie reduziert beim Filmen die dunklen Ecken im Randbereich, die häufig durch eine weit geöffnete Blende entstehen. Diese Option ist standardmäßig aktiviert. Wenn Sie eine Vignettierung im Film tolerieren möchten, müssen Sie diese Option deaktivieren. Die Vignettierungskorrektur funktioniert allerdings nur, wenn die Kamera das Profil des Objektivs kennt. Somit sind Fremdhersteller-Objektive und adaptierte Objektive bei dieser Funktion außen vor.

9.6.3 Bildlook für das Filmen speichern

Wie ich schon in Abschnitt 5.4, »Eigene Bildlooks für JPEG-Bilder erstellen«, beschrieben habe, können Sie auch beim Filmen bis zu sieben benutzerdefinierte Einstellungen aus angepassten Filmsimulationen speichern und bei Bedarf auswählen. Im Kameramenü **Bildqualitäts-Einstellung** stehen Ihnen die Einstellungen **Filmsimulation**, **Monochrome Farbe**, **Weissabgleich**, **Dynamikbereich**, **Tonkurve**, **Farbe**, **Schärfe** und **Hohe ISO-NR** zur Verfügung. Etwas unverständlich ist allerdings, dass man diese Befehle im Kameramenü **Film-Einstellung** findet und nicht wie im **STILL**-Modus in **Bildqualitäts-Einstellung**. Die Funktion zum Bearbeiten und Speichern erreichen Sie über **Film-Einstellung > Ben.Einst. Bearbeiten/Speichern**. Auswählen können Sie die Benutzereinstellungen über das Kameramenü **Film-Einstellung > Ben.Einst. Ausw.** oder über das Schnellmenü. Im Grunde funktioniert dies alles genauso, wie bereits im **STILL**-Modus mit den Bildlooks für JPEG-Bilder beschrieben habe. Blättern Sie daher gegebenenfalls zum entsprechenden Abschnitt (5.4, »Eigene Bildlooks für JPEG-Bilder erstellen«) zurück.

In der Tabelle 9.2 finden Sie mein Rezept, das ich bei starken Kontrasten verwende, wenn ich nicht mit F-Log oder HLG filmen will.

Filmsimulation	Eterna/Kino
Monochrome Farbe	–
Weissabgleich	5200K
Dynamikbereich	DR400
Tonkurve	H: –2 S: –2
Farbe	–2
Schärfe	0
Hohe ISO-NR	0

Tabelle 9.2 *Meine Einstellungen bei starken Kontrasten*

9.6.4 F-Log und HLG

Ambitionierte Videofilmer dürften wissen, dass *F-Log* beim Filmen so etwas wie das Raw-Format beim Fotografieren ist. Trotzdem ist es wichtig zu erwähnen, dass es sich nicht um Raw-Daten handelt, die hier aufgezeichnet werden. Vielmehr wird eine logarithmische Gammakurve verwendet, die die Grenzen des Videosignals maximal ausnutzt, so dass bei der Nachbearbeitung der maximale Kontrastumfang zur Verfügung steht. Filme, die im F-Log-Modus aufgezeichnet wurden, sehen im unbearbeiteten Zustand flau und entsättigt aus. In der Regel wird erst nach der Anwendung der logarithmischen Korrekturkurve, bei einer nachträglichen Bearbeitung (beispielsweise per Color Grading), ein realistisches Bild daraus.

Abbildung 9.25 *Bilder im F-Log-Modus sehen unkorrigiert oft flau und entsättigt aus. Auf der rechten Seite wird **F.log** angezeigt, wenn Sie mit dieser Option aufnehmen.*

Abbildung 9.26 *Erst nach einer Korrekturkurve sieht das Bild aus, wie man es erwartet. Das Bild bietet aber dank des F-Log-Modus wesentlich mehr Spielraum in der nachträglichen Bearbeitung.*

Solche Log-Kurven werden auf den Bildsensor des Kameraherstellers abgestimmt, und es gibt daher keine Standardisierung. F-Log steht für Fujifilm-Log, Sony hat S-Log, und bei Canon wird die Funktion C-Log genannt. Für die Nachbearbeitung benötigen Sie eine passende Korrekturkurve, eine *Lookup Table* (kurz: *LUT*), mit der diese Log-Videos als gewöhnliches Video betrachtet werden können.

> **LUT-Dateien zum Download**
>
> Wenn Sie ein wenig recherchieren, werden Sie feststellen, dass es im Internet unzählige solcher Lookup Tables (LUTs) gibt. LUTs sind Dateien bzw. Tabellen, die feste Korrekturwerte enthalten und Ihrem Film bei der Videobearbeitung einen bestimmten Look geben können. Die Werte in dieser Tabelle sorgen dafür, dass jedes Pixel bzw. jeder Farbwert eines Bildes abgeändert bzw. manipuliert wird. Der Ursprung solcher LUTs war es allerdings nicht, dem Film einen bestimmten Look à la Instagram zu verpassen, sondern Tonwerte und Farben

> des im Log-Modus gefilmten Materials anzupassen. Mittlerweile werden LUTs aber in der Tat wie Filter verwendet, um ein Video aufzuhübschen.
>
> Bedenken Sie, dass nicht jede LUT einen passenden Look erzeugt. Es macht aber Spaß, solche LUTs über ein Videoschnittprogramm wie Final Cut Pro X oder Adobe Premiere auszuprobieren und zu nutzen.
>
> Echte Profis führen das Color Grading (Farbkorrektur und Lichtstimmung) häufig selbst durch, anstatt fertige LUTs zu verwenden. Allerdings bedarf dieser Bearbeitungsschritt, wie u. a. das Einstellen von Gamma-Kurve, Kontrast und Helligkeit, schon einiges an Erfahrung. Fujifilm selbst bietet auf der Website *http://www.fujifilm-x.com/global/support/download/lut/* spezielle LUTs für die X-T4 an. Eine tolle Quelle für kommerzielle LUTs ist die Website *https://www.colorgradingcentral.com/*.

Wenn Sie das flache Bildprofil in Display und Sucher in eine tonwertkorrigierte Vorschau (nach BT.709) konvertieren wollen, finden Sie im Kameramenü über **Einrichtung > Display-Einstellung > F-Log Anzeigehilfe** eine Option dazu. Wenn Sie diese Option aktivieren, dann gilt diese Darstellung nur für die Aufnahme und Wiedergabe von F-Log-Filmen auf dem Display oder im Sucher. Es wird dabei kein Color Grading in der Kamera durchgeführt.

Der Sinn und Zweck der (F-)Log-Aufzeichnung liegt darin, dass man mit derselben Datenmenge einer gewöhnlichen Videoaufzeichnung den kompletten Kontrastumfang des Sensors nutzen kann und dieser Kontrastumfang dann nachträglich in der Postproduktion zur Korrektur und Bearbeitung zur Verfügung steht. F-Log ist somit ein Mittelding zwischen Raw-Daten und einer gewöhnlichen Videoaufzeichnung. Gerade bei starken Kontrasten passiert es schnell, dass zu helle oder zu dunkle Bereiche keine Zeichnung mehr aufweisen und nachträglich nicht noch ordentlich korrigiert werden können. Und genau das kann F-Log: Eine Aufnahme erstellen, die Sie als Grundlage für spätere Nacharbeiten an den Kontrasten, der Helligkeit und der Farbstimmung verwenden können.

F-Log-Aufnahmen aktivieren Sie über das Kameramenü **Film-Einstellung > F-Log/HLG-Aufzeichnung**. Ihnen stehen mehrere Optionen für die Aufnahme auf der SD-Karte und/oder einem externen HDMI-Rekorder zur Verfügung, vorausgesetzt, Sie haben ein externes Aufnahmegerät über HDMI angeschlossen. Wenn nicht, dann gilt eben nur die SD-Einstellung. Mit der ersten Option (Standardeinstellung) werden beide Aufnahmen mit der eingestellten Filmsimulation aufgezeichnet und kein F-Log verwendet. Mit der zweiten Option wird für die SD-Karte und den externen HDMI-Rekorder F-Log verwendet. Bei dieser Option gibt es keinerlei Einschränkungen. Mit der dritten Option verwenden Sie für die Aufzeichnung auf der SD-Karte die eingestellte Filmsimulation, und für das externe HDMI-Gerät wird F-Log verwendet. Mit der vierten Option ist dies genau umgekehrt. Bei den beiden gemischten Optionen können allerdings 4K-Filme nicht mehr mit 50p/59,97p aufgezeichnet werden. Auch die Zeitlupenfunktion und die 4K-Interframe-Rauschminderung sind deaktiviert, und eine gemischte Ausgabe von 4K- und Full HD ist nicht mehr möglich.

Anstatt eines HDMI-Rekorders können Sie auch einen HDMI-Monitor verwenden. Nur wird mit diesem nicht aufgezeichnet, sondern eben nur wiedergegeben.

F-Log kann nur im Bereich von ISO 640 bis 12.800 benutzt werden. Wenn Sie F-Log mit einem ISO-Wert von weniger als 640 oder höher als 12.800 einsetzen, wird der ISO-Wert gelb angezeigt und bleibt auf 640 bzw. 12.800 stehen.

Abbildung 9.27 *Über Film-Einstellungen > F-Log/HLG Aufzeichnung können Sie wählen, wie und ob F-Log oder HLG auf die SD-Karte und auf einem externen HDMI-Rekorder aufgezeichnet werden sollen.*

Raw-Daten beim Filmen

Sicherlich werden Sie sich fragen, warum man nicht gleich im Raw-Format filmt und so ein Höchstmaß an Qualität und Flexibilität sichert. Der Weißabgleich und viele andere Parameter könnten dann jederzeit nachträglich beim Videoschnitt ohne Verlust angepasst werden. Leider ist es mit beim Filmen mit den Raw-Daten nicht ganz so einfach wie bei einem Foto. Die Arbeit mit Raw-Daten beim Filmen ist viel aufwendiger. Zum einen sind die Raw-Daten sehr groß und daher schwer zu verarbeiten. Zum anderen liegen sie in der Regel nur als Sequenz von Einzelbildern vor und nicht als abspielbarer Stream. Dies wird sich allerdings in Zukunft ändern. Canon hat bereits ein neues Raw-Format (Canon Cinema RAW Light) für das Filmen vorgestellt, das ein Zwischending aus einem Raw- und einem Log-Format ist (siehe: http://www.canon.de/pro/stories/cinema-raw-light/). Den Anfang hat Canon hier auch kürzlich mit der Canon EOS-1D X Mark III gemacht, die intern mit 5,5K und 12-Bit im Raw-Format aufnehmen kann. Auch andere Unternehmen wie beispielsweise Blackmagic, Sony oder Apple haben bereits Raw-Formate für das Filmen vorgestellt. Es ist wohl noch zu früh, hierüber etwas zu schreiben. Aber man darf wohl annehmen, dass in nicht mehr ganz ferner Zukunft auch das Filmen in einem Raw-Format eine größere Rolle spielen wird.

Es gibt noch eine Möglichkeit: HLG (Hybrid Log Gamma). Dieses HDR-Format hat gegenüber anderen Formaten den Vorteil, dass es neben der typischen Gamma-Kurve im unteren Bereich auch eine Log-Funktion im oberen Bereich bietet. Konkret bedeutet dies, dass bei einem normalen Fernsehgerät (SDR = *Standard Dynamic Range*) nur der untere Bereich der Kurve (Rec-709-Standard), bei einem HDR-Fernseher die komplette Kurve (Rec-2100-Standard) übertragen wird. Daher kommt auch der Name »Hybrid« bei diesem Log. Bei HLG muss mit dem Codec **Mov/H.265(HEVC) LPCM** in 10 Bit aufgezeichnet werden. Diese Einstellung finden Sie im Kameramenü über **Film-Einstellung > Dateiformat**. Stellen Sie daher sicher, dass Ihr Computer und die Videoschnittsoftware bei der Nachbearbeitung damit kompatibel sind. Auch ist ein ISO-Wert zwischen 1000 und maximal 12.800 festgelegt. Werte darunter oder darüber werden ignoriert. Außerdem gibt es bei HLG keine Mischoptionen. Sie können nur HLG für die Aufnahme auf SD-Karte und das externe HDMI-Gerät wählen. Wenn Sie in HLG filmen, dann steht Ihnen das Maximum und Farben und Kontrast zur Verfügung, ohne dass Sie allzu viel nacharbeiten müssen. Im Gegensatz zu F-Log hält sich der Aufwand der Nacharbeit in Grenzen.

Abbildung 9.28 *Auch bei der Aufnahme mit HLG wird auf der rechten Seite des Bildschirms bzw. des Suchers diese Option angezeigt, wenn verwendet.*

Nun stehen Sie vor der Wahl, was Sie denn verwenden sollten – F-Log, HLG oder eben die normalen Filmsimulationen. Wenn Sie sich für F-Log oder HLG entscheiden, dann ist in der Regel immer eine Nachbearbeitung mit einem Videoschnittprogramm nötig, ähnlich wie dies beim Fotografieren im Raw-Format der Fall ist, nur dass es sich hier nicht um ein Raw handelt, sondern um eine logarithmische Anpassung der Gammakurve. Der Vorteil von F-Log und HLG ist, dass Sie viel Raum für eine Nachbearbeitung haben und gerade bei starken Kontrasten nicht so schnell Zeichnungsverluste befürchten müssen. Wollen Sie hingegen das Filmmaterial nicht nachbearbeiten oder höchstens ein wenig schneiden und zusammenfügen, dann sind Sie mit den normalen Filmsimulationen gut beraten. Im Prinzip stehen Sie hier vor derselben Entscheidung wie zwischen Raw und JPEG – nur dass es beim Filmen mit der X-T4 kein Raw-Format gibt. Das muss hier nochmals ausdrücklich erwähnt werden: Zwar können Sie mit der X-T4 einen durchaus beachtlichen Farbumfang von 4:2:2 (10 Bit) auf einen externen HDMI-Rekorder schreiben, aber trotzdem handelt es sich nicht um ein Raw-Format. Der Film wird trotzdem mit H.265 oder H.264 kodiert und komprimiert.

9.7 4K oder Full HD und welche Framerate?

Die X-T4 ist bezüglich der Auflösung und Videoqualität sehr breit aufgestellt, und es ist für den Einsteiger häufig nicht leicht zu überblicken, welche Einstellungen am besten geeignet sind. Jeder muss sich zunächst selbst die Frage stellen, für welche Zwecke das Video erstellt werden soll. Einfach die höchste Auflösung und beste Qualität zu verwenden, ist nicht immer sinnvoll! Wenn Aufnahmen nur für einen kleinen Bildschirm oder das Internet erstellt werden, dann ist 4K oft zu viel des Guten, und eine Full-HD-Aufnahme wäre völlig ausreichend. Wollen Sie hingegen das Video auf 4K-Geräten präsentieren, dann ist eine 4K-Einstellung sinnvoll. Auch liefert ein 4K-Video mehr Optionen in der Nachbearbeitung. So können Sie daraus einen beliebigen Bereich von 1920 × 1080 (= *Full HD*) zuschneiden, und auch die Option, ein Einzelbild aus einem 4K-Video zu extrahieren, wird oft als Argument für 4K verwendet. Allerdings müssen Sie hierfür wiederum mit einer kurzen Belichtungszeit filmen, damit die Einzelbilder scharf sind. Auch dürfen Sie bei all den Vorzügen von 4K nicht außer Acht lassen, dass eine gewaltige Menge an Daten entstehen kann, die von einem entsprechend leistungsstarken Rechner mit viel Arbeitsspeicher und letztlich Speicherplatz bewältigt werden muss. Wenn Sie sich nicht sicher sind, empfehle ich Ihnen im Zweifelsfall zunächst die Aufnahmen in bestmöglicher Qualität vorzunehmen und dann am Rechner auf den gewünschten Verwendungszweck herunterzurechnen.

9.7.1 Videomodus wählen

Im Menü **Film-Einstellung > Video Modus** können Sie drei Parameter festlegen. Mit dem ersten Wert wählen Sie die Auflösung und das Seitenverhältnis. Sie finden eine 4K- und eine Full-HD-Auflösung jeweils im Seitenverhältnis 16:9 und 17:9. *DCI* (»Digital Cinema Initiatives«) ist das von digitalen Kinos verwendete 4K-Format im 17:9-Seitenverhältnis. Die genauen Pixelwerte entnehmen Sie bitte dem Abschnitt 9.7.4 »Videoeinstellungen – eine Übersicht« am Ende dieses Abschnitts.

Mit dem zweiten Wert wählen Sie die Bildrate aus, die mit *p* (für progressive) abgekürzt wird. Damit wird die Anzahl der Vollbilder angegeben, die pro Sekunde aufgenommen werden. Die Anzahl der Bilder pro Sekunde wird häufig auch mit *fps* (»frames per second«) angegeben, wie z. B. 24 fps für 24 Bilder pro Sekunde. So wird zum Beispiel im Kino eine Bildrate von 24p verwendet, was Sie daher auch hier mit 24p bzw. 23,98p auswählen können. Stellen Sie aber vorher sicher, dass das Wiedergabegerät diese etwas klassischeren Bildraten auch wiedergeben kann. Als Standardeinstellung für normale Videos ohne schnelle Kameraschwenks oder Bewegungen bieten sich 25p oder 29,97p an. Für Aufnahmen mit mehr Action empfehlen sich 50p oder 59,94p. Natürlich gilt: Je mehr Bilder pro Sekunde Sie speichern wollen, umso mehr Speicherplatz wird benötigt.

Cropfaktor bei Bildraten von 50p oder 59,94p
Beim Filmen von 4K-Videos mit einer Bildrate von 50p oder 59,94p wird der Bildausschnitt um den Cropfaktor 1,18 verkleinert. Der Cropfaktor wird links oben auf dem Display oder im Sucher angezeigt.

Mit dem dritten Wert geben Sie die Bitrate an, also wie viel Megabit pro Sekunde aufgezeichnet werden sollen. Je höher dieser Wert ist, umso besser ist die Qualität, aber umso mehr Speicherplatz wird auch benötigt. Bei einer Bitrate von 400 Mbps benötigen Sie auf jeden Fall eine schnelle Speicherkarte. 1 Mbps ist etwa 0,125 MB/s, 400 Mbps sind somit 50 Megabyte in der Sekunde.

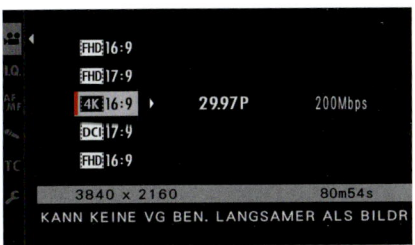

Abbildung 9.29 *Im Untermenü wählen Sie die Auflösung, Bildrate und Bitrate aus.*

Akkuverbrauch und Wärmeentwicklung
Filmen zehrt stark am Akku. Bei einem Full-HD-Video mit 29,97p hält der Akku etwa 95 Minuten durch. Beim 4K-Modus mit 29,97p sind es in etwa 85 Minuten. Beim Filmen erhöht sich auch merklich die Temperatur der Kamera. Wenn eine Temperaturwarnung auf der rechten Seite im Display bzw. im Sucher in Gelb oder Rot mit

dem Symbol !¦ aufleuchtet, sollten Sie die Kamera ausschalten und abkühlen lassen. Bei einer gelben Temperaturwarnung können Sie zwar weiter aufnehmen, aber das Bildrauschen kann zunehmen. Wenn hingegen die rote Temperaturwarnung aufleuchtet, steht die Videoaufnahmefunktion gewöhnlich nicht mehr Verfügung, bis die Kamera wieder abgekühlt ist.

9.7.2 Dateiformat und Filmkompression auswählen

Im Kameramenü **Film-Einstellung > Dateiformat** bestimmen Sie das Dateiformat zum Filmen. Zur Auswahl stehen das **MOV**- und das **MP4**-Format. Für das **MOV**-Format können Sie zudem den Videocodec bestimmen. Zur Auswahl stehen **H.264** und der modernere Videocodec **H.265(HEVC)**. H.264 ist relativ weit verbreitet und kann problemlos von allen Playern wiedergegeben werden, und auch jedes Videoschnittprogramm kann damit umgehen. Der Videocodec H.265 (HEVC) ist der Nachfolger von H.264 und benötigt bei gleicher Qualität wesentlich weniger Speicherplatz. Im Gegensatz zu H.264 speichert H.265 das Filmmaterial mit 10 Bit Farbtiefe auf der SD-Karte ab, H.264 verwendet 8 Bit Farbtiefe.

Den Vorteil der höheren Farbtiefe von 10 Bit kennt auch der Raw-Fotograf, wenn er anstelle von JPEG das Raw-Format verwendet. Mit 10 Bit stehen Ihnen mehr Helligkeitsabstufungen zur Verfügung, was bei der Nachbearbeitung sehr hilfreich ist, wenn Sie die Helligkeit des Filmmaterials anpassen wollen. Ganz klar, H.265 ist der bessere Videocodec, aber Voraussetzung für H.265 ist, dass der Computer (vor allem das Videoschnittprogramm) mit 10 Bit umgehen kann. Das **MP4**-Format wird ausschließlich mit H.264 kodiert und bietet sich häufig für die schnelle Weitergabe zum Hochladen ins Internet an. Die Auswahl der drei Dateiformate ist auch gleich von oben nach unten in der Qualität sortiert. Maximale Qualität erhalten Sie mit **MOV/H.265(HEVC) LPCM**, dann folgt **MOV/H.264 LCPM** und zum Schluss **MP4/H.264 AAC**. Für eine nachträgliche Videobearbeitung verwende ich bevorzugt eines der MOV-Formate.

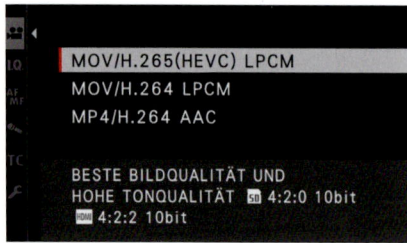

Abbildung 9.30 *Das Dateiformat und den Videocodec auswählen*

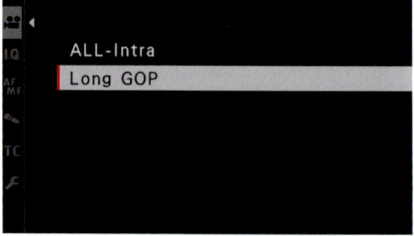

Abbildung 9.31 *Die Auswahl der Videokompression*

Zur Auswahl des Dateiformats steht Ihnen unter **Film-Einstellung** auch die Möglichkeit der **Video-Kompression** zur Verfügung. Sie können zwischen **Long GOP** und **All-Intra** wählen. Bei **Long GOP** werden Bilder abhängig von den Nachbarbildern kodiert (GOP = »group of pictures«), was eine stärkere Komprimierung erzielt als **All-Intra**, wo jedes Bild einzeln kodiert wird. **Long GOP** eignet sich prima für 4K mit einer stärkeren Kompression und kleinerer Dateigröße. **All-**

Intra ist eher etwas für den professionellen Gebrauch, wo Sie den Film Bild für Bild bearbeiten wollen. **All-Intra**-Aufnahmen mit 59,94p/50p werden automatisch auf 29,97p/25p beschränkt.

9.7.3 Zeitlupenfilme

Zum Aufnehmen von Zeitlupen steht Ihnen im Kameramenü der Punkt **Film-Einstellung > Full HD-Hochgeschwi.Aufn.** zur Verfügung. Diese Funktion kann sehr hilfreich sein, weil Sie damit Dinge filmen können, die für das menschliche Auge zu schnell sind. Natürlich können Sie den Effekt auch künstlerisch einsetzen, um zum Beispiel eine hektische Straßenszene zu entschleunigen. Zur Auswahl stehen jeweils drei Zeitlupen: 2fach, 4fach, 5fach, 8fach und 10fach. Sie können immer zwischen Aufnahmen von 100, 120, 200 oder 240 Bildern pro Sekunde wählen. Welche Zeitlupe für 100, 120, 200 oder 240 Bilder pro Sekunden zur Verfügung steht, hängt davon ab, ob Sie bei der ersten Einstellung 23,98p, 24p, 25p, 29,97p, 50p oder 59,94p ausgewählt haben. Die 10fache Zeitlupe gibt es zum Beispiel nur bei 23,98p und 24p.

Die Aufnahmen werden in Full-HD-Qualität erstellt, können maximal 6 Minuten lang werden bei 200 Mbit/s und enthalten keinen Ton. Die verwendete Einstellung wird oben auf dem Display bzw. im Sucher angezeigt. Den **Video Modus** und die **Video-Kompression** können Sie nicht ändern, wohl aber das **Dateiformat**. Auch in Kauf nehmen müssen Sie einen Cropfaktor von 1,29, was links oben auf dem Display bzw. im Sucher auch angezeigt wird.

Abbildung 9.32 Verschiedene mögliche Einstellungen zum Filmen in Zeitlupe

Abbildung 9.33 In der Mitte oben auf dem Display bzw. dem Sucher wird Ihnen angezeigt, welche Zeitlupe Sie verwenden. Hier mit **FHD 10× 240** ist es die 5fach-Zeitlupe mit 120 Bildern pro Sekunde. Zudem müssen Sie beachten, dass das Bildfeld um den Cropfaktor 1,29 reduziert wird.

> **Einheitlichen Cropfaktor festlegen**
>
> Wenn Sie z. B. eine Aufnahme einer Szene von einem Stativ mit einer 10fach-Zeitlupe gemacht haben, wird der Film um den Cropfaktor 1,29 beschnitten. Wollen Sie dieselbe Szene nochmals in Full HD in normaler Geschwindigkeit filmen, um die beiden Szenen dann hinterher am Computer zusammenzusetzen, haben Sie zwei unterschiedliche Bildwinkel, weil der Cropfaktor beim normalen Filmen hier nicht vorhanden ist. Für solch einen Fall finden Sie im Kameramenü **Film-Einstellung > Film Crop Fix 1,29x** vor, womit Sie bei allen Videomodi den Cropfaktor von 1,29× anwenden. Das kann hilfreich beim Zusammensetzen von Videos mit unterschiedlichen Videomodi sein.

9.7.4 Videoeinstellungen – eine Übersicht

Die Optionen bei den Aufnahmeformaten sind mit der X-T4 enorm, und ich habe mich bei den Beschreibungen auf das Nötigste beschränkt. Damit Sie einen besseren Überblick bekommen, finden Sie in Tabelle 9.3.

Einstellung	Auflösung	Kompression	Bildrate	Codec	Bitrate	Belichtungszeiten
DCI 17:9 4K 16:9	4096 × 2160 3840 × 2160	Long GOP	59,94p 50,00p	MOV/H.265/10 Bit MOV/H.264/8 Bit *1	200 Mbps 100 Mbps	1/8000 s – 1/24 s *2
			29,97p 25,00p 24,00p 23,98p	MOV/H.265/10 Bit MOV/H.264/8 Bit MP4/H.264/8 Bit	400 Mbps 200 Mbps 100 Mbps	1/8000 s – 1/24 s *2
		All-Intra	29,97p 25,00p 24,00p 23,98p	H.265(HEVC)/10 Bit H.264/8 Bit MP4/H.264/8 Bit	400 Mbps	1/8000 s – 1/4 s
		unkomprimiert HDMI-Ausgabe	59,94p 50,00p 29,97p 25,00p 24,00p 23,98p	*3 4:2:2/10 Bit	*3	1/8000 s – 1/4 s
FHD 17:9 FHD 16:9	2048 × 1080 1920 × 1080	Long GOP	59,94p 50,00p 29,97p 25,00p 24,00p 23,98p	H.265(HEVC)/10 Bit H.264/8 Bit MP4/H.264/8 Bit	200 Mbps 100 Mbps 50 Mbps	1/8000 s – 1/24 s *2
		All-Intra	59,94p 50,00p 29,97p 25,00p 24,00p 23,98p	H.265(HEVC)/10 Bit H.264/8 Bit MP4/H.264/8 Bit	200 Mbps	1/8000 s – 1/4 s
FHD 16:9 Zeitlupe	1920 × 1080	Long GOP	240p (4×/8×/10×) 200p (4×/8×) 120p (2×/4×/5×) 100p (2×/4×/5×)	H.265(HEVC)/10 Bit H.264/8 Bit MP4/H.264/8 Bit	200 Mbps	1/8000 s – 1/100 s *2

*1 = nicht kompatibel mit DCI (macht automatisch 29,97p daraus)
*2 = Die Verschlussgeschwindigkeit kann nicht langsamer gestellt werden als die Bildrate.
*3 = Der Videocodec und die Bitrate hängen vom externen HDMI-Rekorder ab.

Tabelle 9.3 *Formate für die Filmaufnahme der X-T4 im Überblick*

9.7 4K oder Full HD und welche Framerate?

Aufnahmedauer

Sie können bei 4K (DCI und UHD), 60 Bildern pro Sekunde und 10 Bit maximal 20 Minuten und bei 30 Bildern pro Sekunde maximal 30 Minuten aufnehmen. Mit Full HD sind es bei allen Bildraten ebenfalls 30 Minuten, die Sie am Stück filmen können. Bei Superzeitlupenaufnahmen in Full HD sind 6 Minuten am Stück möglich.

9.7.5 Verschiedene Ausgabeoptionen

Sie sind nicht auf das Speichern von Filmen auf SD-Karte beschränkt, sondern können die Aufnahmen über ein HDMI-Kabel gleichzeitig oder ausschließlich auf einen externen Rekorder aufnehmen. Ein solcher externer HDMI-Rekorder ist auch die einzige Möglichkeit, die Videos mit einem maximalen Farbsampling von 4:2:2 mit 10 Bit zu speichern. Auf der SD-Karte sind mit dem Codec H.265 maximal 4:2:0 mit 10 Bit möglich. In welcher Qualität Sie den Film auf die SD-Karte und den externen HDMI-Rekorder speichern, legen Sie über das Kameramenü **Film-Einstellung** mit **4K-Film-Ausgabe** (für 4K-Filme) und **Full-HD-Video-Ausgabe** (für Full-HD-Filme) fest. Sie finden auch die Option vor, gar nichts auf die SD-Karte zu sichern und nur auf dem HDMI-Rekorder zu speichern. Beachten Sie aber: Wenn Sie eine Option gewählt haben, bei der die SD-Karte nicht verwendet wird, dann wird die Aufnahme auch nicht gespeichert, wenn Sie keinen externen HDMI-Rekorder angeschlossen haben!

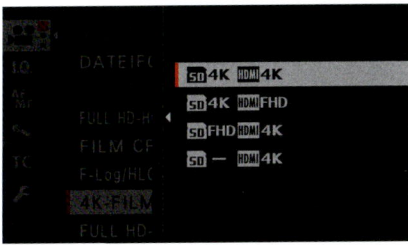

Abbildung 9.34 *Speicheroptionen für 4K-Filme*

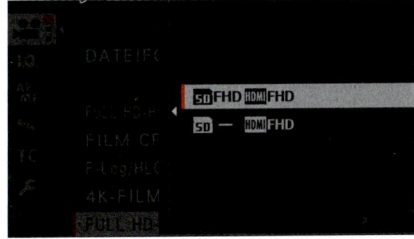

Abbildung 9.35 *Speicheroptionen für Full-HD-Filme*

Wenn Sie einen externen Monitor am HDMI-Anschluss zum Filmen verwenden, dann dürfte die Option **Film-Einstellung > Info-Anzeige HDMI-Ausgabe** noch von Interesse sein.

Abbildung 9.36 *Ich verwende für die Aufnahme von Videos sehr gerne das Atomos Ninja V, das auch 4K-Aufnahmen unterstützt und noch viele weitere Funktionen enthält, die das Filmen erleichtern.*

Ist sie auf **An** gestellt, werden alle Einstellungen und Informationen des Displays auch auf dem externen Monitor angezeigt. Wenn Sie diese Anzeige hingegen auf **Aus** stellen, wird auf dem externen Bildschirm nur das Bild angezeigt. Für das Buch habe ich zum Beispiel diese Option auf **An** gestellt, damit Sie die Informationen des Kameramonitors auch auf den Screenshots sehen.

Akkuverbrauch reduzieren

Wenn Sie ein externes HDMI-Gerät angeschlossen haben und im Augenblick nicht filmen, können Sie im Kameramenü **Film-Einstellung > 4K HDMI-Standby-Qualität** auf Full HD (**FHD**) anstatt **4K** stellen. In dem Fall übertragen Sie nur in Full HD und reduzieren damit den Akkuverbrauch. Allerdings müssen Sie beim Filmen wieder daran denken, ihn wieder auf **4K** umzustellen.

9.7.6 Mehr Übersicht mit Zeitcodes

Professionelle Videofilmer verwenden gerne einen Zeitstempel, der zu jedem einzelnen Bild im Film hinzugefügt wird. Ein solcher Zeitstempel hat das Format *Stunde:Minute:Sekunde.Frame* und ist hilfreich, wenn Sie bildgenau schneiden wollen. Die Nummerierung zählt von 00:00:00.0 bis 23:59:59.24 und springt dann wieder auf 00:00:00.0 zurück. Im Kameramenü **Zeitcode-Einstellung > Zeitcode-Anzeige** können Sie festlegen, ob der Zeitstempel auch auf dem Bildschirm angezeigt werden soll.

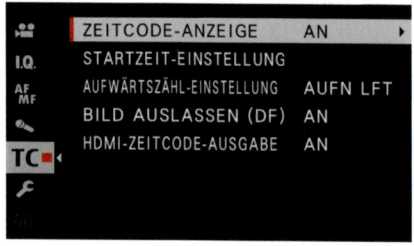

Abbildung 9.37 *Zeitcode-Einstellung im Kameramenü*

Abbildung 9.38 *Hier wird der Zeitstempel links unten mit TC angezeigt.*

Im Untermenü **Startzeit-Einstellung** finden Sie Optionen, diesen Zeitstempel anzupassen. Mit **Manuelle Eingabe** können Sie eine eigene Angabe aus *Stunde:Minute:Sekunde.Bildnummer.Frame* festlegen, mit der die nächste Aufnahme beginnen soll. Mit **Aktuelle Zeit** stellen Sie die aktuelle Uhrzeit der Kamera ein. Wenn Sie beim Filmen Notizen mit der ungefähren Uhrzeit machen, wissen Sie beim Sichten des Videomaterials, welche Datei die richtige ist. Der letzte Menüpunkt, **Zurücksetzen**, spricht für sich: Er setzt den Zeitstempel wieder auf 00:00:00.0.

Im Zusammenhang mit **Aktuelle Zeit** dürfte auch die Option von **Aufwärtszähl-Einstellung** im Untermenü **Zeitcode-Einstellung** von Bedeutung sein. Mit der Standardeinstellung **Aufnahme läuft** wird die Zeit nur weitergezählt, wenn gefilmt wird. Mit **Freilauf** läuft die Zeit hingegen immer weiter, auch wenn nicht gefilmt wird und die Kamera ausgeschaltet wurde.

Die Option **Bild auslassen (DF)** (»drop framerate«) wird für die krummen Bildraten wie beispielsweise 29,97 fps benötigt. Im Gegensatz zur Framerate mit 30 fps zum Beispiel werden 0,03 Bilder pro Sekunde nicht berücksichtigt. Da der Zeitcode nur ganze Bilder zählen kann, sind es bei 30 fps in zwei Stunden 216.000 Frames; bei 29,97 fps beträgt die Anzahl der Bilder in zwei Stunden hingegen 215.784 Frames – eine Differenz von 216 Bildern, was bedeutet, dass der Zeitcode um 7,2 Sekunden hinterherhinkt. Wenn Sie die Option **Bild auslassen (DF)** aktiviert lassen, werden die fehlenden Bilder ausgelassen, damit die Bildanzahl und Bildrate mit dem Zeitcode übereinstimmen. Mit der letzten Einstellung können Sie auch festlegen, ob der Zeitcode an ein externes HDMI-Aufnahmegerät gesendet werden soll oder nicht, wenn Sie eines verwenden.

9.8 Den Ton steuern

Zu einem guten Bild gehört in der Regel auch ein ordentlicher Ton. Dies wird häufig vernachlässigt und muss dann aufwendig in der Nachbearbeitung korrigiert werden. Der Ton wird bei der X-T4 über zwei eingebaute Mikrofone oberhalb der Kamera mit einer ordentlichen Qualität aufgenommen. Da die beiden Mikrofone gleich neben den Einstellrädern angebracht sind, sollten Sie diese während der Aufnahme, wenn möglich, nicht drehen. Nutzen Sie auch die **Filmoptimierte Steuerung**, die ich in Abschnitt 9.4.6, »Bedienungsgeräusche stummschalten«, beschrieben habe.

Eine deutliche Qualitätsverbesserung erzielen Sie mit einem externen Mikrofon, das über die Buchse an der Seite der Kamera angeschlossen werden kann. Den Tonpegel finden Sie bei der Videoaufnahme auf der linken Seite des Displays bzw. Suchers. Der Tonpegel sollte möglichst niemals in den roten Bereich ausschlagen, weil der Ton sonst scheppert und verzerrt wird.

Abbildung 9.39 *Das interne Mikrofon bei der Fujifilm X-T4 befindet sich hinter den kleinen Öffnungen* *rechts und links am Suchergehäuse.*

Die 0-dB-Grenze
Die optimale Grenze für eine ideale Tonaufnahme liegt bei 0 dB. Diese Grenze markiert den obersten Bereich zwischen dem maximalen ausgesteuerten Ton und einem unbrauchbaren Ton. Alles über 0 dB wird nur noch verzerrt wiedergegeben. Das sollten Sie, wenn möglich, beim Filmen vermeiden. Lieber ist der Ton ein wenig

zu leise als zu laut. Einen leisen Ton können Sie nachträglich noch anpassen, aber einen zu lauten und verzerrten Ton nicht mehr. Wenn Sie im Internet nach dem Einpegeln auf 0 dB suchen, werden Sie verschiedene Empfehlungen bekommen. So werden TV-Beiträge auf –9 dB eingepegelt und Kinofilme auf –6 dB. Für die Videoschnittprogramme gilt aber die 0-dB-Grenze. Wenn Sie in der Nacharbeit die Lautstärke reduzieren wollen, können Sie die Tonspur (genannt Masterspur) normalisieren und auf einen benutzerdefinierten Spitzenwert absenken.

Die Einstellungen für das interne oder gegebenenfalls das externe Mikrofon nehmen Sie im Kameramenü über **Audioeinstellung** mit **Einstellung internes Mikro** und **Einstellung externes Mikro** vor. Dort stehen die Optionen **Manuell** und **Auto** (automatisch) zur Verfügung. Mit **Manuell** erhöhen Sie zum Beispiel bei einer ruhigen Naturaufnahme den Pegel, um Naturgeräusche wie Vogelgezwitscher etwas zu verstärken. Bei einer lauten Umgebung wie einer Großstadt hingegen können Sie den Pegel etwas reduzieren. Hierbei müssen Sie stets den Pegel und den blauen Balken im Auge behalten. Wenn Sie **Auto** wählen, wird der Aufnahmepegel entsprechend der Umgebung angepasst, also bei ruhigerer Umgebung angehoben und bei lauter Umgebung gesenkt. Mit **Aus** können Sie die Tonaufnahme auch komplett deaktivieren.

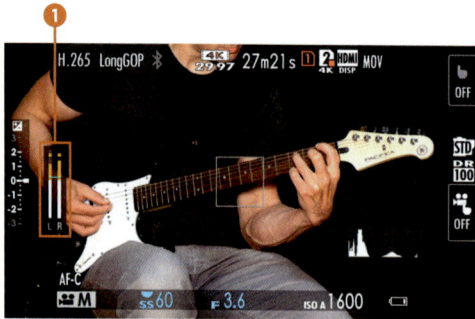

Abbildung 9.40 *Der Tonpegel auf der linken Seite* ❶ *des Displays dient zur Kontrolle der Aufnahmelautstärke.*

Abbildung 9.41 *Empfindlichkeit des Tonpegels anpassen*

Über **Mic-Buchsen-Einstellung** stellen Sie ein, ob Sie mit **Mic** ein externes Mikrofon direkt angeschlossen haben. Wenn Sie hingegen externe Audiogeräte über den Line-Ausgang angeschlossen haben, wählen Sie die Option **Line**.

Kopfhörer zur Kontrolle verwenden

Verwenden Sie einen Kopfhörer, während Sie den Tonpegel einstellen. Durch das Mithören des Tons lässt sich dieser viel besser kontrollieren. Die X-T4 hat dafür auch einen Extra-Anschluss. Die **Kopfhörerlautstärke** können Sie ebenfalls über **Audioeinstellung** anpassen. Den Kopfhörer-Anschluss müssen Sie über einen mitgelieferten Adapter an den USB-C-Port der Kamera stecken. Wenn Sie den optionalen Batteriegriff VG-XT4 für die X-T4 besitzen, dann finden Sie dort links unten einen Anschluss für Kopfhörer.

Wenn Sie die Funktion **Audioeinstellung > Mikro-Begrenzer** eingeschaltet haben, ist sie immer aktiv und achtet darauf, dass der Ton niemals übersteuert wird. In der Praxis ist es sinnvoll, diese Option eingeschaltet zu lassen.

Um Störgeräusche auszufiltern, bieten sich noch die beiden Optionen **Windfilter** und **Tiefpassfilter** an. Der **Windfilter** versucht, das typische Rumpeln bei starkem Wind etwas zu reduzieren. Dies funktioniert allerdings selbst bei schwachem Wind nur teilweise. Dem Windgeräusch können Sie auch nachträglich bei der Nachbearbeitung gegensteuern. Eine noch bessere Option wäre ein externes Mikrofon mit Windschutz. Diese pelzigen Teile über den Mikrofonen, die Sie vielleicht von mancher Wetterreportage kennen, sind in der Tat die beste Möglichkeit, die Windgeräusche zu minimieren. Mit **Tiefpassfilter** hingegen werden niederfrequente Geräusche reduziert. Auch diese Option sollten Sie nur einschalten, wenn es nötig ist, weil damit die Aufnahme insgesamt etwas dumpfer wird.

9.9 Externe Mikrofone vs. eingebautes Mikrofon

Zugegeben, das Thema Ton ist beim Filmen wahrscheinlich nicht das erste, das Ihnen einfällt und vielleicht sogar unbequem. Aber spätestens, wenn Sie ein großartiges Video erstellt und sich keine Gedanken um den Ton gemacht haben, werden Sie es bereuen. Oftmals ist der Ton zu leise oder eben zu laut. Wenn Sie dann auch noch in einer stillen Umgebung filmen, dann wurde auch noch zuverlässig jede Ihrer Bewegungen akustisch aufgenommen. Wenn Sie allerdings vorhaben, das Video ohnehin mit einer Begleitmusik zu versehen oder nachträglich Kommentare beim Videoschnitt einzufügen, dann spielt die Tonaufnahme vielleicht nicht eine so zentrale Rolle.

Häufig begnügt man sich zunächst mit dem eingebauten Mikrofon. Für Natur- oder Stadtaufnahmen dürfte dies ausreichend sein. Sobald Sie aber jemanden interviewen oder sich selbst bei einem Vortrag filmen, dann lohnt sich die Anschaffung eines externen Mikrofons. Oftmals greift man hierbei zu einer Version, die auf dem Blitzschuh montiert wird. Sie sollten beachten, dass Mikrofone auch eine Richtwirkung haben. In der Regel ist diese nach vorne gerichtet, weshalb Sie das Mikrofon nicht irgendwohin halten sollten, sondern in die Richtung, aus der der Ton kommt bzw. wo Sie den Ton aufnehmen wollen. Daher ist die Montage auf dem Blitzschuh vielleicht nicht immer perfekt geeignet. Wenn Sie eine sprechende Person aufnehmen, dann kann es auch hilfreich sein, das Mikrofon vor die Person zu halten oder zu stellen.

Wer viele Interviews macht oder eben selbst eigene Videos mit Sprache filmt, für den lohnt sich eventuell auch ein Mikrofon, das man in Brusthöhe der Person anbringen kann. Hierbei werden Sie allerdings nicht selten um eine lange Verkabelung herumkommen. Eventuell lohnt sich dann auch ein Funkmikrofon, das Sie auf Brusthöhe anbringen können.

Externe Mikrofone gibt es für jeden Geldbeutel. Ich verwende gerne das Røde VideoMic Go, weil es mit ca. 50 Euro ein gutes Preis-Leistungs-Verhältnis bietet. Es gibt auch eine leistungsstärkere Pro-Version. Auch Sennheiser liefert mit dem MKE 400 für ca. 150 Euro ein leistungsstarkes Mikrofon.

Alternativ können Sie aber auch einen Audiorekorder wie zum Beispiel den Zoom H1 verwenden, mit dem Sie den Ton getrennt von der Kamera aufnehmen und so später am Computer Bild und Ton zusammenfügen können. Das ist kein Problem, solange Sie auch den Ton mit der X-T4 aufnehmen. In der Nachbearbeitung am Computer fügen Sie den externen Ton zum Film hinzu und sorgen dafür, dass der externe Ton mit dem internen Ton der X-T4 synchronisiert wird. Der im Vergleich schlechtere Kameraton wird dann deaktiviert. Das ist ganz praktisch, weil Sie das Mikrofon so entkoppelt auch ganz woanders platzieren können, wenn Sie zum Beispiel ein Interview führen.

9.10   Einen Film wiedergeben

Die Wiedergabe von Filmen in der Kamera funktioniert in jeder Aufnahmebetriebsart über die Wiedergabetaste und ist eigentlich selbsterklärend. Durch die einzelnen Videofilme (und Bilder) wechseln Sie mit dem Fokushebel oder den Auswahltasten nach links oder rechts.

Abbildung 9.42 *Ein Video erkennen Sie an dem filmtypischen Look mit den Quadraten links und rechts von oben nach unten.*

Abbildung 9.43 *Ein Film bei der Wiedergabe*

Kippen Sie den Fokushebel nach unten oder drücken Sie die Auswahltaste nach unten, dann wird der Film abgespielt. Während der Wiedergabe können Sie mit dem Fokushebel oder der Auswahltaste nach unten die Wiedergabe pausieren bzw. wieder starten. Mit dem Fokushebel oder der Auswahltaste nach oben stoppen Sie die Wiedergabe. Mit dem Fokushebel oder der Auswahltaste nach rechts oder links geben Sie Bild für Bild wieder.

Ziehen Sie den Fokushebel während der Wiedergabe nach rechts, um mit doppelter Geschwindigkeit vorzuspulen. Die Geschwindigkeit erhöhen Sie auf das Drei- oder Vierfache, indem Sie den Fokushebel erneut nach rechts ziehen. Um die Geschwindigkeit wieder zu reduzieren, ziehen Sie den Fokushebel in die entgegengesetzte Richtung. Dasselbe funktioniert natürlich auch in die umgekehrte Richtung, indem Sie den Hebel während der Wiedergabe nach links ziehen, um den Film zurückzuspulen. Auch hier steht Ihnen die drei- und vierfache Geschwindigkeit zur Verfügung.

Wenn Sie hingegen den Fokushebel während der Wiedergabe drücken, wird der Film pausiert, und Sie können die Lautstärke der Wiedergabe einstellen, indem Sie den Fokushebel nach oben (lauter) oder nach unten (leiser) ziehen. Drücken Sie den Fokushebel erneut, wird die Wiedergabe fortgesetzt.

9.11 Einstellungen für einen guten Start

Wer bereits Erfahrung beim Filmen hat, der dürfte wohl selbst schon sehr genau wissen, welche Einstellungen er dabei vornehmen will. Wer allerdings noch relativ neu ist und bisher nur fotografiert hat, der findet hier einen kleinen Ratgeber mit Einstellungen für einen guten Start beim Filmen. Wie beim Fotografieren gilt allerdings auch beim Filmen, dass diese Einstellungen abhängig vom Umgebungslicht sind und natürlich auch ganz besonders davon, was Sie filmen wollen. Trotzdem benutze ich diese Einstellungen in der Regel immer zum Start und passe den Rest anhand der Situation an.

9.11.1 Speichermedium festlegen

Zunächst lege ich das Speichermedium fest, auf das ich den Film speichern will. Zur Auswahl stehen die SD-Karte und ein externer HDMI-Rekorder. Meistens verwende ich zwei schnelle 64-GB-SD-Karten mit bis zu 300 MB/Sekunde (UHS-II), um die optimale Leistung und Verarbeitung des Films und Videomaterials zu gewährleisten. Mit 128-GB-SD-Karten haben Sie natürlich noch mehr Speicherplatz. Bevor ich anfange zu filmen, formatiere ich beide Karten. Im Kameramenü **Einrichtung > Datenspeich. Setup >** 🎥 **Kartenfach Einst.** können Sie außerdem über **Sicherung** festlegen, ob Sie auf beide Karten gleichzeitig filmen wollen oder mit **Sequenziell** erst die Karte in Slot 1 füllen, ehe die Karte in Slot 2 verwendet wird.

Wenn ich von einem Stativ oder mit einem Gimbal filme, dann habe ich häufig auch das Ninja Atomos V angeschlossen, wobei ich dann die Aufnahme auf den HDMI-Rekorder des Gerätes wähle. Standardmäßig ist diese Option über **Film-Einstellung > 4K-Film-Ausgabe** (für 4K) und **Film-Einstellung > Full HD-Video-Ausgabe** so eingestellt.

9.11.2 (Meine) Grundlegende Kameraeinstellung

Zunächst schalte ich die Kamera über den **STILL/MOVIE**-Schalter auf **MOVIE**. Dann stelle ich die Belichtungszeit am Einstellrad auf **60** (für 1/60 s) und sperre es. Das ISO-Einstellrad stelle ich auf **A** für Automatik und den Fokusschalter auf **C** (für AF-C). Wenn ich ein Objektiv mit einem **OIS**-Schalter habe, dann schalte ich diesen an, sollte ich frei Hand filmen. Für den Blendenwert des Objektivs hingegen verwende ich keine Automatik, sondern stelle diesen zunächst auf ƒ4 oder ƒ5,6. Da ich beim Filmen in der Regel ausschließlich das Display (oder einen externen Monitor) verwende und auch am Touchscreen fokussiere oder Einstellungen vornehme, drücke ich so oft die **VIEWMODE**-Taste, bis **Nur LCD** angezeigt wird, damit nicht dauernd zwischen dem Display und dem Sucher umschaltet wird, wenn ich mit der Hand in die Nähe des Augensensors komme. Die Option **Einrichtung > Power Management > Leistung** stelle ich von **Normal** auf **Verstärk**, um die Autofokusleistung zu erhöhen.

Den **Video AF Modus** setze ich im Kameramenü **AF/MF-Einstellung** auf **Vario AF**. Dann drücke ich den Fokushebel und stelle die Größe des Fokusrahmens ein. Wenn ich eine Person filme, aktiviere ich die Augen- und Gesichtserkennung über **AF/MF-Einstellung > Ges./Augenerkenn.-Einst.**

9.11.3 Videomodus einstellen

In der Regel filme ich grundsätzlich im 4K-Modus. Auch wenn ich danach am Computer »nur« ein HD-Video produzieren will, ist die Qualität trotzdem besser, als wenn im Full-HD-Modus filme. Als Codec wähle ich H.265 (HEVC), was die höchste Qualität für Video ist – das **Dateiformat** stelle ich somit auf **Mov/H.265(HEVC) LPCM**. Wenn ich den Film ohnehin schneiden will, dann verwende ich bei der Filmkompression auch gleich **All-Intra** anstelle von **Long GOP**, weil es meinen Rechner nicht so sehr an die Leistungsgrenze bringt und außerdem eine bessere Qualität als **Long GOP** bietet. Als Seitenverhältnis verwende ich in der Regel 16:9. Wenn Sie für das »Kino« bzw. im »Kinoformat« filmen wollen, dann bietet sich auch 17:9 an. Als Bildrate verwende ich meistens 29,97p. Da ich **All-Intra** benutze, steht mir nur die 400 Mbps Bitrate zur Verfügung. Das benötigt alles wesentlich mehr Speicherplatz. Sollte Ihnen das zu viel sein, dann müssen Sie **Long GOP** als Filmkompression wählen und können dann eine Bitrate von 200 oder 100 Mbps einstellen. Für YouTube-Videos zum Beispiel reicht eine Bitrate von 200 Mbps völlig aus.

Bevor ich anfange zu filmen, werfe ich einen Blick nach oben auf das Display, wo angezeigt wird, wie lange ich mit den eben gemachten Einstellungen filmen kann.

9.11.4 Einstellungen beim Filmen

Nachdem ich meine Kamera so weit eingestellt habe, hängt es natürlich vom Umgebungslicht des Drehortes ab, wie ich weitere Einstellungen vornehme. Wenn ich häufig wechselndes Umgebungslicht habe, dann belasse ich den ISO-Wert auf Auto-ISO. Ansonsten – wenn ich die Belichtung steuern will – verwende ich einen manuellen ISO-Wert. Die Belichtungsskala und das Histogramm können Ihnen bei der Einstellung der Belichtung hilfreich sein. Trotzdem benutze ich auch meine Augen (und richte mich nach meinem Geschmack) und stelle ein, was mir gefällt – also zum Beispiel, wenn ich eine Szene etwas dunkler filmen will.

Wenn eine Umgebung allerdings sehr dunkel wird und die Blende schon recht weit geöffnet ist, dann lasse ich den ISO-Wert wegen des zu erwartenden Bildrauschens nicht unendlich hochsteigen. In solch einem Fall gehe ich einen Kompromiss ein und stelle die Belichtungszeit auf 1/30 s (bei einer Framerate von 29,97 p). Wenn nicht zu viele und schnelle Bewegungen in der Szene sind, dann funktioniert es damit ganz gut.

Wenn die Umgebung zu hell ist, dann schließe ich die Blende, bis die Belichtung passt. Will ich trotzdem mit einer geöffneten Blende bei einer hellen Umgebung filmen, dann verwende ich einen ND-Filter, um die Belichtung unter Kontrolle zu bekommen.

Während des Filmens nutze ich den Touchscreen oder den Fokushebel, um den Fokuspunkt zu setzen. Hierfür setze ich den Touch-Fokus-Modus auf **Area**. Auch die **Film-optimierte Steuerung** im Kameramenü **Film-Einstellung** aktiviere ich hierbei. Wenn ich den Fokuspunkt während des Filmens häufiger verschieben muss, dann passe die Geschwindigkeit des Autofokus für AF-C über **AF/MF-Einstellung > AF-C Benutzerdef.Einst. > AF-Geschwindigkeit** an. In vielen Situationen verwende ich allerdings ohnehin einen manuellen Fokus und schalte den Fokusschalter dann auf **M**.

9.12 Filmen in der Praxis mit der X-T4

Auch beim Filmen gilt, wie schon beim Fotografieren, dass es keinen Königsweg gibt. Es gibt unzählige Möglichkeiten und Techniken, um ans Ziel zu kommen. Wer noch nicht allzu viel Erfahrung mit dem Filmen hat, der wird allerdings schnell feststellen, dass es doch wesentlich schwieriger ist als beim Fotografieren, stets die Belichtung und den Fokus zu halten. Schließlich will man beim Fotografieren häufig nur den Bruchteil einer Sekunde einfangen. Beim Filmen hingegen können dies schon mal ein paar Minuten werden, obgleich es hierbei ratsamer ist, mehrere kurze Szenen zu drehen und diese dann später am Computer zusammenzufügen. An dieser Stelle will ich Ihnen einige Praxisbeispiele demonstrieren, wie ich mit der X-T4 bei unterschiedlichen Szenen vorgehe.

9.12.1 Filmen in schwierigen Lichtsituationen

Wie beim Fotografieren, wird man beim Filmen immer versuchen, ausgebrannte Stellen oder Überbelichtung zu vermeiden. Häufig unterbelichtet man dabei die Aufnahme etwas, um die dunkleren Bereiche hinterher bei der Nachbearbeitung wieder aufzuhellen. Allerdings funktioniert dies nicht immer. Haben Sie zum Beispiel ein Fenster in einem Raum, das im Bildausschnitt sein wird, müssen Sie akzeptieren, dass es überstrahlt ist. Denn wenn Sie den Rest fast ins Dunkle belichten, nur um den Bereich hinter dem Fenster zu retten, wird es bei der Nachbearbeitung beim Aufhellen der Schatten gewaltig rauschen.

Abbildung 9.44 *Eine klassische Aufnahme mit starken Kontrasten*

Für schwierige Aufnahmesituationen beim Filmen mit der X-T4 setze ich auf eine der folgenden Optionen:

- **Bildqualitäts-Einstellung**: Die einfachste Möglichkeit ist, Einstellungen in der **Bildqualitäts-Einstellung** vorzunehmen. Dabei stelle ich die **Filmsimulation** auf **Eterna**, setze den **Dynamikbereich** auf **DR200** oder **DR400**, und wenn das noch nicht reicht, justiere ich noch mit **Tonkurve > Spitzlichter** und **Tonkurve > Schatten** fein, indem ich negative Werte einstelle. Auch die **Farbe** können Sie unter Umständen noch reduzieren. Der Vorteil mit dieser Methode liegt darin, dass ich gutes Filmmaterial erhalte, das ich sowohl unbearbeitet wie auch zur Nachbearbeitung verwenden kann. Wenn die Kontraste nicht zu extrem sind, ist diese Option für mich oft die erste Wahl.

- **F-Log** oder **HLG**: Die zweite Option für mich ist, F-Log oder HLG über **Film-Einstellung > F-Log/HLG Aufzeichnung** zu verwenden. Ich bevorzuge hierbei in der Praxis meistens F-Log, weil ich es gewohnt bin und bereits mehr Erfahrung damit habe. Da ich zudem einen externen HDMI-Rekorder verwende, kann ich das Filmmaterial zusätzlich mit einer hohen 4:2:2-Farbabtastung (10 Bit) aufzeichnen. Mit dieser Einstellung kann ich nun den maximal zur Aufnahmebedingung möglichen Dynamikumfang aufnehmen. Mehr geht nicht. Der Nachteil dabei ist allerdings, dass Sie um eine Nachbearbeitung und das Colorgrading nicht herumkommen. An dieser Stelle muss ich hinzufügen, dass es viele Filmer gibt, die ausschließlich mit F-Log oder HLG filmen, um sich alle Möglichkeiten offen zu halten.

9.12.2 Belichtungskorrekturen während des Filmens

Eine Korrektur der Belichtung während des Filmens ist nicht unbedingt, was Sie anstreben sollten. Aber manchmal lassen es die Umstände nicht anders zu. Wenn Sie zum Beispiel ein laufendes Ereignis unter freien Himmel bei strahlendem Sonnenschein filmen, kann eine Wolke vor der Sonne die Belichtung während der Aufnahme deutlich abdunkeln, wenn Sie im manuellen Programmmodus filmen. Eine Anpassung dabei ist über die Blende oder die ISO-Einstellung möglich. Natürlich macht sich diese Änderung als Sprung im Film bemerkbar.

Lässt es sich nicht vermeiden und wechselt das Umgebungslicht häufiger, dann verwende ich die ISO-Automatik im manuellen Programmmodus. Bei Tageslicht sind die Sprünge nicht so dramatisch, dass sie die Bildqualität sichtbar verschlechtern. Auf eine Zeitvorwahl hingegen verzichte ich generell. Gerade bei derselben Szene wirkt sich eine ständige Änderung der Schärfentiefe unschön aus. Die Belichtungszeit ist ohnehin tabu, da sie in der Regel an die Framerate und die 180-Grad-Regel gebunden ist.

Der Trick mit dem »ISO-Verstärker« beim Filmen, indem Sie diesen Wert auf Automatik stellen, können Sie natürlich auch verwenden, wenn die Lichtverhältnisse es gar nicht mehr anders hergeben und generell bereits mit der Belichtungszeit-Blende-Kombination unterbelichtet wird. Natürlich steigt mit der Entscheidung, hohe ISO-Werte zuzulassen, auch die Gefahr von unangenehmen Bildrauschen.

9.12.3 Scharfstellen beim Filmen von beweglichen Motiven

Sie haben bereits erfahren, wie Sie mit der X-T4 fokussieren und scharfstellen können. In der Theorie liest sich dies immer sehr einfach. Aber spätestens, wenn Sie bewegliche Motive, wie eine Person oder ein Tier, vor sich haben, dann wissen Sie vermutlich, warum es beim Filmen neben dem Kameramann noch eine weitere Person (den Fokus-Puller) gibt, die ausschließlich für das Scharfstellen verantwortlich ist. Der Autofokus der X-T4 ist zwar großartig und sehr schnell, aber es bringt nichts, wenn Sie das Motiv nicht scharf bekommen oder der Fokus dauernd pumpt. Hierzu ein paar Lösungen, wie ich beim Filmen von Personen mit der X-T4 vorgehe, ohne eine weitere Hardware wie ein *Follow-Focus-System* zu kaufen, das man an der Kamera anbringen kann. Als Programmmodus verwende ich fast immer den manuellen Modus.

Person bewegt sich auf mich zu | Wenn ich eine Person im Vorwärtsgang in die Richtung der Kamera filmen will, während ich rückwärtslaufe, verwende ich eine der folgenden zwei Möglichkeiten mit der X-T4:

1. **Fokussieren und Abstand beibehalten**: Hierfür benutze ich den manuellen Fokusmodus der Kamera und aktiviere zusätzlich das **Focus Peaking** über **AF/MF-Einstellung > MF-Assistent**. Wenn die Person jetzt vor mir steht, visiere ich sie mit dem Fokusrahmen an und drücke die **AF-ON**-Taste, um die Person schnell scharfzustellen. Wenn ich die Aufnahme jetzt starte, bitte ich die Person, auf mich zu zu laufen, während ich mich im gleichen Tempo rückwärts bewege, um denselben Abstand beizubehalten. Dank **Focus Peaking** dürfte dies nun mit ein wenig Übung sehr gut funktionieren. Je weiter Sie die Blende schließen, umso einfacher wird es, die Person scharfgestellt zu halten. Wenn Sie allerdings die Blende zu sehr schließen, dann sieht es wegen der größeren Schärfentiefe nicht mehr so cinematisch aus und eignet sich eher für Aufnahmen, in denen eine Person in einer wunderschönen Landschaft läuft und man eben diese Umgebung etwas schärfer filmen will.

2. **Autofokus/Gesichts-/Augenerkennung**: Die wohl häufigere Methode dürfte die Verwendung des Autofokus sein. Hierfür benutze ich den kontinuierlichen Fokusmodus AF-**C** und den **Vario AF**-Fokus im Kameramenü **AF/MF-Einstellung > Video AF Modus**. Zusätzlich aktiviere ich die Gesichts- und Augenerkennung über **AF/MF-Einstellung > Ges./Augen-Erkenn.-Einst**. Wenn ich nun zu filmen beginne, während die Person auf mich zu geht, versuche ich ebenfalls, gleichmäßig rückwärtszulaufen. Den Fokusrahmen platziere ich dabei dauerhaft auf Kopfhöhe. Gewöhnlich sollte hierbei auch die Augen- und Gesichtserkennung ihre Arbeit verrichten, und die Person dürfte dank AF-**C** immer scharfgestellt sein.

Ein cooler Effekt ist es auch, wenn eine Person von einem unscharfen Bereich in den scharfen Bereich läuft. Hierzu verwenden Sie den manuellen Fokusmodus. Gehen Sie zunächst nah an die Person heran, und stellen Sie sie mit der **AF-ON**-Taste scharf. Dann gehen Sie ein paar Schritte nach hinten und lassen jetzt die Person wieder in denselben Abstand auf sich zu laufen, in dem Sie die Fokusdistanz vorher eingestellt haben. Die Person geht dann aus dem unscharfen Bereich auf Sie zu in den scharfen Bereich. Mit Hilfe von **Focus Peaking** und der Schärfentiefeskala sollte dies kein großes Problem sein.

Eine seitlich laufende Person mit Hindernissen filmen | Wenn ich eine seitlich laufende Person filmen will, mit Hindernissen dazwischen wie Bäume, Sträucher, Häuser, oder wenn sich die Person hinter einem Zaun befindet, dann verwende ich den manuellen Fokus. Der Autofokus würde mir bei jedem Hindernis nur hin und her springen. Parallel dazu achte ich auch hier darauf, dass ich den Abstand zur Person möglichst gleich halte, während ich seitlich zu ihr laufe. Alternativ können Sie auch mit einem Auto seitlich neben der Person herfahren (natürlich fährt jemand anders das Auto). Um auch hier eine gewisse Kontrolle zu haben, verwende ich das **Focus Peaking**. Und auch hier mache ich die Blende nicht maximal auf, um ein wenig mehr Toleranz in der Schärfentiefe zu haben.

Sehr schnell bewegende Objekte, die auf mich zu kommen, filmen | Wenn ich schnell auch mich zu kommende Objekte wie ein vorbeifahrendes Auto, eine schnell rennende Person oder einen Fahrradfahrer filmen will, dann verwende ich dafür eine der folgenden zwei Möglichkeiten:

1. **Festen Punkt fokussieren**: Mit der ersten Möglichkeit stelle ich wieder den manuellen Fokus ein und fokussiere damit einen fixen Punkt, wo anschließend das sich schnell bewegende Objekt wie beispielsweise eine Person auftaucht. Beim Filmen bewegt sich somit das Objekt vom unscharfen in den scharfen Bereich, den Sie zuvor fokussiert haben, und eventuell auch von dort wieder heraus.

2. **Blende schließen**: Die einfachere Möglichkeit ist es, die Blende weit zu schließen (ƒ16 bis ƒ22), damit Sie einen möglichst großen Schärfentiefebereich haben. Auch hier verwende ich den manuellen Fokus.

Nahaufnahme von Objekten mit der Kamera in der Bewegung | Wenn ich in Bewegung eine Nahaufnahme von einem Objekt machen will, um das ich mich herumbewege, dann verwende ich wieder den kontinuierlichen Autofokus (AF-**C**) und **Vario AF** im Menü **AF/MF-Einstellung > Video AF Modus**. Beim Filmen achte ich darauf, dass der Fokusrahmen immer eine bestimmte Position des Objektes anvisiert.

Filmen von unkontrollierten Bewegungen | Als ich zum ersten Mal bei einer Geburtstagfeier filmte, wusste ich ehrlich gesagt nicht so recht, worauf ich fokussieren sollte. Viele Menschen liefen unkontrolliert durch das Bild, und im Grund war das Ganze nur noch ein wildes Geruckel mit dem Autofokus – egal, ob mit **Vario AF** oder **Mehrfeld**. Ich ging später zum manuellen Fokussieren über, was viel einfacher war. Dabei lag der Fokus mehr auf einer Person. Idealerweise filmen Sie bevorzugt die »Hauptdarsteller« eines Events.

Kapitel 10
Zubehör für die X-T4

In diesem Kapitel gebe ich Ihnen einen kleinen Überblick über das passende Zubehör für Ihre X-T4. Das Hauptaugenmerk liegt dabei natürlich auf den Objektiven. Aber auch auf anderes nützliches Zubehör wie Akkus oder Fernauslöser werde ich kurz eingehen. Am Ende erfahren Sie zudem, wie Sie Ihre Ausrüstung reinigen und mit einem Firmware-Upgrade auf dem neuesten Stand halten.

10.1 Objektive für die X-T4

Es hat sich wohl bereits herumgesprochen, dass neben dem Kamerasensor auch das Objektiv ganz entscheidend für eine gute Qualität der Bilder ist. Daher ist der Kauf einer guten Linse mindestens genauso bedeutend wie der Kauf der Kamera selbst. Fujifilm bietet eine große Anzahl wirklich hochwertiger Objektive für die X-Serie an. Bevor ich auf die einzelnen Objektive genauer eingehen werde, möchte ich noch die Bezeichnungen entschlüsseln, die Sie an den Objektiven vorfinden.

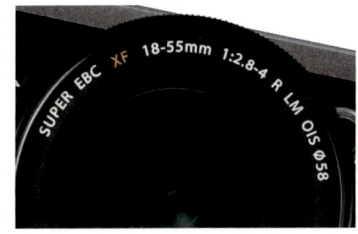

Abbildung 10.1 *Auf jedem Objektiv finden Sie verschiedene Kürzel mit einer festen Bedeutung. (Bild: Fujifilm)*

Bezeichnung	Bedeutung
XF, XC	XF steht für »X-Finest« und dient als Bezeichnung für die hochwertigen Objektive von Fujifilm. XC steht für »X-Compact« und ist die Bezeichnung für die günstigeren Objektive. Die XF-Objektive werden häufig aus Metall gefertigt und sind recht robust. Die XC-Modelle hingegen bestehen vorwiegend aus Plastik.
56 mm, 50–140 mm	Als nächste Bezeichnung finden Sie die der Brennweite des Objektivs: Bei einer Festbrennweite steht hier beispielsweise »56 mm«. Bei Zoomobjektiven steht hier der Brennweitenbereich wie »50–140 mm«.

Tabelle 10.1 *Verschiedene Kürzel, die Sie auf Fujinon-Objektiven vorfinden*

Bezeichnung	Bedeutung
1:1.2, F4.5–6.7	Die Lichtstärke des Objektivs kann z. B. mit »1:1.2« für ƒ1,2 angegeben sein. Bei Zoomobjektiven, die im Weitwinkelbereich lichtstärker sind als im Telebereich, steht hier häufig »F4.5–6.7«. Die Lichtstärke variiert dann je nach der verwendeten Brennweite. Es gibt aber auch Zoomobjektive mit durchgehend gleichbleibender Brennweite. Allerdings sind solche Objektive in der Regel größer und schwerer.
R	Diese Objektive haben einen Blendenring, an dem Sie die Blende manuell einstellen können.
OIS	Das Objektiv hat einen eingebauten Bildstabilisator zum Ausgleich von Verwacklungen. Damit können Sie aus der Hand mit längeren Belichtungszeiten fotografieren als ohne OIS (»Optical Image Stabilization«).
LM	Dieses Objektiv hat einen Linearmotor für den Autofokus, so dass es besonders leise und schnell fokussieren kann.
WR	Die Bezeichnung steht nicht für »Water Repellent«, sondern »Weather Resistant«. Damit ist gemeint, dass dieses Objektiv einen gewissen Schutz gegen Staub, Spritzwasser und Kälte (–10 °C) hat. WR heißt also nicht, dass das Objektiv wasserdicht ist!
APD	Dieses Kürzel steht für den Apodisationsfilter und sorgt für ein besonders weiches Bokeh beim Freistellen. Es gibt nur ein Objektiv mit dieser Bezeichnung, nämlich das Fujinon XF 56 mm F1.2 R APD.
Nano-GI	Dies ist eine besondere Beschichtung auf den Rückseiten der beiden vordersten Linsenelemente, mit der Reflexionen und Geisterbilder vermieden werden sollen.
Super EBC	Super EBC (»Electron Beam Coating«) ist eine Vergütung, die dafür sorgt, dass Streu- und Gegenlicht reduziert werden.
Macro	Mit diesen Objektiven können Sie besonders nah an das Motiv herangehen.
Ø58	Dieser Wert gibt den Durchmesser des Objektivgewindes an (hier 58 mm) – eine wichtige Information, um einen passenden Filter anbringen zu können.

Tabelle 10.1 *Verschiedene Kürzel, die Sie auf Fujinon-Objektiven vorfinden (Forts.)*

Die Auswahl der Objektive von Fujifilm für die X-Serie ist mittlerweile beeindruckend. Konnte man bei der Einführung der X-Serie mit wechselbaren Objektiven gerade einmal aus ein paar Modellen wählen, steht man jetzt vor einer wirklich ordentlichen und runden Auswahl von derzeit 29 Objektiven mit Brennweiten von 8 mm bis 400 mm. Einzig ein Tilt-Shift-Objektiv vermisst man noch. Aber dafür gibt es die Möglichkeit, fremde Objektive an die X-T4 zu adaptieren.

Neben den in Tabelle 10.1 aufgelisteten Kürzeln gibt es derzeit vier Objektive mit einem roten XF-Label. Diese Auszeichnung vergibt Fujifilm für Objektive, die sich besonders durch ihre Qualität und AF-Geschwindigkeit auszeichnen. Derzeit haben das XF 8–16 mm F2.8, das XF 16–55 mm F2.8, das XF 50–140 mm F2.8 und das 100–400 mm F4.5–5.6 solch ein rotes XF-Label.

Abbildung 10.2 *Objektive mit besonderer Performance und Qualität haben ein rotes XF-Label. (Bild: Fujifilm)*

Aus eigener Erfahrung weiß ich, dass es nicht immer leicht ist, die geeigneten Objektive für sich selbst zu finden. Es gibt einfach zu viele Faktoren wie den Anwendungszweck, das Gewicht und natürlich auch den Preis. Im Zweifelsfall können Sie sich das Objektiv auch erst einmal ausleihen. Es gibt mittlerweile viele Geschäfte, in denen das möglich ist, und wenn Sie es dann kaufen, wird Ihnen die Leihgebühr (in der Regel) vom Kaufpreis abgezogen.

> **X-Mount, Fujifilm-X-Bajonett**
>
> Für die Kameras der X-Serie hat Fujifilm den Objektivanschluss mit der Bezeichnung *X-Bajonett* entworfen. Häufig wird dieser auch *Fujifilm X-Mount* genannt. Wenn Sie vielleicht nach gebrauchten Objektiven gesucht haben, dann werden Sie sicher auch auf *X-Fujinon*-Objektive gestoßen sein, für die man einen *Fujica-X-Mount*-Anschluss benötigt. Achtung: Hierbei handelt es sich um einen Anschluss für eine Kleinbildkamera, die Fuji in den 1980ern anbot. Dieser alte Anschluss ist nicht kompatibel mit Kameras der X-Serie. Trotzdem ist es natürlich möglich, alte Fujica-X-Mount-Objektive mit einem separaten Adapter am X-Mount der X-T4 zu befestigen – dabei müssen Sie ein paar Abstriche machen und das Objektiv manuell bedienen.

10.1.1 Standardzooms

Ein Standardzoom dürfte wohl die gängigste Wahl sein, wenn man sich die X-T4 kauft. Häufig gibt es ein Kit (ein Set) aus der X-T4 und einem Standardzoom. Der Vorteil dieser Standardzooms ist, dass Sie damit viele fotografische Fälle abdecken, weil Sie die Brennweiten schnell passend zur Situation einstellen können. So können Sie schnell eine Landschaftsaufnahme erstellen, aber auch schöne Porträtaufnahmen oder Gruppenfotos machen. Der Brennweitenbereich bewegt sich in der Regel zwischen einem leichten Weitwinkel und einem leichten Tele. Gerade wer auf Reisen ist und nicht viele Objektive mit sich herumtragen will oder kann, der ist mit einem solchen Standardzoom als »Immer-drauf-Objektiv« ganz gut beraten. Mit einem Standardzoom kann man auch gut in die Fotografie einsteigen und sich dann in Ruhe überlegen, was einem noch fehlt. Fujifilm bietet vier XF- und zwei günstigere XC-Varianten an.

Fujinon XF 16–55 mm F2.8 R LM WR | Das beste Standardzoom von Fujifilm kommt mit einer durchgehenden Blende von ƒ2,8 daher. Gerade die durchgehende Lichtstärke macht das Objektiv auch interessant bei 55 mm mit ƒ2,8 für schöne Porträts, mit einem immer noch schönen Bokeh. Natürlich wird durch eine durchgehende Lichtstärke die Bauweise größer und schwerer. So ist das Objektiv mit ca. 660 Gramm kein Leichtgewicht und wirkt schon etwas wuchtiger auf der X-T4. Sie werden aber in puncto Bildqualität und AF-Geschwindigkeit kein besseres Standardzoom finden. Nicht umsonst trägt das Objektiv das rote XF-Label und spielt auch preislich mit etwa 1060 € in einer hohen Liga. Wenn Sie sich also an dem Preis nicht stören und Ihnen das etwas höhere Gewicht nichts ausmacht, dann finden Sie in diesem Standardzoom eine gute Investition mit der besten Bildqualität in seiner Klasse.

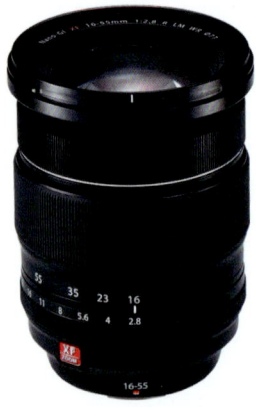

Abbildung 10.3 *Das Fujinon XF 16–55 mm F2.8 R LM WR ist derzeit das beste Standardzoom im Programm. Es bringt allerdings auch ordentlich Gewicht mit und ist kein Schnäppchen. (Bild: Fujifilm)*

Fujinon XF 16–80 mm F4 R OIS WR | Wem die Brennweite des XF 16–55 F2.8 R LM WR nicht ausreicht, der findet mit dem XF 16–80 ein entsprechendes Standardzoom, das mit 440 Gramm auch ein wenig leichter als das eben erwähnte 16–55 mm ist und auch noch einen eingebauten Bildstabilisator mitbringt. Auf der Gegenseite müssen Sie sich allerdings mit einer Blende von ƒ4 zufriedengeben, die allerdings durchgehend ist. Auch die Fokussierung ist schnell und präzise. Die Wetterfestigkeit macht es zu einem guten Standard- und Reisezoom, das aber mit 850 € auch seinen Preis hat.

Abbildung 10.4 *Das Fujinon XF 16–80 mm F4 R OIS WR ist ein solides Standardzoom mit durchgehender Blende von ƒ4, das zudem wetterfest ist, einen Bildstabilisator hat und mit seiner Brennweite viele Bereiche abdeckt.*

Fujinon XF 18–55 mm F2.8–4 R LM OIS | Das dritte Standardzoom bietet ebenfalls eine ordentliche Leistung. Die Lichtstärke ist allerdings nicht durchgehend, und bei einer Brennweite von 55 mm haben Sie eine maximale Blendenöffnung von ƒ4, was aber durchaus noch ausreichend ist, um eine leichte Unschärfe bei der Porträtfotografie zu erzielen. Das Objektiv hat auch einen Bildstabilisator, wie das Kürzel OIS verrät. Die Brennweite ist im Vergleich zum gerade beschriebenen Objektiv mit 18 mm (Kleinbild: 27 mm) etwas geringer. Mit einem Gewicht von nur 310 Gramm und einem Preis (zur Drucklegung) von 530 € eignet es sich bestens für Einsteiger mit einem Blick auf Preis und Leistung.

Abbildung 10.5 *Das Fujinon XF 18–55 mm F2.8–4 R LM OIS ist schön leicht und hat auch einen Bildstabilisator. (Bild: Fujifilm)*

Fujinon XF 18–135 mm F3.5–5.6 R LM OIS WR | Bei diesem Standardzoom reicht die Brennweite mit 135 mm schon in den weiteren Telebereich. Das Objektiv ist ein typisches Reisezoom, das für fast alle Fälle geeignet ist. Es hat zudem einen Bildstabilisator und ist wetterfest. Auf eine durchgehende Lichtstärke müssen Sie auch hier verzichten, und die Blende fängt bei 18 mm erst mit ƒ3,5 an. Das Gewicht fällt bei der langen Brennweite mit 490 Gramm schon etwas höher aus. Der Preis für dieses Reisezoom liegt zur Drucklegung bei ca. 760 €.

Abbildung 10.6 *Das Fujinon 18–135 mm F3.5–5.6 R LM OIS WR möchte mit einer langen Brennweite, einem Bildstabilisator und Wetterfestigkeit bestechen. (Bild: Fujifilm)*

Das Objektiv zeichnet sich dadurch aus, einen möglichst großen Brennweitenbereich abzudecken. Es richtet sich daher auch an Anwender, die sich nicht unbedingt weitere Objektive zulegen wollen. Das Objektiv möchte als eierlegende Wollmilchsau für alle möglichen Zwecke dienen. Die Wetterfestigkeit macht es zudem zum bereits erwähnten perfekten Reisezoom bei feuchteren oder staubigen Bedingungen. Trotzdem müssen Sie dieses Objektiv als einen Kompromiss sehen und sollten bei diesem Zoombereich keine Bildqualität wie mit den zuvor erwähnten Standardzooms erwarten. Gerade mit zunehmendem Zoombereich lässt die Schärfe am Bildrand deutlich nach.

Fujinon XC 15–45 mm F3.5–5.6 OIS PZ | Das preisgünstige XC-Standardzoom hat ebenfalls einen Bildstabilisator und eine weitwinklige Brennweite von 15 mm (KB: 23 mm). Außerdem ist es sehr kompakt und wiegt gerade einmal 135 Gramm. Der Preis schwankt zwischen 200 und 280 €; gebraucht gibt es das Objektiv auch schon für 120 bis 150 €. Natürlich müssen Sie in puncto Bildqualität und AF-Geschwindigkeit gegenüber den anderen bisher vorgestellten Objektiven einige Abstriche machen.

Beim Zoomen wird ein elektronischer Motor verwendet, weshalb das Objektiv auch das Kürzel PZ für »Powerzoom« hat. Der Motor wird für die Brennweitenveränderung verwendet und über den Einstellring gesteuert. Dieses elektrische Zoomen macht es allerdings schwer, die Brennweite präzise einzustellen, was bei Filmaufnahmen von Nachteil ist, denn gerade beim Filmen wäre ja dieses elektrische Zoomen eine tolle Hilfe. Auch ist der Motorzoom nicht unbedingt leise. Bei offener Blende im Weitwinkel sowie im Telebereich fällt die Bildschärfe zu den Rändern hin ab, was sich aber ganz gut mit Abblenden kompensieren lässt.

Abbildung 10.7 *Das preiswerte Fujinon XC 15–45 mm F3.5–F5.6 OIS hat einen Bildstabilisator und ist das kleinste und leichteste Standardzoom. (Bild: Fujifilm)*

Fujinon XC 16–50 mm F3.5–5.6 OIS II | Dieses Objektiv ist ebenfalls eine günstigere XC-Version. Es hat einen Bildstabilisator und ist aufgrund der günstigeren Bauweise nur 195 Gramm schwer. Da viele Kit-Käufer von anderen Fujifilm-Systemen das Objektiv gleich nach dem Kauf wieder verkaufen, finden Sie es meist günstig bei eBay für um die 150 €. Der Neupreis liegt bei ca. 200 €. Die Bildqualität ist auf jeden Fall besser als beim zuvor beschriebenen XC-Standardzoomobjektiv. Allerdings haben Sie 1 mm weniger im Weitwinkel, dafür aber 5 mm mehr im Zoom. Auch bei diesem Objektiv müssen Sie bei der Bildschärfe ein paar Abstriche zum Rand hin machen, was gerade im Weitwinkel negativ auffällt. Auch hier können Sie ein wenig mit Abblenden gegensteuern.

Abbildung 10.8 *Das Fujinon XC 16–50 mm F3.5–5.6 OIS II ist die bessere der beiden XC-Standardzoom-Varianten und verfügt ebenfalls über einen Bildstabilisator. (Bild: Fujifilm)*

Objektiv	Gewicht	Preis ca.	Durchmesser	KB
Fujinon XF 16–55 mm F2.8 R LM WR	660 g	1060 €	Ø 77 mm	24–84 mm
Fujinon XF 16–80 mm F4 R OIS WR	440 g	850 €	Ø 72 mm	24–122 mm
Fujinon XF 18–55 mm F2.8–4 R LM OIS	310 g	530 €	Ø 55 mm	27–84 mm
Fujinon XF 18–135 mm F3.5–5.6 R LM OIS WR	490 g	760 €	Ø 67 mm	27–206 mm
Fujinon XC 15–45 mm F3.5–5.6 OIS	135 g	200 €	Ø 52 mm	23–69 mm
Fujinon XC 16–50 mm F3.5–5.6 OIS II	195 g	350 €	Ø 58 mm	24–76 mm

Tabelle 10.2 *Übersicht über die verschiedenen Standardzooms für die X-Serie*

10.1.2 Telezooms

Reicht Ihnen die Brennweite des Standardzooms nicht aus und wollen Sie Motive näher heranholen, dann können Sie sich Teleobjektive mit längeren Brennweiten ansehen. Das Einsatzgebiet von Telezooms ist relativ vielseitig: Sie eignen sich für Porträt-, Tier- und Sportaufnahmen.

Fujinon XF 50–140 mm F2.8 R LM OIS WR | Das Objektiv ist wetterfest, hat einen Bildstabilisator und eine durchgehende Lichtstärke von ƒ2,8. Das Scharfstellen mit diesem Objektiv funktioniert sehr schnell, und die Bildqualität ist überragend. Die durchgehende Lichtstärke macht das Objektiv natürlich größer und schwerer; mit fast einem Kilogramm ist es kein Leichtgewicht mehr. Es ist auch eines der Spitzenobjektive von Fujinon mit dem roten XF-Label. Allerdings müssen Sie dafür auch um die 1500 € bezahlen.

Reicht Ihnen diese Brennweite nicht aus, können Sie das Objektiv mit den Telekonvertern Fujinon XF 1,4× TC WR oder XF 2× TC WR um den Faktor 1,4 (= 70–190 mm) bzw. 2 (= 100–280 mm) verlängern. Allerdings reduziert sich damit auch die Lichtstärke – mit dem 1,4×-Konverter auf F4 und mit dem 2×-Konverter auf ƒ5,6. Für mich ist das XF 50–140 mm das perfekte Objektiv für die Tier- und Sportfotografie. Gerade die Lichtstärke macht es bei schwächerem Umgebungslicht noch möglich, eine kürzere Belichtungszeit zu verwenden, ohne gleich den

ISO-Wert übertrieben hoch stellen zu müssen. Natürlich ist das Objektiv auch perfekt für Porträtaufnahmen mit tollem Bokeh bei offener Blende geeignet.

Fujinon XF 100–400 mm F4.5–5.6 R LM OIS WR | Reicht die Brennweite des XF 50–140 mm (gegebenenfalls mit Telekonverter) nicht aus, dann finden Sie mit diesem Objektiv eine Lösung für mehr Brennweite. Auch dieses Objektiv ist wetterfest und hat einen Bildstabilisator. Die Lichtstärke ist allerdings nicht mehr durchgehend. Trotzdem ist der Autofokus sehr schnell und die Bildschärfe top. Auch hier handelt es sich um ein Spitzenobjektiv mit dem roten XF-Label. Das Objektiv hat mit 1,37 Kilogramm ordentlich Gewicht und kostet 1800 €.

Wer die Brennweite noch verlängern will, der kann auch hier die Telekonverter Fujinon XF 1.4× TC WR oder XF 2× TC WR verwenden. Der 1,4×-Konverter verlängert die Brennweite auf 140–560 mm und der 2×-Konverter gar auf 200–800 mm. Natürlich geht das auch auf Kosten der Lichtstärke, die mit dem 1,4×-Konverter zu ƒ5,6–8 und mit dem 2×-Konverter sogar zu ƒ9–11 wird. Stehen Sie vor der Frage, ob Sie das 50–140 mm oder das 100–400 mm kaufen sollen, dann sollten Sie sich zunächst überlegen, wie viel Brennweite Sie wirklich benötigen. Eventuell reicht ja auch das 50–140 mm mit einem Konverter aus, wenn Sie einmal etwas mehr Brennweite benötigen sollten.

Abbildung 10.9 *Das XF 50–140 mm F2.8 R LM OIS WR ist wohl das beste Teleobjektiv von Fujinon mit Bildstabilisator und Wetterfestigkeit. (Bild: Fujifilm)*

Abbildung 10.10 *Die längstmögliche Brennweite bei Fujifilm erhalten Sie mit dem Fujinon XF 100–400 mm F4.5–5.6 R LM OIS WR, das wetterfest ist und einen Bildstabilisator hat. (Bild: Fujifilm)*

Fujinon XF 55–200 mm F3.5–4.8 R LM OIS | Dieses Objektiv bietet ebenfalls eine lange Brennweite und gute Bildqualität. Die Lichtstärke spielt im Mittelfeld, aber für die meisten Anwendungszwecke dürfte es trotzdem ausreichend sein. Das Objektiv ist mit einem Bildstabilisator ausgestattet. Sein Gewicht liegt bei angenehmen 590 Gramm, was es zu einem angenehmen

Begleiter auf Reisen macht. Der Autofokus ist nicht der Schnellste, und daher ist das Objektiv nur bedingt für die Sport- und Tierfotografie geeignet. Wer allerdings ohnehin nur langsame oder stehende Objekte damit fotografieren will, der findet mit diesem Objektiv für ca. 650 € einen großartigen Einstieg in den Telezoombereich.

Fujinon XC 50–230 mm F4.5–6.7 OIS II | Dieses Objektiv ist die günstige XC-Variante im Telezoombereich, mit immerhin stolzen 50 bis 230 mm. Die Bildqualität ist überdurchschnittlich gut für ein Telezoom dieser Preisklasse. Die Lichtstärke ist allerdings deutlich geringer und fängt erst bei f4,5 an. Wen das nicht stört, der findet mit nur 380 Gramm einen leichten Begleiter, der auch einen Bildstabilisator enthält. Entsprechend der günstigen XC-Bauweise ist auch der Preis mit ca. 300 € moderat. Von der optischen Leistung ist das Objektiv in der gleichen Liga wie das eben erwähnte XF 55–200 mm angesiedelt, aber der Autofokus ist nochmals eine Spur langsamer. Es ist also auch nicht unbedingt ein Objektiv für die Sportfotografie. Ich verwende dieses Objektiv wegen seines geringen Gewichts als Reisezoom. Für die Sportfotografie oder Porträtaufnahmen kommt bei mir dann das XF 50–140 mm zum Einsatz.

Abbildung 10.11 *Im Gegensatz zu den anderen beiden Teleobjektiven ist das XF 55–200 mm F3.5–4.8 R LM OIS fast schon ein Leichtgewicht. Es bringt einen Bildstabilisator mit. (Bild: Fujifilm)*

Abbildung 10.12 *Das Fujinon XC 50–230 mm F4.5–6.7 OIS II ist das leichteste Telezoom und hat auch einen Bildstabilisator. (Bild: Fujifilm)*

Objektiv	Gewicht	Preis ca.	Durchmesser	KB
Fujinon XF 50–140 mm F2.8 R LM OIS WR	1000 g	1500 €	Ø 72 mm	75–210 mm
Fujinon XF 100–400 mm F4.5–5.6 R LM OIS WR	1380 g	1800 €	Ø 77 mm	152–609 mm
Fujinon XF 55–200 mm F3.5–4.8 R LM OIS	590 g	650 €	Ø 62 mm	84–305 mm
Fujinon XC 50–230 mm F4.5–6.7 OIS II	380 g	300 €	Ø 58 mm	75–345 mm

Tabelle 10.3 *Überblick zu den verschiedenen Telezooms für die X-Serie*

10.1.3 Weitwinkelzooms

Bei Weitwinkelobjektiven haben Sie eine kurze Brennweite, aber dafür ist der Bildwinkel häufig größer, als es dem Eindruck des menschlichen Auges entspricht. Mit einem solch großen Ausschnitt bekommen Sie viele Informationen auf das Bild. In der Praxis sind solche Objektive sehr beliebt in der Landschaftsfotografie, bei Architekturaufnahmen oder beim Ablichten von Innenräumen.

Fujinon XF 8–16 mm F2.8 R LM WR | Das wetterfeste Weitwinkelzoom fängt bei 8 mm (KB: 12 mm) an und geht hoch bis 16 mm (KB: 24 mm) bei durchgehend gleicher Lichtstärke von ƒ2,8. Damit eignet sich das Objektiv nicht nur für die üblichen Motive wie Landschaft oder Architektur, sondern auch hervorragend für das Fotografieren des Sternenhimmels. Auch hier handelt es sich um ein Spitzenobjektiv mit dem roten XF-Label. Wegen der durchgehenden Lichtstärke ist die Bauweise des Objektivs größer, und es wiegt stolze 810 Gramm. Der Preis liegt bei 1900 €. Dafür sind der Autofokus und die Bildqualität auf höchstem Niveau: Das Objektiv zeichnet bis in die Ecken scharf, was bei einem Weitwinkel nicht immer der Fall ist. Allerdings enthält dieses Objektiv wegen der gewölbten Linse kein Filtergewinde. Das ist gerade für Landschafts- und Architekturfotografen ein großes Manko, da sie doch gerne einen ND-Filter für die Langzeitbelichtung verwenden.

Abbildung 10.13 Mehr Weitwinkel als mit dem Fujinon XF 8–16 mm F2.8 R LM WR geht nicht bei der X-Serie. (Bild: Fujifilm)

Fujinon XF 10–24 mm F4 R OIS | Dieses Objektiv bringt nicht ganz so viel Weitwinkel und Lichtstärke mit wie das XF 8–16 mm F2.8 R LM WR. Trotzdem liefert es ebenfalls eine gute Bildqualität und hat einen zuverlässigen Autofokus. Die Lichtstärke bleibt konstant mit ƒ4. Das Objektiv hat auch einen Bildstabilisator, obgleich Sie diesen bei einer solchen Brennweite nicht unbedingt benötigen. Die Verzeichnungen im Randbereich sind sehr gering. Das Objektiv ist mit 410 Gramm nur halb so schwer wie das XF 8–16 mm, und auch der Preis liegt mit 900 € etwa bei der Hälfte. Im Gegensatz zum XF 8–16 mm können Sie an dieses Objektiv einen ND-Filter anschrauben. Sollten Sie allerdings ein Weitwinkel für die Astrofotografie benötigen, dann ist die Lichtstärke des Objektivs zu schwach. Alternativ böte sich das XF 14 mm F2.8 an, das allerdings 4 mm weniger Weitwinkel hat und ein Festbrennweitenobjektiv ist.

Abbildung 10.14 *Auch das Fujinon XF 10–24 mm F4 R OIS liefert einen enormen Weitwinkel mit geringen Verzerrungen. (Bild: Fujifilm)*

Objektiv	Gewicht	Preis ca.	Durchmesser	KB
Fujinon XF 8–16 mm F2.8 R LM WR	810 g	1900 €	–	12–24 mm
Fujinon XF 10–24 mm F4 R OIS	410 g	900 €	Ø 72 mm	15–36 mm

Tabelle 10.4 *Überblick über die verschiedenen Weitwinkelzooms der X-Serie*

10.1.4 Festbrennweiten

Der eine oder andere stellt sich vielleicht die Frage: Festbrennweite oder Zoomobjektiv? Ganz klar: Mit einem Zoomobjektiv sind Sie flexibler. Bei einer Festbrennweite steckt das Zoom in den Beinen des Fotografen, wenn man den Bildausschnitt ändern will. Auch haben Zoomobjektive den Nachteil, dass Schärfe, Randschärfe und Offenblende häufig nicht so gut sind wie mit vergleichbaren Objektiven mit einer festen Brennweite. Ein weiterer Pluspunkt für Festbrennweiten ist natürlich die große Blendenöffnung, die bei $f1,2$ beginnt (XF 56 mm). Bei Zoomobjektiven geht es erst bei $f2,8$ los. Weitere Pluspunkte sind die kompakte Bauweise und das geringe Gewicht von Festbrennweiten.

> **Festbrennweiten für Anfänger?**
> Gerade Einsteiger empfinden es zunächst als Einschränkung, nicht zoomen zu können, und entschließen sich daher häufig für ein Standardzoom. Meistens wird eine solche Linse ja schon für einen geringen Aufpreis beigelegt. Trotzdem empfehle ich Anfängern, sich mindestens noch eine Festbrennweite zuzulegen, weil sie sich so mehr mit dem Abstand, dem Blickwinkel und der Perspektive beschäftigen müssen. Dies schult den fotografischen Blick ungemein.

Für die X-Serie finden Sie eine große Auswahl an Festbrennweiten. Dies beginnt mit einem Weitwinkelobjektiv ab 12 mm und endet mit einer Telebrennweite von 200 mm. Anders als bei Objektiven mit Zoom finden Sie hier auch einige Objektive von Fremdherstellern.

Festbrennweiten von Fujifilm | Fujifilm ist bekannt für seine vielen ausgezeichneten und relativ erschwinglichen Festbrennweiten. Von einigen Fujinon-Festbrennweiten wie dem XF 16 mm, dem XF 23 mm oder dem XF 35 mm gibt es zwei Versionen: eine Version mit weniger und eine mit mehr Lichtstärke. Mehr Lichtstärke bedeutet wieder eine größere Bauweise und mehr Gewicht. Auch der Preis ist bei der lichtstärkeren Version etwas höher. Die Entscheidung für das eine oder das andere hängt wohl wieder von Ihrem Anwendungszweck ab. Sie müssen selbst entscheiden, ob Sie beispielsweise bei 23 mm (KB: 35 mm) eine Blende von ƒ1,4 benötigen oder ob Ihnen Blende ƒ2 ausreicht. Bei 35 mm gibt es mit dem XC 35 mm ƒ2 sogar noch eine dritte preiswerte Version.

Abbildung 10.15 *Das XF 23 mm F2 zeichnet sich durch seine kompakte Bauweise aus. (Bild: Fujifilm)*

Abbildung 10.16 *Wer mehr Lichtstärke benötigt, greift zum XF 23 F1.4. Allerdings wird dadurch das Objektiv auch größer und schwerer. (Bild: Fujifilm)*

Sie finden an dieser Stelle nicht für jedes Objektiv eine Beschreibung, weil sich vieles sonst wiederholen würde, nur dass eben die Brennweite und eventuell die Lichtstärke anders sind. Dennoch will ich das XF 56 mm F1.2 (KB: 84 mm) hervorheben, weil es sich um die Porträtlinse schlechthin handelt. Der Autofokus und die Bildqualität sind auf höchstem Niveau. Der eine oder andere mag etwas irritiert sein, weil es auch noch eine Version mit dem Kürzel APD gibt. Dabei handelt es sich um ein Objektiv mit Apodisationsfilter, der dafür sorgt, dass das Bokeh noch cremiger wirkt und das Motiv noch plastischer hervorgehoben wird. Das Objektiv ist übrigens das erste (und immer noch einzige) Objektiv im Allgemeinen mit Apodisationsfilter und Autofokus. Wenn Ihnen die höchste Qualität des Unschärfebereiches wichtig ist, dann werden Sie für Fujifilm-Kameras nichts Besseres finden. Ob Ihnen ein schöneres Bokeh den Aufpreis wert ist, müssen Sie selbst entscheiden.

Abbildung 10.17 *Das XF 56 mm F1.2 ist ein Porträtobjektiv mit einem besonders schönen Bokeh. Mehr Lichtstärke geht bei Fujifilm nicht. Von diesem Objektiv gibt es noch eine Version mit dem Kürzel APD, mit dem die Unschärfe noch feiner wird. (Bild: Fujifilm)*

In Tabelle 10.5 finden Sie eine Übersicht zu den Fujinon-Festbrennweiten sortiert nach Brennweite in aufsteigender Reihenfolge.

Objektiv	Gewicht	Preis ca.	Durchmesser	KB
Fujinon XF 14 mm F2.8 R	235 g	900 €	Ø 58 mm	21 mm
Fujinon XF 16 mm F2.8 R WR	155 g	360 €	Ø 49 mm	24 mm
Fujinon XF 16 mm F1.4 R WR	375 g	920 €	Ø 67 mm	24 mm
Fujinon XF 18 mm F2 R	116 g	525 €	Ø 52 mm	27 mm
Fujinon XF 23 mm F1.4 R	300 g	850 €	Ø 62 mm	35 mm
Fujinon XF 23 mm F2 R	180 g	450 €	Ø 43 mm	35 mm
Fujinon XF 27 mm F2.8	78 g	380 €	Ø 39 mm	41 mm
Fujinon XF 35 mm F1.4 R	187 g	550 €	Ø 52 mm	53 mm
Fujinon XF 35 mm F2 R	170 g	400 €	Ø 43 mm	53 mm
Fujinon XC 35 mm F2	130 g	200 €	Ø 43 mm	53 mm
Fujinon XF 50 mm F2 R WR	200 g	450 €	Ø 46 mm	76 mm
Fujinon XF 56 mm F1.2 R	405 g	900 €	Ø 56 mm	84 mm
Fujinon XF 56 mm F1.2 R APD	404 g	1250 €	Ø 62 mm	84 mm
Fujinon XF 90 mm F2 R	540 g	900 €	Ø 62 mm	137 mm
Fujinon XF 200 mm F2 R LM OIS WR	2265 g	6000 €	Ø 105 mm	305 mm

Tabelle 10.5 *Übersicht zu den Festbrennweiten für die X-Serie von Fujifilm*

Festbrennweiten von Fremdherstellern | Es gibt natürlich auch viele Fremdhersteller, die Objektive für die X-Serie anbieten. Kompatibel inkl. Autofokus und Datenübertragung mit dem Anschluss der X-T4 sind allerdings nur Zeiss-Touit-Objektive. Zeiss hat verschiedene Touit-Objektive für den X-Mount im Programm, die eine sehr gute Bildqualität liefern. Auch der Autofokus funktioniert mit ihnen sehr gut. Speziell wären dies das Weitwinkel Zeiss Touit 12 mm F2.8 und ein klassisches Normalobjektiv mit dem Namen Zeiss Touit 32 mm F1.8.

Es gibt auch manuelle Objektive von anderen Herstellern wie Samyang, die keinerlei Autofokus anbieten und bei denen die Blende direkt am Objektiv eingestellt wird. Der Klassiker und sehr beliebt ist das Weitwinkel von Samyang mit 12 mm F2.0, weil es im Verhältnis zum Zeiss Touit 12 mm F2.8 mit ca. 900 € oder dem Fujinon 14 mm F2.8 mit ca. 950 € wesentlich günstiger ist (ca. 350 €) und bei guter Lichtstärke trotzdem eine gute Qualität liefert. Dank der hohen Lichtstärke eignet sich dieses Objektiv für Nachtaufnahmen und Aufnahmen vom Sternenhimmel.

Es gibt noch eine Reihe weiterer Hersteller wie Meike, 7artisans, Kamlan, Zonlai oder Walimex, die Objektive für den X-Mount produzieren und anbieten. Allerdings handelt es sich auch hier nur um rein manuelle Objektive, wie das eben genannte Samyang mit 12 mm. Häufig erhalten Sie mit diesen Objektiven viel Lichtstärke für sehr wenig Geld mit einer sehr guten

Bildqualität. Trotzdem heißt »komplett manuell«, dass keine elektronische Verbindung zwischen dem Objektiv und der Kamera besteht. Sie müssen also neben der Blende auch den Fokus manuell einstellen, was dank des Focus Peaking jedoch ohne Probleme möglich ist.

Die X-T4 löst nicht mit Objektiven von Fremdherstellern aus?

Manuelle Objektive von Fremdherstellern wie Samyang sind im Grunde nur adaptierte Objektive, mit denen die X-T4 nicht viel anzufangen weiß, so dass sie auch nicht auslöst. Es werden keine Daten vom Objektiv an die X-T4 übertragen. Damit die Kamera trotzdem auslöst, müssen Sie im Kameramenü die Option **Einrichtung > Tasten/Rad-Einstellung > Aufn. ohne Obj.** auf **An** stellen. Drehen Sie außerdem den Fokusschalter auf **M**, so dass Ihnen auch die Fokushilfe-Funktionen wie Focus Peaking zur Verfügung stehen.

Da ich eben kurz erwähnt habe, dass die meisten Objektive von Fremdherstellern adaptierte Objektive sind, für die Sie keinen Adapter benötigen, möchte ich noch ein paar Zeilen zum Adaptieren von Objektiven ergänzen. In der Theorie können Sie auf der X-T4 so gut wie jedes Objektiv adaptieren. Alles, was Sie dafür benötigen, ist ein passender Adapter.

Beim Fotografieren mit einem solchen Adapter müssen Sie ebenfalls die Einstellung **Aufn. ohne Obj.** aktivieren. Auch in diesem Fall operieren Sie komplett manuell. Aufgrund der manuellen Blendensteuerung sind daher nur die Programmmodi **A** und **M** sinnvoll. Schwieriger wird es bei neueren Objektiven ohne mechanischen Blendenring, die Sie zwar auch adaptieren, bei denen Sie aber die Blende nicht verstellen können. Einige Objektivadapter bieten eigene Blendenringe an, mit denen Sie die entsprechende Einstellung vornehmen können. Bei Kleinbildobjektiven (Vollformat) kommt es zu einem Beschnitt des Bildwinkels, weil die X-T4 einen APS-C-Sensor hat. Es gibt sogenannte *Reduktionsadapter* (beispielsweise von Metabones), die diesen Beschnitt verhindern.

Die Welt des Adaptierens von Objektiven ist ziemlich groß und es ist unmöglich, gezielt einzelne Empfehlungen zu geben. Dafür gibt es einfach zu viele unterschiedliche Möglichkeiten. Die Auswahl von X-Mount-Objektivadaptern ist enorm, aber wählen Sie nicht unbedingt den günstigsten Adapter für 10 €. Jedoch können sich auch extrem teure Adapter für die seit langem geliebte Linse als große Enttäuschung entpuppen. Bedenken Sie immer, dass gerade alte Objektive nicht für die digitale Welt gemacht wurden.

Abbildung 10.18 Hier habe ich das über 40 Jahre alte Makroobjektiv Canon 100 FD F4 an die X-T4 adaptiert.

Abbildung 10.19 Das adaptierte Objektiv im Einsatz. Die Blendenwerte werden nicht vom Objektiv übertragen und müssen manuell eingestellt werden.

10.1.5 Makroobjektive

Auch für die Makrofotografie gibt es ein paar spezielle Objektive von Fujifilm. Damit können Sie kleine Dinge wie Insekten oder Blumen ganz groß darstellen. Da Makroobjektive häufig eine längere Brennweite haben und zudem sehr scharf sind, lassen sie sich auch in der Porträtfotografie verwenden. Die Auswahl an Fujinon-Makroobjektiven ist allerdings noch recht bescheiden.

Fujinon XF 60 mm F2.4 R Macro | Das XF 60 mm war das erste Makroobjektiv für die X-Serie auf dem Markt und bietet eine sehr gute Bildqualität. Auch die Lichtstärke von $f2{,}4$ liefert bei Porträtaufnahmen noch genügend Raum für ein großartiges Bokeh. Das Objektiv ist nicht das schnellste, wenn es um den Autofokus geht. Allerdings dürfte das nicht sonderlich stören, da man bei Makroaufnahmen ohnehin häufig manuell fokussiert. Die Naheinstellgrenze beträgt 26,7 cm. Einzig die Tatsache, dass hiermit nur ein Abbildungsmaßstab von 1:2 möglich ist, trübt den Eindruck ein wenig. Der Preis liegt bei ca. 630 €.

Abbildung 10.20 *Das Fujinon XF 60 mm F2.4 R Macro liefert knackscharfe Bilder. (Bild: Fujifilm)*

Zeiss Touit 50 mm F2.8 | Das Zeiss Touit 50 mm hat zwar eine 10 mm kürzere Brennweite als das Fujinon XF 60 mm, dafür aber einen Abbildungsmaßstab von 1:1. Das Objektiv ist ebenfalls sehr scharf, und der Autofokus arbeitet sehr zuverlässig. Die Naheinstellgrenze dieses Objektivs liegt bei 15 cm. Das Objektiv ist mit nur 290 g sehr leicht und liegt auch sehr gut in der Hand. Wegen des geringen Gewichts und guten Handlings ist es auch für Porträts geeignet. Dafür kostet es auch stolze 850 €.

Fujinon XF 80 mm F2.8 R LM OIS WR Macro | Dies dürfte das wohl beste Makroobjektiv für den X-Mount sein: Der Abbildungsmaßstab beträgt 1:1, es ist wetterfest, lichtstark und hat einen Bildstabilisator. Die Naheinstellgrenze beträgt 25 cm, und die Bildqualität ist vom Feinsten. Allerdings wiegt das gute Stück auch 750 g und kostet um die 1180 €. Das Objektiv kann zudem mit dem Telekonverter XF 1.4× TC WR auf 112 mm $f4$ und mit dem XF 2× TC WR auf 160 mm $f5{,}6$ erweitert werden.

Abbildung 10.21 *Das Fujinon XF 80 mm F2.8 R LM OIS WR Macro ist das derzeit wohl beste Makroobjektiv von Fujifilm. (Bild: Fujifilm)*

In Tabelle 10.6 finden Sie eine Übersicht zu den Makroobjektiven sortiert nach Brennweite in aufsteigender Reihenfolge.

Objektiv	Gewicht	Preis ca.	Durchmesser	KB
Zeiss Touit 50 mm F2.8	290 g	850 €	Ø 52 mm	76 mm
Fujinon XF 60 mm F2.4 R Macro	215 g	630 €	Ø 39 mm	91 mm
Fujinon XF 80 mm F2.8 R LM OIS WR Macro	750 g	1180 €	Ø 80 mm	122 mm

Tabelle 10.6 *Übersicht zu den Makroobjektiven*

10.1.6 Telekonverter

Die beiden Telekonverter Fujinon XF 1.4× TC WR und XF 2× TC WR habe ich bereits kurz erwähnt. Mit ihnen ist es möglich, die Brennweite von bestimmten Fujinon-Objektiven um den Faktor 1,4 bzw. 2 zu erweitern. Entsprechend sinkt der Blendenwert. Aktuell können diese Telekonverter mit folgenden Objektiven verwendet werden:

- **Fujinon XF 80 mm F2.8 R LM OIS WR Macro**: Der XF 1.4× TC WR macht daraus ein 112 mm ƒ4 und der XF 2× TC WR ein 160 mm ƒ5,6.

- **Fujinon XF 50–140 mm F2.8 R LM OIS WR**: Der XF 1.4× TC WR macht daraus ein 70–190 mm ƒ4 und der XF 2× TC WR ein 100–280 mm ƒ5,6.

- **Fujinon XF 100–400 mm F4.5–5.6 R M OIS WR**: Der XF 1.4× TC WR macht daraus ein 140–560 ƒ5,6–8 und der XF 2× TC WR ein 200–800 ƒ9–11.

Abbildung 10.22 *Telekonverter XF 1.4× TC WR (Bild: Fujifilm)*

10.2 Mehr Energie mit dem Batteriegriff

Mit einem Batteriegriff an der X-T4 haben Sie mehr Grifffläche und auch mehr Energiereserven. Bei Personen mit großen Händen ist diese zusätzliche Grifffläche optimal, weil die X-T4 eher zierlich ist, und auch wenn Sie schwerere Objektive an der X-T4 verwenden, wie beispielsweise das XF 100–400 mm, dann wirkt das Handling viel ausbalancierter. Zudem ist das Drehen ins Hochformat damit wesentlich einfacher, weil Sie alle wichtigen Steuerelemente vom Querformat auch im Hochformat wiederfinden und somit keine Verrenkungen mehr nötig sind.

Für die X-T4 bietet Fujifilm den Batteriegriff VG-XT4 für ca. 280–320 Euro an. Im Batteriegriff können Sie zwei weitere Akkus vom Typ NP-W235 einlegen und haben dann dreimal so viel Power, da auch der Akku in der Kamera mitverwendet werden kann. Das ist großartig gelöst, da man bei anderen Herstellern den Akku aus der Kamera nehmen muss, um den Batteriegriff dort hineinzustecken. Der Batteriegriff funktioniert aber auch mit nur einem Akku. Der Zustand der Akkus im Handgriff wird im Sucher bzw. auf dem Display rechts unten angezeigt. Bei der Verwendung mehrerer Akkus verbraucht die X-T4 zunächst die Akkus im Batteriegriff einzeln hintereinander und zieht nicht von allen Akkus gleichzeitig Strom. Beachten Sie, dass zum Batteriegriff keine weiteren Akkus mitgeliefert werden. Sie müssen also mindestens einen weiteren Akku erwerben. Die Akkus lassen sich auch direkt am Griff aufladen.

Abbildung 10.23 *Der Batteriegriff VG-XT4 (Bild: Fujifilm)*

Abbildung 10.24 *Der Ladezustand aller einzelnen Akkus wird rechts unten angezeigt. Ein Akku ist bereits leer.*

Anzahl der Aufnahmen

Die Anzahl der Aufnahmen, die mit einer vollen Akkuladung mit einem einzelnen Originalakku möglich sind, wird mit ca. 500 Bildern mit dem elektronischen Sucher angegeben, im leistungsverstärkten Modus natürlich weniger. Verwenden Sie hingegen den Eco-Modus (über **Einrichtung > Power Management > Leistung**), dann sind sogar 600 Bilder möglich. Mit dem Batteriegriff und insgesamt drei Akkus dürften es dann mindestens dreimal 500 Bilder sein, obgleich Fujifilm 1450 Bilder im normalen und 1700 Bilder im Eco-Modus angibt. Die Angaben sind allerdings eher theoretischer Natur, weil ja keine Aktionen – wie beispielsweise das Anpassen der Einstellungen oder einfach die Verwendung des Displays, während nicht fotografiert wird – berücksichtigt sind. Auch das verwendete Objektiv spielt eine Rolle.

Ebenfalls sehr praktisch ist es, dass – wie bereits erwähnt – im Hochformat alle wichtigen Steuerelemente wie Auslöser, **Fn**-Taste, **Q**-Taste, **AEL**, **AF-ON**, das hintere und vordere Einstellrad und der Fokushebel vorhanden sind. Um den Batteriegriff verwenden zu können, darf dieser allerdings nicht auf der **Lock**-Stellung beim Auslöser stehen.

Am Schalter **Boost** können Sie die Kamera in den **Leistungsverstärkungsmodus** umschalten. Mit diesem Modus werden die Autofokusgeschwindigkeit und die Sucher-Bildwiederholungsrate erhöht. Auch den energiesparenden **Economy**-Modus können Sie über einen Schalter aktivieren. Die Modi können Sie allerdings auch ohne Kameragriff über die Auswahltaste nach unten bzw. im Kameramenü **Einrichtung > Powermanagement > Leistung** einstellen.

10.3 Akkus für die X-T4

Ein Thema, das immer wieder diskutiert wird, sind die Akkus. Sie sollten für die X-T4 schon ein paar Ersatzakkus dabeihaben, wenn Sie einen Tag unterwegs sind. Ein Originalakku NP-W235 von Fujifilm kostet um die 70 €. Ein mitgeliefertes Ladegerät hat sich Fujifilm mit der X-T4 leider gespart, wodurch man den Akku in der Kamera über das mitgelieferte USB-C-Kabel aufladen muss. Wer ein eigenes Ladegerät haben will, der muss nochmals 70 € auf den Tisch legen und sich das Ladegerät BC-W235 von Fujifilm kaufen. Immerhin können Sie damit gleich zwei NP-W235-Akkus gleichzeitig aufladen.

Abbildung 10.25 *Originalakkus NP-W235 von Fujifilm*

Abbildung 10.26 *Das optional erhältliche Ladegerät BC-W235 von Fujifilm kann zwei Akkus gleichzeitig laden. (Bild: Fujifilm)*

Zur Drucklegung gab es noch keine günstigeren Fremdhersteller-Angebote für kompatible NP-W235-Akkus, aber die werden sicherlich recht schnell kommen. Sie müssen selbst entscheiden, ob Sie Fremdhersteller-Akkus verwenden wollen, nicht zuletzt, weil Sie keinen Garantieanspruch für die Kamera mehr haben, wenn Sie keine Originale verwenden. Originalakkus sind thermisch besser isoliert und halten gewöhnlich auch etwas länger durch. Ein weiterer bedeutender Vorteil von Originalakkus ist, dass bei ihnen, dank eines verbauten Thermistors, thermische Schäden durch Überhitzung verhindert werden, vorausgesetzt natürlich, Sie laden sie im Original-Ladegerät auf. Dieser Schutz erhöht die Lebensdauer ebenfalls deutlich. Bei thermischen Schäden könnten sich im schlimmsten Fall die Akkus verformen bzw. anschwellen, womit sie sich nicht mehr aus der Kamera entfernen lassen. Im Allgemeinen bieten Fremdhersteller-Akkus diesen Schutz meines Wissens nach nicht.

10.4 Fernauslöser

Bei längeren Belichtungen vom Stativ ist es häufig sinnvoll, einen Fernauslöser zu verwenden, um Verwacklungen durch Drücken des Auslösers zu vermeiden. In Abschnitt 8.13, »Die Kamera mit mobilen Geräten fernsteuern«, haben Sie bereits erfahren, wie Sie die X-T4 mit einem mobilen Gerät fernauslösen können. Wie beim Akku stehen Sie vor der Wahl, den Fernauslöser *Fujifilm RR-100* zu erwerben oder sich eine der vielen Fujifilm-kompatiblen Fremdhersteller-Lösungen zuzulegen. Den Anschluss für den 2,5-mm-Klinkenstecker finden Sie links an der Kamera, wenn Sie die Klappe für die Anschlüsse öffnen. Idealerweise haben solche Fernauslöser auch einen feststellbaren Bulb-Schalter für die Langzeitbelichtung.

Abbildung 10.27 *Der Fernauslöser wird (von hinten betrachtet) links oben eingesteckt. Hier habe ich einen einfachen, günstigen Fujifilm-kompatiblen Fernauslöser von JJC verwendet. Er ist nicht so wertig wie der RR-100, aber er tut, was er soll.*

10.5 Sensorreinigung

Wenn Sie häufiger Ihre Objektive wechseln, gelangt früher oder später Staub auf den Sensor, der durch störende Flecken in der Aufnahme sichtbar wird. Ein gutes Hilfsmittel ist es, für jedes Ein- und Ausschalten die Sensorreinigung der Kamera zu aktivieren. Dabei wird der Sensor kurz in Vibration versetzt, um eventuell vorhandene Staubpartikel zu lösen. Standardmäßig ist diese Funktion beim Ausschalten der Kamera aktiv und wird mit **Sensorreinigung** auf dem Display angezeigt. Da Staub gewöhnlich durch einen Objektivwechsel auf den Sensor gelangt, aktivieren Sie auch gleich die Sensorreinigung beim Start, indem Sie im Kameramenü **Einrichtung > Benutzer-Einstellung > Sensorreinigung > Wenn eingeschaltet** auf **An** stellen.

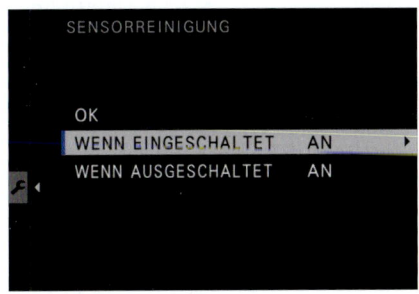

Abbildung 10.28 *Sensorreinigung beim Einschalten aktivieren*

Die Sensorreinigung hilft allerdings nur bei leichtem Staub auf dem Sensor. Bei hartnäckigen Fällen müssen Sie den Sensor selbst reinigen oder professionell reinigen lassen. Zwar ist das Reinigen des Sensors kein Hexenwerk, aber Sie müssen entscheiden, ob Sie es selbst machen oder doch lieber von einem Fotofachhändler erledigen lassen wollen. Generell gilt für alle Arten der Reinigung, dass Sie die Kamera zunächst ausschalten und das Objektiv abnehmen müssen.

Sensorstaub sichtbar machen

Sensorstaub macht sich durch schwarze Punkte im Bild bemerkbar. Wollen Sie gezielt danach suchen, schließen Sie einfach die Blende so weit wie möglich (beispielsweise f22) und fotografieren gegen den blauen Himmel oder eine weiße Wand.

10.5.1 Reinigung mit dem Blasebalg

Die einfachste Lösung dürfte die Sensorreinigung mit einem Blasebalg sein. Damit lassen sich ganz gut Staub und Partikel entfernen, die die normale Sensorreinigung der Kamera nicht mehr schafft. Wichtig ist aber, dass Sie mit der Spitze des Blasebalgs nicht den Sensor berühren. Wenn Sie die Öffnung der Kamera nach unten halten, kann der Staub herausfallen.

Abbildung 10.29 *Der Sensor wird mit Hilfe eines Blasebalgs von Staub befreit.*

Blasebalg – meine Empfehlung

Blasebalg ist nicht gleich Blasebalg. Es gibt günstigere Versionen, bei denen es durchaus passieren kann, dass während der Reinigung die Düse aus dem Blasebalg herausgeschossen wird und den Sensor trifft. Ich habe mir kürzlich angewöhnt, bei einem solchem Blasebalg die Düse mit einem Gummikleber festzukleben. Oder Sie investieren in einen etwas höherwertigen Blasebalg wie den *VSGO Hurrican* mit Staubfilter. Dieser hat eine Düse aus Silikon, zwei Ventile und einen Filter, wodurch nur gefilterte Luft ausgestoßen werden kann. Zudem wirft er einen deutlich stärkeren Luftstoß aus als die günstigeren Varianten. Definitiv sollten Sie aber beim Kauf eines Blasebalgs darauf achten, dass er eine weiche Silikondüse an der Spitze hat, für den Fall, dass Sie unruhige Hände haben und den Sensor versehentlich berühren.

Abbildung 10.30 *Links ein Blasebalg mit einer solchen Düse, die sich lösen kann und mit der harten Düsenspitzen auch den Sensor beschädigen könnte. Ich habe ihn durch den Blasebalg rechts mit einer Silikondüse und einem eingebauten Ventil ausgetauscht.*

10.5.2 Trockenreinigung mit Sensorkontakt

Auf Reisen habe ich immer einen Trockenreinigungstupfer wie den *Eyelead Sensor Adhäsionstupfer* oder das *Pentax Sensor Cleaning Kit* bei mir. Bei diesem Werkzeug bleiben Staub oder Partikel am Viskosestempel kleben, den Sie dann für die erneute Verwendung auf einem klebrigen Papier abtupfen müssen. Hierbei sollten Sie allerdings die Sensorfläche nur ganz leicht mit der Spitze berühren.

10.5.3 Feuchtreinigung mit Sensorkontakt

Für eine ordentliche Reinigung des Sensors können Sie auf Sets für die Feuchtreinigung setzen. Hier wird ein Stäbchen mit einem passenden Lösungsmittel verwendet, um den Sensor durch Wischen von links nach rechts und dann nochmals von rechts nach links zu reinigen. Wichtig ist dabei, dass Sie die Stäbchen passend für die Sensorbreite kaufen, bei der X-T4 also passend für einen APS-C-Sensor.

Abbildung 10.31 *Wer sich traut, kann seinen Sensor auch selbst mit einem Feuchtreinigungs-Set für APS-C-Sensoren reinigen.*

10.6 Firmware-Upgrade

Die aktuellste Firmware stellt sicher, dass die Kamera reibungslos funktioniert, und liefert auch gelegentlich das eine oder andere neue Feature mit. Die neueste Firmware für die X-T4 finden Sie unter: *www.fujifilm.com/support/digital_cameras/software/fw_table.html*.

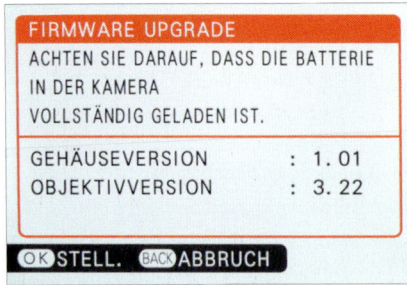

Abbildung 10.32 *Die Firmwareversionen der X-T4 und des angeschlossenen Objektivs werden angezeigt.*

Wollen Sie wissen, ob Sie auf dem neuesten Stand sind, schalten Sie die Kamera ein und halten dabei die **DISP/BACK**-Taste gedrückt. Neben der Firmwareversion der Kamera wird die Firmwareversion für das angeschlossene Objektiv eingeblendet. Brechen Sie den Vorgang mit der **DISP/BACK**-Taste ab.

Firmware für Objektive upgraden

So, wie Sie die Firmware der X-T4 anpassen können, können Sie auch die Firmware des Objektivs upgraden, um eventuelle Fehler zu beheben oder Verbesserungen hinzuzufügen. Hierzu muss das entsprechende Objektiv an der Kamera angeschlossen sein. Die neueste Firmware für Fujinon-Objektive finden Sie auf derselben Website wie das Firmware-Upgrade des X-T4-Systems; scrollen Sie einfach weiter nach unten.

SCHRITT FÜR SCHRITT
Firmware-Upgrade durchführen

1 Firmware-Upgrade herunterladen
Laden Sie sich die neueste Firmware von der Website www.fujifilm.com/support/digital_cameras/software/fw_table.html herunter, und speichern Sie die Datei auf Ihrem Computer.

2 Firmware auf die SD-Karte kopieren
Kopieren Sie als Nächstes die heruntergeladene Firmware mit der Dateiendung **DAT** auf eine SD-Karte. Wichtig ist, dass die SD-Karte leer ist. Am besten formatieren Sie die SD-Karte vorher in der Kamera über **Einrichtung > Benutzer-Einstellung > Formatieren**. Beachten Sie, dass dabei alle darauf gespeicherten Daten gelöscht werden. Die Datei mit dem Firmware-Upgrade sollte außerdem auf die oberste Ebene der SD-Karte kopiert werden und nicht in einem Ordner liegen.

Akku laden!

Verwenden Sie für ein Firmware-Upgrade immer einen voll aufgeladenen Akku!

3 Firmware-Upgrade durchführen

Schalten Sie die X-T4 aus, stecken Sie die SD-Karte in den Steckplatz, und halten Sie beim Einschalten der Kamera die **DISP/BACK**-Taste gedrückt. Es erscheint wieder der Bildschirm mit der aktuellen Firmware. Drücken Sie jetzt die **MENU/OK**-Taste, und wählen Sie den Eintrag **Gehäuse** aus. Wenn Sie ein Objektiv upgraden wollen, dann wählen Sie **Objektiv** aus – vorausgesetzt natürlich, Sie haben die neueste Firmware für das Objektiv heruntergeladen, auf der SD-Karte gespeichert und das Objektiv an der Kamera angeschlossen. Drücken Sie erneut die **MENU/OK**-Taste, um das Firmware-Upgrade durchzuführen. Warten Sie jetzt, bis der Vorgang des Upgrades komplett abgeschlossen ist. Schalten Sie die Kamera auf keinen Fall vorher aus!

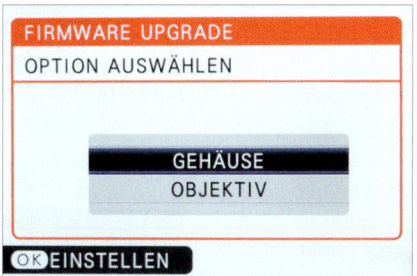 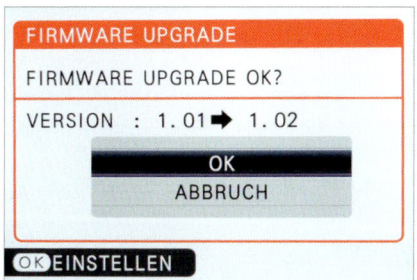

Abbildung 10.33   Wählen Sie aus, was ein Upgrade erhalten soll und bestätigen Sie dann die Firmware-Version.

4 Firmware-Upgrade prüfen

Wenn das Firmware-Upgrade fertig ist, erscheint eine entsprechende Meldung auf dem Bildschirm. Jetzt können Sie die Kamera aus- und wieder einschalten und mit gehaltener **DISP/BACK**-Taste während des Einschaltens die Firmware prüfen.

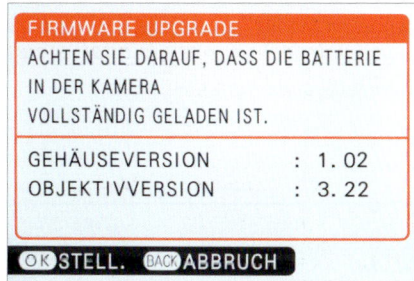

Abbildung 10.34   Überprüfen Sie das Firmware-Upgrade

Index

18 % Grau 109
180-Grad-Regel 265
4K 280
4K Interf-Rauschmind 269
4K-Film-Ausgabe 285

A

Abblenden 67
Abstandsanzeige 131
Achromat 218
Acros (Filmsimulation) 148
Adobe RGB 172
Adv. (Erweiterte Filter) 25, 159
AE/AF-Lock-Modus 86, 124
AEL 18, 25, 86
AF+MF 136
AF-Abstandsanzeige 132
AF-C 112
   anpassen 121
   beim Filmen 259
   Benutzerdef.Einst. 121
AF-Geschwindigkeit 259
AF-Hilfslicht 20, 112
AF-Modus 110, 113
   Alle 115
   d. Ausr. speich. 129
   Einzelpunkt 115
   Geschw.Verfolg.-Empfindl.K 123
   Verfolgung 120
   Verfolgungs-Empfindlichk. 122
   Weit/Verfolgung 120
   Zone 118
   Zonenbereichsumschaltung 123
AF-Modus d. Ausr. speich. 212
AF-ON 18, 25, 125, 136
   speichern 124
AF-S 111
   beim Filmen 260
Akku 314
All-Intra 268
Anzahl der Fokussierpunkte 117

Anzeigeeinst große Indik 182
Architekturfotografie 229
Astia (Filmsimulation) 147
Audioeinstellung 288
Aufn. ohne Obj. 310
Aufnahmebetriebsart 17, 25
   BKT 94
   HDR 27
Aufnahmedauer beim Filmen 285
Aufnahmeprogramm → Programmmodus
Augenerkennung 129, 211
Augensensor 18, 28–29
Auslöse-Lautstärke 38
Auslösepriorität 124
Auslöser AF 126
Auslösertyp 38, 61
Auswahltasten 19
Auto Priorität-Umgebung 104
Auto Priorität-Weiß 104
Auto-Belichtungs-Serie 94, 238
Autofokus
   beschleunigen 110
   prädiktiver 113
Auto-ISO 69
   im manuellen Modus 75
Autom. ISO-Einst. 73
AWB → Weißabgleich

B

Backbutton-Fokus 125
Batteriegriff 313
Bedienelemente 16
Bedienkonzept 16, 20
Bedienrad-Einst. 177
Belichtung speichern 86
Belichtungskontrolle 91
Belichtungskorrektur 88
Belichtungskorrekturrad 17
Belichtungsmessmethode 81
   Gesichtserkennung 83
   Integralmessung 83

Index

Mehrfeldmessung 82
   mittenbetonte Integralmessung 83
   Spotmessung 84
Belichtungsreihe 94
Belichtungssimulation 30
Belichtungsskala 89
Belichtungswert 89
Belichtungszeit 17, 77
   beim Filmen 268
Ben.Einst. Ausw. 162, 276
Ben.Einst. Bearbeiten/Speichern 160, 276
Beugungsunschärfe 68
Bewegung einfrieren 59
Bewegungsunschärfe 59
Bild
   löschen 44
   schützen 45
   sichten 46
Bildansicht vergrößern 45
Bilder auf Mobilgerät übertragen 255
Bildgröße 37, 152
Bildlooks 144
Bildqualität 37
Bildrate 264, 281
Bildrauschen reduzieren 80
Bildrezepte 144
Bildstabilisator 60–61, 212, 298
   ausschalten 263
   beim Filmen 262
   Blendenstufen 62
   digitaler 263
   Stativ 216
Bildvorschau 42
Bildwiedergabe 41
   auf einem externen Monitor 41
   Display 47
   starten 42
   Touchscreen 47
Bitrate 281
BKT → Bracketing (BKT)
Blende 78
   einstellen 64
Blendenautomatik → Zeitvorwahl
Blendenmodus-Schalter 64
Blendenring 22, 51, 64
Blendenring-Einstellung(A) 178
Blendenschalter 51
Blendenstufe, Bildstabilisator 62

Blendenvorwahl 22, 63
   beim Filmen 266
Blendenwert 51
Blitz-Einstellung 189
Blitzen 183
   Commander 190, 203
   entfesseltes 203
   funktioniert nicht 183
   Graufilter 200
   HSS 200
   indirektes 197
   ISO-Wert 196
   Langzeitsynchronisation 199
   Leistung einstellen 190
   manuelles 202
   Master-Fuktion 205
   per Funk 203
   Slangsame Sync. 199
   Steuerung 189
   Synchronisation 192
   TTL-Blitzkabel 204
Blitzgeräte
   Dritthersteller 188
   EF-20 186
   EF-42 187
   EF-X8 185
   EF-X20 187
   EF-X500 187
   Synchronanschluss 20
   Systemblitze 185
Blitzschuh 17
Blitzsteuerung 189
Blitzsynchronzeit 200, 205
Bluetooth 251, 254
Boost 111
Bracketing (BKT) 26–27, 94
Bulb-Modus 49

C

CH (Continuous High) 27, 205, 232
CL (Continuous Low) 27
Classic Chrome (Filmsimulation) 147
Classic Negative (Filmsimulation) 148
Commander (Blitzen) 190, 203
Cropfaktor beim Filmen 281

D

Darkframe	245
Dateiformat	282
Datenspeich Setup	39
D-Bereichspriorität	154
Depth of Field Simulator	211
Digitales Schnittbild	134
Digital-Microprisma	134
Dioptrieneinstellrad	17
DISP/BACK	19, 30
Display	28–29
Bildschirmansicht ändern	29
Bildwiedergabe	47
duales	133
Einstellung konfigurieren	28, 182
Touchscreen verwenden	32
Display/Touchscreen	18
Distanz, hyperfokale	214
DR100	101
DR200	101
DR400	101
Drive-Einstellung	176
Duale Display-Einst.	133
Dunkelbild	245
Dynamikbereich	101, 152, 275
Dynamikbereich-Serie	241
Dynamikumfang	99

E

EF-20	186
EF-42	187
EF-X8	183, 185
EF-X20	187
EF-X500	187
Ein-Aus-Schalter	17
Einst. Doppelklicken	139
Einst. Sofort-AF	136
Einstellrad	
entriegeln	57
hinteres	18, 23
vorderes	20, 23
Einstellschlitten	220
Einzelpunkt-AF	115

Elektronischer Sucher → Sucher

Elektronischer Verschluss (ES)	38, 48
Entfernungsanzeige	131, 214
Entfesselt blitzen	203
Erweit. Filtereinstellung	159
Erweiterte Filter (Adv.)	159

ES → Elektronischer Verschluss (ES)

Eterna (Filmsimulation)	148
Eterna Bleach Bypass (Filmsimulation)	148
Eterna/Kino (Filmsimulation)	275

EV → Lichtwertstufe

EVF → Sucher

EVF/LCD-Auflösungspriorität	182
EVF/LCD-Restlicht-Priorität	182
EVF-Priorität-Bildrate	182
EVF-Touchs. Bereich Einst.	140

F

Farbe	275
Farbe (JPEG-Option)	157
Farbe Chrome-Effekt	156
Farbraum	172
Farbsättigung	157
Farbtemperatur anpassen	106
Fernauslöser	217, 315
Fernsteuern	251
Festbrennweite	307
Film Crop Fix 1,29x	283
Filmen	257
180-Grad-Regel	265
Auflösung	280
Aufnahmedauer	285
Ausrüstung	261
Bedienungsgeräusche stummschalten	269
Belichtungszeit	268
Bildrate	281
Bitrate	281
Cropfaktor	281
F-Log	277
fokussieren	258
in den verschiedenen Programmmodi	264
ISO-Wert	269
Kontrollleuchte	258
manuell fokussieren	261
ND-Filter	265

Programmautomatik	266
Programmmodus A	266
Programmmodus M	268
Programmmodus P	266
Programmmodus S	267
Qualität	280
Ton	287
Touchscreen	260
Vignettierungskorrektur	276
Weißabgleich	273
Zebra-Einstellung	270
Zeitcodes	286
Filmkompression	282
Film-optimierte Steuerung	269
Filmsimulationen	145–146
Acros	148
Astia	147
beim Filmen	275
benutzerdefinierte Einstellungen	161
Bildeffekte	151
Classic Chrome	147
Classic Negative	148
Eterna	148
Eterna Bleach Bypass	148
Klassisch Schwarz	148
PRO Neg. Hi	147
PRO Neg. Std	147
Provia	147
Schwarzweiß	135, 149
Schwarzweiß-Farbfilter	157
Sepia	149
und Raw	146
Velvia	147
Filmsimulation-Serie	27, 240
Firmware-Upgrade	317
F-Log	277
F-Log Anzeigehilfe	278
Fn1	17
Fn2	19
Focus Bracketing	220–221
automatisches	222
Focus Hunting	127
Focus Peaking	135
beim Filmen	261
Focus Stacking	26, 220
Fokus-BKT	221
Fokusdistanz speichern	124
Fokushebel	19, 23
Fokuskontrolle	132
Fokusmessfelder anzeigen	119
Fokusmodus	
AF-C	28
AF-S	27
manueller	28
Schalter	27, 110
Fokuspriorität	124
Fokusprobleme	111
Fokusrahmen anpassen	116
Fokusreihe	220
Fokusring	131
Fokusschalter	20
Fokussieren	
beim Filmen	258
manuelles	130
Fokussierpunkt-Anzeige	116
Fokussierpunkte	117
Fokuszoom	46
Follow Focus	294
Formatieren im Schnellzugriff	181
Framerate → Bildrate	
Fujifilm Camera Remote	251
Fujifilm X Acquire	207
Fujifilm X RAW Studio	167
Full HD	280
Full HD-Hochgeschwi.Aufn.	283
Full-HD-Video-Ausgabe	285
Funktionssperre	178
Funktionstasten (Fn)	19, 24, 173

G

Gegenlicht	85
Geotagging	255
Geräuschlose Aufnahme	38
Ges./Augen-Erkenn.-Einst.	127, 260
Geschw.Verfolg.-Empfindl.K	123
Gesichts- und Augenerkennung	42, 127–128
Belichtungsmessmethode	83
Gesichtsauswahl	129
Gestensteuerung	141
Gilden, Bruce	204

Index

Graufilter 200, 216
    Variofilter 266
Graukarte 107–108, 274

H

H.264 282
H.265 (HEVC) 282
HDMI-Ausgang 41
HDR 27, 97
HDR-Raw 98
High-Speed-Synchronisation → HSS
Hilfslicht 112
Histogramm 43, 91
    beim Filmen 272
    lesen 93
    Live-Histogramm 92
HLG (Hybrid Log Gamma) 277, 279
Hohe ISO-NR 155, 269
HSS 200
Hybrid-AF 142
Hyperfokale Distanz 131, 214

I

IBIS → Bildstabilisator
IBIS/OIS + DIS 263
In Arbeit 245
Info-Anzeige HDMI-Ausgabe 285
Integralmessung 83
Intervallaufnahme 236
    mit Belichtungskorrektur 237
IRE 271
IS-Modus 61
ISO BKT 240
ISO-Automatik 73
ISO-Einstellung 72
    erweitern 76
ISO-Rad-Einst. (H) 76
ISO-Rad-Einst. (L) 76
ISO-Wert 17, 72, 79
    beim Blitzen 196
    beim Filmen 269

J

Joystick → Fokushebel
JPEG-Format 37, 144
JPEG-Fotografie 27, 37, 102, 105, 144, 193, 238

K

Kamera
    fernsteuern 251
    zurücksetzen 40, 173
Kameraausrichtung 129
Kameramenü
    Aufnahmemodus 34
    Bildwiedergabe 47
    Wiedergabe 47
Kartenfach Einst. 39
Kehrwertregel 60
Kelvin (K) 106
Klarheit (JPEG-Option) 158
Klassisch Schwarz (Filmsimulation) 148
Konfiguration 24
Kontrast-Autofokus 142
Kontrastumfang 99–100
Kontrollleuchte 18, 258
Kopfhörerlautstärke 288
Körnungseffekt 155

L

Landschaftsfotografie 213
Langsame Sync. 199
Langzeitbelichtung 63, 244
Langzeitsynchronisation 199
LCD → Display
Leistung 314
Leistungs-Verstärkungsmodus 25, 314
Leitzahl 186
Lichtwertstufe 94
Live-Histogramm 91
Lookup Table (LUT) 277
Löschen-Taste 18
Lupenfunktion 24
LW → Lichtwertstufe

M

M (Programmmodus)	69
Makrofotografie	217
Makroobjektiv	311
Manuell blitzen	202
Manuell fokussieren	130
Manueller Programmmodus	22, 69
Master (Blitzen)	205
Matrixmessung	82
Mehrfachbelichtung	241
Mehrfeld	258
Mehrfeldmessung	82
Mein Menü	35, 180
MENU/OK	19, 33
MF-Abstandsanzeige	132
MF-Assistent	133
Mic-Buchsen-Einstellung	288
Mikro-Begrenzer	289
Mikrofon	
externes	289
interne	17
Min. Verschl.zeit	212
Mindestbelichtungszeit vorgeben	74
Mittenbetonte Integralmessung	83
Mitzieher	234
Modus große Indikat(EVF)	182
Modus große Indikat(LCD)	182
Modus, manueller	22, 69
Monitor → Display	
Monochrome Farbe	157
Motivhelligkeit	52
My Menu → Mein Menü	
MY → Mein Menü	

N

Nachführ-AF	112
Naheinstellgrenze	111, 218
Nahlinse (Achromat)	218
Natürliche Liveansicht	30
ND-Filter	
beim Filmen	265
Farbstich	273
ND-Filter → Graufilter	
NR Langz. Belicht.	245

O

Objektive	297
Adapter	310
APD	298
Blende einstellen	22
Festbrennweite	307
Fremdhersteller	309
Kürzel	297
LM	298
Makroobjektiv	298, 311
Nano-GI	298
OIS	298
R	298
Standardzoom	299
Super EBC	298
Telekonverter	312
Telezoom	303
Tilt-Shift-Objektiv	230
Weitwinkelzoom	306
WR	298
XC	297
XF	297
Objektiv-Entriegelungsknopf	19
Objektivmod.-Opt.	68, 159
OIS → Bildstabilisator	

P

Panoramaaufnahme	25, 247
Papierkorbtaste	44
Phasen-Autofokus	142
Pixel-Mapping	245
Porträtfotografie	209
Pre-AF	113
Pre-Aufnahme ES	235
Prio. Auslösen/Fokus	124
PRO Neg. Hi (Filmsimulation)	147
PRO Neg. Std (Filmsimulation)	147
Programmautomatik	22
Programmmodus	21
Blendenvorwahl	63
manueller	22, 69
Programmautomatik anpassen	52
Programmautomatik P	50

Index

Zeitvorwahl 56
Zeitvorwahl anpassen 58
Programm-Shift 24, 53
Programmverschiebung → Programm-Shift
Provia (Filmsimulation) 147

Q

Q-Menü 179
  Hintergrund 180
Q-Taste 18, 24, 33, 179

R

Rahmenhilfe 38
Raster 38
Rauschreduktion 155
Raw-Aufnahme 37
Raw-Bearbeitung in der Kamera 79
Raw-Format 37, 144
R-Dial → Einstellrad (hinteres)
Reduktionsadapter 310
Reset 40, 173
Rolling-Shutter-Effekt 48
Rote-Augen-Korr. 193

S

S (Aufnahmebetriebsart) 27
Schärfe 275
Schärfe (JPEG-Option) 158
Schärfentiefe 66, 210
Schärfentiefen-Skala 131
Schatten 153, 275
Schnellmenü 25, 33
  anpassen 179
Schnittbild, digitales 134
Schützen 45
Schwarzweiß (Filmsimulation) 149
Seitenverhältnis 37, 152
Selbstauslöser 217, 249
  Countdown 20
  speichern 250
Sensorebene 17

Sensorreinigung 315
Sepia (Filmsimulation) 149
Serienaufnahmen 27
Slangsame Sync. 199
Speicherkarte
  auswählen 43
  Geschwindigkeitsklasse 40
  Management 39
Sperre Spot-AE & Fokuss. 84
Spitzlichter 153, 275
Sport-Sucher-Modus 236
Spotmessung 84
  Belichtung speichern 86
  Bildmitte 84
sRGB 172
Stabi-Modus 262
Stabi-Modus-Boost 264
Standardeinstellungen 174
Standardempfindlichkeit (ISO-Wert) 74
Standardzoom 299
STILL/MOVIE-Schalter 17, 20
Straßenfotografie 226
Stürzende Linien 229
Sucher 18, 28–29
  Bildschirmansicht ändern 29
Synchronanschluss 20
Systemblitze 185

T

Tastenbelegung ändern 173
Telekonverter 312
Tethered-Aufnahme 207
Tiefpassfilter 289
Tilt-Shift-Objektiv 230
Timelapse 236
Ton beim Filmen 287
Tonkurve 153, 275
Ton-Lichter 154
Ton-Schatten 154
Touch-Funktion 141
Touchscreen 18, 32, 137
  AF 138
  Augensensor 137
  ausschalten 138

beim Filmen 260
  Bereich (Area) 139
  Modus 138
  Touch-Aufnahme (Shot) 139
  Wiedergabe 140
TTL
  Blitzkabel 204
  Blitzmessung 185
  LOCK-Modus 194
  Modus anpassen 191
  Sperre 194

U

Überbelichtungswarnung 91
USB-Tethering 208

V

Vario AF 259
Variofilter 265
Velvia (Filmsimulation) 147
Verbindungsmodus 208
Verfolgungs-Empfindlichk. 122, 259
Verlaufsfilter 216
Verschlusszeit → Belichtungszeit
Verschwenken 117
Verwackeln vermeiden 60
Video-AF-Modus 258
Video-Kompression 268, 282
Videomodus 281
VIEWMODE 17, 32
Vignettierungskorrektur 276
Vorfokussieren 113
Vorschau/Weißabgleich man. 206

W

WA verschieben 104–105
Wasserwaage 38
Weißab. BKT 240
Weißabgleich 102–103, 151
  automatischer (AWB) 103
  AWB-Sperrmodus 103
  beim Filmen 273
  Feinabstimmung 104
  Graukarte 108, 274
  manueller 106
  Priorität-Umgebung 104
  Priorität-Weiß 104
  Weißab. BKT 27
Weißabgleichverschiebung 104
Weitwinkelzoom 306
Wiedergabe
  Menü 47
  Touchscreen 140
Wiedergabemodus → Bildwiedergabe
Wiedergabetaste 18
WiFi 251, 254
Windfilter 289
Wischgesten 141
WLAN-Tethering 208

X

X RAW Studio 167
X-Bajonett 299
XC 297
XF 297
X-Fujinon 299

Z

Zebra-Einstellung 270
Zeitautomatik → Blendenvorwahl
Zeitcode-Einstellung 286
Zeitlupe 283
Zeitstempel 286
Zeitvorwahl 22, 56
  Anpassungen 58
  beim Filmen 267
Zone-AF 118
Zonenbereichsumschaltung 123
Zoomen durch Doppeltippen 139
Zubehör für Objektive 297
Zurücksetzen der Kamera 40, 173
Zwischenringe 218

Objektive bestimmen das Bild mehr als die Kamera!

Christian Westphalen

Christian Westphalen

Das große Buch der Objektive
Technik, Ausrüstung und fotografische Gestaltung

In diesem tiefgehenden, aber immer verständlichen Buch zeigt Ihnen Christian Westphalen herstellerunabhängig alles, was Sie über Objektive wissen müssen: von der grundlegenden Technik über Schärfe, Abbildungsfehler und Bokeh bis hin zur Bildgestaltung mit den verschiedenen Objektivtypen. Erfahren Sie, wie Sie Ihren »Fuhrpark« sinnvoll erweitern, alte Objektive einschätzen, Ihre Objektive pflegen und lassen Sie sich von kreativen Bastellösungen inspirieren. Alles, was Sie je zu Objektiven wissen wollten, finden Sie in diesem Buch!

388 Seiten, gebunden, 49,90 Euro, ISBN 978-3-8362-5851-7
www.rheinwerk-verlag.de/4464